大学数学信息化

概率论与数理统计

刘吉定　严国义　主编

科学出版社

北京

内 容 简 介

本书参照教育部高等学校大学数学课程教学指导委员会制定的“非数学类专业数学基础课程教学基本要求”编写而成. 全书共分10章, 内容包括随机事件与概率、随机变量及其分布、随机变量的数字特征、大数定律和中心极限定理、概率模型及其应用、数理统计的基本概念、参数估计、假设检验、方差分析与回归分析、SPSS统计软件介绍与统计模型应用. 每章均配有不同难易程度的适量习题, 并附有部分参考答案. 本书特色鲜明, 内容严谨, 叙述翔实, 突出应用; 强化基础知识和重点内容; 针对“概率论与数理统计”课程实用性强的特点, 增加概率统计模型和统计软件介绍的内容, 将数学建模思想、方法和实用软件工具融为一体.

本书可作为普通高等学校非数学类专业“概率论与数理统计”课程教材, 也可供教师、考研人员及工程技术人员参考使用.

图书在版编目(CIP)数据

概率论与数理统计 / 刘吉定，严国义主编. —北京：科学出版社，2020.8
(大学数学信息化教学丛书)
ISBN 978-7-03-065658-2

Ⅰ. ①概… Ⅱ. ①刘… ②严… Ⅲ. ①概率论-高等学校-教材 ②数理统计-高等学校-教材 Ⅳ. ①O21

中国版本图书馆CIP数据核字（2020）第122493号

责任编辑：谭耀文 张 湾 / 责任校对：高 嵘
责任印制：彭 超 / 封面设计：苏 波

科学出版社 出版
北京东黄城根北街16号
邮政编码：100717
http://www.sciencep.com
武汉市首壹印务有限公司 印刷
科学出版社发行 各地新华书店经销
*
2020年8月第 一 版 开本：787×1092 1/16
2020年8月第一次印刷 印张：19 1/4
字数：453 000

定价：59.80元

前　言

“概率论与数理统计”是高等学校一门重要的基础课程，也是应用性极强的一门学科，它在自然科学、社会科学和工程技术的各个领域具有广泛的应用. 针对该课程的特点，在选材和叙述上不过分强调抽象而又严格的逻辑体系，而是让学生在应用的背景下，逐步掌握基本概念，激发学生的学习积极性. 本书详细地叙述概率论与数理统计中主要概念和方法产生的背景及思想，注重理论联系实际，突出解决问题的思路，详尽介绍各种概率统计模型的概念与应用，适当介绍 SPSS 统计软件，便于培养学生使用计算机解决实际问题的能力，为学生将来的学习奠定基础.

教材改革是教学改革的重要内容之一. 面向 21 世纪的概率论与数理统计教材一方面要在培养和提高学生应用能力上有所突破，另一方面要在培养学生的数学素质，增强学生学习数学的兴趣上做探索. 编者参照教育部高等学校大学数学课程教学指导委员会制定的“非数学类专业数学基础课程教学基本要求”，并按照“十三五”普通高等教育本科国家级规划教材、教育部面向 21 世纪课程教材规划的要求，以及学生参加全国大学生数学建模竞赛的需要，集多年教学之经验，在备课教案和讲义的基础上，编写本书. 为适应不同的教学对象和不同专业类别的教学需要，将有些内容打“*”号以便在教学中进行取舍.

本书由刘吉定、严国义主编. 参加编写工作的人员还有李小刚、杨向辉、郭光耀、罗进、何敏华、沈明宇、林丽仁、刘任河、杨小刚、朱理、彭章艳. 全书由刘吉定统稿. 本书在编写过程中，得到了相关教学管理部门的大力支持，在此表示衷心的感谢!

编者深知在众多概率论与数理统计经典教材面前，要写出一本体系结构新颖、特色鲜明且受欢迎的教材是十分困难的. 在当今改革与探索的年代，本书也算是一家之言. 本书的编写仅仅是编者工作的开始，编者将不断探索，为“概率论与数理统计”课程的教学改革尽一份力量.

由于编者水平有限，书中难免有不足之处，欢迎广大专家、同行和读者批评指正.

编　者

2020 年 3 月

目　录

第 1 章 随机事件与概率

1.1 随机事件及其关系与运算

1.1.1 随机现象

概率论与数理统计是研究和揭示随机现象的统计规律性的一门数学学科. 现在首先介绍什么是随机现象, 什么是统计规律性.

在自然界和人类的实践活动中经常遇到各种各样的现象, 这些现象大体可分为两类.

一类现象是确定的, 如“平面三角形任意两边之和大于第三边”“向上抛一块石头必然下落”“同性电荷相斥, 异性电荷相吸”等, 这种在一定条件下有确定结果的现象称为**确定性现象**.

另一类现象是随机的, 如在相同条件下, 向上抛一枚质地均匀的硬币, 其结果可能是正面朝上, 也可能是反面朝上, 但是在抛掷之前不能肯定会出现哪一个结果. 这类现象, 在一定的条件下, 可能出现一种结果, 也可能出现另一种结果, 而在试验或观察之前不能预知确切的结果. 但人们经过长期实践并进行深入研究之后发现, 这类现象在大量重复试验或观察下, 它的结果却呈现出某种规律性. 例如, 多次重复抛一枚硬币大致有一半次数是正面朝上; 同一台仪器测量同一物体的重量, 所得重量总在真实重量上下波动; 等等. 这种在大量重复试验或观察中所呈现出的固有规律性, 就是**统计规律性**. 这种在个别试验中其结果呈现出不确定性, 而在大量重复试验中其结果又具有统计规律性的现象, 称为**随机现象**.

1.1.2 随机试验

我们遇到过各种试验, 在这里把试验作为一个含义广泛的术语, 它包括各种各样的科学试验, 甚至对某一事物的某一特征的观察也认为是一种试验. 若这个试验满足:

(1) 在相同条件下可以重复进行;

(2) 每次试验可能结果不止一个, 并且事先能够确定试验的所有可能结果;

(3) 在进行一次试验之前不能确定哪一个结果会出现;

则称该试验为**随机试验**, 简称为**试验**, 用字母 E 表示. 本书中所讨论的试验都是指随机试验. 下面举一些随机试验的例子.

E_1: 抛一枚硬币, 观察正、反面出现的情况.

E_2: 掷一颗骰子, 观察出现的点数.

E_3: 记录一天进入某超市的顾客数.

E_4: 测量某物理量(长度、直径等)的误差.

进行一次试验总有一个观察的目的, 试验中会观察到有多种可能的结果, 如在 E_2 中, 如果目的是观察它朝上面的点数, 其可能结果是 1 点、2 点、3 点、4 点、5 点、6 点; 如果目的是观察它朝上面点数的奇偶性, 其可能的结果是奇数点、偶数点两个. 至于骰子落在桌面上哪个位置, 朝哪个方向滚动等不在目的之列, 不算作结果.

1.1.3 样本空间

对于随机试验, 尽管在每次试验之前不能预知试验的结果, 但试验的所有可能结果组成的集合是已知的, 将随机试验E的所有可能结果组成的集合称为E的**样本空间**, 记为Ω. 样本空间的元素, 即E的每个结果, 称为**样本点**, 记为ω.

由于讨论的问题不同, 其样本空间差别是很大的. 下面介绍概率论与数理统计中通常讨论的一些情形.

例 1.1.1 连续进行两次射击, 观察命中的次数, 样本空间为$\Omega=\{0,1,2\}$.

例 1.1.2 连续进行两次射击, 观察每次射击是否命中, 可以把样本空间取为$\Omega=\{(0,0),(0,1),(1,0),(1,1)\}$.

例 1.1.3 观察 1 h 中落在地球上某一区域的宇宙射线数. 可能的结果一定是非负整数, 而且很难指定一个数作为它的上界. 这样, 可以把样本空间取为$\Omega=\{0,1,2,\cdots\}$.

例 1.1.4 讨论某地区的气温时, 可以把样本空间取为$\Omega=(-\infty,+\infty)$或$\Omega=[a,b]$.

实际上, 相同的试验, 随着观察的角度不同, 其样本空间可以不同, 如例 1.1.1、例 1.1.2. 样本点的个数可以是有限个, 也可以是无穷多个, 如例 1.1.2、例 1.1.3.

1.1.4 随机事件

有了样本空间的概念, 就可以定义随机事件. 一般称试验E的样本空间Ω的(某些)子集为E的**随机事件**, 简称**事件**. 事件既可以看成样本空间的子集, 又可以看成由样本点构成的集合, 一般地, 用字母$A,B,C,\cdots$表示. 在每次试验中, 当且仅当这一集合中的一个样本点出现时, 称这一**事件发生**.

不可能再分的事件称为**基本事件**. 实际上, 它是由一个样本点组成的单点集. 由若干个样本点组成的事件称为**复合事件**. 特别地, 样本空间Ω包含所有的样本点, 在每次试验中它总是发生的, 称为**必然事件**. 空集$\varnothing$不包含任何样本点, 它也可以作为样本空间的子集, 它在每次试验中都不发生, 称为**不可能事件**.

1.1.5 事件间的关系与事件的运算

概率论出现于集合论之前. 从本质上说, 事件就是集合, 事件间的关系与运算就是集合的关系与运算. 下面给出这些关系和运算在概率论中的提法, 并根据“事件发生”的含义, 给出它们在概率论中的含义.

(1) 若$A\subseteq B$, 则称事件B包含事件A, 指的是事件A发生必然导致事件B发生.

(2) 若$A\subseteq B$且$B\subseteq A$, 即$A=B$, 则称事件B与事件A**相等**.

(3) 事件$A\cup B$称为事件A与事件B的**和事件**, 当且仅当至少A,B有一个发生时, 事件$A\cup B$发生.

类似地, 称$\bigcup\limits_{k=1}^{n}A_k$为$n$个事件$A_1,A_2,\cdots,A_n$的和事件; 称$\bigcup\limits_{k=1}^{\infty}A_k$为可列个事件$A_1,A_2,\cdots$的和事件.

(4) 事件$A\cap B$称为事件A与事件B的**积事件**, 当且仅当A,B同时发生时, 事件$A\cap B$发生, 也记作AB.

类似地，称 $\bigcap\limits_{k=1}^{n} A_k$ 为 n 个事件 $A_1, A_2, \cdots, A_n$ 的积事件；称 $\bigcap\limits_{k=1}^{\infty} A_k$ 为可列个事件 $A_1, A_2, \cdots$ 的积事件.

(5) 事件 $A-B$ 称为事件 A 与事件 B 的**差事件**，当且仅当 A 发生，B 不发生时，事件 $A-B$ 发生.

(6) 若 $A\cap B=\varnothing$，则称事件 A 与事件 B 是**互不相容的**，或**互斥的**. 这指的是事件 A 与事件 B 不能同时发生.

(7) 若 $A\cup B=\Omega$ 且 $A\cap B=\varnothing$，则称事件 A 与事件 B 互为**逆事件**，又称事件 A 与事件 B 互为**对立事件**. 这指的是每次试验中，事件 A,B 中必有一个发生，且仅有一个发生. A 的对立事件记为 $\overline{A}$，且有 $\overline{A}=\Omega-A$，$A-B=A\cap\overline{B}$.

在进行事件运算时，要经常运用下列定律. 设 A,B,C 为事件，则有

交换律：$A\cup B=B\cup A$，$A\cap B=B\cap A$.

结合律：$A\cup(B\cup C)=(A\cup B)\cup C$，$A\cap(B\cap C)=(A\cap B)\cap C$.

分配律：$A\cap(B\cup C)=(A\cap B)\cup(A\cap C)$，$A\cup(B\cap C)=(A\cup B)\cap(A\cup C)$.

吸收律：$A\subseteq B\Leftrightarrow A\cup B=B\Leftrightarrow A\cap B=A$.

德摩根律：$\overline{A\cup B}=\overline{A}\cap\overline{B}$，$\overline{A\cap B}=\overline{A}\cup\overline{B}$.

一般地，德摩根律可推广到有限或可列无穷的情形：

$$\overline{\bigcup_{k=1}^{n} A_k}=\bigcap_{k=1}^{n}\overline{A_k},\quad \overline{\bigcap_{k=1}^{n} A_k}=\bigcup_{k=1}^{n}\overline{A_k},\quad \overline{\bigcup_{n=1}^{\infty} A_n}=\bigcap_{n=1}^{\infty}\overline{A_n},\quad \overline{\bigcap_{n=1}^{\infty} A_n}=\bigcup_{n=1}^{\infty}\overline{A_n}.$$

关于事件之间的关系及运算与集合之间的关系及运算的类比，见表 1.1.1.

表 1.1.1　事件之间的关系及运算与集合之间的关系及运算的类比

符号	概率论	集合论
Ω	样本空间或必然事件	空间(全集)
$\varnothing$	不可能事件	空集
ω	样本点	元素
A	事件 A	集合 A
$\overline{A}$	A 的对立事件	A 的余集
$A\subseteq B$	事件 A 发生必导致事件 B 发生	A 是 B 的子集
$A=B$	事件 A 与事件 B 相等	A 与 B 相等
$A\cup B$	事件 A 与事件 B 至少有一个发生	A 与 B 的并集
$A\cap B$	事件 A 与事件 B 同时发生	A 与 B 的交集
$A-B$	事件 A 发生而事件 B 不发生	A 与 B 的差集
$AB=\varnothing$	事件 A 和事件 B 互不相容	A 与 B 不相交

例 1.1.5　设 A,B,C 为 Ω 中的随机事件，试用 A,B,C 表示下列事件.

(1) A 与 B 发生而 C 不发生；

(2) A 发生，B 与 C 不发生；

(3) A,B,C 中恰有一个事件发生;

(4) A,B,C 中恰有两个事件发生;

(5) A,B,C 中三个事件都发生;

(6) A,B,C 中至少有一个事件发生;

(7) A,B,C 都不发生;

(8) A,B,C 不都发生;

(9) A,B,C 中不多于一个发生;

(10) A,B,C 中不多于两个发生.

解 (1) $AB\overline{C}$.

(2) $A\overline{B}\overline{C}$.

(3) $A\overline{B}\overline{C}\cup\overline{A}B\overline{C}\cup\overline{A}\overline{B}C$.

(4) $AB\overline{C}\cup A\overline{B}C\cup\overline{A}BC$.

(5) ABC.

(6) $A\cup B\cup C$.

(7) $\overline{A}\overline{B}\overline{C}$.

(8) $\overline{ABC}$ (或 $\overline{A}\cup\overline{B}\cup\overline{C}$).

(9) $\overline{AB\cup BC\cup CA}$.

(10) $\overline{ABC}$.

例 1.1.6 试验 E: 袋中有三个球, 编号为 1,2,3, 从中任意摸出一球, 观察其号码, 记 $A=\{$球的号码小于3$\}$, $B=\{$球的号码为奇数$\}$, $C=\{$球的号码为3$\}$. 试问:

(1) E 的样本空间是什么?

(2) A 与 B, A 与 C, B 与 C 是否互不相容?

(3) A,B,C 对立事件是什么?

(4) A 与 B 的和事件、积事件、差事件各是什么?

解 (1) E 的样本空间为 $\Omega=\{1,2,3\}$.

(2) $A=\{1,2\}$, $B=\{1,3\}$, $C=\{3\}$, A 与 B, B 与 C 是相容的, A 与 C 互不相容.

(3) $\overline{A}=\{3\}$, $\overline{B}=\{2\}$, $\overline{C}=\{1,2\}$.

(4) $A\cup B=\Omega$, $AB=\{1\}$, $A-B=\{2\}$.

1.2 事件的概率

在几何学中线段的长短、平面图形或立体的大小, 物理学中物质的多少、质点运动的快慢等, 都可以用数值来度量, 长度、面积、体积、质量、速度等就是相应的度量. 事件在试验中出现的可能性大小, 也应该可以用数值度量, 这种度量就是**概率**.

概率与长度、面积、体积、质量、速度一样, 也是一种度量. 具体地说, 概率是事件在试验中出现可能性大小的数值度量, 用 $P(A)$ 表示事件 A 的概率. 例如, 有一批共 100 件产品, 其中有 5 件不合格品, 则从中随意抽出一件, 恰好抽到不合格品的可能性显然是 5%. 这时, 用 5%作为事件 $A=\{$抽到不合格品$\}$ 出现的可能性大小的数值度量, 即

$$P(A)=P\{\text{抽到不合格品}\}=0.05.$$

在明确概率概念之后，需要解决的是如何合理地选择或确定这种度量的问题. 下面介绍确定事件概率的几种途径.

1.2.1　古典概型

以抛质地均匀的硬币为例，人们自然想到因为硬币两面是对称的，所以出现正面及反面的可能性都是 0.5. 在概率论研究的初始阶段，主要讨论的随机事件都和上面的例子一样具有两条性质:

(1) 试验的结果是有限的;

(2) 试验中每个结果出现的可能性相同(等可能性),

则对于任意事件 A，对应的概率 $P(A)$ 由式(1.2.1)计算:

$$P(A)=\frac{\text{事件 } A \text{ 包含的基本事件数 } k}{\Omega \text{ 中基本事件总数 } n}=\frac{k}{n}, \tag{1.2.1}$$

并把它称为**等可能概型**，它在概率论发展初期曾是主要的研究对象，所以也称**古典概型**.

在计算古典概型的概率时，主要是利用排列、组合来求数 k 与 n . 要注意在计算 k 与 n 时是用排列还是组合，要和与次序是否有关等方面一致.

例 1.2.1　将两颗骰子掷一次，求它们点数之和为 6 的概率.

解　点数之和为 6 的事件记为 A，将两颗骰子掷一次，如果考虑其点数之和，其样本空间为

$$\Omega_1=\{2,3,4,\cdots,12\}.$$

若考虑其点数组合，其样本空间为

$$\Omega_2=\{(1,1),(1,2),\cdots,(6,6)\} \quad (\text{共 36 种情形}).$$

对于 Ω_1 出现的样本点，从直观上看，各个点数和概率相同显然是错误的. 而 Ω_2 中出现的各个样本点，从对称性可知其可能性相同. 故所求概率不能直接利用 Ω_1 而需利用 Ω_2 求得.

在 Ω_2 中基本事件总数为 36 种，而点数和为 6 包含(1,5), (2,4), (3,3), (4,2), (5,1)5 种情形，故 A 的概率为

$$P(A)=\frac{5}{36}.$$

当样本空间样本点不满足等可能性时，经常考虑转化为另一个满足等可能性的样本空间.

例 1.2.2　设袋中有 N 件产品，其中有 M 件次品，从中取产品 n 次，每次随机地取一件. 考虑两种抽取方式:

(1) 先取一件产品后，观察它是否为正品，然后放回袋中，搅匀后再取一件，直到取出 n 件为止，这种抽取方式叫作**有放回抽样**;

(2) 先取一件产品后，观察它是否为正品，然后从剩余的产品中再取一件，直到取出 n 件为止，这种抽取方式叫作**无放回抽样**.

试分别就上面两种抽样方式，求取到 m 件次品的概率.

解　(1)先考虑有放回抽样情形，此时样本空间 Ω 的样本点为，第一次抽取时，有 N 种取法; 第二次抽取时，仍有 N 种取法;……如此下去，一共抽取 n 次，总共有 N^n 个等可能的样本点. 记 A_m 为抽出的产品中有 m 件次品，则 A_m 所含样本点数为，首先在 n 次中选择 m 次，其选

择方式有 C_n^m 种，在这 m 次取次品，其方法数为 M^m，然后再在剩下的 $n-m$ 次都取正品，有 $(N-M)^{n-m}$ 种方法. 故 A_m 的样本点数为 $C_n^m M^m (N-M)^{n-m}$，则

$$P(A_m)=\frac{C_n^m M^m (N-M)^{n-m}}{N^n}=C_n^m\left(\frac{M}{N}\right)^m\left(1-\frac{M}{N}\right)^{n-m}.$$

(2) 再考虑无放回抽样情形，其中 $m\leqslant M, m\leqslant n$. 先计算样本空间 Ω 的样本点，从 N 件产品中仍取 n 件，不讲次序，所有样本点的总数为 C_N^n，记 B_m 为抽出的产品中有 m 件次品，则 B_m 所含样本点数为 $C_M^m C_{N-M}^{n-m}$，可得

$$P(B_m)=\frac{C_M^m C_{N-M}^{n-m}}{C_N^n}\quad (m\leqslant \min\{n,M\}).$$

(1) 中的分布称为**二项分布**, (2) 中的分布称为**超几何分布**.

例 1.2.3　设袋中有红、白、黑球各 1 个，从中有放回地取球，每次取 1 个，直到三种颜色的球都取到时停止，求取球次数恰好为 4 的概率.

解　计算样本空间中基本事件的总数时无须考虑颜色要求. 从 3 个球中有放回地抽取 4 次，因为每次抽取的球有 3 个，所以样本空间含基本事件数为 3^4.

记 $A=\{$取球次数恰好为 4$\}$，A 发生等价于前 3 次取到两种颜色的球，第 4 次取到另一种颜色的球. 当第 4 次取到红球时，前 3 次只能取 2 个黑球、1 个白球，有 3 种取法，或者前 3 次只能取 2 个白球、1 个黑球，也有 3 种取法，此时前 3 次有 6 种取法. 第 4 次可取红球、白球或黑球，每种情况前 3 次都有 6 种取法，共有 18 种取法，故

$$P(A)=\frac{18}{3^4}=\frac{2}{9}.$$

例 1.2.4　袋中有 a 只白球，b 只黑球，$k\ (\leqslant a+b)$ 个人依次从袋中任取 1 只球，在(1)有放回抽样, (2)无放回抽样这两种情况下，问第 i 个人取得白球的概率是多少？

解　记 $A_i=\{$第 i 个人取得白球$\}\ (i=1,2,\cdots,k)$，则

(1) 当轮到第 i 个人取球时，由于是有放回抽样，此时袋中有 a 个白球和 b 个黑球，故

$$P(A_i)=\frac{a}{a+b}.$$

(2) 为了确保基本事件的等可能性，不妨将 $a+b$ 只球全部取出并排成一列，所有排列的个数为 $(a+b)!$. A_i 发生等价于第 i 个位置放白球的排列出现. a 只白球中选 1 只放在第 i 个位置有 a 种选法，剩下的 $a+b-1$ 只球放在剩下的 $a+b-1$ 个位置有 $(a+b-1)!$ 种放法，根据乘法原理，有

$$P(A_i)=\frac{a(a+b-1)!}{(a+b)!}=\frac{a}{a+b}.$$

例 1.2.5　设有 10 件产品，其中有 4 件次品，依次从中不放回地抽取 1 件产品，直到将次品取完为止，求抽取次数为 $k\ (4\leqslant k\leqslant 10)$ 的概率.

解　记 $A_k=\{$抽取次数为 $k\}\ (4\leqslant k\leqslant 10)$，为了确保基本事件的等可能性，不妨将 10 件产品全部取出并排成一列，所有排列的个数为 10!. A_k 发生等价于前 $k-1$ 个位置中有 3 个位置放次品，第 k 个位置放次品，其余位置放正品的排列出现. $k-1$ 个位置中选 3 个位置有 C_{k-1}^3 种

选法, 4 个次品放在 4 个固定位置有 4! 种放法, 6 个正品放在 6 个固定位置有 6! 种放法, 根据乘法原理, 有

$$P(A_k)=\frac{C_{k-1}^3 4!6!}{10!} \quad (k=4,5,\cdots,10).$$

1.2.2　几何概率

向某一度量有限的区域(坐标轴上的区间, 平面上或空间中的区域等) G 内随机地投掷一点, 如果该点必落在 G 内, 且落在 G 的子区域 A 内的概率与 A 的度量(如长度、面积或体积等)成正比并且与区域 A 的位置及形状无关, 则随机点落在 G 的子区域 A 内的概率为

$$P(A)=\frac{A\text{的度量(长度、面积或体积)}}{G\text{的度量(长度、面积或体积)}}, \tag{1.2.2}$$

并把它称为**几何概率**.

例 1.2.6 (会面问题)　甲、乙两人相约 7～8 点在某地会面, 先到者等候另一人 20 min, 过时就离去, 试求甲、乙两人能会面的概率.

解　以 x,y 分别表示两人到达时刻, 这是一个几何概率问题, 可能的结果全体是边长为 60 的正方形 $G=\{(x,y)\,|\,0\leqslant x\leqslant 60, 0\leqslant y\leqslant 60\}$, 会面的充分必要条件为 $|x-y|\leqslant 20$. 因此, $A=\{\text{甲、乙两人能会面}\}=\{(x,y)\,|\,(x,y)\in G, |x-y|\leqslant 20\}$, 则

$$P(A)=\frac{60^2-40^2}{60^2}=\frac{5}{9}.$$

1.2.3　概率的统计定义

一个随机事件在某次试验中由于受许多无法控制的随机因素影响, 不能断言它是否发生. 若在相同条件下, 进行了 n 次试验, 则将在这 n 次试验中事件 A 发生的次数记为 n_A, 称为事件 A 发生的频数, 比值 $\frac{n_A}{n}$ 称为事件 A 发生的频率, 并记为 $f_n(A)$.

由于事件 A 发生的频率是它发生次数与试验次数之比, 其大小表示事件 A 发生的频繁程度, 频率大, 就意味着事件 A 在一次试验中发生的可能性大, 反之亦然. 因而, 直观的想法是用频率来表示事件 A 在一次试验中发生的可能性的大小.

但实际上, 事件 A 在 n 次试验中发生的频率受许多偶然性因素的影响, 其表现为 $f_n(A)$ 在 0～1 随机波动, 但这种随机波动试验次数越小, 其幅度越大; 试验次数越大, 其幅度越小, 即随着试验次数的增多, 频率稳定在某一常数附近, 这种频率稳定性即通常所说的统计规律性.

例如, 历史上通过"抛一枚硬币"的试验来观察"出现正面"这一事件发生的规律, 表 1.2.1 是试验结果记录.

表 1.2.1　历史上"抛一枚硬币"的试验结果

试验者	抛掷次数	出现正面次数	频率
蒲丰	4040	2048	0.5069
皮尔逊	12000	6019	0.5016
皮尔逊	24000	12012	0.5005

又如，考察英文中特定字母出现的频率，当观察字母的个数 n 较小时，频率有较大的随机波动，但当 n 增大时，频率呈现出稳定性，表 1.2.2 就是一份英文字母的频率统计表.

表 1.2.2　英文字母的频率统计表

字母	频率	字母	频率
E	0.1268	F	0.0256
T	0.0978	M	0.0244
A	0.0788	W	0.0214
O	0.0776	Y	0.0202
I	0.0707	G	0.0187
N	0.0706	P	0.0186
S	0.0634	B	0.0156
R	0.0594	V	0.0102
H	0.0573	K	0.0060
L	0.0394	X	0.0016
D	0.0389	J	0.0010
U	0.0280	Q	0.0009
C	0.0268	Z	0.0006

大量试验证实，在多次重复试验中，同一事件发生的频率虽然并不相同，但却在一个固定的数值附近摆动，呈现出一定的稳定性，而且随着重复试验次数的增加，这种现象愈加显著. 频率所接近的这个固定数值，就可作为相应事件的概率. 随机事件 A 的概率记为 $P(A)$.

定义 1.2.1　在大量重复试验中，如果一个事件 A 发生的频率稳定在某一常数 p 附近摆动，这个数 p 就称为 A 的**概率**，记为 $P(A)=p$.

概率的统计定义从直观上给出了概率的定义，但它却有理论和应用上的缺陷. 从理论上说，频率为什么具有稳定性呢(本问题将在第 4 章大数定律部分给出理论上的证明)？在应用上，我们没有理由认为，试验 $n+1$ 次来计算频率总会比试验 n 次更准确、更逼近所求的概率. 因此，我们不知道 n 取多大才行，如果 n 要很大，也不一定能保证每次试验的条件完全一样，并且从感觉上讲，概率的统计定义也不像一种很严格的数学定义. 因而，要讨论概率的更加严格的数学化定义，下面介绍由苏联数学家科尔莫戈罗夫(A. N. Kolmogorov)在 1933 年给出的概率的公理化定义.

1.2.4　概率的公理化定义

为了给出概率的公理化定义，先给出 σ – 域的概念.

定义 1.2.2　设 Ω 是样本空间，F 是 Ω 的某些子集组成的集类，若 F 满足下列条件:

(1) $\Omega\in F$;

(2) 若 $A\in F$，则 $\overline{A}\in F$;

(3) 若 $A_n\in F(n=1,2,\cdots)$，则 $\bigcup\limits_{n=1}^{\infty}A_n\in F$,

则称 F 为 Ω 上的 **σ – 域**.

下面给出概率的公理化定义.

定义 1.2.3　设 P 是定义在 σ – 域 F 上的一个实值函数，若它满足如下条件:

(1) 非负性，$P(A)\geqslant 0$，$\forall A\in F$；

(2) 规范性，$P(\Omega)=1$；

(3) 可列可加性，若 $A_n\in F\ (n=1,2,\cdots)$，且两两互不相容，则

$$P\left(\bigcup_{n=1}^{\infty}A_n\right)=\sum_{n=1}^{\infty}P(A_n),\tag{1.2.3}$$

则称 P 为**概率**，而称三元体 (Ω,F,P) 为**概率空间**.

下面，由概率的公理化定义，得到概率的一些重要性质.

性质 1.2.1　$P(\varnothing)=0$.　(1.2.4)

证　令 $A_n=\varnothing\ (n=1,2,\cdots)$，则 $\bigcup\limits_{n=1}^{\infty}A_n=\varnothing$，且 $A_iA_j=\varnothing\ (i\neq j,i,j=1,2,\cdots)$，由可列可加性知

$$P(\varnothing)=P\left(\bigcup_{n=1}^{\infty}A_n\right)=\sum_{n=1}^{\infty}P(A_n)=\sum_{n=1}^{\infty}P(\varnothing),$$

得

$$P(\varnothing)=0.$$

性质 1.2.2 (有限可加性)　若 $A_1,A_2,\cdots,A_n$ 是两两互不相容的事件，则有

$$P\left(\bigcup_{k=1}^{n}A_k\right)=\sum_{k=1}^{n}P(A_k).\tag{1.2.5}$$

证　令 $A_{n+1}=A_{n+2}=\cdots=\varnothing$，则 $\bigcup\limits_{k=1}^{n}A_k=\bigcup\limits_{k=1}^{\infty}A_k$，且 $A_1,A_2,\cdots$ 两两互不相容，由可列可加性，得

$$P\left(\bigcup_{k=1}^{n}A_k\right)=P\left(\bigcup_{k=1}^{\infty}A_k\right)=\sum_{k=1}^{\infty}P(A_k)=\sum_{k=1}^{n}P(A_k)+0=\sum_{k=1}^{n}P(A_k).$$

性质 1.2.3 (单调性)　设 A,B 是两个事件，若 $A\subseteq B$，则有

$$P(A)\leqslant P(B).\tag{1.2.6}$$

证　因 $B=A\bigcup(B-A)$，$A\bigcap(B-A)=\varnothing$，则由性质 1.2.2 知

$$P(B)=P(A)+P(B-A),$$

又由非负性知

$$P(B-A)\geqslant 0,$$

故

$$P(B)\geqslant P(A).$$

注意　式(1.2.6)中等号即使在 A 是 B 的真子集的情况下也不可省.

推论 1.2.1　设 A,B 是两个事件，若 $A\subseteq B$，则有

$$P(B-A)=P(B)-P(A).\tag{1.2.7}$$

证　由性质 1.2.3 证明可得.

推论 1.2.2 (减法公式)　设 A,B 是两个事件，有

$$P(A-B)=P(A)-P(AB).\tag{1.2.8}$$

证 因 $A-B=A-(AB)$，且 $AB\subseteq A$，由推论 1.2.1 即得.

性质 1.2.4 对于任一事件 A，$P(A)\leqslant 1$.

证 因 $A\subseteq \Omega$，由性质 1.2.3 即得.

性质 1.2.5 (逆事件的概率) 对于任一事件 A，有

$$P(\overline{A})=1-P(A). \tag{1.2.9}$$

证 因 $\Omega=A\cup\overline{A}$，$A\cap\overline{A}=\varnothing$，由性质 1.2.2 知

$$1=P(\Omega)=P(A)+P(\overline{A}),$$

于是

$$P(\overline{A})=1-P(A).$$

性质 1.2.6 (加法公式) 对于任意两事件 A,B，有

$$P(A\cup B)=P(A)+P(B)-P(AB). \tag{1.2.10}$$

证 因为 $A\cup B=A\cup(B-AB)$，且 $A\cap(B-AB)=\varnothing$，$AB\subseteq B$，所以由式(1.2.5)及式(1.2.7)，得

$$P(A\cup B)=P(A)+P(B-AB)=P(A)+P(B)-P(AB).$$

推论 1.2.3 对于任意 n 个事件 $A_1,A_2,\cdots,A_n$，有

$$\begin{aligned}P\left(\bigcup_{k=1}^{n}A_k\right)=\sum_{i=1}^{n}P(A_i)-\sum_{1\leqslant i<j\leqslant n}P(A_iA_j)+\sum_{1\leqslant i<j<k\leqslant n}P(A_iA_jA_k)\\-\cdots+(-1)^{n-1}P(A_1A_2\cdots A_n).\end{aligned} \tag{1.2.11}$$

用数学归纳法即可证得推论 1.2.3.

推论 1.2.4 (次可加性) 对于任意 n 个事件 $A_1,A_2,\cdots,A_n$，有

$$P\left(\bigcup_{k=1}^{n}A_k\right)\leqslant\sum_{k=1}^{n}P(A_k) \tag{1.2.12}$$

例 1.2.7 设 A,B 互不相容，且 $P(A)=p,P(B)=q$，试求：$P(A\cup B)$，$P(\overline{A}\cup B)$，$P(AB)$，$P(\overline{A}B)$，$P(\overline{A}\overline{B})$.

解 $P(A\cup B)=P(A)+P(B)=p+q,\qquad P(\overline{A}\cup B)=P(\overline{A})=1-p,$

$$P(AB)=0,\qquad P(\overline{A}B)=P(B)=q,\qquad P(\overline{A}\overline{B})=1-P(A\cup B)=1-p-q.$$

例 1.2.8 若 A,B 为任意两个随机事件，则(　　).

A. $P(AB)\leqslant P(A)P(B)$　　　　B. $P(AB)\geqslant P(A)P(B)$

C. $P(AB)\leqslant\dfrac{P(A)+P(B)}{2}$　　　　D. $P(AB)\geqslant\dfrac{P(A)+P(B)}{2}$

解 因为 $P(AB)\leqslant P(A),P(AB)\leqslant P(B)$，所以 $2P(AB)\leqslant P(A)+P(B)$，即 $P(AB)\leqslant\dfrac{P(A)+P(B)}{2}$，故选 C.

例 1.2.9 设 A,B,C 为三个事件，且 $AB\subseteq C$，证明 $P(A)+P(B)-P(C)\leqslant 1$.

证 因为 $P(A\cup B)=P(A)+P(B)-P(AB)$，又 $AB\subseteq C$，所以 $P(AB)\leqslant P(C)$，因此 $P(A)+P(B)-P(C)\leqslant P(A)+P(B)-P(AB)=P(A\cup B)\leqslant 1$.

例 1.2.10 从 1～6 中，等可能地有放回地连续抽取 4 个数字，试求下列事件的概率.

(1) $A=\{4个数字完全不同\}$;

(2) $B=\{4个数字中不含1或5\}$;

(3) $C=\{4个数字中至少出现一次3\}$.

解　从6个数字中有放回地抽取4次，因为每次抽取的数字有6个，所以样本空间含基本事件数为6^4.

(1) A中元素个数是从6个数字中任意选取4个数字的排列数，因此有P_6^4个基本事件，则

$$P(A)=\frac{\mathrm{P}_6^4}{6^4}=\frac{5}{18}.$$

(2) 令$B_1=\{4个数字中不含1\}$，$B_2=\{4个数字中不含5\}$，则$B=B_1\cup B_2$. 又B_1中含基本事件数为5^4，B_2中含基本事件数也为5^4，B_1B_2含基本事件数为4^4，则

$$P(B)=P(B_1\cup B_2)=P(B_1)+P(B_2)-P(B_1B_2)=\frac{5^4}{6^4}+\frac{5^4}{6^4}-\frac{4^4}{6^4}=\frac{497}{648}.$$

(3) 令$\bar{C}=\{4个数字中没有出现3\}$，$\bar{C}$含基本事件数为5^4，则

$$P(C)=1-P(\bar{C})=1-\frac{5^4}{6^4}=\frac{671}{1296}.$$

例 1.2.11 (匹配问题)　将n封信随机地装入n个信封中，求至少有一封信地址正确的概率.

解　记$A_i=\{第i封信的地址正确\}$ $(1\leqslant i\leqslant n)$，则所求概率为

$$P\left(\bigcup_{k=1}^{n}A_k\right)=\sum_{i=1}^{n}P(A_i)-\sum_{1\leqslant i<j\leqslant n}P(A_iA_j)+\sum_{1\leqslant i<j<k\leqslant n}P(A_iA_jA_k)\\ -\cdots+(-1)^{n-1}P(A_1A_2\cdots A_n).$$

首先计算$P(A_i)$，将n封信放入n个信封里为n个元素的一个全排列，有$n!$种. 而将第i封信放入地址正确的信封中，将另外$n-1$封信放入其余$n-1$个信封中，有$(n-1)!$种，故

$$P(A_i)=\frac{(n-1)!}{n!}=\frac{1}{n}.$$

再计算$P(A_iA_j)$，将第i,j封信放入第i,j号信封，其余$n-2$封信放入$n-2$个信封中，有$(n-2)!$种，故

$$P(A_iA_j)=\frac{(n-2)!}{n!}=\frac{1}{n(n-1)}.$$

同理，$P(A_iA_jA_k)=\dfrac{(n-3)!}{n!}=\dfrac{1}{n(n-1)(n-2)},\cdots$,因此

$$\begin{aligned}P\left(\bigcup_{k=1}^{n}A_k\right)&=\mathrm{C}_n^1\frac{1}{n}-\mathrm{C}_n^2\frac{1}{n(n-1)}+\mathrm{C}_n^3\frac{1}{n(n-1)(n-2)}-\cdots+(-1)^{n-1}\frac{1}{n!}\\&=1-\frac{1}{2!}+\frac{1}{3!}-\cdots+(-1)^{n-1}\frac{1}{n!}\\&=1-\sum_{k=0}^{n}(-1)^k\frac{1}{k!}\to1-\sum_{k=0}^{\infty}(-1)^k\frac{1}{k!}=1-\mathrm{e}^{-1}\ (n\to\infty).\end{aligned}$$

1.3 条件概率

1.3.1 条件概率的定义

在实际问题中，人们除了要考虑事件 B 的概率，有时还需考虑在事件 A 发生的条件下，事件 B 发生的概率. 一般地说，两者的概率未必相同，为了区别起见，记后者为 $P(B|A)$. 下面用一个例子说明这一点，并得到条件概率的定义.

例 1.3.1 某年级有 3 个班，一班 30 人，二班 35 人，三班 35 人，在某次考试中，一班及格人数为 28 人，二班为 30 人，三班为 32 人，求总及格率及一班及格率.

解 该年级总人数为 100 人，总及格人数为 90 人，则总及格率为 $\frac{28+30+32}{30+35+35}=\frac{9}{10}$，而一班及格率为 $\frac{28}{30}=\frac{14}{15}$.

实际上，一班及格率也可以这样处理. 设 $A_i=\{$学生来自 i 班$\}$ $(i=1,2,3)$，$B=\{$学生及格$\}$，则一班人数占总人数的百分率为 $P(A_1)=\frac{30}{100}$，一班及格人数占总人数的百分率为 $\frac{28}{100}$，记为 $P(A_1B)$，一班及格率为 $\frac{28}{30}=\frac{28/100}{30/100}$，记一班及格率为 $P(B|A_1)$，则有

$$P(B|A_1)=\frac{P(A_1B)}{P(A_1)}.$$

类似地，对于一般古典概型问题，与上面讨论的一样，对于任何事件 A,B，当 $P(A)>0$ 时，总有

$$P(B|A)=\frac{P(AB)}{P(A)},$$

故可将上面的关系式作为条件概率的定义.

定义 1.3.1 设 A,B 是两个事件，且 $P(A)>0$，则称

$$P(B|A)=\frac{P(AB)}{P(A)} \tag{1.3.1}$$

为在事件 A 发生的条件下事件 B 发生的**条件概率**.

不难验证，条件概率 $P(B|A)$ 符合概率定义中的三个条件，即

(1) 非负性，对于每一个事件 B，有 $P(B|A)\geqslant 0$；

(2) 规范性，对于必然事件 Ω，有 $P(\Omega|A)=1$；

(3) 可列可加性，设 $B_1,B_2,\cdots$ 是两两互不相容的事件，有

$$P\left(\bigcup_{i=1}^{\infty}B_i\,|\,A\right)=\sum_{i=1}^{\infty}P(B_i\,|\,A).$$

既然条件概率满足条件(1)～(3)，由概率的公理化定义知，它也是概率. 实际上，它是将原样本空间缩小为 $\Omega\cap A=A$，对任一事件 B，定义 $P(B|A)=\frac{P(AB)}{P(A)}$ 而得到的概率.

例 1.3.2　袋中有 10 个红球，6 个白球，做无放回抽样，记 $A=\{$第一次抽红球$\}$，$B=\{$第二次抽白球$\}$，求 $P(B|A)$.

解　可以用两种方法处理本例.

方法 1: 由条件概率的定义，$P(B|A)=\dfrac{P(AB)}{P(A)}$，$AB$ 表示第一次抽红球、第二次抽白球，其概率为

$$P(AB)=\frac{\mathrm{P}_{10}^1\mathrm{P}_6^1}{\mathrm{P}_{16}^2}=\frac{1}{4},$$

A 表示第一次抽红球，其概率为

$$P(A)=\frac{\mathrm{P}_{10}^1}{\mathrm{P}_{16}^1}=\frac{5}{8},$$

故

$$P(B|A)=\frac{P(AB)}{P(A)}=\frac{1/4}{5/8}=\frac{2}{5}.$$

方法 2: $P(B|A)$ 表示第一次抽红球的情况下，第二次抽白球的概率. 当第一次取红球后，袋中总共还有 9 个红球，6 个白球，故

$$P(B|A)=\frac{6}{15}=\frac{2}{5}.$$

从中可以看出，方法 2 简单得多，实际上在条件概率的计算中，可以更多地运用方法 2.

例 1.3.3　设 A,B 为两个随机事件，且 $0<P(A)<1, 0<P(B)<1$，若 $P(A|B)=1$，则(　　).

A. $P(\bar{B}|\bar{A})=1$　　B. $P(A|\bar{B})=0$　　C. $P(A\cup B)=1$　　D. $P(B|A)=1$

解　由 $P(A|B)=1$ 知，$P(AB)=P(B)$，故

$$P(A\cup B)=P(A)+P(B)-P(AB)=P(A),$$

从而 $P(\overline{A\cup B})=P(\bar{A})$，即 $P(\bar{A}\bar{B})=P(\bar{A})$，于是 $P(\bar{B}|\bar{A})=1$，因此选 A.

例 1.3.4　设 A,B 为随机事件，若 $0<P(A)<1, 0<P(B)<1$，则 $P(A|B)>P(A|\bar{B})$ 的充分必要条件是(　　).

A. $P(B|A)>P(B|\bar{A})$　　B. $P(B|A)<P(B|\bar{A})$

C. $P(\bar{B}|A)>P(B|\bar{A})$　　D. $P(\bar{B}|A)<P(B|\bar{A})$

解　因为

$$\begin{aligned}P(A|B)>P(A|\bar{B})&\Leftrightarrow\frac{P(AB)}{P(B)}>\frac{P(A\bar{B})}{P(\bar{B})}=\frac{P(A)-P(AB)}{1-P(B)}\\&\Leftrightarrow P(AB)[1-P(B)]>P(B)[P(A)-P(AB)]\\&\Leftrightarrow P(AB)>P(A)P(B),\end{aligned}$$

且

$$\begin{aligned}P(B|A)>P(B|\bar{A})&\Leftrightarrow\frac{P(AB)}{P(A)}>\frac{P(\bar{A}B)}{P(\bar{A})}=\frac{P(B)-P(AB)}{1-P(A)}\\&\Leftrightarrow P(AB)[1-P(A)]>P(A)[P(B)-P(AB)]\\&\Leftrightarrow P(AB)>P(A)P(B),\end{aligned}$$

所以 $P(A|B)>P(A|\overline{B})\Leftrightarrow P(B|A)>P(B|\overline{A})$, 故选 A.

1.3.2 乘法公式

由条件概率的定义, 立即可得到下述定理.

定理 1.3.1 (乘法定理) 设 $P(A)>0$, 则有

$$P(AB)=P(A)P(B|A). \tag{1.3.2}$$

式(1.3.2)也称**乘法公式**. 它容易推广到多个事件的积事件的情况. 一般地, 设 $A_1,A_2,\cdots,A_n$ 为 n 个事件, $n\geqslant 2$, 且 $P(A_1A_2\cdots A_{n-1})>0$, 则有

$$P(A_1A_2\cdots A_n)=P(A_1)P(A_2|A_1)\cdots P(A_n|A_1A_2\cdots A_{n-1}). \tag{1.3.3}$$

例 1.3.5 袋中有 a 个红球, b 个白球, 无放回抽球, 求第 n 次($n\leqslant a+1$)抽球首次取到白球的概率.

解 记 $A_k=\{$第 k 次抽球取到白球$\}$, $B_n=\{$第 n 次抽球首次取到白球$\}$, 则 $B_n=\overline{A_1}\,\overline{A_2}\cdots\overline{A_{n-1}}A_n$, 由乘法公式, 有

$$\begin{aligned}P(B_n)&=P(\overline{A_1})P(\overline{A_2}|\overline{A_1})\cdots P(A_n|\overline{A_1}\,\overline{A_2}\cdots\overline{A_{n-1}})\\&=\frac{a}{a+b}\cdot\frac{a-1}{a+b-1}\cdots\frac{a-(n-2)}{a+b-(n-2)}\cdot\frac{b}{a+b-(n-1)}\quad(n\leqslant a+1).\end{aligned}$$

例 1.3.6 设某光学仪器厂制造的透镜, 第一次落地时打破的概率为 1/2, 若第一次落地未打破, 第二次落地打破的概率为 7/10, 若前两次落地未打破, 第三次落地打破的概率为 9/10, 试求落地三次而未打破的概率.

解 **方法 1**: 以 A_i($i=1,2,3$)表示事件"透镜第 i 次落地打破", 以 B 表示事件"透镜落地三次未打破". 因为 $B=\overline{A_1}\,\overline{A_2}\,\overline{A_3}$, 所以有

$$\begin{aligned}P(B)&=P(\overline{A_1}\,\overline{A_2}\,\overline{A_3})=P(\overline{A_1})P(\overline{A_2}|\overline{A_1})P(\overline{A_3}|\overline{A_1}\,\overline{A_2})\\&=\left(1-\frac{1}{2}\right)\left(1-\frac{7}{10}\right)\left(1-\frac{9}{10}\right)=\frac{3}{200}.\end{aligned}$$

方法 2: 由题意知

$$\overline{B}=A_1\cup\overline{A_1}A_2\cup\overline{A_1}\,\overline{A_2}A_3,$$

而 $A_1,\overline{A_1}A_2,\overline{A_1}\,\overline{A_2}A_3$ 两两互不相容, 故有

$$P(\overline{B})=P(A_1)+P(\overline{A_1}A_2)+P(\overline{A_1}\,\overline{A_2}A_3).$$

又已知 $P(A_1)=\dfrac{1}{2}$, $P(A_2|\overline{A_1})=\dfrac{7}{10}$, $P(A_3|\overline{A_1}\,\overline{A_2})=\dfrac{9}{10}$, 则

$$P(\overline{A_1}A_2)=P(\overline{A_1})P(A_2|\overline{A_1})=\frac{7}{20},$$

$$P(\overline{A_1}\,\overline{A_2}A_3)=P(\overline{A_1})P(\overline{A_2}|\overline{A_1})P(A_3|\overline{A_1}\,\overline{A_2})=\left(1-\frac{1}{2}\right)\left(1-\frac{7}{10}\right)\cdot\frac{9}{10}=\frac{27}{200},$$

故

$$P(\overline{B})=\frac{1}{2}+\frac{7}{20}+\frac{27}{200}=\frac{197}{200},\qquad P(B)=1-\frac{197}{200}=\frac{3}{200}.$$

1.3.3　全概率公式和贝叶斯公式

在例 1.3.1 中, 通过各班的及格率求全年级的及格率即全概率公式. 实际上, 沿用例 1.3.1 的记号, 有

$$
\begin{aligned}
P(B)&=\frac{90}{100}=\frac{28+30+32}{100}=\frac{30\times\frac{14}{15}+35\times\frac{6}{7}+35\times\frac{32}{35}}{100}\\
&=\frac{30}{100}\times\frac{14}{15}+\frac{35}{100}\times\frac{6}{7}+\frac{35}{100}\times\frac{32}{35}\\
&=P(A_1)P(B|A_1)+P(A_2)P(B|A_2)+P(A_3)P(B|A_3).
\end{aligned}
$$

为了建立一般情况下的全概率公式, 先介绍样本空间完备事件组的定义.

定义 1.3.2　设 Ω 为试验 E 的样本空间, $B_1,B_2,\cdots,B_n$ 为 E 的一组事件, 若

(1) $B_iB_j=\varnothing\ (i\neq j,i,j=1,2,\cdots,n)$;

(2) $B_1\cup B_2\cup\cdots\cup B_n=\Omega$,

则称 $B_1,B_2,\cdots,B_n$ 为样本空间 Ω 的一个**完备事件组**.

明显地, 例 1.3.1 中, Ω={某年级的学生}, 而 A_1={一班的学生}, A_2={二班的学生}, A_3={三班的学生}是 Ω 的一个完备事件组.

定理 1.3.2　设试验 E 的样本空间为 Ω, A 为 E 的事件, $B_1,B_2,\cdots,B_n$ 为 Ω 的一个完备事件组, 且 $P(B_i)>0\ (i=1,2,\cdots,n)$, 则

$$
\begin{aligned}
P(A)&=P(B_1)P(A|B_1)+P(B_2)P(A|B_2)+\cdots+P(B_n)P(A|B_n)\\
&=\sum_{i=1}^{n}P(B_i)P(A|B_i).
\end{aligned}
\tag{1.3.4}
$$

式(1.3.4)称为**全概率公式**.

证　因为

$$A=A\Omega=A(B_1\cup B_2\cup\cdots\cup B_n)=AB_1\cup AB_2\cup\cdots\cup AB_n,$$

由假设 $P(B_i)>0\ (i=1,2,\cdots,n)$, 且 $(AB_i)\cap(AB_j)=\varnothing\ (i\neq j)$, 得

$$
\begin{aligned}
P(A)&=P(AB_1)+P(AB_2)+\cdots+P(AB_n)\\
&=P(B_1)P(A|B_1)+P(B_2)P(A|B_2)+\cdots+P(B_n)P(A|B_n)\\
&=\sum_{i=1}^{n}P(B_i)P(A|B_i).
\end{aligned}
$$

全概率公式可以看成“已知原因求结果”. 在很多实际问题中, 一个事件 A 发生的概率 $P(A)$ 不易直接求得, 但却知道发生这一结果的各种原因, 以及在各种原因下 A 发生的概率, 那么就可以利用式(1.3.4)求 $P(A)$.

例 1.3.1 中, 如果已知某学生及格, 可考察他来自哪个班, 如来自一班的概率为

$$P(A_1|B)=\frac{28}{90}=\frac{28/100}{90/100}=\frac{P(A_1B)}{P(B)}=\frac{P(A_1)P(B|A_1)}{\sum_{i=1}^{3}P(A_i)P(B|A_i)}.$$

将本问题推广到一般情况, 就是下述贝叶斯公式.

定理 1.3.3　设试验 E 的样本空间为 Ω，A 为 E 的事件，$B_1,B_2,\cdots,B_n$ 为 Ω 的一个完备事件组，且 $P(A)>0$，$P(B_i)>0\ (i=1,2,\cdots,n)$，则

$$P(B_i\mid A)=\frac{P(B_i)P(A\mid B_i)}{\sum_{j=1}^{n}P(B_j)P(A\mid B_j)}\quad (i=1,2,\cdots,n). \tag{1.3.5}$$

式(1.3.5)称为**贝叶斯(Bayes)公式**.

证　由条件概率的定义及全概率公式即得

$$P(B_i\mid A)=\frac{P(B_i)P(A\mid B_i)}{\sum_{j=1}^{n}P(B_j)P(A\mid B_j)}.$$

特别地，当 $n=2$ 时，有

$$P(B\mid A)=\frac{P(B)P(A\mid B)}{P(B)P(A\mid B)+P(\bar{B})P(A\mid \bar{B})}.$$

在全概率公式中，是由各种原因求 A 发生的概率，而贝叶斯公式可以看成其逆问题，已知 A 发生了，找造成 A 发生的各个原因的概率，即“由果溯因”. 这种思想在统计中有广泛的运用.

例 1.3.7　设甲箱中有 a 个白球，b 个红球，乙箱中有 c 个白球，d 个红球，从甲箱中任取一球放入乙箱中，然后再从乙箱中任取一球，试求从乙箱中取到的球为白球的概率.

解　设 $A=\{$从乙箱中取到的球为白球$\}$，$B=\{$从甲箱中取出白球$\}$，则 $\bar{B}=\{$从甲箱中取出红球$\}$. 由全概率公式，有

$$\begin{aligned}P(A)&=P(B)P(A\mid B)+P(\bar{B})P(A\mid \bar{B})\\&=\frac{a}{a+b}\cdot\frac{c+1}{c+d+1}+\frac{b}{a+b}\cdot\frac{c}{c+d+1}=\frac{a(c+1)+bc}{(a+b)(c+d+1)}.\end{aligned}$$

例 1.3.8　假定某工厂甲、乙、丙 3 个车间生产同一种螺钉，产量依次占全厂的 45%, 35%, 20%. 如果各车间的次品率依次为 4%, 2%, 5%，现在从待出厂产品中检查出 1 个次品，试判断它是由甲车间生产的概率.

解　设事件 A 表示“产品为次品”，B_1,B_2,B_3 分别表示“产品为甲、乙、丙车间生产的”. 显然，B_1,B_2,B_3 构成一个完备事件组. 依题意，有

$$P(B_1)=0.45,\qquad P(B_2)=0.35,\qquad P(B_3)=0.2,$$

$$P(A\mid B_1)=0.04,\qquad P(A\mid B_2)=0.02,\qquad P(A\mid B_3)=0.05,$$

由式(1.3.5)，有

$$\begin{aligned}P(B_1\mid A)&=\frac{P(B_1)P(A\mid B_1)}{\sum_{i=1}^{3}P(B_i)P(A\mid B_i)}\\&=\frac{0.45\times 0.04}{0.45\times 0.04+0.35\times 0.02+0.2\times 0.05}=0.5143.\end{aligned}$$

请计算任取一个该厂生产的合格品，恰好是甲车间生产的概率.

例 1.3.9　假设一项血液化验用于诊断某种疾病, 95%的患者反应呈阳性, 但是有 1%的健康人也呈阳性. 统计资料表明, 这种疾病的患者在人口中的比例为 0.2%. 试求这种血液化验呈阳性反应的人实际上并没有患这种疾病的概率.

解　用 A 表示"血液反应呈阳性", B 表示"患有这种疾病", 则由题意, 得

$$P(B)=0.002,\qquad P(\bar{B})=0.998,$$
$$P(A\mid B)=0.95,\qquad P(A\mid \bar{B})=0.01,$$

于是由贝叶斯公式, 有

$$\begin{aligned}P(\bar{B}\mid A)&=\frac{P(\bar{B})P(A\mid \bar{B})}{P(B)P(A\mid B)+P(\bar{B})P(A\mid \bar{B})}\\&=\frac{0.998\times 0.01}{0.002\times 0.95+0.998\times 0.01}=0.8401.\end{aligned}$$

例 1.3.9 的结果表明, 用这种验血方法, 尽管对于确实患有这种疾病患者的确诊率为 95%, 但是在化验呈阳性反应的人群中平均有 84.01%的人没有患这种疾病, 即用这种方法进行诊断, 把未患有这种疾病的人误诊为患者的概率高达 84.01%. 因此, 要确诊这种疾病, 除了验血以外, 还需结合其他手段.

1.4　独　立　性

从 1.3 节的讨论可以知道, 条件概率和无条件概率往往是不同的. 一般地讲, 一个事件 A 对另一个事件 B 是否发生的影响往往由这两个事件的关系来决定. 例如, 在抽球模型中, 分有放回抽球与无放回抽球, 从直观上讲, 无放回抽球前一次的结果对后一次抽球是有影响的, 而有放回抽球前一次的抽球结果对后一次抽球无影响. 这种影响不存在的情况即本节所讨论的独立性.

1.4.1　独立性的概念及性质

定义 1.4.1　设 A,B 是两个事件, 若满足等式

$$P(AB)=P(A)P(B),$$

则称事件 A,B **相互独立**, 简称 A,B **独立**.

例 1.4.1　设 A,B,C 为三个随机事件, 且 A 与 C 相互独立, B 与 C 相互独立, 则 $A\cup B$ 与 C 相互独立的充分必要条件是(　　).

A. A 与 B 相互独立　　B. A 与 B 互不相容

C. AB 与 C 相互独立　　D. AB 与 C 互不相容

解　由 A 与 C 相互独立, B 与 C 相互独立, 得

$$\begin{aligned}P[(A\cup B)C]&=P[(AC)\cup(BC)]=P(AC)+P(BC)-P(ABC)\\&=P(A)P(C)+P(B)P(C)-P(ABC),\end{aligned}$$

$$\begin{aligned}P(A\cup B)P(C)&=[P(A)+P(B)-P(AB)]P(C)\\&=P(A)P(C)+P(B)P(C)-P(AB)P(C),\end{aligned}$$

故

$$A \cup B 与 C 相互独立 \Leftrightarrow P[(A \cup B)C] = P(A \cup B)P(C) \Leftrightarrow P(ABC) = P(AB)P(C)$$

$$\Leftrightarrow AB 与 C 相互独立,$$

因此选 C.

由独立的定义, 可以得到它的性质.

定理 1.4.1 若 $P(A)=0$, 则 A 与任何事件 B 独立.

证 由独立性定义即得.

定理 1.4.2 设 A,B 是两个事件, 且 $P(A)>0$, 若 A,B 相互独立, 则 $P(B|A)=P(B)$; 反之亦然.

证 当 A,B 相互独立时, 有

$$P(AB)=P(A)P(B),$$

又 $P(A)>0$, 故 $\dfrac{P(AB)}{P(A)}=P(B)$, 由条件概率的定义即得

$$P(B|A)=P(B).$$

上面的证明逆推即得定理的另一部分.

定理 1.4.3 若事件 A,B 独立, 则下列各对事件也相互独立: A 与 $\overline{B}$, $\overline{A}$ 与 B, $\overline{A}$ 与 $\overline{B}$.

证 先来证明 A 与 $\overline{B}$ 独立, 其他仿之可证.

由 $P(AB)=P(A)P(B)$, 得

$$\begin{aligned} P(A\overline{B}) &= P(A)-P(AB)=P(A)-P(A)P(B) \\ &= P(A)[1-P(B)]=P(A)P(\overline{B}). \end{aligned}$$

由独立性的定义可得 A 与 $\overline{B}$ 独立.

推论 1.4.1 $P(A)=1$, 则 A 与任何事件 B 独立.

由定理 1.4.1 和定理 1.4.3 即得.

从独立性的定义及定理 1.4.1 和推论 1.4.1 可知, 概率为 0 或 1 的事件与任何事件独立. 当 $P(A)$ (或 $P(B)$)不为 0 时, 独立性等价于 $P(B|A)=P(B)$ (或 $P(A|B)=P(A)$), 即一个事件的发生对另一个事件的发生概率无影响, 又即条件概率等于无条件概率. 需要指出的是, 独立性与互不相容是两个不同的概念, 不要混淆. 下面再来讨论多个事件的独立性.

定义 1.4.2 设 $A_1,A_2,\cdots,A_n$ 是 n 个事件, 若 $\forall 2 \leqslant k \leqslant n, 1 \leqslant i_1 < i_2 < \cdots < i_k \leqslant n$, 有

$$P(A_{i_1}A_{i_2}\cdots A_{i_k})=P(A_{i_1})P(A_{i_2})\cdots P(A_{i_k}), \tag{1.4.1}$$

则称事件 $A_1,A_2,\cdots,A_n$ **相互独立**.

式(1.4.1)中包含有 $C_n^2+C_n^3+C_n^n=2^n-n-1$ 个等式, 如 $n=3$ 时, 即

$$\begin{cases} P(A_1A_2)=P(A_1)P(A_2), \\ P(A_1A_3)=P(A_1)P(A_3), \\ P(A_2A_3)=P(A_2)P(A_3), \\ P(A_1A_2A_3)=P(A_1)P(A_2)P(A_3). \end{cases}$$

若对于任意 $1 \leqslant i < j \leqslant n$, 有 $P(A_iA_j)=P(A_i)P(A_j)$, 则称 $A_1,A_2,\cdots,A_n$ **两两独立**. 由定义 1.4.2

可知, n 个事件相互独立, 则它们两两独立; 反之不成立.

例 1.4.2 设有一均匀的正四面体, 其第一面染红色, 第二面染蓝色, 第三面染黄色, 第四面染红、蓝、黄三色. 现记

$$A=\{\text{抛一次四面体朝下的一面出现红色}\},$$
$$B=\{\text{抛一次四面体朝下的一面出现蓝色}\},$$
$$C=\{\text{抛一次四面体朝下的一面出现黄色}\},$$

则 A,B,C 两两独立, 但不相互独立.

解 由题意知

$$P(A)=P(B)=P(C)=\frac{1}{2},\qquad P(AB)=P(BC)=P(AC)=P(ABC)=\frac{1}{4},$$

则

$$P(AB)=\frac{1}{4}=P(A)P(B),$$
$$P(AC)=\frac{1}{4}=P(A)P(C),$$
$$P(BC)=\frac{1}{4}=P(B)P(C),$$

故 A,B,C 两两独立.

又

$$P(ABC)=\frac{1}{4}\neq\frac{1}{8}=P(A)P(B)P(C),$$

故 A,B,C 不相互独立.

从例 1.4.2 可以看到, 独立性如果要从定义来判定的话, 一般都比较复杂. 实际上, 往往由具体问题的独立性的实际意义来判定.

独立性是概率中运用非常广泛的一个性质, 其主要包含如下两个方面.

(1) 在乘法公式中, 有

$$P(A_1A_2\cdots A_n)=P(A_1)P(A_2)\cdots P(A_n),$$

从而避免复杂的条件概率的计算.

(2) 在加法公式中, 有

$$\begin{aligned}P(A_1\cup A_2\cup\cdots\cup A_n)&=1-P(\overline{A_1\cup A_2\cup\cdots\cup A_n})=1-P(\overline{A_1}\,\overline{A_2}\cdots\overline{A_n})\\&=1-P(\overline{A_1})P(\overline{A_2})\cdots P(\overline{A_n})\\&=1-[1-P(A_1)][1-P(A_2)]\cdots[1-P(A_n)],\end{aligned}$$

从而避免了加法定理中的复杂计算.

例 1.4.3 设独立重复试验中每次试验事件 A 发生的概率为 $p\ (0<p<1)$.

(1) 证明: 无论 p 多么小, 只要不断地独立重复做此试验, A 迟早会发生的概率为 1;

(2) 求使事件 A 至少发生一次的概率不小于 $Q\ (0<Q<1)$ 的最小试验次数 n.

证 (1) 设 $A_k=\{\text{第 } k \text{ 次试验 } A \text{ 发生}\}\ (k=1,2,\cdots)$, 则

$$\{A\text{ 迟早会发生}\}=A_1\cup A_2\cup\cdots.$$

由于

$$P(A_k)=p, \qquad P(\overline{A_k})=1-p,$$

故

$$P(A_1\cup A_2\cup\cdots\cup A_n)=1-P(\overline{A_1})P(\overline{A_2})\cdots P(\overline{A_n})=1-(1-p)^n,$$

所以

$$\lim_{n\to\infty}P(A_1\cup A_2\cup\cdots\cup A_n)=\lim_{n\to\infty}[1-(1-p)^n]=1.$$

而

$$P(A_1\cup A_2\cup\cdots\cup A_n)\leqslant P(A_1\cup A_2\cup\cdots)\leqslant 1,$$

于是

$$P(A_1\cup A_2\cup\cdots)=1.$$

解 (2) 依题意需要求出满足条件 $P\left(\bigcup_{k=1}^{n}A_k\right)\geqslant Q$ 的最小自然数 n.

由于

$$P\left(\bigcup_{k=1}^{n}A_k\right)=1-(1-p)^n,$$

故

$$(1-p)^n\leqslant 1-Q, \qquad n\lg(1-p)\leqslant \lg(1-Q),$$

由此, 得

$$n\geqslant\frac{\lg(1-Q)}{\lg(1-p)},$$

取

$$n=\left[\frac{\lg(1-Q)}{\lg(1-p)}\right]+1.$$

例如, $p=0.15$, $Q=0.95$, 则

$$n\geqslant\frac{\lg(1-0.95)}{\lg(1-0.15)}\approx 18.4,$$

即要使事件 A 至少出现一次的概率不小于 0.95, 至少需要进行 19 次试验.

例 1.4.3(1)的结论说明小概率事件在大量重复试验中迟早发生的概率为 1.概率论中的这一结论, 是有重要意义的. 在实际工作中, 不能忽视小概率事件, 如在山里乱丢烟头, 就一次而言, 引起火灾的机会并不大, 但是很多人都这么做, 发生火灾的概率就很大.

例 1.4.4 (系统可靠性) 一个系统能正常工作的概率称为系统的可靠性. 系统的基本结构有三种: 并联、串联和混联. 有若干个独立工作的元件组成如图 1.4.1 所示的系统, 每个元件正常工作的概率都为 $p\,(0<p<1)$, 分别求三种结构的系统可靠性.

解 记 $A=$\{系统正常工作\}, $A_i=$\{元件 A_i 正常工作\}, $B_i=$\{元件 B_i 正常工作\} $(i=1,2,\cdots,n)$, 则

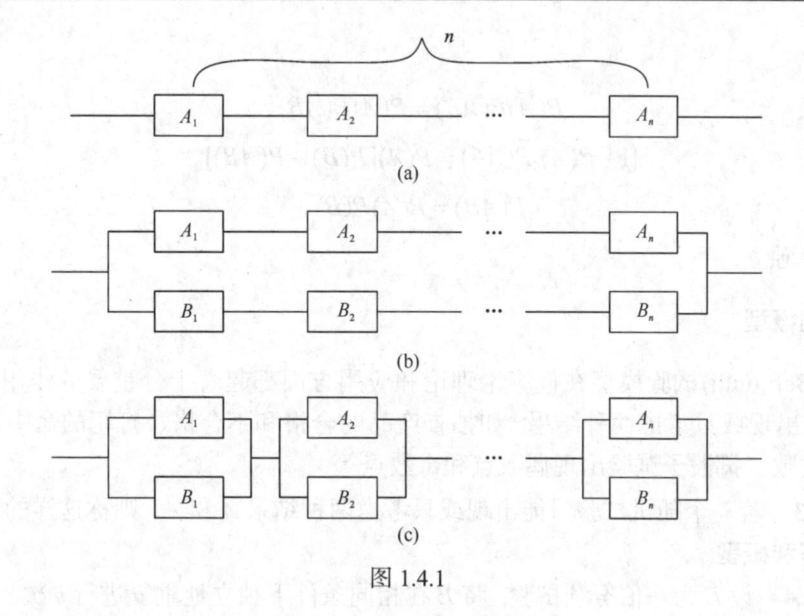

图 1.4.1

(1) $R_1 = P(A) = P(A_1A_2\cdots A_n) = P(A_1)P(A_2)\cdots P(A_n) = p^n$.

(2)
$$\begin{aligned} R_2 &= P(A_1A_2\cdots A_n \cup B_1B_2\cdots B_n) \\ &= P(A_1A_2\cdots A_n) + P(B_1B_2\cdots B_n) - P(A_1A_2\cdots A_nB_1B_2\cdots B_n) \\ &= p^n(2-p^n). \end{aligned}$$

(3)
$$\begin{aligned} R_3 &= P(A) = P(A_1 \cup B_1)P(A_2 \cup B_2)\cdots P(A_n \cup B_n) \\ &= [P(A_1) + P(B_1) - P(A_1)P(B_1)]^n = p^n(2-p)^n. \end{aligned}$$

显然，$R_2 > R_1, R_3 > R_1$. 下面用归纳法证明 $R_3 > R_2$.

当 $n = 2$ 时，

$$(2-p)^2 = 4 - 4p + p^2 = 2 - p^2 + 2(1-p)^2 > 2 - p^2,$$

即结论对 $n = 2$ 成立.

假设结论对 $n = k$ 成立，则当 $n = k+1$ 时，

$$\begin{aligned} (2-p)^{k+1} &= (2-p)^k(2-p) > (2-p^k)(2-p) = 4 - 2p^k - 2p + p^{k+1} \\ &= 2 - p^{k+1} + 2(1-p)(1-p^k) > 2 - p^{k+1}, \end{aligned}$$

即结论对 $n = k+1$ 成立.

故可得 $R_3 > R_2$.

这说明改变连接方式可以提高系统的可靠性.

例 1.4.5 假设 $0 < P(A) < 1$，证明 A 与 B 相互独立的充分必要条件为 $P(B \mid A) = P(B \mid \overline{A})$.

证 必要性. 若 A 与 B 相互独立，则由定理 1.4.2 可得 $P(B \mid A) = P(B)$，又由定理 1.4.3 知，$\overline{A}$ 与 B 独立，故 $P(B \mid \overline{A}) = P(B)$，所以 $P(B \mid A) = P(B \mid \overline{A})$.

充分性. 若 $P(B \mid A) = P(B \mid \overline{A})$，由 $0 < P(A) < 1$，得 $0 < P(\overline{A}) < 1$，则

$$\frac{P(AB)}{P(A)} = \frac{P(\overline{A}B)}{P(\overline{A})},$$

即

$$P(\overline{A})P(AB)=P(A)P(\overline{A}B),$$
$$[1-P(A)]P(AB)=P(A)[P(B)-P(AB)],$$
$$P(AB)=P(A)P(B),$$

故 A 与 B 相互独立.

1.4.2　伯努利概型

伯努利(Bernoulli)试验模型在概率论理论和应用方面都起着十分重要的作用. 这种随机试验, 它只能出现或只考虑两种结果, 如抽查产品的合格和不合格、打靶的命中与脱靶、试验的成功与失败、掷骰子试验出现偶数点和奇数点等.

定义 1.4.3　若一个随机试验只能出现或只考虑两种结果 A 和 $\overline{A}$, 则称这样的试验为**伯努利试验**或**伯努利概型**.

定义 1.4.4　设 E 为一伯努利试验, 将 E 在相同条件下独立地重复进行 n 次, 即 n 次试验的结果是相互独立的, 且每次试验中结果 A 出现的概率保持不变, 均为 $P(A)\ (0<P(A)<1)$. 把这 n 次独立重复试验总起来看成一个试验, 称这种试验为 **n 重伯努利试验**或 **n 重伯努利概型**, 简称**伯努利试验**或**伯努利概型**.

定理 1.4.4　对于伯努利概型, 事件 A 在 n 次试验中出现 k 次的概率为 $\mathrm{C}_n^k p^k q^{n-k}$, 其中 $p=P(A)$, $q=1-p$.

证　由伯努利概型知, 事件 A 在指定 k 次试验中发生, 而其余 $n-k$ 次试验中不发生, 如前 k 次试验中 A 发生, 而后 $n-k$ 次试验中 A 不发生的概率为

$$\underbrace{p\cdots p}_{k\text{个}}\underbrace{q\cdots q}_{n-k\text{个}}=p^k q^{n-k}.$$

又由组合理论, 这样的方式共有 C_n^k 种, 且这 C_n^k 种组合对应的 C_n^k 个事件互不相容.

由概率的加法公式得, A 发生 k 次的概率为 $\mathrm{C}_n^k p^k q^{n-k}$.

例 1.4.6　设有 8 门火炮独立地向同一目标各射击一发炮弹, 若有不少于 2 发炮弹命中目标, 目标算作被击毁, 如果每门炮命中目标的概率为 0.6, 求击毁目标的概率 P.

解　依题意, 令 A 表示每门火炮击中目标这一事件, 则 $P(A)=0.6$, 本例可以看成 $n=8$、$p=0.6$ 的伯努利试验, 则

$$P=\sum_{k=2}^{8}\mathrm{C}_8^k\times 0.6^k\times 0.4^{8-k}=1-\mathrm{C}_8^0\times 0.6^0\times 0.4^8-\mathrm{C}_8^1\times 0.6^1\times 0.4^7=0.9915.$$

例 1.4.7　在伯努利试验中, 求 A 在 n 次试验中发生偶数次与奇数次的概率.

解　记 $P(A)=p$, $A_k=\{n$ 次试验中 A 发生 k 次$\}$, $B=\{A$ 在 n 次试验中发生偶数次$\}$, $C=\{A$ 在 n 次试验中发生奇数次$\}$, 则由定理 1.4.4, 有

$$P(A_k)=\mathrm{C}_n^k p^k q^{n-k},$$

从而

$$P(B)=\mathrm{C}_n^0 q^n+\mathrm{C}_n^2 p^2 q^{n-2}+\cdots,\qquad P(C)=\mathrm{C}_n^1 p^1 q^{n-1}+\mathrm{C}_n^3 p^3 q^{n-3}+\cdots,$$

由二项式定理, 有

$$P(B)+P(C)=C_n^0q^n+C_n^1p^1q^{n-1}+\cdots+C_n^np^n=(p+q)^n=1,$$

$$P(B)-P(C)=C_n^0q^n+C_n^1(-p)^1q^{n-1}+\cdots+C_n^n(-p)^n=(q-p)^n,$$

解得 $P(B)=\dfrac{1+(q-p)^n}{2}, P(C)=\dfrac{1-(q-p)^n}{2}$.

习　题　1

1. 写出下列随机试验的样本空间.

(1) 连续抛一枚硬币, 直至出现正面为止;

(2) 记录一个小班一次数学考试的平均分数(设以百分制记分);

(3) 在单位圆内任取一点, 记录它的坐标.

2. 指明以下事件 A 与 B 之间的关系.

(1) 检查两件产品, 记事件 $A=\{$两次检查结果不同$\}$, $B=\{$至少有一件不合格品$\}$;

(2) 设 T 表示轴承寿命, 记事件 $A=\{T>5\,000\text{ h}\}$, $B=\{T>8\,000\text{ h}\}$.

3. 叙述下列事件的对立事件.

(1) $A=\{$抛两枚硬币,皆为反面$\}$;

(2) $B=\{$加工40个零件,至少有一个不合格品$\}$.

4. 设 $P(A)=0.7, P(A-B)=0.3$, 试求 $P(\overline{AB})$.

5. 设 A,B,C 三个事件满足:

$$P(A)=P(B)=P(C)=\frac{1}{4},\qquad P(AB)=P(BC)=0,\qquad P(AC)=\frac{1}{8},$$

试求事件 A,B,C 至少有一个发生的概率.

6. 设 A,B 是两个事件, 且 $P(A)=0.6, P(B)=0.7$, 问:

(1) 在什么条件下 $P(AB)$ 取到最大值, 最大值是多少?

(2) 在什么条件下 $P(AB)$ 取到最小值, 最小值是多少?

7. 从 n 个数 $1,2,\cdots,n$ 中任取 2 个, 问其中一个小于 $k\,(1<k<n)$, 另一个大于 k 的概率是多少?

8. 在整数 0～9 中任取 4 个, 能排成一个四位偶数的概率是多少?

9. 随机地将 15 名新生平均分配到三个班级中去, 这 15 名新生中有 3 名优秀生, 求:

(1) 每个班各有一名优秀生的概率;

(2) 3 名优秀生分在同一个班的概率.

10. 把 10 本书任意放在书架上, 求其中指定的 3 本书放在一起的概率.

11. 任意将 10 本书放在书架上, 其中有两套书, 一套 3 本, 另一套 4 本, 求下列事件的概率.

(1) 3 本一套放在一起;

(2) 两套各自放在一起;

(3) 两套中至少有一套放在一起.

12. 10 把钥匙中有 3 把能打开门, 今任意取 2 把, 求能打开门的概率.

13. 某城市有 N 部卡车, 车牌号从1到 N. 某人观察了 n 部车(可能重复), 求观察到最大车牌号恰为 k $(1\leqslant k\leqslant N)$ 的概率.

14. n 个人随机地围一圆桌而坐, 求甲、乙两人相邻而坐的概率.

15. 甲、乙两人抛均匀硬币, 其中甲抛 $n+1$ 次, 乙抛 n 次, 求甲抛出正面次数大于乙抛出正面次数的概率.

16. 自前 n 个正整数中任意取出两个数, 求两个数之和是偶数的概率 p.

17. 将 3 个球随机地放入 4 个杯子中去, 求杯中球的最大个数分别为 1, 2, 3 的概率.

18. 已知 $P(A)=\dfrac{1}{4}, P(B|A)=\dfrac{1}{3}, P(A|B)=\dfrac{1}{2}$, 求 $P(A\cup B)$.

19. 若事件 A 与 B 互不相容, 且 $P(\overline{B})\neq 0$, 证明: $P(A|\overline{B})=\dfrac{P(A)}{P(\overline{B})}$.

20. 8 个人抽签, 其中只有 1 张电影票, 7 张空票, 求每个人抽到电影票的概率.

21. 设某种动物活到 10 岁的概率为 0.8, 而活到 15 岁的概率为 0.4, 问现年为 10 岁的这种动物活到 15 岁的概率是多少?

22. 一盒晶体管中有 6 只合格品, 4 只不合格品, 从中不返回地一只一只取出, 试求第二次取出合格品的概率.

23. 甲口袋中有 a 只黑球, b 只白球, 乙口袋中有 n 只黑球, m 只白球.

(1) 从甲口袋中任取 1 只球放入乙口袋, 然后再从乙口袋中任取 1 只球, 试求最后从乙口袋取出的是黑球的概率;

(2) 从甲口袋中任取 2 只球放入乙口袋, 然后再从乙口袋中任取 1 只球, 试求最后从乙口袋取出的是黑球的概率.

24. 一只盒子装有 15 个乒乓球, 其中有 9 个新球, 在第一次比赛时任意取出 3 个球, 比赛后仍放回原盒中; 在第二次比赛时同样任意取出 3 个球, 求第二次取出的 3 个球均为新球的概率.

25. 一学生接连参加同一课程的两次考试, 第一次及格的概率为 p, 若第一次及格则第二次及格的概率为 p; 若第一次不及格则第二次及格的概率为 $\dfrac{p}{2}$.

(1) 若至少有一次及格则他取得某种资格, 求他取得该资格的概率;

(2) 若已知他第二次及格, 求他第一次及格的概率.

26. 有两个箱子, 第一个箱子有 5 个白球, 10 个红球, 第二个箱子有 5 个白球, 10 个红球, 现从第一个箱子中任取出 1 个球放于第二个箱子里, 然后从第二个箱子中任取 1 个球放于第一个箱子里, 最后从第一个箱子中任取 2 个球, 求 2 个球全是红球的概率.

27. 某工厂有三部制螺钉的机器 A,B,C, 它们的产品分别占全部产品的 25%, 35%, 40%, 并且它们的废品率分别是 5%, 4%, 2%. 今从全部产品中任取一个, 并发现它是废品, 问它是 A,B,C 制造的概率各为多少?

28. 有标号 $1\sim n$ 的 n 个盒子, 每个盒子中都有 m 个白球, k 个黑球. 从第一个盒子中取一个球放入第二个盒子, 再从第二个盒子任取一个球放入第三个盒子, 依此类推, 求从最后一个盒子取到的球是白球的概率.

29. 要验收一批乐器, 共 100 件, 验收方案如下: 从这批乐器中随机取 3 件进行测试, 若其中至少有一件在测试中被认为音色不纯，则拒绝接收这批乐器. 假设一件音色不纯的乐器在测试中被认为音色不纯的概率为 0.95，而一件音色纯的乐器在测试中被认为音色不纯的概率为 0.01. 已知这批乐器中恰好有 4 件音色不纯，问这批乐器被接收的概率是多少？

30. r 个人相互传球，每次传球时，传球者等可能地把球传给其余 $r-1$ 个人中之一，求第 n 次传球时仍由最初发球者传出的概率 p_n (发球那一次算第 0 次).

31. 学生在做一道有 4 个选项的单项选择题时，如果他不知道问题的正确答案，就随机猜测，现从卷面上看题是答对了，试在以下情况下求学生确实知道正确答案的概率：

(1) 学生知道正确答案和胡乱猜测的概率都是 0.5；

(2) 学生知道正确答案的概率是 0.2.

32. 三人独立地破译一个密码，他们能单独译出的概率分别为 $\frac{1}{5},\frac{1}{3},\frac{1}{4}$，求此密码被译出的概率.

33. 有甲、乙两批种子，发芽率分别为 0.8 和 0.7，在两批种子中各任取一粒，求：

(1) 两粒种子都能发芽的概率；

(2) 至少有一粒种子能发芽的概率；

(3) 恰好有一粒种子能发芽的概率.

34. 甲、乙比赛射击，每进行一次，胜者得一分，在一次射击中，甲胜的概率为 α，乙胜的概率为 β. 设 $\alpha>\beta\ (\alpha+\beta=1)$，且独立地进行比赛到有一人超过对方 2 分就停止，多得 2 分者胜. 求甲、乙获胜的概率.

35. 在 4 次独立试验中事件 A 至少出现一次的概率为 0.59，试问一次试验中 A 出现的概率是多少？

36. 设 A,B 相互独立，$P(A)>0$，证明：$A,B,A\cup B$ 相互独立的充分必要条件是 $P(A\cup B)=1$.

37. 设 1 枚深水炸弹击沉一潜水艇的概率为 $\frac{1}{3}$，击伤的概率为 $\frac{1}{2}$，击不中的概率为 $\frac{1}{6}$，并设击伤两次也会导致潜水艇下沉，求施放 4 枚深水炸弹能击沉潜水艇的概率.

38. 设 $0<P(A)<1$，$0<P(B)<1$，$P(A|B)+P(\bar{A}|\bar{B})=1$，试证：$A$ 与 B 独立.

39. 设每次试验成功的概率为 p，试求在 n 次独立重复试验中

(1) 恰好一次成功的概率 α；

(2) 最多一次成功的概率 β；

(3) 至少一次成功的概率 γ.

40. 证明：$\mathrm{C}_{n-m}^{r}\mathrm{C}_{m}^{0}+\mathrm{C}_{n-m}^{r-1}\mathrm{C}_{m}^{1}+\cdots+\mathrm{C}_{n-m}^{0}\mathrm{C}_{m}^{r}=\mathrm{C}_{n}^{r}$.

第 2 章　随机变量及其分布

在第 1 章中, 用样本空间的子集, 即随机事件来表示随机试验的结果. 由于随机事件是集合, 很难用微积分的工具对它加以研究, 这种表示方式对全面讨论随机试验的统计规律性及数学工具的运用都有较大的限制. 从本章开始, 引入随机变量, 从而使概率论的研究对象由随机事件转为随机变量. 随机变量概念的引入是概率论发展史上的重大突破. 对于随机变量的分布函数, 可以以微积分为工具进行研究, 强有力的微积分工具大大地增强了研究随机现象的手段, 从而使概率论的发展进入了一个新阶段.

本章主要介绍随机变量、分布函数、随机变量的分布(包括离散型和连续型)、常用的离散型和连续型分布、二维随机向量及其分布(包括离散型和连续型)、边缘分布、条件分布、随机变量的独立性、随机变量的函数的分布.

2.1　随机变量及其分布函数

2.1.1　随机变量

在随机试验中, 若把试验中观察的对象与实数对应起来, 即建立对应关系 X, 使其对试验的每个结果 ω, 都有一个实数 $X(\omega)$ 与之对应, 则 X 的取值随着试验的重复而不同, X 是一个变量, 且在每次试验中 X 究竟取什么值事先无法预知, 也就是说 X 是一个随机取值的变量. 因此, 很自然地称 X 为随机变量.

定义 2.1.1　设 (Ω,F,P) 为概率空间, $X(\omega)$ 是定义在样本空间 Ω 上的单值实函数, 若对于任一实数 x, 有 $\{\omega|X(\omega)\leqslant x\}\in F$, 则称 $X(\omega)$ 为**随机变量**.

通常以 $X(\omega),Y(\omega),Z(\omega),\cdots$ 表示随机变量, 为书写简便, 将之记为 $X,Y,Z,\cdots$. 随机变量的取值随试验的结果而定, 因此, 在试验之前只知道它的取值范围, 但不能预知它取什么值. 此外, 试验的每个结果的出现都有一定的概率, 因而随机变量取各个值都有一定的概率. 这些都表明了随机变量与普通函数有着本质的差异.

引入随机变量以后, 就可以用随机变量 X 来描述随机事件.

例 2.1.1　在“抛硬币”这个试验中, 可定义

$$X(\omega)=\begin{cases}1, & \omega\text{为“出现正面”},\\ 0, & \omega\text{为“出现反面”},\end{cases}$$

则 $\{\omega|X(\omega)=1\}$ 和 $\{\omega|X(\omega)=0\}$ 就分别表示了事件{出现正面}和{出现反面}, 且有 $P\{\omega|X(\omega)=1\}=P\{\text{出现正面}\}=\dfrac{1}{2}$ 和 $P\{\omega|X(\omega)=0\}=P\{\text{出现反面}\}=\dfrac{1}{2}$.

例 2.1.2　在“测量灯泡寿命”这个试验中, 若以 $X(\omega)$ 表示灯泡的使用寿命, 则 $\{\omega|X(\omega)=t\}$ 表示{灯泡寿命为 t h}, 而 $\{\omega|X(\omega)\leqslant t\}$ 表示{灯泡寿命不超过 t h}.

为简便计, $\{\omega \mid X(\omega)=x\}$, $\{\omega \mid X(\omega)\leqslant x\}$, $P\{\omega \mid X(\omega)=x\}$ 和 $P\{\omega \mid X(\omega)\leqslant x\}$ 分别记为

$$\{X=x\},\ \{X\leqslant x\},\ P\{X=x\} \text{ 和 } P\{X\leqslant x\}.$$

2.1.2　随机变量的分布函数

许多随机变量的取值是不能一一列举出来的, 且它们取某个值的概率可能是零. 例如, 在测试灯泡的寿命时, 可认为寿命 X 的取值充满了区间 $[0,+\infty)$, 事件 $\{X=800\}$ 表示灯泡的寿命正好是 800 h, 在实际中, 测试数百万只灯泡的寿命, 可能也不会有一只的寿命正好是 800 h. 也就是说, 事件 $\{X=800\}$ 发生的频率在零附近波动, 自然可认为 $P\{X=800\}=0$.

由于有许多随机变量的概率分布情况不能以其取某个值的概率来表示, 故转而讨论随机变量 X 落在某个区间里的概率, 即取定 $x_1, x_2\ (x_1<x_2)$, 讨论 $P\{x_1<X\leqslant x_2\}$. 因为

$$P\{x_1<X\leqslant x_2\}=P\{X\leqslant x_2\}-P\{X\leqslant x_1\},$$

所以 X 落在任一区间里的概率可由函数 $P\{X\leqslant x\}$ ($x\in(-\infty,+\infty)$) 确定. 为此, 用 $P\{X\leqslant x\}$ 来讨论随机变量 X 的概率分布情况.

定义 2.1.2　设 X 是一个随机变量, 称函数

$$F(x)=P\{X\leqslant x\}\quad(-\infty<x<+\infty) \tag{2.1.1}$$

为 X 的**分布函数**.

有了分布函数, 对于任意的实数 $x_1, x_2\ (x_1<x_2)$, 随机变量 X 落在区间 $(x_1, x_2]$ 的概率可用分布函数来计算:

$$P\{x_1<X\leqslant x_2\}=P\{X\leqslant x_2\}-P\{X\leqslant x_1\}=F(x_2)-F(x_1). \tag{2.1.2}$$

从这个意义上来说, 分布函数完整地描述了随机变量的统计规律性, 或者说, 分布函数完整地表示了随机变量的概率分布情况.

若把 X 看作数轴上的随机点的坐标, 则分布函数 $F(x)$ 在 x 处的函数值就表示 X 落在区间 $(-\infty, x]$ 上的概率.

下面讨论分布函数 $F(x)$ 的基本性质.

(1) $F(x)$ 是一个单调不减的函数, 即当 $x_1<x_2$ 时, $F(x_1)\leqslant F(x_2)$.

事实上, $F(x_2)-F(x_1)=P\{x_1<X\leqslant x_2\}\geqslant 0$, 故 $F(x_1)\leqslant F(x_2)$.

(2) $0\leqslant F(x)\leqslant 1$, 且

$$F(+\infty)=\lim_{x\to+\infty}F(x)=1,\qquad F(-\infty)=\lim_{x\to-\infty}F(x)=0. \tag{2.1.3}$$

因为 $F(x)=P\{X\leqslant x\}$, 即 $F(x)$ 是 X 落在 $(-\infty, x]$ 的概率, 所以 $0\leqslant F(x)\leqslant 1$. 对式(2.1.3), 给出一个直观的解释: $F(x)$ 表示 X 落在 x 左边的概率, 当 $x\to-\infty$ 时, 这一事件趋于不可能事件, 从而其概率趋向于 0, 即有 $F(-\infty)=0$; 当 $x\to+\infty$ 时, 这一事件趋于必然事件, 从而其概率趋向于 1, 即有 $F(+\infty)=1$.

(3) $F(x)$ 右连续: $\lim\limits_{t\to x+0}F(t)=F(x+0)=F(x), \forall\, x\in\mathbf{R}$.

证明从略.

(4) $P\{X=x\}=F(x)-F(x-0), \forall x\in\mathbf{R}$.

证明从略.

例 2.1.3　在圆 $x^2+y^2=r^2$ 上过 x 轴的直径上随机投掷一点, 过该点作圆的垂直于 x 轴的弦, 设弦长为随机变量 X, 求 X 的分布函数及 $P\{X>r\}$.

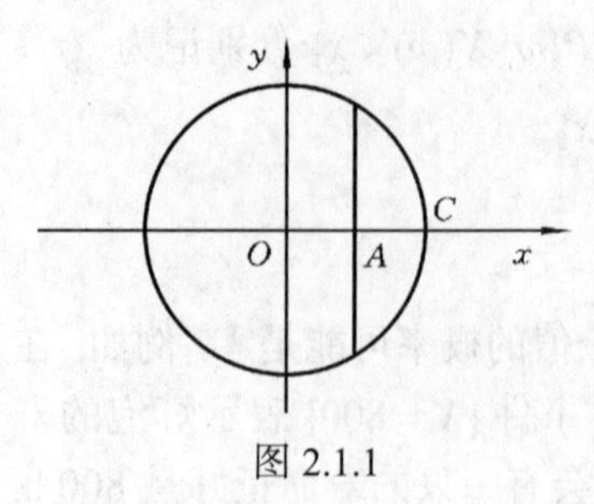

图 2.1.1

解 如图 2.1.1 所示, 弦长为 x 时, 该弦与 x 轴正半轴的交点为 A, C 为 $(r,0)$. 当 $x<0$ 时, $\{X\leqslant x\}$ 是不可能事件, 当 $x\geqslant 2r$ 时, $\{X\leqslant x\}$ 是必然事件, 所以

(1) 当 $x<0$ 时, $F(x)=0$;

(2) 当 $x\geqslant 2r$ 时, $F(x)=1$;

(3) 当 $0\leqslant x<2r$ 时, $F(x)=P\{X\leqslant x\}=2P\{$弦与 x 轴交点在 AC 线段上$\}$.

又弦长为 x 时, 点 A 的坐标为 $\left(\sqrt{r^2-\left(\dfrac{x}{2}\right)^2},0\right)$, 由该点在 x 轴上具有等可能性, 可知

$$F(x)=2\frac{r-\sqrt{r^2-\left(\dfrac{x}{2}\right)^2}}{2r}=1-\sqrt{1-\left(\frac{x}{2r}\right)^2},$$

故

$$F(x)=\begin{cases}0, & x<0,\\ 1-\sqrt{1-\left(\dfrac{x}{2r}\right)^2}, & 0\leqslant x<2r,\\ 1, & x\geqslant 2r,\end{cases}$$

$$P\{X>r\}=1-P\{X\leqslant r\}=1-F(r)=1-\left[1-\sqrt{1-\left(\frac{r}{2r}\right)^2}\right]=\frac{\sqrt{3}}{2}.$$

容易看出, 例 2.1.3 中的分布函数 $F(x)$, 对于任意 x 可以写成如下形式:

$$F(x)=\int_{-\infty}^{x}f(t)\mathrm{d}t,$$

式中

$$f(t)=\begin{cases}\dfrac{t}{2r\sqrt{4r^2-t^2}}, & 0<t<2r,\\ 0, & \text{其他}.\end{cases}$$

这就是说, $F(x)$ 恰好就是非负函数 $f(t)$ 在 $(-\infty,x]$ 上的积分, 这就是 2.3 节将要讨论的连续型随机变量.

2.2 离散型随机变量及其分布律

有些随机变量的全部可能取值是有限个或可列无限个, 如掷骰子出现的点数、电话交换台的呼唤次数等. 在这一节里, 讨论这种随机变量及其分布律.

定义 2.2.1 若随机变量 X 的取值是有限个或可列无限个, 则称 X 为**离散型随机变量**.

例如, 抽查一批产品得到的次品数ξ、球队在一场比赛中的得分数η等都是离散型随机变量.

定义 2.2.2　设离散型随机变量X的所有可能的取值为$x_k\ (k=1,2,\cdots)$, 并设X取各个可能值的概率(即事件$\{X=x_k\}$的概率)为

$$P\{X=x_k\}=p_k \quad (k=1,2,\cdots), \tag{2.2.1}$$

则称式(2.2.1)为离散型随机变量X的**分布律**(也称**概率分布**). X的分布律也可用如表 2.2.1 所示的格式表示.

表 2.2.1

X	x_1	x_2	x_3	$\cdots$	x_k	$\cdots$
$p_k=P\{X=x_k\}$	p_1	p_2	p_3	$\cdots$	p_k	$\cdots$

由概率的公理化定义, p_k满足如下两个条件:

(1) $p_k \geqslant 0$;

(2) $\sum\limits_{k=1}^{\infty} p_k = 1$.　(2.2.2)

(2) 是概率的定义中可列可加性及规范性的结合, 实际上(1)与(2)等价于概率的公理化定义中的非负性、规范性及可列可加性.

例 2.2.1　设随机变量X的分布律如表 2.2.2 所示, 其中, $0<p<1$, 求X的分布函数, 并求$P\left\{X\leqslant\frac{1}{2}\right\}, P\left\{\frac{3}{2}<X\leqslant\frac{5}{2}\right\}, P\{0\leqslant X\leqslant 2\}$.

表 2.2.2

X	0	1	2
p_k	$(1-p)^2$	$2p(1-p)$	p^2

解　X仅在点$x=0,1,2$处概率非 0, 而$F(x)$的值就是$X\leqslant x$的累计概率值, 知

$$F(x)=\begin{cases}0, & x<0,\\ (1-p)^2, & 0\leqslant x<1,\\ 1-p^2, & 1\leqslant x<2,\\ 1, & x\geqslant 2.\end{cases}$$

$F(x)$的图形如图 2.2.1 所示, 它是一条阶梯形曲线.

$$P\left\{X\leqslant\frac{1}{2}\right\}=F\left(\frac{1}{2}\right)=(1-p)^2,$$

$$P\left\{\frac{3}{2}<X\leqslant\frac{5}{2}\right\}=F\left(\frac{5}{2}\right)-F\left(\frac{3}{2}\right)=1-(1-p^2)=p^2,$$

$$P\{0\leqslant X\leqslant 2\}=F(2)-F(0)+P\{X=0\}=1.$$

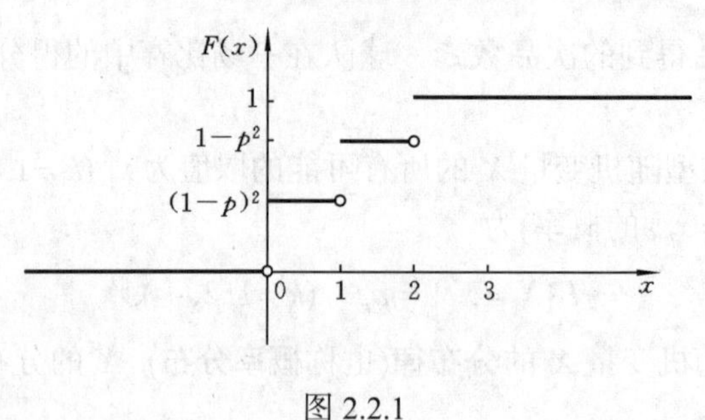

图 2.2.1

一般地, 设离散型随机变量 X 的分布律为

$$P\{X=x_k\}=p_k \quad (k=1,2,\cdots),$$

由概率的可列可加性知 X 的分布函数为

$$F(x)=P\{X\leqslant x\}=\sum_{x_k\leqslant x}P\{X=x_k\}=\sum_{x_k\leqslant x}p_k .$$

例 2.2.2　设事件 A 在一次试验中发生的概率为 p, 在伯努利试验中, 一直重复到 A 发生 k 次($k\geqslant 1$)为止, 以 X 表示停止试验时的试验次数, 求 X 的分布律.

解　假设停止试验时试验次数为 $n\,(n\geqslant k)$, 则在前 n 次试验中, 最后一次成功, 而前 $n-1$ 次有 $n-k$ 次失败, $k-1$ 次成功, 故

$$P\{X=n\}=\mathrm{C}_{n-1}^{k-1}p^k q^{n-k} \quad (n=k,k+1,\cdots),$$

则 X 的分布律如表 2.2.3 所示.

表 2.2.3

X	k	$k+1$	$\cdots$	n	$\cdots$
p_k	p^k	$k(1-p)p^k$	$\cdots$	$\mathrm{C}_{n-1}^{k-1}p^k q^{n-k}$	$\cdots$

下面介绍几种常见的离散型随机变量.

1. 退化分布

若随机变量 X 只可能取一个值 C, 则它的分布律为

$$P\{X=C\}=1,$$

称 X 服从**退化分布**(或**单点分布**). 实际上, 退化分布不是严格意义上的随机变量, 但将它视为随机变量时, 许多问题容易处理得多.

2. (0-1)分布

若随机变量 X 只可能取 0 与 1 两个值, 则它的分布律为

$$P\{X=k\}=p^k(1-p)^{1-k} \quad (k=0,1;\ 0<p<1), \tag{2.2.3}$$

称 X 服从**(0-1)分布**(或**两点分布**).

(0-1)分布的分布律也可写成表 2.2.4.

表 2.2.4

X	0	1
p_k	$1-p$	p

一般地, 如果一个随机试验只有两种可能结果, 总可以在样本空间 $\Omega=\{\omega_1,\omega_2\}$ 上定义一个服从(0-1)分布的随机变量

$$X=\begin{cases}1, & \omega=\omega_1,\\ 0, & \omega=\omega_2,\end{cases}$$

来描述这一随机试验的结果.

3. 二项分布

若随机变量 X 的所有可能取值为 $0,1,2,\cdots,n$, 其分布律为

$$P\{X=k\}=\mathrm{C}_n^k p^k(1-p)^{n-k}\quad(k=0,1,\cdots,n;0<p<1),\tag{2.2.4}$$

则称 X 服从**参数为 n,p 的二项分布**, 记为 $X\sim B(n,p)$, 这里 $1-p$ 也可用 q 表示.

二项分布当 $n=1$ 时, 为(0-1)分布.

显然, $P\{X=k\}=\mathrm{C}_n^k p^k q^{n-k}\geqslant 0$, 且

$$\sum_{k=0}^{n}P\{X=k\}=\sum_{k=0}^{n}\mathrm{C}_n^k p^k q^{n-k}=(p+q)^n=1.$$

注意到, 随机变量 X 取值 k 的概率 $\mathrm{C}_n^k p^k q^{n-k}$ 正好是二项式 $(p+q)^n$ 的展开式的第 $k+1$ 项, 这就是二项分布名称的由来.

回顾一下伯努利试验, 即可发现, 二项分布中 $p_k=P\{X=k\}$ 实际也是 A 发生 k 次的概率. 又

$$\frac{p_k}{p_{k-1}}=\frac{\mathrm{C}_n^k p^k(1-p)^{n-k}}{\mathrm{C}_n^{k-1}p^{k-1}(1-p)^{n-k+1}}=1+\frac{(n+1)p-k}{k(1-p)},$$

(1) 当 $k<(n+1)p$ 时, $\dfrac{p_k}{p_{k-1}}>1$, p_k 递增;

(2) 当 $k>(n+1)p$ 时, $\dfrac{p_k}{p_{k-1}}<1$, p_k 递减.

从上式可以得到, 概率 $P\{X=k\}$ 先随 k 的增大而增加, 直至达到最大值, 随后随 k 的增大而减少, 且当 $(n+1)p$ 是整数, k 取 $(n+1)p$, $(n+1)p-1$ 时取最大值; 当 $(n+1)p$ 不是整数, k 取 $[(n+1)p]$ 时取最大值.

例 2.2.3　设某种动物在正常情况下感染某种传染病的概率为 20%, 现新发现两种疫苗, 疫苗 A 注射给 9 只健康动物后无 1 只感染传染病, 疫苗 B 注射给 25 只健康动物后仅有 1 只感染,

(1) 试问如何评价这两种疫苗? 能否初步估计哪种较为有效?

(2) 求在正常情况下, 没有注射疫苗的 9 只动物和 25 只动物最有可能受感染的动物数.

解　(1) 若疫苗 A 完全无效, 则注射后感染的概率仍为 0.2, 故 9 只动物无 1 只感染的概

率为 $C_9^0(0.2)^0(0.8)^9 = 0.1342$. 同理, 若疫苗 B 完全无效, 则 25 只中至少有 1 只感染的概率为 $C_{25}^0(0.2)^0(0.8)^{25} + C_{25}^1(0.2)^1(0.8)^{24} = 0.0274$. 因为概率 0.0274 很小, 并且比概率 0.1342 小得多, 所以可以初步认为疫苗 B 比疫苗 A 更有效.

(2) $p=0.2$, 当 $n=9$ 时, $(n+1)p=2$, 最可能有 1 只或 2 只受感染; 当 $n=25$ 时, $(n+1)p=5.2$, 最可能有 5 只受感染.

例 2.2.4　(1) 设有同类仪器 300 台, 各仪器的工作相互独立, 且发生故障的概率均为 0.01, 通常一台仪器的故障可由一个人来排除, 问至少配备多少维修工人, 才能保证当仪器发生故障时不能及时排除的概率小于 0.01.

(2) 设有同类仪器 80 台, 若一人包干 20 台仪器, 求仪器发生故障而不能及时排除的概率与由 3 人共同负责维修 80 台仪器发生故障而不能及时排除的概率.

解　(1) 设发生故障仪器数为 X, 需要配备 x 名维修工人, 则由题意可得

$$P\{X > x\} \leqslant 0.01,$$

即

$$P\{X \leqslant x\} \geqslant 0.99,$$

$$C_{300}^0 0.99^{300} + C_{300}^1(0.01)^1(0.99)^{299} + \cdots + C_{300}^x(0.01)^x(0.99)^{300-x} \geqslant 0.99,$$

得 $x=8$.

(2) 设 A_i $(i=1,2,3,4)$表示第 i 人维护 20 台仪器发生故障不能及时维修, 则 80 台包干时不能及时维修的概率为

$$P(A_1 \cup A_2 \cup A_3 \cup A_4) = 1 - P(\overline{A_1})P(\overline{A_2})P(\overline{A_3})P(\overline{A_4}),$$

而

$$P(\overline{A_i}) = 0.99^{20} + 20 \times 0.01 \times 0.99^{19} = 0.9831 \quad (i=1,2,3,4),$$

故

$$P(A_1 \cup A_2 \cup A_3 \cup A_4) = 1 - 0.9831^4 = 0.0659.$$

又以 Y 记 80 台仪器中同时发生故障的台数, 则

$$P\{Y \geqslant 4\} = 1 - \sum_{k=0}^{3} C_{80}^k (0.01)^k (0.99)^{20-k} = 0.0087.$$

可以发现, 在后一种情况下, 尽管任务重了, 但效率反而高了.

4. 泊松分布

若随机变量 X 的所有可能取值为 $0,1,2,\cdots$, 其分布律为

$$P\{X = k\} = \frac{\lambda^k}{k!}e^{-\lambda} \quad (k=0,1,2,\cdots;\lambda>0), \tag{2.2.5}$$

则称 X 服从**参数为 λ 的泊松(Poisson)分布**, 记为 $X \sim P(\lambda)$ 或 $X \sim \pi(\lambda)$.

泊松分布是概率论中常见的重要分布. 许多随机现象服从泊松分布. 一般认为, 事件流满足:

(1) 平稳性, 即流的发生次数的概率只与时间 Δt 的长短有关, 而与初始时刻无关;

(2) 无后效性, 即任一时刻 t_0 前流的发生与 t_0 后流的发生无关;

(3) 普通性, 即当 Δt 很小时, 在时间间隔内, 流只发生一次;

则这个流的概率分布服从泊松分布. 例如, 商店里等待服务的顾客人数、电话交换台的呼唤次数、汽车站的乘客数、放射性分裂落到某区域的质点数等, 一般都服从泊松分布.

例 2.2.5　一电信传呼台每分钟的呼唤次数服从参数为 $\lambda=3$ 的泊松分布, 求:

(1) 每分钟恰有两次呼唤的概率;

(2) 每分钟至多有两次呼唤的概率;

(3) 每分钟至少有两次呼唤的概率.

解　(1) 查附表 3 得每分钟恰有两次呼唤的概率为

$$P\{X=2\}=\frac{3^2}{2!}\mathrm{e}^{-3}=0.8008-0.5768=0.2240.$$

(2) 查附表 3 得每分钟至多有两次呼唤的概率为

$$P\{X\leqslant 2\}=\sum_{k=0}^{2}P\{X=k\}=\sum_{k=0}^{2}\frac{3^k}{k!}\mathrm{e}^{-3}=1-0.5768=0.4232.$$

(3) 查附表 3 得每分钟至少有两次呼唤的概率为

$$P\{X\geqslant 2\}=\sum_{k=2}^{\infty}P\{X=k\}=\sum_{k=2}^{\infty}\frac{3^k}{k!}\mathrm{e}^{-3}=0.8008.$$

对于二项分布与泊松分布的关系, 有如下定理.

定理 2.2.1 (泊松定理)　设随机变量 $X_n\ (n=1,2,\cdots)$ 服从二项分布, 其分布律为 $P\{X_n=k\}=\mathrm{C}_n^k p_n^k(1-p_n)^{n-k}\ \ (k=0,1,\cdots,n)$. 又设 $np_n=\lambda\geqslant 0$ 为常数, 则有

$$\lim_{n\to\infty}\mathrm{C}_n^k p_n^k(1-p_n)^{n-k}=\frac{\lambda^k}{k!}\mathrm{e}^{-\lambda}. \tag{2.2.6}$$

证　由 $np_n=\lambda$ 知, $p_n=\lambda/n$, 从而有

$$\begin{aligned}\mathrm{C}_n^k p_n^k(1-p_n)^{n-k}&=\frac{n!}{k!(n-k)!}\left(\frac{\lambda}{n}\right)^k\left(1-\frac{\lambda}{n}\right)^{n-k}\\&=\frac{\lambda^k}{k!}\frac{n(n-1)\cdots(n-k+1)}{n^k}\left(1-\frac{\lambda}{n}\right)^n\Big/\left(1-\frac{\lambda}{n}\right)^k,\end{aligned}$$

而

$$\lim_{n\to\infty}\frac{n(n-1)\cdots(n-k+1)}{n^k}=1,\qquad \lim_{n\to\infty}\left(1-\frac{\lambda}{n}\right)^k=1,\qquad \lim_{n\to\infty}\left(1-\frac{\lambda}{n}\right)^n=\mathrm{e}^{-\lambda},$$

故

$$\lim_{n\to\infty}\mathrm{C}_n^k p_n^k(1-p_n)^{n-k}=\frac{\lambda^k}{k!}\mathrm{e}^{-\lambda}.$$

从定理 2.2.1 的条件 $np_n=\lambda$ 可以看出, 当 n 很大时, p_n 一定很小. 因此, 泊松定理实际上给出了当 n 很大, p_n 很小时二项分布的近似计算公式:

$$C_n^k p_n^k (1-p_n)^{n-k} \approx \frac{\lambda^k}{k!} e^{-\lambda} . \tag{2.2.7}$$

在实际计算中, 当 $n \geqslant 20, p \leqslant 0.05$ 时, 式(2.2.7)就有较好的效果; 而当 $n \geqslant 100, np \leqslant 10$ 时, 效果更好.

5. 几何分布

若随机变量 X 的所有可能取值为 $1,2,\cdots$, 其分布律为

$$P\{X=k\}=(1-p)^{k-1} p \quad (k=1,2,\cdots), \tag{2.2.8}$$

其中, $0<p<1$, 则称 X 服从**几何分布**, 记作 $X \sim G(p)$.

显然, $p_k = P\{X=k\}=(1-p)^{k-1} p \geqslant 0 \ (k=1,2,\cdots)$, 且

$$\sum_{k=1}^{\infty} p_k = \sum_{k=1}^{\infty}(1-p)^{k-1} p = \frac{p}{1-(1-p)} = 1 .$$

在伯努利概型中, 设 $P(A)=p$, 记 X 为事件 A 首次发生时的试验次数, 则 X 服从几何分布, 即 $X \sim G(p)$.

例 2.2.6 某血库急需 AB 型血, 需从献血者中获得, 根据经验, 每 100 个献血者中只能获得 2 名身体合格的 AB 型血的人, 今对献血者进行化验, 用 X 表示在第一次找到合格的 AB 型血时, 献血者已被化验的人数, 求 X 的概率分布.

解 设 $A_i=\{$第 i 个献血者血型合格$\}$ $(i=1,2,\cdots)$, 由假设知, 每个献血者是合格的 AB 型血的概率是 $p=\dfrac{2}{100}=0.02$, 则

$$\begin{aligned} P\{X=k\} &= P(\overline{A_1} \cdots \overline{A_{k-1}} A_k) = P(\overline{A_1}) \cdots P(\overline{A_{k-1}}) P(A_k) \\ &= (1-p)^{k-1} p = 0.02 \times 0.98^{k-1} \quad (k=1,2,\cdots), \end{aligned}$$

其中, 可以认为 $A_1, A_2, \cdots, A_k$ 独立. 由此可知, $X \sim G(0.02)$.

性质 2.2.1 设 $X \sim G(p)$, n, m 为任意两个自然数, 则

$$P\{X>n+m \mid X>n\}=P\{X>m\} .$$

证 $P\{X>m\}=\displaystyle\sum_{k=m+1}^{\infty}(1-p)^{k-1} p=\frac{(1-p)^m p}{1-(1-p)}=(1-p)^m \quad (m=1,2,\cdots)$,

$$\begin{aligned} P\{X>n+m \mid X>n\} &= \frac{P\{X>n+m, X>n\}}{P\{X>n\}} = \frac{P\{X>n+m\}}{P\{X>n\}} \\ &= \frac{(1-p)^{n+m}}{(1-p)^n} = (1-p)^m = P\{X>m\}. \end{aligned}$$

性质 2.2.1 称为几何分布的无记忆性. 实际意义是, 在例 2.2.6 中, 若已化验了 n 个人, 没有获得合格的 AB 型血, 则再化验 m 个找不到合格 AB 型血的概率与已知的信息(即前 n 个人不是合格的 AB 型血)无关, 第 $n+1$ 人, $n+2$ 人, $\cdots$, $n+m$ 人是合格 AB 型血的概率并不会因为已查了 n 个人不合格而提高.

6. 超几何分布

设$1\leqslant M\leqslant N,1\leqslant n\leqslant N,r=\min\{n,M\}$，若随机变量$X$的所有可能取值为$0,1,2,\cdots,r$，其分布律为

$$P\{X=k\}=\frac{\mathrm{C}_M^k\mathrm{C}_{N-M}^{n-k}}{\mathrm{C}_N^n}\quad(k=0,1,\cdots,r),\tag{2.2.9}$$

则称X服从**超几何分布**, 记作$X\sim H(M,N,n)$.

超几何分布产生于n次无放回抽样, 因此它在抽样理论中占有重要地位. 例如, 有一批产品共N件, 其中M件是次品, 从中随机地(无放回)抽取n件产品进行检验, 以X表示抽取的n件产品中次品的件数, 则由古典概型, 有

$$P\{X=k\}=\frac{\mathrm{C}_M^k\mathrm{C}_{N-M}^{n-k}}{\mathrm{C}_N^n}\quad(k=0,1,\cdots,r),$$

其中, $r=\min\{n,M\}$, 即随机变量X是服从超几何分布的.

超几何分布与二项分布有着密切的联系. 事实上, 超几何分布产生于无放回抽样, 而二项分布产生于有放回抽样. 在实际工作中, 抽样一般都采用无放回方式, 因此计算时应该用超几何分布. 但是, 当N较大时, 超几何分布计算较烦琐. 当产品总数N很大而抽样的次数n相对于N很小时, 超几何分布可以用二项分布来近似, 即有如下定理.

定理 2.2.2 若随机变量X服从参数为N,M,n的超几何分布, 有

$$\lim_{\substack{N\to\infty\\ \frac{M}{N}\to p}}\frac{\mathrm{C}_M^k\mathrm{C}_{N-M}^{n-k}}{\mathrm{C}_N^n}=\mathrm{C}_n^k p^k(1-p)^{n-k}.\tag{2.2.10}$$

证
$$\frac{\mathrm{C}_M^k\mathrm{C}_{N-M}^{n-k}}{\mathrm{C}_N^n}=\frac{n!M(M-1)\cdots(M-k+1)}{N(N-1)\cdots(N-n+1)k!}\cdot\frac{(N-M)(N-M-1)\cdots[N-M-(n-k)+1]}{(n-k)!}$$

$$=\frac{n!}{k!(n-k)!}\left[\frac{M(M-1)\cdots(M-k+1)}{N^k}\right]$$

$$\cdot\left\{\frac{(N-M)(N-M-1)\cdots[N-M-(n-k)+1]}{N^{n-k}}\right\}\cdot\left[\frac{N^n}{N(N-1)\cdots(N-n+1)}\right].$$

当$N\to\infty,\dfrac{M}{N}\to p$时, 等式最后部分中第一个中括号内趋于$p^k$，第一个大括号内趋于$(1-p)^{n-k}$，第三个中括号内趋于1, 所以$\lim\limits_{\substack{N\to\infty\\ \frac{M}{N}\to p}}\dfrac{\mathrm{C}_M^k\mathrm{C}_{N-M}^{n-k}}{\mathrm{C}_N^n}=\mathrm{C}_n^k p^k(1-p)^{n-k}$.

当N充分大(相对于抽样件数n而言, 只要$\dfrac{n}{N}\leqslant 0.1$)时, 取$p=\dfrac{M}{N}$, 就有近似公式

$$\frac{\mathrm{C}_M^k\mathrm{C}_{N-M}^{n-k}}{\mathrm{C}_N^n}\approx\mathrm{C}_n^k p^k(1-p)^{n-k}.\tag{2.2.11}$$

在满足条件时, 超几何分布、二项分布与泊松分布的近似关系为

$$\frac{C_M^k C_{N-M}^{n-k}}{C_N^n} \approx C_n^k p^k (1-p)^{n-k} \approx \frac{\lambda^k}{k!} e^{-\lambda},$$

其中, $\lambda = np$.

例 2.2.7 设某厂生产的一批产品有 15 000 件, 其中次品 150 件. 现从产品中无放回地随机抽取 100 件, 求恰有 2 件次品的概率.

解 设 X 为取得次品数的随机变量, 则 X 服从参数为 $N=15\,000, M=150, n=100$ 的超几何分布. 由式(2.2.9), 有

$$P\{X=2\} = C_{150}^2 C_{14\,850}^{98} \Big/ C_{15\,000}^{100}.$$

显然, 计算很烦琐. 改由式(2.2.11)进行计算, 因 $n=100, p=0.01$, 有

$$P\{X=2\} \approx C_{100}^2 (0.01)^2 (0.99)^{98},$$

仍然较难计算. 利用式(2.2.7), 因 $\lambda = np = 1$, 有

$$C_{100}^2 (0.01)^2 (0.99)^{98} \approx \frac{1^2 e^{-1}}{2!} = 0.183\,9,$$

故 $P\{X=2\} \approx 0.183\,9$.

2.3 连续型随机变量及其概率密度函数

连续型随机变量是一种重要的非离散型的随机变量. 在这一节中要给出连续型随机变量的定义、性质、概率计算, 并介绍一些常用的连续型随机变量的分布.

定义 2.3.1 设 $F(x)$ 是随机变量 X 的分布函数, 若存在非负函数 $f(x)$, 对任意实数 x, 有

$$F(x) = \int_{-\infty}^{x} f(t)\mathrm{d}t, \tag{2.3.1}$$

则称 X 为**连续型随机变量**. 称 $f(x)$ 为 X 的**概率密度函数**, 简称**概率密度**或**密度函数**.

由式(2.3.1)知, 连续型随机变量的分布函数是连续函数, 且在式(2.3.1)中改变概率密度函数 $f(x)$ 在个别点上的函数值, 不会改变分布函数 $F(x)$ 的取值, 可见概率密度函数不是唯一的.

由定义可知, 概率密度函数 $f(x)$ 有以下性质:

(1) $f(x) \geqslant 0$;

(2) $\displaystyle\int_{-\infty}^{\infty} f(x)\mathrm{d}x = 1$; (2.3.2)

(3) $P\{x_1 < X \leqslant x_2\} = \displaystyle\int_{x_1}^{x_2} f(x)\mathrm{d}x$; (2.3.3)

(4) 若 $f(x)$ 在点 x 处连续, 则

$$F'(x) = f(x). \tag{2.3.4}$$

若一个函数满足性质(1)、(2), 则它一定可作为某个随机变量的概率密度函数. 由性质(2)知, 介于曲线 $y=f(x)$ 与 x 轴之间平面图形的面积为 1(图 2.3.1), 由性质(3)知, X 落在区间 $(x_1, x_2]$ 上的概率等于图 2.3.2 中阴影部分的面积.

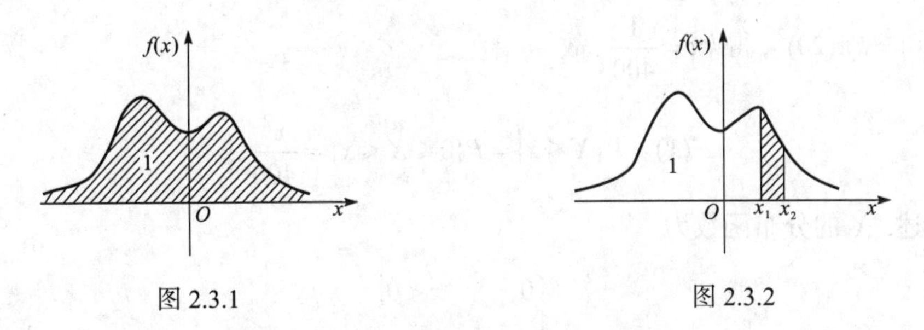

图 2.3.1　　图 2.3.2

特别需要指出的是, 对于连续型随机变量 X 来说, 它取任一指定的实数值的概率为零, 即 $P\{X=x_0\}=0$. 事实上, 对任意 $\Delta x \geqslant 0$, 有

$$0 \leqslant P\{X=x_0\} \leqslant P\{x_0-\Delta x < X \leqslant x_0\} = \int_{x_0-\Delta x}^{x_0} f(x)\mathrm{d}x,$$

而 $\lim\limits_{\Delta x \to 0^+} \int_{x_0-\Delta x}^{x_0} f(x)\mathrm{d}x = 0$, 所以 $P\{X=x_0\}=0$.

因此, 对连续型随机变量 X, 有

$$\begin{aligned} P\{a<X<b\} &= P\{a \leqslant X < b\} = P\{a < X \leqslant b\} = P\{a \leqslant X \leqslant b\} \\ &= \int_a^b f(x)\mathrm{d}x = F(b)-F(a), \end{aligned}$$

即在计算 X 落在某区间里的概率时, 可以不考虑区间是开的、闭的或半开半闭的情况.

例 2.3.1　设连续型随机变量 X 的分布函数为

$$F(x)=\begin{cases} 0, & x<-a, \\ A+B\arcsin\dfrac{x}{a}, & -a \leqslant x < a, \quad a>0, \\ 1, & x \geqslant a, \end{cases}$$

求: (1) A 和 B; (2) 概率密度函数 $f(x)$.

解　(1) 由于 X 为连续型随机变量, 故分布函数 $F(x)$ 连续, 于是

$$F(-a-0)=F(-a), \qquad F(a-0)=F(a),$$

即 $A-\dfrac{\pi}{2}B=0, A+\dfrac{\pi}{2}B=1$, 从而 $A=\dfrac{1}{2}, B=\dfrac{1}{\pi}$.

(2) $f(x)=F'(x)=\begin{cases} \dfrac{1}{\pi\sqrt{a^2-x^2}}, & -a<x<a, \\ 0, & \text{其他}. \end{cases}$

例 2.3.2　设枪靶是半径为 20 cm 的圆盘, 盘上有许多同心圆, 射手击中靶上任一同心圆的概率与该圆的面积成正比, 且每次射击都能中靶. 若以 X 表示弹着点与圆心的距离, 试求 X 的分布函数 $F(x)$、概率密度函数 $f(x)$ 及概率 $P\{5<X \leqslant 10\}$.

解　当 $x<0$ 时, $\{X \leqslant x\}$ 是不可能事件, 故 $F(x)=P\{X \leqslant x\}=0$.

当 $x \geqslant 20$ 时, $\{X \leqslant x\}$ 是必然事件, 故 $F(x)=P\{X \leqslant x\}=1$.

当 $0 \leqslant x < 20$ 时, 由题意知 $P\{0 \leqslant X \leqslant x\}=k\pi x^2$. 又由于 $\{0 \leqslant X \leqslant 20\}$ 是必然事件, 即 1=

$P\{0 \leqslant X \leqslant 20\} = k\pi(20)^2$, 得 $k\pi = \dfrac{1}{400}$, 故

$$F(x) = P\{X \leqslant x\} = P\{0 \leqslant X \leqslant x\} = \frac{x^2}{400}.$$

综上所述, X 的分布函数为

$$F(x) = \begin{cases} 0, & x < 0, \\ \dfrac{x^2}{400}, & 0 \leqslant x < 20, \\ 1, & x \geqslant 20. \end{cases}$$

由性质(3)可得 X 的概率密度函数为

$$f(x) = \begin{cases} \dfrac{x}{200}, & 0 \leqslant x < 20, \\ 0, & \text{其他}. \end{cases}$$

又由性质(2)可知, 所求概率为

$$P\{5 < X \leqslant 10\} = \int_5^{10} \frac{x}{200} \mathrm{d}x = \frac{3}{16}.$$

当然, 概率也可用分布函数来求, 即

$$P\{5 < X \leqslant 10\} = F(10) - F(5) = \frac{3}{16}.$$

下面介绍几种重要的连续型随机变量.

1. 均匀分布

若随机变量 X 的概率密度函数为

$$f(x) = \begin{cases} \dfrac{1}{b-a}, & a \leqslant x \leqslant b, \\ 0, & \text{其他}, \end{cases} \tag{2.3.5}$$

其中, $a < b$, 则称 X 服从区间 $[a,b]$ 上的**均匀分布**, 记作 $X \sim U[a,b]$.

显然, $f(x) \geqslant 0, x \in (-\infty, +\infty)$, 且 $\int_{-\infty}^{+\infty} f(x)\mathrm{d}x = \int_a^b \frac{1}{b-a}\mathrm{d}x = 1$.

均匀分布的分布函数为

$$F(x) = \begin{cases} 0, & x < a, \\ \dfrac{x-a}{b-a}, & a \leqslant x < b, \\ 1, & x \geqslant b. \end{cases} \tag{2.3.6}$$

均匀分布的概率密度函数 $f(x)$ 和分布函数 $F(x)$ 的图形如图 2.3.3 和图 2.3.4 所示.

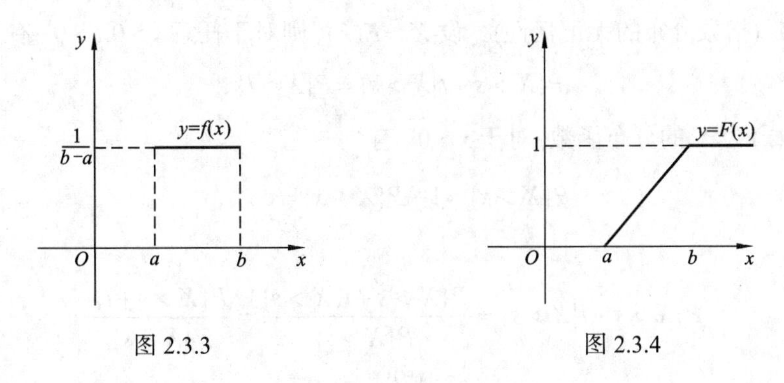

图 2.3.3　　　　图 2.3.4

例 2.3.3　在$[0,1]$中任取一点X，求$P\left\{X^2-\frac{3}{4}X+\frac{1}{8}\geqslant 0\right\}$.

解　显然$X\sim U[0,1]$，则

$$P\left\{X^2-\frac{3}{4}X+\frac{1}{8}\geqslant 0\right\}=P\left\{X\geqslant\frac{1}{2}\right\}+P\left\{X\leqslant\frac{1}{4}\right\}=\int_{\frac{1}{2}}^{1}\mathrm{d}x+\int_{0}^{\frac{1}{4}}\mathrm{d}x=\frac{3}{4}.$$

2. 指数分布

若随机变量X的概率密度函数为

$$f(x)=\begin{cases}\lambda\mathrm{e}^{-\lambda x}, & x>0,\\ 0, & x\leqslant 0,\end{cases} \tag{2.3.7}$$

其中，$\lambda>0$，则称随机变量X服从参数为λ的**指数分布**，记作$X\sim E(\lambda)$.

显然，$f(x)\geqslant 0, x\in(-\infty,+\infty)$，且$\int_{-\infty}^{+\infty}f(x)\mathrm{d}x=\int_{0}^{+\infty}\lambda\mathrm{e}^{-\lambda x}\mathrm{d}x=1$.

指数分布的分布函数为

$$F(x)=\begin{cases}1-\mathrm{e}^{-\lambda x}, & x\geqslant 0,\\ 0, & x<0.\end{cases} \tag{2.3.8}$$

指数分布的概率密度函数$f(x)$和分布函数$F(x)$的图形如图 2.3.5 和图 2.3.6 所示.

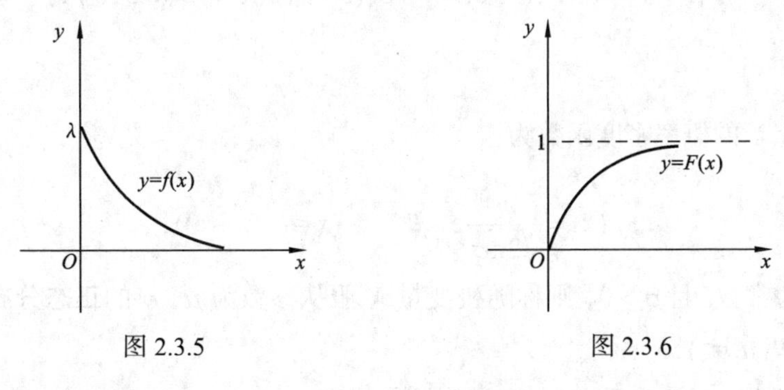

图 2.3.5　　　　图 2.3.6

指数分布有很广泛的应用，常用它来作为各种“寿命”分布的近似. 例如，无线电元件的寿命、保险丝的寿命、电话通话时间、随机服务系统中的服务时间、复杂系统中两次故障的时间间隔等都近似地服从指数分布.

性质 2.3.1 (指数分布的无记忆性)　设 $X \sim E(\lambda)$, 则对于任意 $s>0, t>0$, 有

$$P\{X>s+t \mid X>s\}=P\{X>t\}. \tag{2.3.9}$$

证　设 $F(x)$ 为 X 的分布函数, 对于 $x>0$, 有

$$P\{X>x\}=1-P\{X \leqslant x\}=\mathrm{e}^{-\lambda x},$$

所以

$$\begin{aligned} P\{X>s+t \mid X>s\} &= \frac{P\{X>s+t, X>s\}}{P\{X>s\}}=\frac{P\{X>s+t\}}{P\{X>s\}} \\ &= \frac{\mathrm{e}^{-\lambda(s+t)}}{\mathrm{e}^{-\lambda s}}=\mathrm{e}^{-\lambda t}=P\{X>t\}. \end{aligned}$$

例 2.3.4　设顾客在某银行窗口等待服务的时间 X 服从参数为 $\frac{1}{5}$ 的指数分布, 即 $X \sim E\left(\frac{1}{5}\right)$, X 的计时单位为 min. 若等待时间超过 10 min, 他就离开. 设他一个月内要来银行 5 次, 以 Y 表示一个月内他没有等到服务而离开窗口的次数, 求 Y 的分布律及至少有一次没有等到服务的概率.

解　由题意不难看出 $Y \sim B(5, p)$, 其中 $p=P\{X>10\}$, 现 X 的概率密度函数为

$$f(x)=\begin{cases}\frac{1}{5} \mathrm{e}^{-\frac{x}{5}}, & x>0, \\ 0, & x \leqslant 0 .\end{cases}$$

因此

$$p=P\{X>10\}=\int_{10}^{+\infty} \frac{1}{5} \mathrm{e}^{-\frac{x}{5}} \mathrm{d} x=\mathrm{e}^{-2},$$

由此知 Y 的分布律为

$$P\{Y=k\}=\mathrm{C}_5^k\left(\mathrm{e}^{-2}\right)^k\left(1-\mathrm{e}^{-2}\right)^{5-k} \quad(k=0,1, \cdots, 5),$$

于是

$$P\{Y \geqslant 1\}=1-P\{Y=0\}=1-\mathrm{C}_5^0\left(\mathrm{e}^{-2}\right)^0\left(1-\mathrm{e}^{-2}\right)^5=0.5167 .$$

3. 正态分布

若随机变量 X 的概率密度函数为

$$f(x)=\frac{1}{\sqrt{2 \pi} \sigma} \mathrm{e}^{-\frac{(x-\mu)^2}{2 \sigma^2}} \quad(x \in(-\infty,+\infty)), \tag{2.3.10}$$

其中, μ, σ 均为常数, 且 $\sigma>0$, 则称随机变量 X 服从参数为 μ, σ 的**正态分布**或**高斯**(Gauss)**分布**, 记作 $X \sim N\left(\mu, \sigma^2\right)$.

显然, $f(x) \geqslant 0, x \in(-\infty,+\infty)$, 下面验证: $\int_{-\infty}^{+\infty} f(x) \mathrm{d} x=1$.

事实上, 令 $t=\frac{x-\mu}{\sigma}$, 有

$$\int_{-\infty}^{+\infty} f(x)\mathrm{d}x = \int_{-\infty}^{+\infty} \frac{1}{\sqrt{2\pi}\sigma} \mathrm{e}^{-\frac{(x-\mu)^2}{2\sigma^2}} \mathrm{d}x = \int_{-\infty}^{+\infty} \frac{1}{\sqrt{2\pi}} \mathrm{e}^{-\frac{t^2}{2}} \mathrm{d}t = I,$$

而

$$\begin{aligned} I^2 &= \int_{-\infty}^{+\infty} \frac{1}{\sqrt{2\pi}} \mathrm{e}^{-\frac{x^2}{2}} \mathrm{d}x \cdot \int_{-\infty}^{+\infty} \frac{1}{\sqrt{2\pi}} \mathrm{e}^{-\frac{y^2}{2}} \mathrm{d}y \\ &= \frac{1}{2\pi} \int_{-\infty}^{+\infty} \int_{-\infty}^{+\infty} \mathrm{e}^{-\frac{x^2+y^2}{2}} \mathrm{d}x\mathrm{d}y = \frac{1}{2\pi} \int_0^{2\pi} \mathrm{d}\theta \int_0^{+\infty} \mathrm{e}^{-\frac{r^2}{2}} r\mathrm{d}r \\ &= \int_0^{+\infty} \mathrm{e}^{-\frac{r^2}{2}} r\mathrm{d}r = -\mathrm{e}^{-\frac{r^2}{2}} \bigg|_0^{+\infty} = 1, \end{aligned}$$

故 $\int_{-\infty}^{+\infty} f(x)\mathrm{d}x = 1$.

正态分布的分布函数为

$$F(x) = \int_{-\infty}^{x} \frac{1}{\sqrt{2\pi}\sigma} \mathrm{e}^{-\frac{(t-\mu)^2}{2\sigma^2}} \mathrm{d}t \quad (x \in (-\infty, +\infty)). \tag{2.3.11}$$

正态分布的概率密度函数 $f(x)$ 和分布函数 $F(x)$ 的图形如图 2.3.7 和图 2.3.8 所示.

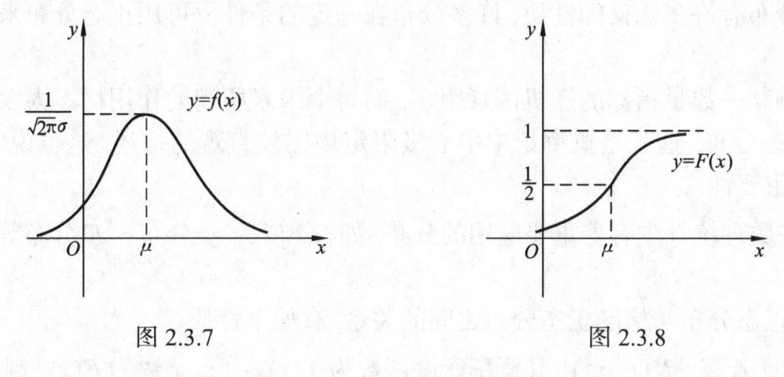

图 2.3.7　　图 2.3.8

特别地, 当 $\mu = 0, \sigma = 1$ 时的正态分布称为标准正态分布, 记作 $N(0,1)$. 相应的概率密度函数和分布函数分别用 $\varphi(x)$ 与 $\Phi(x)$ 表示, 即

$$\varphi(x) = \frac{1}{\sqrt{2\pi}} \mathrm{e}^{-\frac{x^2}{2}} \quad x \in (-\infty, +\infty), \tag{2.3.12}$$

$$\Phi(x) = \int_{-\infty}^{x} \frac{1}{\sqrt{2\pi}} \mathrm{e}^{-\frac{t^2}{2}} \mathrm{d}t \quad x \in (-\infty, +\infty). \tag{2.3.13}$$

由正态分布的定义知, 它有以下一些特点:

(1) 正态分布的概率密度函数 $f(x)$ 在直角坐标系内的图形呈钟形(图 2.3.7), 并且以 x 轴为其渐近线.

(2) 正态分布的概率密度函数 $f(x)$ 在 $x = \mu$ 处达到最大, 最大值为 $\frac{1}{\sqrt{2\pi}\sigma}$, 并且 $f(x)$ 的图形关于 $x = \mu$ 对称, 即 $f(\mu - x) = f(\mu + x)$.

(3) 正态分布的参数 μ (σ 固定)决定其概率密度函数 $f(x)$ 图形的中心位置, 因此也称 μ 为正态分布的位置参数, 如图 2.3.9 所示.

(4) 正态分布的参数 σ (μ 固定)决定其概率密度函数 $f(x)$ 图形的形状, 因此也称 σ 为正态分布的形状参数, 如图 2.3.10 所示. 可以看出: σ 越小, $f(x)$ 的图形在 $x=\mu$ 的两侧越陡峭, 表示相应的随机变量取值越集中于 $x=\mu$ 附近; σ 越大, $f(x)$ 的图形在 $x=\mu$ 的两侧越平坦, 表示相应的随机变量取值越分散.

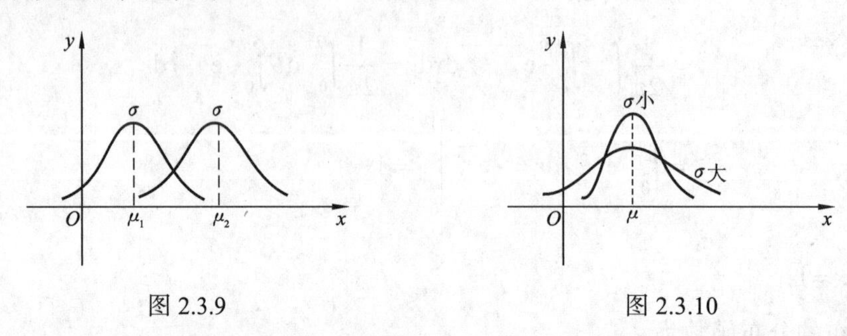

图 2.3.9　　图 2.3.10

(5) 服从正态分布的随机变量落入相等长度区间内, 区间的中点越靠近 μ, 其概率就越大.

正态分布是概率论中最重要的分布, 表现在以下几个方面:

(1) 正态分布是最常见的分布. 例如, 人的身高、体重, 一袋 50 kg 装水泥的重量, 测量的误差, 某种型号零件的直径等, 均近似地服从正态分布.

(2) 正态分布有许多优良的性质, 许多分布在一定的条件下可用正态分布来近似, 如二项分布.

(3) 若影响某一数量指标的随机因素很多, 而每个因素所起的作用均不太大, 则这个指标近似地服从正态分布, 这就是概率论中中心极限定理比较直观的描述, 这也说明正态分布在理论研究中的重要性.

(4) 许多在数理统计中有着重要应用的分布, 如 t 分布、χ^2 分布、F 分布等, 均可由正态分布衍生出来.

关于一般正态分布与标准正态分布之间的关系, 有如下性质

性质 2.3.2　若 $X\sim N(\mu,\sigma^2)$, 其概率密度函数为 $f(x)$, 分布函数为 $F(x)$, 则

(1) $f(x)=\dfrac{1}{\sigma}\varphi\left(\dfrac{x-\mu}{\sigma}\right)$;　(2.3.14)

(2) $F(x)=\Phi\left(\dfrac{x-\mu}{\sigma}\right)$;　(2.3.15)

(3) $Y=\dfrac{X-\mu}{\sigma}\sim N(0,1)$.　(2.3.16)

证　(1) $f(x)=\dfrac{1}{\sqrt{2\pi}\sigma}\mathrm{e}^{-\frac{(x-\mu)^2}{2\sigma^2}}=\dfrac{1}{\sigma}\cdot\dfrac{1}{\sqrt{2\pi}}\mathrm{e}^{-\frac{1}{2}\left(\frac{x-\mu}{\sigma}\right)^2}=\dfrac{1}{\sigma}\varphi\left(\dfrac{x-\mu}{\sigma}\right)$.

(2) $F(x)=P\{X\leqslant x\}=\int_{-\infty}^{x}f(t)\mathrm{d}t=\int_{-\infty}^{x}\dfrac{1}{\sigma}\varphi\left(\dfrac{t-\mu}{\sigma}\right)\mathrm{d}t$

$$\xlongequal{y=\frac{t-\mu}{\sigma}}\int_{-\infty}^{\frac{x-\mu}{\sigma}}\frac{1}{\sigma}\varphi(y)\sigma\mathrm{d}y=\int_{-\infty}^{\frac{x-\mu}{\sigma}}\varphi(y)\mathrm{d}y=\Phi\left(\frac{x-\mu}{\sigma}\right).$$

(3)　$$F_Y(y)=P\{Y\leqslant y\}=P\left\{\frac{X-\mu}{\sigma}\leqslant y\right\}=P\{X\leqslant\mu+\sigma y\}=\Phi\left(\frac{\mu+\sigma y-\mu}{\sigma}\right)=\Phi(y),$$

即

$$Y=\frac{X-\mu}{\sigma}\sim N(0,1).$$

根据性质 2.3.2, 下面来计算服从正态分布的随机变量落入区间 $(a,b]$ 内的概率. 设 $X\sim N(\mu,\sigma^2)$, 则

$$P\{a<X\leqslant b\}=F(b)-F(a)=\Phi\left(\frac{b-\mu}{\sigma}\right)-\Phi\left(\frac{a-\mu}{\sigma}\right).$$

由此可见, 一般正态分布的随机变量落在某区间内的概率, 可以利用标准正态分布来计算.

例 2.3.5　设随机变量 $X\sim N(\mu,\sigma^2)\ (\sigma>0)$, 记 $p=P\{X\leqslant\mu+\sigma^2\}$, 则(　　).

A. p 随着 μ 的增加而增加　　B. p 随着 σ 的增加而增加

C. p 随着 μ 的增加而减少　　D. p 随着 σ 的增加而减少

解　由性质 2.3.2(3)知, $\dfrac{X-\mu}{\sigma}\sim N(0,1)$, 故

$$p=P\{X\leqslant\mu+\sigma^2\}=P\left\{\frac{X-\mu}{\sigma}\leqslant\sigma\right\}=\Phi(\sigma),$$

它随着 σ 的增加而增加, 因此选 B.

正态分布是概率论与数理统计中最常用的一个分布, 为计算方便, 编制了标准正态分布表以供查用. 由性质 2.3.2 可知, 有了标准正态分布表以后, 一般正态分布的计算就迎刃而解了.

对于 $x\geqslant 0$ 的 $\Phi(x)$ 的值, 可以直接查表得到, 对于 $x<0$ 的 $\Phi(x)$ 的值, 可以由性质 2.3.3 解决.

性质 2.3.3　$\Phi(-x)=1-\Phi(x)$.　(2.3.17)

证　$$\Phi(-x)=\int_{-\infty}^{-x}\varphi(t)\mathrm{d}t=1-\int_{-x}^{+\infty}\varphi(t)\mathrm{d}t\xlongequal{y=-t}1-\int_{x}^{-\infty}\varphi(-y)\mathrm{d}(-y)$$

$$=1-\int_{-\infty}^{x}\varphi(y)\mathrm{d}y=1-\Phi(x).$$

性质 2.3.4　设 $X\sim N(\mu,\sigma^2)$, 则 $P\{|X-\mu|<k\sigma\}=2\Phi(k)-1$.　(2.3.18)

证　$$P\{|X-\mu|<k\sigma\}=P\{\mu-k\sigma<X<\mu+k\sigma\}=\Phi\left(\frac{\mu+k\sigma-\mu}{\sigma}\right)-\Phi\left(\frac{\mu-k\sigma-\mu}{\sigma}\right)$$

$$=\Phi(k)-\Phi(-k)=2\Phi(k)-1.$$

由性质 2.3.4 可知, 若 $X\sim N(\mu,\sigma^2)$, 则 X 落在区间 $(\mu-3\sigma,\mu+3\sigma)$ 内的概率为 99.74%, 即在一次试验里 X 几乎都落在区间 $(\mu-3\sigma,\mu+3\sigma)$ 中. 这个性质在标准制度、质量管理等许多方面有着广泛的应用, 被称为“3σ 原则”.

例 2.3.6　设随机变量 $X \sim N(70,16^2)$，求:

(1) $P\{54 < X < 90\}$;

(2) 常数 a，使 $P\{X > a\} = 0.9$;

(3) 常数 b，使 $P\{X > b\} = 0.95$;

(4) 常数 c，使 $P\{|X-c| > c\} = 0.05$.

解　(1) $P\{54 < X < 90\} = \Phi\left(\frac{90-70}{16}\right) - \Phi\left(\frac{54-70}{16}\right) = \Phi(1.25) - \Phi(-1)$

$$= \Phi(1.25) + \Phi(1) - 1 = 0.7587.$$

(2) 因为

$$P\{X > a\} = 1 - P\{X \leqslant a\} = 1 - \Phi\left(\frac{a-70}{16}\right) = \Phi\left(\frac{70-a}{16}\right) = 0.9 = \Phi(1.28),$$

所以 $\frac{70-a}{16} = 1.28$，因此 $a = 49.52$.

(3) 因为

$$P\{X > b\} = \Phi\left(\frac{70-b}{16}\right) = 0.95 = \Phi(1.645),$$

所以 $\frac{70-b}{16} = 1.645$，因此 $b = 43.68$.

(4) 因为

$$P\{|X-c| > c\} = P\{X > 2c\} + P\{X < 0\} = 1 - P\{X \leqslant 2c\} + P\{X < 0\} = 0.05,$$

所以

$$P\{X \leqslant 2c\} = 0.95 + P\{X < 0\},$$

即

$$\Phi\left(\frac{2c-70}{16}\right) = 0.95 + \Phi\left(-\frac{70}{16}\right) = 0.95 + 1 - \Phi(4.375) = 0.95 = \Phi(1.645),$$

于是 $\frac{2c-70}{16} = 1.645$，从而 $c = 48.16$.

为了便于今后数理统计的应用，引入上 α 分位点和双侧 α 分位点的定义.

定义 2.3.2　设 $X \sim N(0,1)$，若 u_α 满足条件 $P\{X > u_\alpha\} = \alpha \ (0 < \alpha < 1)$，则称点 u_α 为标准正态分布的**上 α 分位点**；若 $u_{\frac{\alpha}{2}}$ 满足条件 $P\{|X| > u_{\frac{\alpha}{2}}\} = \alpha \ (0 < \alpha < 1)$，则称点 $u_{\frac{\alpha}{2}}$ 为标准正态分布的**双侧 α 分位点**.

例 2.3.7　求标准正态分布的上 0.005 分位点及双侧 0.005 分位点.

解　$P\{X > u_{0.005}\} = 0.005, \qquad P\{X \leqslant u_{0.005}\} = 0.995,$

查表可得

$$u_{0.005}=2.575.$$

又

$$P\{|X|>u_{\frac{0.005}{2}}\}=0.005,$$

即

$$P\{X>u_{\frac{0.005}{2}}\}+P\{X<-u_{\frac{0.005}{2}}\}=0.005,$$

由于

$$P\{X<-u_{\frac{0.005}{2}}\}=P\{X>u_{\frac{0.005}{2}}\},$$

则有

$$P\{X>u_{\frac{0.005}{2}}\}=0.0025,\qquad P\{X\leqslant u_{\frac{0.005}{2}}\}=0.9975,$$

查表可得

$$u_{\frac{0.005}{2}}=2.81.$$

例 2.3.8　公共汽车车门的高度是按男子与车门顶碰头的机会在 1%以下来设计的, 设男子的身高服从正态分布 $N(175,6^2)$ (单位: cm), 问车门高度应如何确定?

解　假设车门高度为 x, 男子身高为 X, 则

$$P\{X>x\}\leqslant 1\%,\qquad P\{X\leqslant x\}\geqslant 0.99.$$

又 $X\sim N(175,6^2)$, 由性质 2.3.2(3), 得

$$\frac{X-175}{6}\sim N(0,1).$$

由已知

$$P\left\{\frac{X-175}{6}\leqslant\frac{x-175}{6}\right\}\geqslant 0.99,$$

即 $\Phi\left(\frac{x-175}{6}\right)\geqslant 0.99$, 查表得 $\Phi(2.33)=0.99$, 故

$$\frac{x-175}{6}\geqslant 2.33\Rightarrow x\geqslant 188.98,$$

取 $x=189\text{ cm}$.

2.4　二维随机变量及其分布

以上讨论只限于一个随机变量的情况, 但在实际问题中常常必须同时考虑几个随机变量及它们之间的相互影响. 例如, 考察儿童的发育情况, 常用身高和体重两个指标来分析, 它们的数值都是随机变量, 并且这两个随机变量之间有着比较密切的关系. 因此, 有必要把它们作为一个整体来考虑. 设有 n 个随机变量 $X_1,X_2,\cdots,X_n$, 称 $\boldsymbol{X}=(X_1,X_2,\cdots,X_n)$ 为 **n 维随机向量**或 **n 维随机变量**. 由于二维随机向量与 n 维随机向量没有本质区别, 故为了简单及容易理解, 着

重讨论二维情形.

定义 2.4.1　设 $X(\omega),Y(\omega)$ 是定义在同一概率空间 (Ω,F,P) 上的两个随机变量，则称 $(X(\omega),Y(\omega))$ 为**二维随机向量**或**二维随机变量**, 简记为 (X,Y).

定义 2.4.2　设 (X,Y) 是二维随机向量, x,y 是两个任意实数, 则称二元函数

$$F(x,y)=P\{X\leqslant x,Y\leqslant y\},\quad \forall(x,y)\in\mathbf{R}^2 \tag{2.4.1}$$

为 (X,Y) 的**分布函数**, 也称为 X 和 Y 的**联合分布函数**.

联合分布函数 $F(x,y)$ 具有下列五个基本性质:

(1) $0\leqslant F(x,y)\leqslant 1,\forall(x,y)\in\mathbf{R}^2$;

(2) $F(x,y)$ 对每个自变量都是单调非降的;

(3) 对一切实数 x 和 y, 有

$$F(-\infty,y)=F(x,-\infty)=0,\qquad F(-\infty,-\infty)=0,\qquad F(+\infty,+\infty)=1;$$

(4) $F(x,y)$ 对每个自变量都是右连续的;

(5) 对一切实数 $x_1<x_2,\ y_1<y_2$, 有

$$F(x_2,y_2)-F(x_1,y_2)-F(x_2,y_1)+F(x_1,y_1)\geqslant 0.$$

证　性质(1)～(4)的证明类似一维随机变量分布函数的四个基本性质的证明. 下面只证性质(5). 由联合分布函数的定义知

$$\begin{aligned}&P\{x_1<X\leqslant x_2,\ y_1<Y\leqslant y_2\}\\&=P\{x_1<X\leqslant x_2,\ Y\leqslant y_2\}-P\{x_1<X\leqslant x_2,\ Y\leqslant y_1\}\\&=(P\{X\leqslant x_2,\ Y\leqslant y_2\}-P\{X\leqslant x_1,\ Y\leqslant y_2\})-(P\{X\leqslant x_2,\ Y\leqslant y_1\}-P\{X\leqslant x_1,\ Y\leqslant y_1\})\\&=F(x_2,y_2)-F(x_1,y_2)-F(x_2,y_1)+F(x_1,y_1),\end{aligned}$$

再由概率的非负性, 即知性质(5)成立.

根据上面的证明过程, 得到 (X,Y) 落在矩形区域 $\{x_1<x\leqslant x_2,\ y_1<y\leqslant y_2\}$ 内的概率计算公式为

$$P\{x_1<X\leqslant x_2,\ y_1<Y\leqslant y_2\}=F(x_2,y_2)-F(x_1,y_2)-F(x_2,y_1)+F(x_1,y_1). \tag{2.4.2}$$

任何一个二维随机向量 (X,Y) 的联合分布函数 $F(x,y)$ 一定具有以上五个基本性质; 反之, 任何具有以上五个基本性质的二元函数 $F(x,y)$ 必可作为某一二维随机向量 (X,Y) 的联合分布函数.

与一维情形一样, 讨论离散型与连续型两类随机向量.

定义 2.4.3　若二维随机向量 (X,Y) 的所有可能取值是有限对或可列无限对, 则称 (X,Y) 为**二维离散型随机向量**.

定义 2.4.4　设二维离散型随机向量 (X,Y) 的所有可能取值为 (x_i,y_j) $(i=1,2,\cdots,j=1,2,\cdots)$, 则称

$$p_{ij}=P\{X=x_i,Y=y_j\}\quad(i=1,2,\cdots,j=1,2,\cdots) \tag{2.4.3}$$

为二维离散型随机向量 (X,Y) 的**分布律**, 也称为 X 和 Y 的**联合分布律**, 它常用表格列出(表 2.4.1).

表 2.4.1

$X \backslash Y$	y_1	y_2	$\cdots$	y_n	$\cdots$
x_1	p_{11}	p_{12}	$\cdots$	p_{1n}	$\cdots$
x_2	p_{21}	p_{22}	$\cdots$	p_{2n}	$\cdots$
$\vdots$	$\vdots$	$\vdots$		$\vdots$	
x_m	p_{m1}	p_{m2}	$\cdots$	p_{mn}	$\cdots$
$\vdots$	$\vdots$	$\vdots$		$\vdots$	

联合分布律具有下列两个基本性质:

(1) $p_{ij} \geqslant 0 \ (i=1,2,\cdots, j=1,2,\cdots)$;　(2.4.4)

(2) $\sum\limits_{i=1}^{\infty}\sum\limits_{j=1}^{\infty} p_{ij}=1$.　(2.4.5)

证　(1) 显然成立.

(2) 由于

$$\bigcup_{i=1}^{\infty}\bigcup_{j=1}^{\infty}\{X=x_i, Y=y_j\}=\Omega,$$

再由概率的可列可加性知

$$P\left(\bigcup_{i=1}^{\infty}\bigcup_{j=1}^{\infty}\{X=x_i, Y=y_j\}\right)=\sum_{i=1}^{\infty}\sum_{j=1}^{\infty}P\{X=x_i, Y=y_j\}=\sum_{i=1}^{\infty}\sum_{j=1}^{\infty}p_{ij}=P(\Omega)=1,$$

即

$$\sum_{i=1}^{\infty}\sum_{j=1}^{\infty}p_{ij}=1.$$

例 2.4.1　将两信投入编号为 I, II, III 的三个邮筒中, 设 X,Y 分别表示投入第 I, II 号邮筒中信的数目, 求(X,Y)的联合分布律.

解　X,Y 的所有可能取值分别为 0, 1, 2.

$P\{X=0,Y=0\}=P\{$两信都投入第 III 号邮筒$\}=\dfrac{1}{3^2}=\dfrac{1}{9}$,

$P\{X=0,Y=1\}=P\{$两信分别投入第 II, III 号邮筒$\}=\dfrac{C_2^1C_1^1}{3^2}=\dfrac{2}{9}$,

$P\{X=0,Y=2\}=P\{$两信都投入第 II 号邮筒$\}=\dfrac{1}{3^2}=\dfrac{1}{9}$,

$P\{X=1,Y=0\}=P\{$两信分别投入第 I, III 号邮筒$\}=\dfrac{C_2^1C_1^1}{3^2}=\dfrac{2}{9}$,

$$P\{X=1,Y=1\}=\frac{2}{9},\qquad P\{X=1,Y=2\}=0,\qquad P\{X=2,Y=0\}=\frac{1}{9},$$

$$P\{X=2,Y=1\}=0,\qquad P\{X=2,Y=2\}=0,$$

故(X,Y)的联合分布律如表 2.4.2 所示.

表 2.4.2

X \ Y	0	1	2
0	$\frac{1}{9}$	$\frac{2}{9}$	$\frac{1}{9}$
1	$\frac{2}{9}$	$\frac{2}{9}$	0
2	$\frac{1}{9}$	0	0

定义 2.4.5　设随机变量 X 和 Y 的联合分布函数为 $F(x,y)$, 若存在非负二元函数 $f(x,y)$, 使得对任意实数 x,y, 有

$$F(x,y)=\int_{-\infty}^{x}\int_{-\infty}^{y}f(u,v)\mathrm{d}u\mathrm{d}v, \tag{2.4.6}$$

则称 (X,Y) 为**二维连续型随机向量**, 而称 $f(x,y)$ 为 X 和 Y 的**联合概率密度函数**.

联合概率密度函数具有下列性质:

(1) $f(x,y)\geqslant 0,\forall(x,y)\in\mathbf{R}^2$;　　(2.4.7)

(2) $\int_{-\infty}^{+\infty}\int_{-\infty}^{+\infty}f(x,y)\mathrm{d}x\mathrm{d}y=1$.　　(2.4.8)

证　$\int_{-\infty}^{+\infty}\int_{-\infty}^{+\infty}f(x,y)\mathrm{d}x\mathrm{d}y=\lim\limits_{\substack{x\to+\infty\\ y\to+\infty}}\int_{-\infty}^{x}\int_{-\infty}^{y}f(u,v)\mathrm{d}u\mathrm{d}v=\lim\limits_{\substack{x\to+\infty\\ y\to+\infty}}F(x,y)=F(+\infty,+\infty)=1.$

(3) 设二维连续型随机向量 (X,Y) 的联合概率密度函数为 $f(x,y)$, 且 D 为 xOy 面上的一个区域, 则

$$P\{(X,Y)\in D\}=\iint_{D}f(x,y)\mathrm{d}x\mathrm{d}y. \tag{2.4.9}$$

(4) 设 $F(x,y)$ 为二维连续型随机向量 (X,Y) 的联合分布函数, 则 $F(x,y)$ 处处连续.

证　对任意实数 x,y,

$$\begin{aligned}\lim_{(\Delta x,\Delta y)\to(0,0)}F(x+\Delta x,y+\Delta y)&=\lim_{(\Delta x,\Delta y)\to(0,0)}\int_{-\infty}^{x+\Delta x}\int_{-\infty}^{y+\Delta y}f(u,v)\mathrm{d}u\mathrm{d}v\\&=\int_{-\infty}^{x}\int_{-\infty}^{y}f(u,v)\mathrm{d}u\mathrm{d}v=F(x,y),\end{aligned}$$

即 $F(x,y)$ 在 (x,y) 处连续, 由 (x,y) 的任意性可知 $F(x,y)$ 处处连续.

(5) 设 $F(x,y)$ 和 $f(x,y)$ 分别是二维连续型随机向量 (X,Y) 的联合分布函数和联合概率密度函数, 则在 $f(x,y)$ 的连续点 (x,y) 处, 有

$$\frac{\partial^2F(x,y)}{\partial x\partial y}=f(x,y). \tag{2.4.10}$$

例 2.4.2　设 (X,Y) 的联合概率密度函数为

$$f(x,y)=\begin{cases}Axy(2-x-y), & 0\leqslant x\leqslant 1, 0\leqslant y\leqslant 1,\\ 0, & \text{其他}.\end{cases}$$

(1) 求 A; (2) 求联合分布函数 $F(x,y)$; (3)求 $P\{X+Y<1\}$.

解　(1) 由 $\int_0^1\int_0^1 Axy(2-x-y)\mathrm{d}x\mathrm{d}y=1$ 知, $A=6$.

(2) 当 $x<0$ 或 $y<0$ 时, $F(x,y)=0$;

当 $x>1, y>1$ 时, $F(x,y)=1$;

当 $0\leqslant x\leqslant 1, 0\leqslant y\leqslant 1$ 时,

$$F(x,y)=\int_0^x\int_0^y 6xy(2-x-y)\mathrm{d}x\mathrm{d}y=3x^2y^2-x^3y^2-x^2y^3;$$

当 $x>1, 0\leqslant y\leqslant 1$ 时,

$$F(x,y)=\int_0^1\int_0^y 6xy(2-x-y)\mathrm{d}x\mathrm{d}y=2y^2-y^3;$$

当 $0\leqslant x\leqslant 1, y>1$ 时,

$$F(x,y)=\int_0^x\int_0^1 6xy(2-x-y)\mathrm{d}x\mathrm{d}y=2x^2-x^3.$$

因此

$$F(x,y)=\begin{cases}0, & x<0 \text{ 或 } y<0,\\ 3x^2y^2-x^3y^2-x^2y^3, & 0\leqslant x\leqslant 1, 0\leqslant y\leqslant 1,\\ 2y^2-y^3, & x>1, 0\leqslant y\leqslant 1,\\ 2x^2-x^3, & 0\leqslant x\leqslant 1, y>1,\\ 1, & x>1, y>1.\end{cases}$$

(3) $P\{X+Y<1\}=\int_0^1\int_0^{1-x} 6xy(2-x-y)\mathrm{d}x\mathrm{d}y=\dfrac{3}{10}$.

对于任意 n 个实数 $x_1, x_2, \cdots, x_n$, n 元函数

$$F(x_1,x_2,\cdots,x_n)=P\{X_1\leqslant x_1, X_2\leqslant x_2,\cdots,X_n\leqslant x_n\}$$

称为 n 维随机向量 $(X_1,X_2,\cdots,X_n)$ 的**分布函数**或随机变量 $X_1,X_2,\cdots,X_n$ 的**联合分布函数**. 它的性质可仿二维情形讨论.

下面介绍两个常用二维连续型随机向量.

定义 2.4.6　设 G 是 xOy 面上的一个有界区域, 其面积记为 $S_G\,(>0)$. 若连续型随机向量 (X,Y) 的联合概率密度函数为

$$f(x,y)=\begin{cases}\dfrac{1}{S_G}, & (x,y)\in G,\\ 0, & \text{其他},\end{cases}$$

则称 (X,Y) 服从区域 G 上的**二维均匀分布**.

容易验证 $f(x,y)$ 满足联合概率密度函数的两个基本性质.

特别地, 若 G 为矩形区域, 即

$$G=\{(x,y)\mid a\leqslant x\leqslant b, c\leqslant y\leqslant d\},$$

则此二维均匀分布的联合概率密度函数为

$$f(x,y)=\begin{cases}\dfrac{1}{(b-a)(d-c)}, & a\leqslant x\leqslant b,c\leqslant y\leqslant d,\\ 0, & \text{其他}.\end{cases}$$

例 2.4.3 在区间 $(0,a)$ 的中点两边随机地选取两点, 求两点间的距离小于 $\dfrac{a}{3}$ 的概率.

解 以 X 表示中点左边所取的随机点到端点 O 的距离, 以 Y 表示中点右边所取的随机点到端点 O 的距离, 则 (X,Y) 服从区域 $G=\left\{(x,y)\,|\,0<x<\dfrac{a}{2},\dfrac{a}{2}<y<a\right\}$ 上的二维均匀分布, 所以 (X,Y) 的联合概率密度函数为(图 2.4.1)

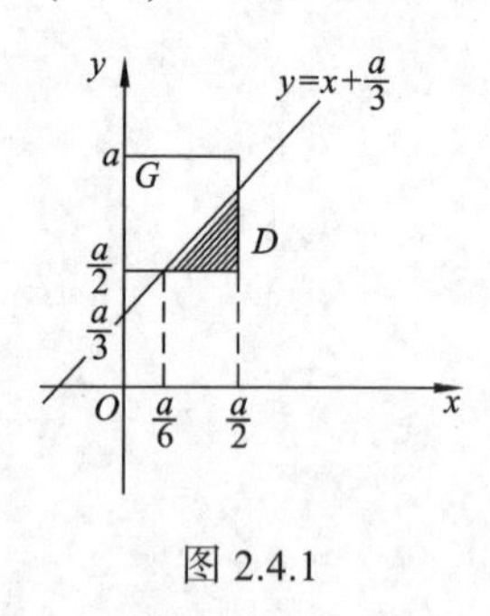

图 2.4.1

$$f(x,y)=\begin{cases}\dfrac{4}{a^2}, & 0<x<\dfrac{a}{2},\dfrac{a}{2}<y<a,\\ 0, & \text{其他}.\end{cases}$$

又"两点间的距离小于 $\dfrac{a}{3}$"等价于事件 $\left\{Y-X<\dfrac{a}{3}\right\}$, 则

$$P\left\{Y-X<\frac{a}{3}\right\}=\iint\limits_D f(x,y)\mathrm{d}x\mathrm{d}y=\int_{\frac{a}{6}}^{\frac{a}{2}}\mathrm{d}x\int_{\frac{a}{2}}^{\frac{a}{3}+x}\frac{4}{a^2}\mathrm{d}y=\frac{2}{9}.$$

定义 2.4.7 若二维连续型随机向量 (X,Y) 的联合概率密度函数为

$$f(x,y)=\frac{1}{2\pi\sigma_1\sigma_2\sqrt{1-\rho^2}}\exp\left\{-\frac{1}{2(1-\rho^2)}\left[\frac{(x-\mu_1)^2}{\sigma_1^2}-2\rho\frac{(x-\mu_1)(y-\mu_2)}{\sigma_1\sigma_2}+\frac{(y-\mu_2)^2}{\sigma_2^2}\right]\right\}, \quad (2.4.11)$$

其中, $\mu_1,\mu_2,\sigma_1,\sigma_2,\rho$ 为常数, 且 $\sigma_1>0,\sigma_2>0,|\rho|<1$, 则称 (X,Y) 服从参数为 $\mu_1,\mu_2,\sigma_1,\sigma_2,\rho$ 的**二维正态分布**, 记作 $(X,Y)\sim N(\mu_1,\mu_2,\sigma_1^2,\sigma_2^2,\rho)$.

显然, $f(x,y)\geqslant 0,\forall(x,y)\in\mathbf{R}^2$, 并且不难验证 $\int_{-\infty}^{+\infty}\int_{-\infty}^{+\infty}f(x,y)\mathrm{d}x\mathrm{d}y=1$.

二维正态分布的联合概率密度函数 $f(x,y)$ 的图形如图 2.4.2 所示.

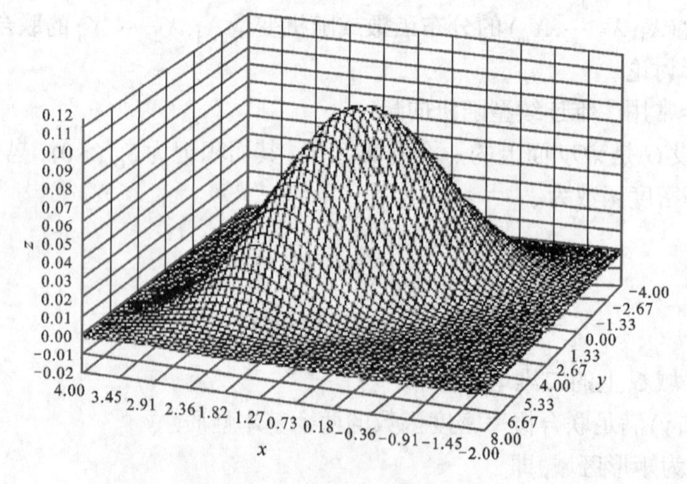

图 2.4.2

2.5　边缘分布及条件分布

2.5.1　边缘分布

因为随机变量 X 和 Y 的联合分布函数 $F(x,y)$ 全面描述了随机向量 (X,Y) 的统计规律, 所以由 (X,Y) 的联合分布函数 $F(x,y)$, 可以得到随机变量 X 和 Y 各自的分布函数, 即

$$F_X(x)=P\{X\leqslant x\}=P\{X\leqslant x,Y<+\infty\}=F(x,+\infty), \tag{2.5.1}$$

其中, $F(x,+\infty)=\lim\limits_{y\to+\infty}F(x,y)$.

同理可得,

$$F_Y(y)=F(+\infty,y), \tag{2.5.2}$$

其中 $F(+\infty,y)=\lim\limits_{x\to+\infty}F(x,y)$.

定义 2.5.1　将二维随机向量 (X,Y) 中 X (或 Y)的分布函数 $F_X(x)$ (或 $F_Y(y)$)称为 (X,Y) 关于 X (或 Y)的**边缘分布函数**.

首先, 讨论离散型随机向量的边缘分布律.

设二维离散型随机向量 (X,Y) 的分布律为

$$P\{X=x_i,Y=y_j\}=p_{ij}\quad(i=1,2,\cdots,j=1,2,\cdots),$$

则 X 的分布律为

$$P\{X=x_i\}=\sum_{j=1}^{\infty}P\{X=x_i,Y=y_j\}=\sum_{j=1}^{\infty}p_{ij}\quad(i=1,2,\cdots).$$

同理, 可求得 Y 的分布律为

$$P\{Y=y_j\}=\sum_{i=1}^{\infty}P\{X=x_i,Y=y_j\}=\sum_{i=1}^{\infty}p_{ij}\quad(j=1,2,\cdots).$$

记

$$p_{i\cdot}=\sum_{j=1}^{\infty}p_{ij}\quad(i=1,2,\cdots), \tag{2.5.3}$$

$$p_{\cdot j}=\sum_{i=1}^{\infty}p_{ij}\quad(j=1,2,\cdots), \tag{2.5.4}$$

则 X 与 Y 的分布律分别为 $p_{i\cdot}=\sum\limits_{j=1}^{\infty}p_{ij}\ (i=1,2,\cdots)$ 与 $p_{\cdot j}=\sum\limits_{i=1}^{\infty}p_{ij}\ (j=1,2,\cdots)$.

定义 2.5.2　将二维离散型随机向量 (X,Y) 中 X (或 Y)的分布律称为 (X,Y) 关于 X (或 Y)**的边缘分布律**.

也可以直接将两个边缘分布律写在 X 和 Y 的联合分布律表(表 2.5.1)中.

表 2.5.1

X \ Y	y_1	y_2	$\cdots$	y_n	$\cdots$	$p_{i\cdot}$
x_1	p_{11}	p_{12}	$\cdots$	p_{1n}	$\cdots$	$p_{1\cdot}$
x_2	p_{21}	p_{22}	$\cdots$	p_{2n}	$\cdots$	$p_{2\cdot}$
$\vdots$	$\vdots$	$\vdots$		$\vdots$		$\vdots$
x_m	p_{m1}	p_{m2}	$\cdots$	p_{mn}	$\cdots$	$p_{m\cdot}$
$\vdots$	$\vdots$	$\vdots$		$\vdots$		$\vdots$
$p_{\cdot j}$	$p_{\cdot 1}$	$p_{\cdot 2}$	$\cdots$	$p_{\cdot n}$	$\cdots$	1

例 2.5.1　求 2.4 节例 2.4.1 中 (X,Y) 关于 X (或 Y)的边缘分布律.

解　将 X 和 Y 的联合分布律及 (X,Y) 关于 X 和 Y 的边缘分布律列表(表 2.5.2).

表 2.5.2

X \ Y	0	1	2	$p_{i\cdot}$
0	$\frac{1}{9}$	$\frac{2}{9}$	$\frac{1}{9}$	$\frac{4}{9}$
1	$\frac{2}{9}$	$\frac{2}{9}$	0	$\frac{4}{9}$
2	$\frac{1}{9}$	0	0	$\frac{1}{9}$
$p_{\cdot j}$	$\frac{4}{9}$	$\frac{4}{9}$	$\frac{1}{9}$	1

其次, 讨论连续型随机向量的边缘概率密度函数.

设 X 和 Y 的联合概率密度函数为 $f(x,y)$, 则

$$F_X(x)=P\{X\leqslant x\}=P\{X\leqslant x,Y<+\infty\}=\int_{-\infty}^{x}\left[\int_{-\infty}^{+\infty}f(u,y)\mathrm{d}y\right]\mathrm{d}u,$$

所以由概率密度函数的定义知

$$f_X(x)=\int_{-\infty}^{+\infty}f(x,y)\mathrm{d}y,$$

同样可求得 Y 的概率密度函数为

$$f_Y(y)=\int_{-\infty}^{+\infty}f(x,y)\mathrm{d}x.$$

定义 2.5.3　设二维连续型随机向量 (X,Y) 的联合概率密度函数为 $f(x,y)$, 称

$$f_X(x)=\int_{-\infty}^{+\infty}f(x,y)\mathrm{d}y \tag{2.5.5}$$

为 (X,Y) 关于 X 的**边缘概率密度函数**, 称

$$f_Y(y)=\int_{-\infty}^{+\infty} f(x,y)\mathrm{d}x \tag{2.5.6}$$

为 (X,Y) 关于 Y 的**边缘概率密度函数**.

例 2.5.2　设 X 和 Y 的联合概率密度函数为

$$f(x,y)=\begin{cases}3x, & 0<x<1, 0<y<x,\\ 0, & \text{其他},\end{cases}$$

求 (X,Y) 关于 X 和 Y 的边缘概率密度函数 $f_X(x)$ 和 $f_Y(y)$.

解　先画出区域 $\{(x,y)\,|\,0<x<1, 0<y<x\}$ 的图形, 见图 2.5.1.

因此,

$$f_X(x)=\int_{-\infty}^{+\infty} f(x,y)\mathrm{d}y=\begin{cases}\int_0^x 3x\mathrm{d}y, & 0<x<1,\\ 0, & \text{其他}\end{cases}=\begin{cases}3x^2, & 0<x<1,\\ 0, & \text{其他}.\end{cases}$$

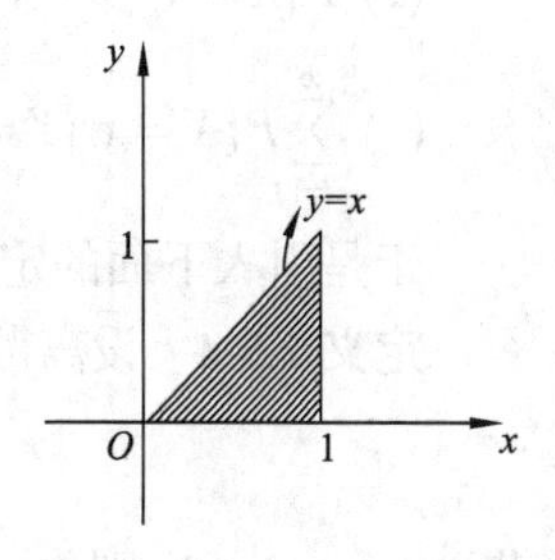

图 2.5.1

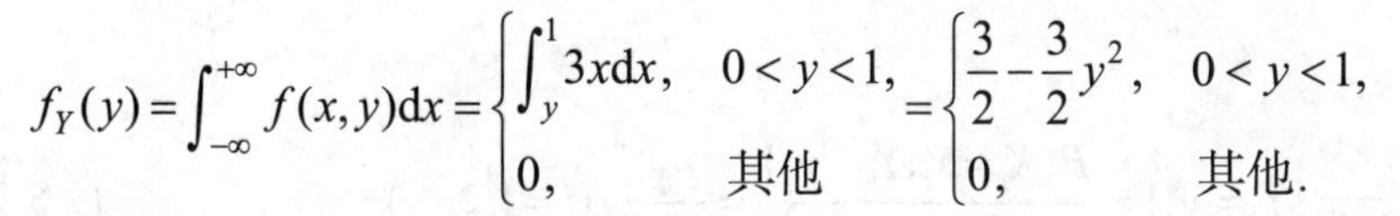

$$f_Y(y)=\int_{-\infty}^{+\infty} f(x,y)\mathrm{d}x=\begin{cases}\int_y^1 3x\mathrm{d}x, & 0<y<1,\\ 0, & \text{其他}\end{cases}=\begin{cases}\dfrac{3}{2}-\dfrac{3}{2}y^2, & 0<y<1,\\ 0, & \text{其他}.\end{cases}$$

例 2.5.3　若 $(X,Y)\sim N(\mu_1,\mu_2,\sigma_1^2,\sigma_2^2,\rho)$, 则 $X\sim N(\mu_1,\sigma_1^2)$, $Y\sim N(\mu_2,\sigma_2^2)$.

证　令 $u=\dfrac{x-\mu_1}{\sigma_1}, v=\dfrac{y-\mu_2}{\sigma_2}$, 则

$$f_X(x)=\int_{-\infty}^{+\infty} f(x,y)\mathrm{d}y=\frac{1}{2\pi\sigma_1\sqrt{1-\rho^2}}\int_{-\infty}^{+\infty}\exp\left[-\frac{1}{2(1-\rho^2)}(u^2-2\rho uv+v^2)\right]\mathrm{d}v$$

$$=\frac{1}{\sqrt{2\pi}\sigma_1}\mathrm{e}^{-\frac{u^2}{2}}\int_{-\infty}^{+\infty}\frac{1}{\sqrt{2\pi(1-\rho^2)}}\mathrm{e}^{-\frac{(v-\rho u)^2}{2(1-\rho^2)}}\mathrm{d}v=\frac{1}{\sqrt{2\pi}\sigma_1}\mathrm{e}^{-\frac{(x-\mu_1)^2}{2\sigma_1^2}},$$

即 $f_X(x)$ 为正态分布 $N(\mu_1,\sigma_1^2)$ 的概率密度函数, 所以 $X\sim N(\mu_1,\sigma_1^2)$.

同理可证: $Y\sim N(\mu_2,\sigma_2^2)$.

2.5.2　条件分布

依照条件概率定义, 可以定义二维随机向量的条件分布.

设 (X,Y) 是二维离散型随机向量, 其分布律为

$$p_{ij}=P\{X=x_i, Y=y_j\}\quad (i=1,2,\cdots; j=1,2,\cdots),$$

(X,Y) 关于 X 和 Y 的边缘分布律分别为

$$P\{X=x_i\}=p_{i\cdot}=\sum_{j=1}^{\infty}p_{ij}\quad (i=1,2,\cdots),$$

$$P\{Y=y_j\}=p_{\cdot j}=\sum_{i=1}^{\infty}p_{ij}\quad (j=1,2,\cdots).$$

设 $p_{\cdot j}>0$, 考虑在事件 $\{Y=y_j\}$ 已发生的条件下 $\{X=x_i\}$ 发生的概率, 即求事件 $\{X=x_i\,|\,Y=$

$y_j\}$ $(i=1,2,\cdots)$ 的概率.

由条件概率公式, 可得

$$P\{X=x_i \mid Y=y_j\}=\frac{P\{X=x_i,Y=y_j\}}{P\{Y=y_j\}}=\frac{p_{ij}}{p_{\cdot j}} \quad (i=1,2,\cdots),$$

易知条件概率具有分布律的性质:

(1) $P\{X=x_i \mid Y=y_j\} \geqslant 0$;

(2) $\sum_{i=1}^{\infty} P\{X=x_i \mid Y=y_j\}=\sum_{i=1}^{\infty}\frac{p_{ij}}{p_{\cdot j}}=\frac{1}{p_{\cdot j}}\sum_{i=1}^{\infty}p_{ij}=\frac{p_{\cdot j}}{p_{\cdot j}}=1$.

于是引入下面的定义.

定义 2.5.4　设离散型随机向量 (X,Y) 的分布律为

$$p_{ij}=P\{X=x_i,Y=y_j\} \quad (i=1,2,\cdots;j=1,2,\cdots),$$

若 $P\{Y=y_j\}>0$, 则称

$$P\{X=x_i \mid Y=y_j\}=\frac{P\{X=x_i,Y=y_j\}}{P\{Y=y_j\}}=\frac{p_{ij}}{p_{\cdot j}} \quad (i=1,2,\cdots) \tag{2.5.7}$$

为在 $\{Y=y_j\}$ 的条件下 X 的**条件分布律**.

同样地, 对于固定的 i, 若 $P\{X=x_i\}>0$, 则称

$$P\{Y=y_j \mid X=x_i\}=\frac{P\{X=x_i,Y=y_j\}}{P\{X=x_i\}}=\frac{p_{ij}}{p_{i\cdot}} \quad (j=1,2,\cdots) \tag{2.5.8}$$

为在 $\{X=x_i\}$ 的条件下 Y 的**条件分布律**.

例 2.5.4　一射手进行射击, 单发击中目标的概率为 $p\,(0<p<1)$, 射击进行到击中目标两次为止. 设以 X 表示到第一次击中目标所需的射击次数, 以 Y 表示总共进行的射击次数, 试求 X 和 Y 的联合分布律及条件分布律.

解　事件 $\{X=m\}$ 表示第 m 次射击时第一次击中目标, 事件 $\{Y=n\}$ 表示第 n 次射击时第二次击中目标, 故

$$P\{X=m,Y=n\}=\underbrace{q\cdots q}_{n-2\text{个}}\cdot p\cdot p=p^2q^{n-2} \quad (q=1-p),$$

即得 X 和 Y 的联合分布律为

$$P\{X=m,Y=n\}=p^2q^{n-2} \quad (n=2,3,\cdots,m=1,2,\cdots,n-1).$$

又

$$P\{X=m\}=pq^{m-1} \quad (m=1,2,\cdots),$$

$$P\{Y=n\}=(n-1)p^2q^{n-2} \quad (n=2,3,\cdots),$$

由此可得条件分布律如下: 当 $n=2,3,\cdots$ 时,

$$P\{X=m \mid Y=n\}=\frac{p^2q^{n-2}}{(n-1)p^2q^{n-2}}=\frac{1}{n-1} \quad (m=1,2,\cdots,n-1);$$

当 $m=1,2,\cdots$ 时,

$$P\{Y=n\mid X=m\}=\frac{p^2q^{n-2}}{pq^{m-1}}=pq^{n-m-1}\quad(n=m+1,m+2,\cdots).$$

若 (X,Y) 是连续型随机向量, 这时由于 $\forall x,y$, 有 $P\{X=x\}=P\{Y=y\}=0$, 故不能直接用条件概率公式引入条件分布函数.

设 X 和 Y 的联合概率密度函数为 $f(x,y)$, 固定 y, 对 $\forall\varepsilon>0,\forall x$, 考察

$$P\{X\leqslant x\mid y-\varepsilon<Y\leqslant y\}.$$

设 $P\{y-\varepsilon<Y\leqslant y\}>0$, $f(x,y)$ 为连续函数, 则有

$$\begin{aligned}P\{X\leqslant x\mid y-\varepsilon<Y\leqslant y\}&=\frac{P\{X\leqslant x,y-\varepsilon<Y\leqslant y\}}{P\{y-\varepsilon<Y\leqslant y\}}\\&=\frac{\int_{-\infty}^{x}\left[\int_{y-\varepsilon}^{y}f(u,y)\mathrm{d}y\right]\mathrm{d}u}{\int_{y-\varepsilon}^{y}f_Y(y)\mathrm{d}y}\\&\approx\frac{\varepsilon\int_{-\infty}^{x}f(u,y)\mathrm{d}u}{\varepsilon f_Y(y)}=\int_{-\infty}^{x}\frac{f(u,y)}{f_Y(y)}\mathrm{d}u.\end{aligned}$$

与一维随机变量的概率密度函数的定义式(2.3.1)比较, 给出以下定义.

定义 2.5.5　设 (X,Y) 的联合概率密度函数为 $f(x,y)$, (X,Y) 关于 X 和 Y 的边缘概率密度函数分别为 $f_X(y)$ 和 $f_Y(y)$, 当 $f_Y(y)>0$ 时, 称

$$f_{X|Y}(x\mid y)=\frac{f(x,y)}{f_Y(y)}=\frac{f(x,y)}{\int_{-\infty}^{+\infty}f(x,y)\mathrm{d}x}\tag{2.5.9}$$

为在条件 $Y=y$ 下 X 的**条件概率密度函数**, 称

$$F_{X|Y}(x\mid y)=\int_{-\infty}^{x}f_{X|Y}(u\mid y)\mathrm{d}u=\frac{\int_{-\infty}^{x}f(u,y)\mathrm{d}u}{\int_{-\infty}^{+\infty}f(x,y)\mathrm{d}x}\tag{2.5.10}$$

为在条件 $Y=y$ 下 X 的**条件分布函数**.

当 $f_X(x)>0$ 时, 称

$$f_{Y|X}(y\mid x)=\frac{f(x,y)}{f_X(x)}=\frac{f(x,y)}{\int_{-\infty}^{+\infty}f(x,y)\mathrm{d}y}\tag{2.5.11}$$

为在条件 $X=x$ 下 Y 的**条件概率密度函数**, 称

$$F_{Y|X}(y\mid x)=\int_{-\infty}^{y}f_{Y|X}(u\mid x)\mathrm{d}u=\frac{\int_{-\infty}^{y}f(x,u)\mathrm{d}u}{\int_{-\infty}^{+\infty}f(x,y)\mathrm{d}y}\tag{2.5.12}$$

为在条件 $X=x$ 下 Y 的**条件分布函数**.

例 2.5.5　设 $(X,Y)\sim N(0,0,1,1,\rho)$, 求 $f_{X|Y}(x\mid y)$ 及 $f_{Y|X}(y\mid x)$.

解　因为

$$f(x,y)=\frac{1}{2\pi\sqrt{1-\rho^2}}\mathrm{e}^{-\frac{x^2-2\rho xy+y^2}{2(1-\rho^2)}},$$

根据例 2.5.3 可得 $f_X(x)=\frac{1}{\sqrt{2\pi}}\mathrm{e}^{-\frac{x^2}{2}}$, $f_Y(y)=\frac{1}{\sqrt{2\pi}}\mathrm{e}^{-\frac{y^2}{2}}$, 所以

$$\begin{aligned}f_{X|Y}(x\mid y)&=\frac{f(x,y)}{f_Y(y)}\\&=\frac{1}{2\pi\sqrt{1-\rho^2}}\mathrm{e}^{-\frac{x^2-2\rho xy+y^2}{2(1-\rho^2)}}\Bigg/\frac{1}{\sqrt{2\pi}}\mathrm{e}^{-\frac{y^2}{2}}=\frac{1}{\sqrt{2\pi}\sqrt{1-\rho^2}}\mathrm{e}^{-\frac{(x-\rho y)^2}{2(1-\rho^2)}},\end{aligned}$$

$$\begin{aligned}f_{Y|X}(y\mid x)&=\frac{f(x,y)}{f_X(x)}\\&=\frac{1}{2\pi\sqrt{1-\rho^2}}\mathrm{e}^{-\frac{x^2-2\rho xy+y^2}{2(1-\rho^2)}}\Bigg/\frac{1}{\sqrt{2\pi}}\mathrm{e}^{-\frac{x^2}{2}}=\frac{1}{\sqrt{2\pi}\sqrt{1-\rho^2}}\mathrm{e}^{-\frac{(y-\rho x)^2}{2(1-\rho^2)}}.\end{aligned}$$

例 2.5.6　设数 X 在区间 $(0,1)$ 上随机地取值, 当观察到 $X=x\,(0<x<1)$ 时, 数 Y 在区间 $(x,1)$ 上随机地取值, 求 Y 的概率密度函数.

解　依题意 X 具有概率密度函数

$$f_X(x)=\begin{cases}1, & 0<x<1,\\0, & \text{其他}.\end{cases}$$

对于任意给定的值 $x\ (0<x<1)$, 在 $X=x$ 的条件下, Y 的条件概率密度函数为

$$f_{Y|X}(y\mid x)=\begin{cases}\dfrac{1}{1-x}, & x<y<1,\\0, & \text{其他}.\end{cases}$$

由条件概率密度函数的定义, 得 X 和 Y 的联合概率密度函数为

$$f(x,y)=f_X(x)f_{Y|X}(y\mid x)=\begin{cases}\dfrac{1}{1-x}, & 0<x<y<1,\\0, & \text{其他},\end{cases}$$

于是得到 Y 的边缘概率密度函数为

$$f_Y(y)=\int_{-\infty}^{\infty}f(x,y)\mathrm{d}x=\begin{cases}\displaystyle\int_0^y\frac{1}{1-x}\mathrm{d}x=-\ln(1-y), & 0<y<1,\\0, & \text{其他}.\end{cases}$$

2.6　随机变量的独立性

与两个事件独立的概念类似, 下面引入两个随机变量独立的概念.

实际上, 独立性也可以从另一个方面来理解. 从 2.5 节可知, 通过 X 和 Y 的联合分布, 可求得边缘分布, 而在一般情况下由边缘分布不能唯一确定联合分布, 如表 2.6.1 所示.

表 2.6.1

X \ Y	0	1	2	$p_{i\cdot}$	X \ Y	0	1	2	$p_{i\cdot}$
0	$\frac{16}{81}$	$\frac{16}{81}$	$\frac{4}{81}$	$\frac{4}{9}$	0	$\frac{1}{9}$	$\frac{2}{9}$	$\frac{1}{9}$	$\frac{4}{9}$
1	$\frac{16}{81}$	$\frac{16}{81}$	$\frac{4}{81}$	$\frac{4}{9}$	1	$\frac{2}{9}$	$\frac{2}{9}$	0	$\frac{4}{9}$
2	$\frac{4}{81}$	$\frac{4}{81}$	$\frac{1}{81}$	$\frac{1}{9}$	2	$\frac{1}{9}$	0	0	$\frac{1}{9}$
$p_{\cdot j}$	$\frac{4}{9}$	$\frac{4}{9}$	$\frac{1}{9}$	1	$p_{\cdot j}$	$\frac{4}{9}$	$\frac{4}{9}$	$\frac{1}{9}$	1

从表 2.6.1 可以看出, X 和 Y 的边缘分布律是分别相同的, 但它们的联合分布律不同. 只有加上一定的条件, 如 X 与 Y 相互独立, 才能由边缘分布律确定联合分布律.

定义 2.6.1　设 $F(x,y)$ 为二维随机向量 (X,Y) 的联合分布函数, $F_X(x),F_Y(y)$ 分别为二维随机向量 (X,Y) 的两个边缘分布函数, 若对于任意实数 x,y, 有

$$F(x,y)=F_X(x)F_Y(y), \tag{2.6.1}$$

则称随机变量 X 与 Y **相互独立**.

上面的定义是用分布函数来定义的, 如果从分布律或概率密度函数的角度考虑, 则独立性又可定义如下.

(1) 设二维离散型随机向量 (X,Y) 的联合分布律为

$$P\{X=x_i,Y=y_j\}=p_{ij} \quad (i=1,2,\cdots;j=1,2,\cdots).$$

若对于任意的正整数 i,j, 有

$$P\{X=x_i,Y=y_j\}=P\{X=x_i\}P\{Y=y_j\},$$

即

$$p_{ij}=p_{i\cdot}\cdot p_{\cdot j}, \tag{2.6.2}$$

则称离散型随机变量 X 与 Y 相互独立.

(2) 设二维连续型随机向量 (X,Y) 的联合概率密度函数为 $f(x,y)$, $f_X(x),f_Y(y)$ 分别是 (X,Y) 的两个边缘概率密度函数, 若

$$f(x,y)=f_X(x)\cdot f_Y(y) \tag{2.6.3}$$

几乎处处成立, 则称连续型随机变量 X 与 Y 相互独立.

例 2.6.1　设 X 和 Y 的联合分布律为

$$P\{X=x_i,Y=y_j\}=p_{ij}=\frac{\lambda_1^i\lambda_2^j}{i!\,j!}\mathrm{e}^{-(\lambda_1+\lambda_2)} \quad (i=0,1,\cdots;j=0,1,\cdots),$$

其中, $\lambda_1>0,\lambda_2>0$, 问 X 与 Y 是否独立?

解　$p_{i\cdot}=\sum_{j=0}^{\infty}p_{ij}=\frac{\lambda_1^i}{i!}e^{-\lambda_1}\sum_{j=0}^{\infty}\frac{\lambda_2^j}{j!}e^{-\lambda_2}=\frac{\lambda_1^i}{i!}e^{-\lambda_1}\quad(i=0,1,\cdots).$

同理, 可得

$$p_{\cdot j}=\frac{\lambda_2^j}{j!}e^{-\lambda_2}\quad(j=0,1,\cdots).$$

显然,

$$p_{ij}=p_{i\cdot}\cdot p_{\cdot j}\quad(i=0,1,\cdots;j=0,1,\cdots),$$

所以 X 与 Y 相互独立.

例 2.6.2　设 X 和 Y 的联合分布律如表 2.6.2 所示, 问 α,β 取什么值时, X 与 Y 相互独立?

表 2.6.2

X \ Y	1	2	3
1	$\frac{1}{6}$	$\frac{1}{9}$	$\frac{1}{18}$
2	$\frac{1}{3}$	α	β

解　由 $\sum_{i=1}^{2}\sum_{j=1}^{3}p_{ij}=1$, 有

$$\alpha+\beta=\frac{1}{3},\tag{2.6.4}$$

又 $P\{Y=2\}=\frac{1}{9}+\alpha$, $P\{X=1\}=\frac{1}{3}$ 及 X 与 Y 独立, 有

$$P\{X=1,Y=2\}=P\{X=1\}P\{Y=2\},$$

即

$$\frac{1}{9}=\left(\frac{1}{9}+\alpha\right)\cdot\frac{1}{3},\tag{2.6.5}$$

由式(2.6.4)、式(2.6.5)解得 $\alpha=\frac{2}{9},\beta=\frac{1}{3}-\frac{2}{9}=\frac{1}{9}$.

将 α,β 的值代入联合分布律, 可以验证 X 与 Y 相互独立.

例 2.6.3　设 X 和 Y 的联合概率密度函数为

$$f(x,y)=\begin{cases}4xy, & 0\leqslant x\leqslant 1,0\leqslant y\leqslant 1,\\ 0, & \text{其他},\end{cases}$$

问 X 与 Y 是否相互独立?

解　$f_X(x)=\int_{-\infty}^{+\infty}f(x,y)dy=\begin{cases}\int_0^1 4xydy, & 0\leqslant x\leqslant 1,\\ 0, & \text{其他}\end{cases}=\begin{cases}2x, & 0\leqslant x\leqslant 1,\\ 0, & \text{其他}.\end{cases}$

同理, 可得

$$f_Y(y)=\begin{cases}2y, & 0\leqslant y\leqslant 1,\\ 0, & \text{其他}.\end{cases}$$

对一切实数 x,y 有

$$f(x,y)=f_X(x)f_Y(y),$$

由独立性定义知, X 与 Y 相互独立.

例 2.6.4　甲、乙两种仪器同时使用, 它们的寿命分别服从参数为 2 和 1 的指数分布, 它们的使用寿命是独立的, 求甲比乙先损坏的概率.

解　设甲、乙两种仪器的使用寿命分别为 X 和 Y, (X,Y) 的联合概率密度函数为 $f(x,y)$. 由题设,

$$f_X(x)=\begin{cases}2\mathrm{e}^{-2x}, & x>0,\\ 0, & x\leqslant 0,\end{cases}\qquad f_Y(y)=\begin{cases}\mathrm{e}^{-y}, & y>0,\\ 0, & y\leqslant 0,\end{cases}$$

故

$$f(x,y)=f_X(x)f_Y(y)=\begin{cases}2\mathrm{e}^{-2x-y}, & x>0,y>0,\\ 0, & \text{其他},\end{cases}$$

于是所求概率为

$$P\{X<Y\}=\iint\limits_{x<y}f(x,y)\mathrm{d}x\mathrm{d}y=2\int_0^{+\infty}\mathrm{d}x\int_x^{+\infty}\mathrm{e}^{-2x-y}\mathrm{d}y=2\int_0^{+\infty}\mathrm{e}^{-3x}\mathrm{d}x=\frac{2}{3}.$$

例 2.6.5　二维随机向量 $(X,Y)\sim N(\mu_1,\mu_2,\sigma_1^2,\sigma_2^2,\rho)$, 证明 X 与 Y 独立的充分必要条件是 $\rho=0$.

证　由于 X 和 Y 的联合概率密度函数为

$$f(x,y)=\frac{1}{2\pi\sigma_1\sigma_2\sqrt{1-\rho^2}}\exp\left\{-\frac{1}{2(1-\rho^2)}\left[\frac{(x-\mu_1)^2}{\sigma_1^2}-2\rho\frac{(x-\mu_1)(y-\mu_2)}{\sigma_1\sigma_2}+\frac{(y-\mu_2)^2}{\sigma_2^2}\right]\right\},$$

而

$$f_X(x)=\frac{1}{\sqrt{2\pi}\sigma_1}\mathrm{e}^{-\frac{(x-\mu_1)^2}{2\sigma_1^2}},\qquad f_Y(y)=\frac{1}{\sqrt{2\pi}\sigma_2}\mathrm{e}^{-\frac{(y-\mu_2)^2}{2\sigma_2^2}},$$

若 X,Y 相互独立, 则

$$f(x,y)=f_X(x)f_Y(y),\quad \forall x,y\in\mathbf{R},$$

取 $x=\mu_1,y=\mu_2$, 可得 $\rho=0$.

反之, 若 $\rho=0$, 则

$$f(x,y)=\frac{1}{2\pi\sigma_1\sigma_2}\exp\left[-\frac{(x-\mu_1)^2}{2\sigma_1^2}-\frac{(y-\mu_2)^2}{2\sigma_2^2}\right]=f_X(x)f_Y(y),$$

故 X,Y 相互独立.

关于二维随机向量的一些概念, 容易推广到 n 维随机向量的情况. 假设 n 维随机向量的联合分布函数为 $F(x_1,x_2,\cdots,x_n)$, 则关于 X_i 的边缘分布函数为

$$F_{X_i}(x_i)=F(+\infty,\cdots,\underset{\text{第}i\text{个}}{x_i},\cdots,+\infty).$$

若存在非负函数 $f(x_1,x_2,\cdots,x_n)$，使对任意的实数 $x_1,x_2,\cdots,x_n$，有

$$F(x_1,x_2,\cdots,x_n)=\int_{-\infty}^{x_1}\int_{-\infty}^{x_2}\cdots\int_{-\infty}^{x_n}f(t_1,t_2,\cdots,t_n)\mathrm{d}t_1\mathrm{d}t_2\cdots\mathrm{d}t_n,$$

则称 $f(x_1,x_2,\cdots,x_n)$ 为 $(X_1,X_2,\cdots,X_n)$ 的联合概率密度函数.

称

$$f_{X_i}(x)=\int_{-\infty}^{+\infty}\cdots\int_{-\infty}^{+\infty}\int_{-\infty}^{+\infty}\cdots\int_{-\infty}^{+\infty}f(x_1,x_2,\cdots,x_n)\mathrm{d}x_1\cdots\mathrm{d}x_{i-1}\mathrm{d}x_{i+1}\cdots\mathrm{d}x_n$$

是关于 X_i 的边缘概率密度函数.

若对所有的实数 $x_1,x_2,\cdots,x_n$，有

$$F(x_1,x_2,\cdots,x_n)=F_{X_1}(x_1)F_{X_2}(x_2)\cdots F_{X_n}(x_n),$$

则称 $X_1,X_2,\cdots,X_n$ 是相互独立的.

与式(2.6.2)类似，当 $(X_1,X_2,\cdots,X_n)$ 是离散型随机向量时，$X_1,X_2,\cdots,X_n$ 相互独立等价于

$$P\{X_1=x_1,X_2=x_2,\cdots,X_n=x_n\}=P\{X_1=x_1\}P\{X_2=x_2\}\cdots P\{X_n=x_n\}$$

对于任意实数 $x_1,x_2,\cdots,x_n$ 成立.

与式(2.6.3)类似，当 $(X_1,X_2,\cdots,X_n)$ 是连续型随机向量时，$X_1,X_2,\cdots,X_n$ 相互独立等价于

$$f(x_1,x_2,\cdots,x_n)=f_{X_1}(x_1)f_{X_2}(x_2)\cdots f_{X_n}(x_n)$$

几乎处处成立.

与第 1 章独立性的讨论一样，在实际运用中，独立性往往根据实际意义来判定.

用 $F_1(x_1,x_2,\cdots,x_m),F_2(y_1,y_2,\cdots,y_n)$ 和 $F(x_1,x_2,\cdots,x_m,y_1,y_2,\cdots,y_n)$ 分别表示随机向量 $(X_1,X_2,\cdots,X_m),(Y_1,Y_2,\cdots,Y_n)$ 和 $(X_1,X_2,\cdots,X_m,Y_1,Y_2,\cdots,Y_n)$ 的联合分布函数，若对于所有的实数 $x_1,x_2,\cdots,x_m,y_1,y_2,\cdots,y_n$，有 $F=F_1F_2$，则称随机向量 $(X_1,X_2,\cdots,X_m)$ 和 $(Y_1,Y_2,\cdots,Y_n)$ 是相互独立的. 最后不加证明地介绍一个定理，它在数理统计中是很有用的.

定理 2.6.1 设 $(X_1,X_2,\cdots,X_m)$ 和 $(Y_1,Y_2,\cdots,Y_n)$ 相互独立，则 $X_i\ (i=1,2,\cdots,m)$ 和 $Y_j\ (j=1,2,\cdots,n)$ 相互独立，又若 $g(x_1,x_2,\cdots,x_m)$，$h(y_1,y_2,\cdots,y_n)$ 是连续函数，则 $g(X_1,X_2,\cdots,X_m)$ 和 $h(Y_1,Y_2,\cdots,Y_n)$ 相互独立.

下面简要介绍两个常用 n 维连续型随机向量.

定义 2.6.2 设 Ω 是 n 维向量空间 $\mathbf{R}^n$ 中的一个有界区域，若 n 维连续型随机向量 $(X_1,X_2,\cdots,X_n)$ 的联合概率密度函数为

$$f(x_1,x_2,\cdots,x_n)=\begin{cases}\dfrac{1}{m(\Omega)}, & (x_1,x_2,\cdots,x_n)^{\mathrm{T}}\in\Omega,\\ 0, & \text{其他},\end{cases}\tag{2.6.6}$$

其中，$m(\Omega)=\underset{\Omega}{\int\int\cdots\int}\mathrm{d}x_1\mathrm{d}x_2\cdots\mathrm{d}x_n$，则称 $(X_1,X_2,\cdots,X_n)$ 服从区域 Ω 上的 **n 维均匀分布**.

容易验证，$f(x_1,x_2,\cdots,x_n)$ 满足联合概率密度函数的两个基本性质.

定义 2.6.3 若 n 维连续型随机向量 $(X_1,X_2,\cdots,X_n)$ 的联合概率密度函数为

$$f(\boldsymbol{x})=\frac{1}{(2\pi)^{n/2}\sqrt{|\boldsymbol{B}|}}\exp\left[-\frac{1}{2}(\boldsymbol{x}-\boldsymbol{a})^{\mathrm{T}}\boldsymbol{B}^{-1}(\boldsymbol{x}-\boldsymbol{a})\right],\quad \boldsymbol{x}=(x_1,x_2,\cdots,x_n)^{\mathrm{T}}\in\mathbf{R}^n,\quad (2.6.7)$$

其中, $\boldsymbol{a}=(a_1,a_2,\cdots,a_n)^{\mathrm{T}}$ 为 n 维实向量,

$$\boldsymbol{B}=\begin{pmatrix} b_{11} & b_{12} & \cdots & b_{1n} \\ b_{21} & b_{22} & \cdots & b_{2n} \\ \vdots & \vdots & & \vdots \\ b_{n1} & b_{n2} & \cdots & b_{nn} \end{pmatrix}$$

为 n 阶正定矩阵, 则称 $(X_1,X_2,\cdots,X_n)$ 服从 n **维正态分布**, 记作 $(X_1,X_2,\cdots,X_n)\sim N(\boldsymbol{a},\boldsymbol{B})$.

事实上, 还需要验证由式(2.6.7)定义的函数满足联合概率密度函数的两个基本性质.

显然, $f(\boldsymbol{x})\geqslant 0,\forall \boldsymbol{x}\in\mathbf{R}^n$. 因此, 只需验证

$$\int_{-\infty}^{+\infty}\int_{-\infty}^{+\infty}\cdots\int_{-\infty}^{+\infty}f(x_1,x_2,\cdots,x_n)\mathrm{d}x_1\mathrm{d}x_2\cdots\mathrm{d}x_n=1$$

成立.

因为 $\boldsymbol{B}$ 是 n 阶正定矩阵, 所以存在 n 阶可逆矩阵 $\boldsymbol{U}$, 使得 $\boldsymbol{B}=\boldsymbol{U}\boldsymbol{U}^{\mathrm{T}}$. 作可逆线性变换 $\boldsymbol{y}=\boldsymbol{U}^{-1}(\boldsymbol{x}-\boldsymbol{a})$, 有 $\boldsymbol{x}=\boldsymbol{U}\boldsymbol{y}+\boldsymbol{a}$, 其雅可比行列式为 $J=|\boldsymbol{U}|=\sqrt{|\boldsymbol{B}|}$, 于是

$$\begin{aligned}
&\int_{-\infty}^{+\infty}\int_{-\infty}^{+\infty}\cdots\int_{-\infty}^{+\infty}f(x_1,x_2,\cdots,x_n)\mathrm{d}x_1\mathrm{d}x_2\cdots\mathrm{d}x_n\\
&=\int_{-\infty}^{+\infty}\int_{-\infty}^{+\infty}\cdots\int_{-\infty}^{+\infty}\frac{1}{(2\pi)^{n/2}\sqrt{|\boldsymbol{B}|}}\exp\left[-\frac{1}{2}(\boldsymbol{x}-\boldsymbol{a})^{\mathrm{T}}\boldsymbol{B}^{-1}(\boldsymbol{x}-\boldsymbol{a})\right]\mathrm{d}x_1\mathrm{d}x_2\cdots\mathrm{d}x_n\\
&=\int_{-\infty}^{+\infty}\int_{-\infty}^{+\infty}\cdots\int_{-\infty}^{+\infty}\frac{1}{(2\pi)^{n/2}\sqrt{|\boldsymbol{B}|}}\exp\left(-\frac{1}{2}\boldsymbol{y}^{\mathrm{T}}\boldsymbol{y}\right)\cdot\sqrt{|\boldsymbol{B}|}\mathrm{d}y_1\mathrm{d}y_2\cdots\mathrm{d}y_n\\
&=\int_{-\infty}^{+\infty}\int_{-\infty}^{+\infty}\cdots\int_{-\infty}^{+\infty}\frac{1}{(2\pi)^{n/2}}\exp\left(-\frac{1}{2}\sum_{i=1}^{n}y_i^2\right)\mathrm{d}y_1\mathrm{d}y_2\cdots\mathrm{d}y_n\\
&=\int_{-\infty}^{+\infty}\frac{1}{\sqrt{2\pi}}\mathrm{e}^{-\frac{y_1^2}{2}}\mathrm{d}y_1\cdot\int_{-\infty}^{+\infty}\frac{1}{\sqrt{2\pi}}\mathrm{e}^{-\frac{y_2^2}{2}}\mathrm{d}y_2\cdots\int_{-\infty}^{+\infty}\frac{1}{\sqrt{2\pi}}\mathrm{e}^{-\frac{y_n^2}{2}}\mathrm{d}y_n=1.
\end{aligned}$$

二维正态分布的边缘分布也是正态分布, n 维正态分布也有类似的结果.

定理 2.6.2　n 维随机向量 $(X_1,X_2,\cdots,X_n)\sim N(\boldsymbol{a},\boldsymbol{B})$ 的充分必要条件是对任意不全为零的数 $c_1,c_2,\cdots,c_n$, 有 $\sum\limits_{i=1}^{n}c_iX_i\sim N(\boldsymbol{c}^{\mathrm{T}}\boldsymbol{a},\boldsymbol{c}^{\mathrm{T}}\boldsymbol{B}\boldsymbol{c})$, 其中 $\boldsymbol{c}=(c_1,c_2,\cdots,c_n)^{\mathrm{T}}$.

证明从略.

推论 2.6.1　若 $(X_1,X_2,\cdots,X_n)\sim N(\boldsymbol{a},\boldsymbol{B})$, 则 $X_i\sim N(a_i,b_{ii})\ (i=1,2,\cdots,n)$.

证　在定理 2.6.2 中分别取

$$\boldsymbol{c}=\boldsymbol{e}_1=(1,0,\cdots,0)^{\mathrm{T}},\quad \boldsymbol{c}=\boldsymbol{e}_2=(0,1,\cdots,0)^{\mathrm{T}},\quad\cdots,\quad \boldsymbol{c}=\boldsymbol{e}_n=(0,0,\cdots,1)^{\mathrm{T}},$$

依次得 $X_1\sim N(a_1,b_{11})$, $X_2\sim N(a_2,b_{22})$, $\cdots$, $X_n\sim N(a_n,b_{nn})$.

定理 2.6.3　设 $\boldsymbol{X}\sim N(\boldsymbol{a},\boldsymbol{B})$, $\boldsymbol{Y}=\boldsymbol{x}\boldsymbol{A}$ 是可逆线性变换, 则 $\boldsymbol{A}^{\mathrm{T}}\boldsymbol{B}\boldsymbol{A}$ 正定, 且 $\boldsymbol{Y}\sim N(\boldsymbol{a}\boldsymbol{A},\boldsymbol{A}^{\mathrm{T}}\boldsymbol{B}\boldsymbol{A})$, 即正态随机变量的可逆线性变换仍为正态随机变量, 这里, $\boldsymbol{X}=(X_1,X_2,\cdots,X_n)$, $\boldsymbol{Y}=(Y_1,Y_2,\cdots,Y_n)$.

2.7　随机变量的函数的分布

在实际问题中, 往往需要考虑某些随机变量的函数. 例如, 某商品的单价为 c 元, 销售量 X 是随机变量, 则销售收入是 X 的函数 cX 元. 本节将讨论单个随机变量的函数和两个随机变量的简单函数的分布.

2.7.1　单个随机变量的函数的分布

设 $y=g(x)$ 是定义在 $\mathbf{R}$ 上的一个连续函数或分段连续函数, 若 X 是随机变量, 则 $Y=g(X)$ 也是随机变量. 下面要讨论的问题是如何由 X 的分布去求 $Y=g(X)$ 的分布.

例 2.7.1　设随机变量 X 的所有可能取值为 $k=1,2,\cdots$, 且 $P\{X=k\}=\dfrac{k}{2\cdot 2^k}$, 求 $Y=\sin\dfrac{\pi X}{2}$ 的分布律.

解　将 X 与 $Y=\sin\dfrac{\pi X}{2}$ 的取值关系列表, 如表 2.7.1 所示.

表 2.7.1

X	1	2	3	4	5	6	7	8	…
Y	1	0	−1	0	1	0	−1	0	…

由此可见, Y 的可能取值为 $-1,0,1$, 且

(1) $Y=-1$, 当且仅当 $X=4k+3\ (k=0,1,\cdots)$;

(2) $Y=0$, 当且仅当 $X=2k\ (k=1,2,\cdots)$;

(3) $Y=1$, 当且仅当 $X=4k+1\ (k=0,1,\cdots)$.

因此,

$$P\{Y=-1\}=\sum_{k=0}^{\infty}P\{X=4k+3\}=\sum_{k=0}^{\infty}\frac{4k+3}{2\cdot 2^{4k+3}}$$
$$=\frac{1}{4}\sum_{k=1}^{\infty}k\left(\frac{1}{16}\right)^k+\frac{3}{16}\sum_{k=0}^{\infty}\left(\frac{1}{16}\right)^k.$$

而 $\displaystyle\sum_{k=0}^{\infty}x^k=\frac{1}{1-x}\ (|x|<1)$, 根据无穷级数的逐项求导公式, 有

$$\sum_{k=1}^{\infty}kx^k=x\sum_{k=1}^{\infty}(x^k)'=x\left(\sum_{k=1}^{\infty}x^k\right)'=x\left(\frac{1}{1-x}-1\right)'=\frac{x}{(1-x)^2}\quad(|x|<1),$$

取 $x=\dfrac{1}{16}$, 可得

$$P\{Y=-1\}=\frac{1}{4}\frac{\frac{1}{16}}{\left(1-\frac{1}{16}\right)^2}+\frac{3}{16}\frac{1}{1-\frac{1}{16}}=\frac{49}{225}.$$

类似地，可得

$$P\{Y=0\}=\sum_{k=1}^{\infty}P\{X=2k\}=\sum_{k=1}^{\infty}\frac{2k}{2\cdot 2^{2k}}=\frac{4}{9},$$

$$P\{Y=1\}=\sum_{k=0}^{\infty}P\{X=4k+1\}=\sum_{k=0}^{\infty}\frac{4k+1}{2\cdot 2^{4k+1}}=\frac{76}{225}.$$

综上所述，Y 的分布律如表 2.7.2 所示.

表 2.7.2

Y	-1	0	1
p_k	$\frac{49}{225}$	$\frac{4}{9}$	$\frac{76}{225}$

例 2.7.1 讨论了求离散型随机变量的函数的分布的一般方法，对于求连续型随机变量的函数的分布，通常采用分布函数法和公式法两种方法.

首先介绍分布函数法(一般方法).

设 X 是连续型随机变量，概率密度函数为 $f_X(x)$，$y=g(x)$ 是定义在 $\mathbf{R}$ 上的一个连续函数或分段连续函数，$Y=g(X)$. 为了求 Y 的概率密度函数 $f_Y(y)$，先求 Y 的分布函数 $F_Y(y)$：

$$F_Y(y)=P\{Y\leqslant y\}=P\{g(X)\leqslant y\}=P\{X\in S\},$$

其中，$S=\{x\,|\,g(x)\leqslant y\}$，然后将 $F_Y(y)$ 对 y 求导，即得

$$f_Y(y)=\begin{cases}\dfrac{\mathrm{d}F_Y(y)}{\mathrm{d}y}, & F_Y(y)\text{ 在 } y \text{ 处可导},\\ 0, & F_Y(y)\text{ 在 } y \text{ 处不可导}.\end{cases}$$

例 2.7.2　设随机变量 Θ 的概率密度函数为

$$f_{\Theta}(\theta)=\begin{cases}\dfrac{1}{\pi}, & -\dfrac{\pi}{2}<\theta<\dfrac{\pi}{2},\\ 0, & \text{其他},\end{cases}$$

试求 $X=\cos\Theta$ 的概率密度函数.

解　先求 X 的分布函数 $F_X(x)$.

$$F_X(x)=P\{X\leqslant x\}=P\{\cos\Theta\leqslant x\}.$$

当 $x<0$ 时，$F_X(x)=0$；

当 $x\geqslant 1$ 时，$F_X(x)=1$；

当 $0\leqslant x<1$ 时，

$$F_X(x)=P\{\cos\Theta\leqslant x\}=P\left\{-\frac{\pi}{2}\leqslant\Theta\leqslant-\arccos x\right\}+P\left\{\arccos x\leqslant\Theta\leqslant\frac{\pi}{2}\right\}$$

$$=\frac{1}{\pi}\int_{-\frac{\pi}{2}}^{-\arccos x}\mathrm{d}\theta+\frac{1}{\pi}\int_{\arccos x}^{\frac{\pi}{2}}\mathrm{d}\theta.$$

再求 X 的概率密度函数 $f_X(x)$.

当$x<0$或$x>1$时, $f_X(x)=F_X'(x)=0$;

当$0<x<1$时,

$$f_X(x)=F_X'(x)=\frac{1}{\pi}\cdot\frac{\mathrm{d}(-\arccos x)}{\mathrm{d}x}-\frac{1}{\pi}\cdot\frac{\mathrm{d}(\arccos x)}{\mathrm{d}x}=\frac{2}{\pi\sqrt{1-x^2}}.$$

因此,

$$f_X(x)=\begin{cases}\dfrac{2}{\pi\sqrt{1-x^2}}, & 0<x<1,\\ 0, & \text{其他}.\end{cases}$$

然后介绍公式法.

定理 2.7.1 设X是连续型随机变量, 概率密度函数为$f_X(x)$, 又函数$y=g(x)$严格单调, 其反函数$h(y)$有连续导数, 则$Y=g(X)$的概率密度函数为

$$f_Y(y)=\begin{cases}f_X[h(y)]\cdot|h'(y)|, & \alpha<y<\beta,\\ 0, & \text{其他},\end{cases} \tag{2.7.1}$$

其中, $\alpha=\min\{g(-\infty),g(+\infty)\},\beta=\max\{g(-\infty),g(+\infty)\}$.

证 不妨设$g(x)$是严格单调增加函数, 这时它的反函数$h(y)$也是严格单调增加函数, 于是, 当$g(-\infty)<y<g(+\infty)$时,

$$F_Y(y)=P\{Y\leqslant y\}=P\{g(X)\leqslant y\}=P\{X\leqslant h(y)\}=F_X[h(y)],$$

$$f_Y(y)=\frac{\mathrm{d}F_Y(y)}{\mathrm{d}y}=f_X[h(Y)]\cdot h'(y),$$

在其他范围, $f_Y(y)=0$, 所以

$$f_Y(y)=\begin{cases}f_X[h(y)]\cdot|h'(y)|, & g(-\infty)<y<g(+\infty),\\ 0, & \text{其他}.\end{cases}$$

同理可证, 当$g(x)$严格单调下降时,

$$f_Y(y)=\begin{cases}f_X[h(y)]\cdot|h'(y)|, & g(+\infty)<y<g(-\infty),\\ 0, & \text{其他}.\end{cases}$$

综上所述, 命题成立.

例 2.7.3 若随机变量$X\sim N(\mu,\sigma^2)$, 且$a\neq0$, 则

$$Y=aX+b\sim N(a\mu+b,a^2\sigma^2).$$

特别地, $Y=\dfrac{X-\mu}{\sigma}\sim N(0,1)$.

证 设$f_X(x)$和$f_Y(y)$分别为X和Y的概率密度函数, $y=ax+b$的反函数为$x=\dfrac{y-b}{a}$, 由式(2.7.1), 有

$$f_Y(y)=f_X\left(\frac{y-b}{a}\right)\left|\left(\frac{y-b}{a}\right)'\right|=\frac{1}{\sqrt{2\pi}\sigma|a|}\mathrm{e}^{-\frac{(y-a\mu-b)^2}{2\sigma^2a^2}},$$

所以

$$Y \sim N(a\mu + b, a^2\sigma^2).$$

例 2.7.3 表明, 正态随机变量的线性函数仍服从正态分布, 这是正态分布的一个重要性质.

2.7.2　两个随机变量的函数的分布

设 (X,Y) 是二维随机向量, $z = g(x,y)$ 是二元连续函数或分片连续函数, 则 $Z = g(X,Y)$ 仍然是一个一维随机变量. 需要由 X 和 Y 的联合分布函数直接求 $Z = g(X,Y)$ 的分布函数. 这里只讨论几个具体的函数.

1. $Z = X + Y$ 的分布函数

设 X 和 Y 的联合概率密度函数为 $f(x,y)$, 则 $Z = X + Y$ 的分布函数为

$$\begin{aligned}
F_Z(z) &= P\{Z \leqslant z\} = P\{X + Y \leqslant z\} = \iint\limits_{x+y\leqslant z} f(x,y)\mathrm{d}x\mathrm{d}y \\
&= \int_{-\infty}^{+\infty}\left[\int_{-\infty}^{z-x} f(x,y)\mathrm{d}y\right]\mathrm{d}x \xlongequal{y=t-x} \int_{-\infty}^{+\infty}\left[\int_{-\infty}^{z} f(x,t-x)\mathrm{d}t\right]\mathrm{d}x \\
&= \int_{-\infty}^{z}\left[\int_{-\infty}^{+\infty} f(x,t-x)\mathrm{d}x\right]\mathrm{d}t,
\end{aligned}$$

故 Z 的概率密度函数为

$$f_Z(z) = F_Z'(z) = \int_{-\infty}^{+\infty} f(x, z-x)\mathrm{d}x. \tag{2.7.2}$$

同理, 可得

$$f_Z(z) = \int_{-\infty}^{+\infty} f(z-y, y)\mathrm{d}y. \tag{2.7.3}$$

特别地, 当 X 和 Y 相互独立时, Z 的概率密度函数为

$$f_Z(z) = \int_{-\infty}^{+\infty} f_X(x) f_Y(z-x)\mathrm{d}x,$$

$$f_Z(z) = \int_{-\infty}^{+\infty} f_X(z-y) f_Y(y)\mathrm{d}y.$$

这两个公式称为卷积公式, 记为 $f_X * f_Y$, 即

$$f_X * f_Y = \int_{-\infty}^{+\infty} f_X(x) f_Y(z-x)\mathrm{d}x = \int_{-\infty}^{+\infty} f_X(z-y) f_Y(y)\mathrm{d}y. \tag{2.7.4}$$

例 2.7.4　设 $X \sim N(0,1)$, $Y \sim N(0,1)$, 且 X 与 Y 相互独立, 求 $Z = X + Y$ 的概率密度函数.

解　由卷积公式得

$$\begin{aligned}
f_Z(z) &= \int_{-\infty}^{+\infty} f_X(x) f_Y(z-x)\mathrm{d}x = \int_{-\infty}^{+\infty} \frac{1}{\sqrt{2\pi}}\mathrm{e}^{-\frac{x^2}{2}} \cdot \frac{1}{\sqrt{2\pi}}\mathrm{e}^{-\frac{(z-x)^2}{2}}\mathrm{d}x \\
&= \frac{1}{2\pi}\mathrm{e}^{-\frac{z^2}{4}}\int_{-\infty}^{+\infty}\mathrm{e}^{-\left(x-\frac{z}{2}\right)^2}\mathrm{d}x \xlongequal{t=x-\frac{z}{2}} \frac{1}{2\pi}\mathrm{e}^{-\frac{z^2}{4}}\int_{-\infty}^{+\infty}\mathrm{e}^{-t^2}\mathrm{d}t \\
&= \frac{1}{2\pi}\mathrm{e}^{-\frac{z^2}{4}}\sqrt{\pi} = \frac{1}{\sqrt{2\pi}\sqrt{2}}\mathrm{e}^{-\frac{z^2}{2\times 2}},
\end{aligned}$$

即

$$X+Y\sim N(0,2).$$

一般地, 若 X,Y 相互独立, 且 $X\sim N(\mu_1,\sigma_1^2), Y\sim N(\mu_2,\sigma_2^2)$, 则 (X,Y) 服从二维正态分布, 故由定理 2.6.2, 知 $Z=X+Y$ 服从正态分布, 且有 $Z\sim N(\mu_1+\mu_2,\sigma_1^2+\sigma_2^2)$. 像这种 X,Y 服从某种分布, 其独立和也服从参数改变了的同种分布, 则称这种分布具有**再生性**. 显然, 正态分布具有再生性.

进一步地, 由例 2.7.3、例 2.7.4 及数学归纳法容易证明如下定理.

定理 2.7.2　若 $X_1,X_2,\cdots,X_n$ 相互独立, 且 $X_i\sim N(\mu_i,\sigma_i^2)$ $(i=1,2,\cdots,n)$, 则

$$\sum_{i=1}^n a_iX_i\sim N\left(\sum_{i=1}^n a_i\mu_i,\sum_{i=1}^n a_i^2\sigma_i^2\right),$$

其中, $a_1,a_2,\cdots,a_n$ 不全为零.

例 2.7.5　设 X 和 Y 相互独立, 且都服从 $(0,1)$ 上的均匀分布, 求 $Z=X+Y$ 的概率密度函数.

解　由于

$$f_X(x)=\begin{cases}1, & 0<x<1,\\ 0, & \text{其他},\end{cases}$$

$$f_Y(y)=\begin{cases}1, & 0<y<1,\\ 0, & \text{其他},\end{cases}$$

则由 X 和 Y 相互独立, 可得

$$f(x,y)=\begin{cases}1, & 0<x<1,0<y<1,\\ 0, & \text{其他},\end{cases}$$

$$F_Z(z)=\iint\limits_{x+y\leqslant z} f(x,y)\mathrm{d}x\mathrm{d}y.$$

当 $z<0$ 时, $F_Z(z)=0$;

当 $z\geqslant 2$ 时, $F_Z(z)=1$;

当 $0\leqslant z<1$ 时, 如图 2.7.1 所示,

$$F_Z(z)=\int_0^z\mathrm{d}x\int_0^{z-x}1\mathrm{d}y=\frac{z^2}{2};$$

当 $1\leqslant z<2$ 时, 如图 2.7.2 所示,

$$F_Z(z)=z-1+\int_{z-1}^1\mathrm{d}x\int_0^{z-x}1\mathrm{d}y=-\frac{z^2}{2}+2z-1.$$

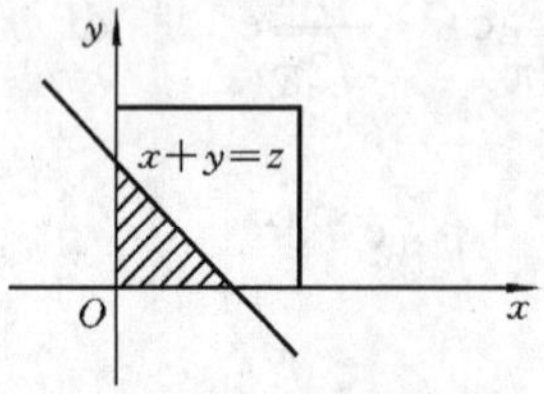

图 2.7.1

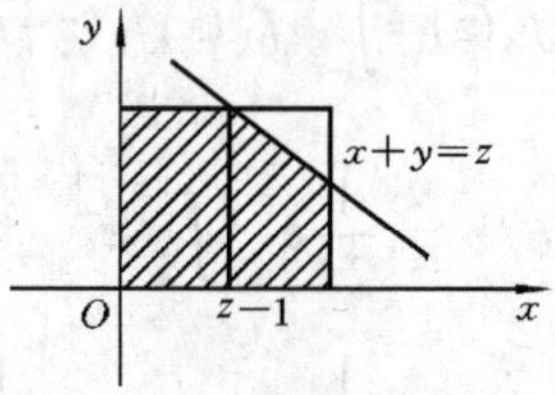

图 2.7.2

因此,

$$F_Z(z)=\begin{cases}0, & z<0,\\ \dfrac{z^2}{2}, & 0\leqslant z<1,\\ -\dfrac{z^2}{2}+2z-1, & 1\leqslant z<2,\\ 1, & z\geqslant 2,\end{cases}$$

求导得

$$f_Z(z)=\begin{cases}z, & 0\leqslant z<1,\\ 2-z, & 1\leqslant z<2,\\ 0, & \text{其他}.\end{cases}$$

例 2.7.5 也可以通过卷积公式求得. $f_Z(z)$ 的表达式表明均匀分布没有再生性.

前面讨论了连续型随机变量的卷积公式, 对于离散型随机变量和的分布, 当两个随机变量 X,Y 相互独立时, 也有类似的卷积公式. 为简便起见, 不妨设 X,Y 都取非负整数, 则

$$\begin{aligned}P\{Z=n\}=P\{X+Y=n\}&=\sum_{i=0}^{n}P\{X=i,Y=n-i\}\\&=\sum_{i=0}^{n}P\{X=i\}P\{Y=n-i\},\end{aligned}\tag{2.7.5}$$

仿之可得

$$P\{Z=n\}=\sum_{i=0}^{n}P\{X=n-i\}P\{Y=i\}.\tag{2.7.6}$$

式(2.7.5)与式 (2.7.6)称为离散卷积公式.

例 2.7.6　设 X,Y 是相互独立的随机变量, 它们分别服从参数为 λ_1,λ_2 的泊松分布, 证明: $Z=X+Y$ 服从参数为 $\lambda_1+\lambda_2$ 的泊松分布(泊松分布具有再生性).

解　$P\{X=k\}=\dfrac{\lambda_1^k}{k!}\mathrm{e}^{-\lambda_1}\quad(k=0,1,2,\cdots)$,

$P\{Y=r\}=\dfrac{\lambda_2^r}{r!}\mathrm{e}^{-\lambda_2}\quad(r=0,1,2,\cdots)$.

由式(2.7.5), 得

$$\begin{aligned}P\{Z=n\}&=\sum_{i=0}^{n}P\{X=i\}P\{Y=n-i\}=\sum_{i=0}^{n}\frac{\lambda_1^i}{i!}\mathrm{e}^{-\lambda_1}\frac{\lambda_2^{n-i}}{(n-i)!}\mathrm{e}^{-\lambda_2}\\&=\frac{\mathrm{e}^{-(\lambda_1+\lambda_2)}}{n!}\sum_{i=0}^{n}\mathrm{C}_n^i\lambda_1^i\lambda_2^{n-i}=\frac{(\lambda_1+\lambda_2)^n}{n!}\mathrm{e}^{-(\lambda_1+\lambda_2)},\end{aligned}$$

即

$$Z\sim P(\lambda_1+\lambda_2).$$

例 2.7.7 设随机变量 X,Y 相互独立, 且 X 的分布律为 $P\{X=0\}=P\{X=2\}=\dfrac{1}{2}$, Y 的概率密度函数为 $f(y)=\begin{cases}2y, & 0<y<1,\\ 0, & 其他,\end{cases}$ 求 $Z=X+Y$ 的概率密度函数.

解 $F_Z(z)=P\{Z\leqslant z\}=P\{X+Y\leqslant z\}$

$$
\begin{aligned}
&=P\{X=0,X+Y\leqslant z\}+P\{X=2,X+Y\leqslant z\}\\
&=P\{X=0,Y\leqslant z\}+P\{X=2,Y\leqslant z-2\}\\
&=\frac{1}{2}P\{Y\leqslant z\}+\frac{1}{2}P\{Y\leqslant z-2\}.
\end{aligned}
$$

当 $z<0$ 时, $F_Z(z)=0$;

当 $1\leqslant z<2$ 时, $F_Z(z)=\dfrac{1}{2}$;

当 $z\geqslant 3$ 时, $F_Z(z)=1$;

当 $0\leqslant z<1$ 时, $F_Z(z)=\dfrac{1}{2}P\{Y\leqslant z\}=\dfrac{1}{2}\displaystyle\int_0^z 2y\mathrm{d}y=\dfrac{1}{2}z^2$;

当 $2\leqslant z<3$ 时, $F_Z(z)=\dfrac{1}{2}+\dfrac{1}{2}P\{Y\leqslant z\}=\dfrac{1}{2}+\dfrac{1}{2}\displaystyle\int_0^{z-2}2y\mathrm{d}y=\dfrac{1}{2}+\dfrac{1}{2}(z-2)^2$.

因此,

$$
F_Z(z)=\begin{cases}0, & z<0,\\ \dfrac{1}{2}z^2, & 0\leqslant z<1,\\ \dfrac{1}{2}, & 1\leqslant z<2,\\ \dfrac{1}{2}+\dfrac{1}{2}(z-2)^2, & 2\leqslant z<3,\\ 1, & z\geqslant 3,\end{cases}
$$

所以

$$
f_Z(z)=\begin{cases}z, & 0<z<1,\\ z-2, & 2<z<3,\\ 0, & 其他.\end{cases}
$$

例 2.7.8 设二维随机向量 (X,Y) 在区域 $D=\{(x,y)\,|\,0<x<1,x^2<y<\sqrt{x}\}$ 上服从均匀分布, 令 $U=\begin{cases}1, & X\leqslant Y,\\ 0, & X>Y.\end{cases}$

(1) 写出 (X,Y) 的联合概率密度函数;

(2) 问 U 与 X 是否相互独立? 并说明理由;

(3) 求 $Z=U+X$ 的分布函数 $F(z)$.

解 (1) 由 D 的面积 $S_D=\displaystyle\int_0^1(\sqrt{x}-x^2)\mathrm{d}x=\dfrac{1}{3}$ 知, (X,Y) 的联合概率密度函数为

$$f(x,y)=\begin{cases}3, & 0<x<1, x^2<y<\sqrt{x},\\ 0, & \text{其他}.\end{cases}$$

(2) 因为

$$\begin{aligned}P\left\{U\leqslant\frac{1}{2},X\leqslant\frac{1}{2}\right\}&=P\left\{U=0,X\leqslant\frac{1}{2}\right\}\\&=P\left\{X>Y,X\leqslant\frac{1}{2}\right\}\\&=\int_0^{\frac{1}{2}}3(x-x^2)\mathrm{d}x=\frac{1}{4},\end{aligned}$$

$$\begin{aligned}P\left\{U\leqslant\frac{1}{2}\right\}P\left\{X\leqslant\frac{1}{2}\right\}&=P\{U=0\}P\left\{X\leqslant\frac{1}{2}\right\}\\&=P\{X>Y\}P\left\{X\leqslant\frac{1}{2}\right\}\\&=\int_0^1 3(x-x^2)\mathrm{d}x\int_0^{\frac{1}{2}}3(\sqrt{x}-x^2)\mathrm{d}x=\frac{\sqrt{2}}{4}-\frac{1}{16},\end{aligned}$$

所以 $P\left\{U\leqslant\frac{1}{2},X\leqslant\frac{1}{2}\right\}\neq P\left\{U\leqslant\frac{1}{2}\right\}P\left\{X\leqslant\frac{1}{2}\right\}$，故 U 与 X 不相互独立.

(3) 当 $z<0$ 时，$F(z)=0$；当 $z\geqslant 2$ 时，$F(z)=1$；当 $0\leqslant z<1$ 时，

$$\begin{aligned}F(z)&=P\{Z\leqslant z\}=P\{U+X\leqslant z\}\\&=P\{U=0,X\leqslant z\}+P\{U=1,X\leqslant z-1\}\\&=P\{X>Y,X\leqslant z\}=\int_0^z 3(x-x^2)\mathrm{d}x=\frac{3}{2}z^2-z^3;\end{aligned}$$

当 $1\leqslant z<2$ 时，

$$\begin{aligned}F(z)&=P\{U=0,X\leqslant z\}+P\{U=1,X\leqslant z-1\}\\&=P\{X>Y\}+P\{X\leqslant Y,X\leqslant z-1\}\\&=\int_0^1 3(x-x^2)\mathrm{d}x+\int_0^{z-1}3(\sqrt{x}-x)\mathrm{d}x\\&=\frac{1}{2}+2(z-1)^{\frac{3}{2}}-\frac{3}{2}(z-1)^2.\end{aligned}$$

因此，

$$F(z)=\begin{cases}0, & z<0,\\ \dfrac{3}{2}z^2-z^3, & 0\leqslant z<1,\\ \dfrac{1}{2}+2(z-1)^{\frac{3}{2}}-\dfrac{3}{2}(z-1)^2, & 1\leqslant z<2,\\ 1, & z\geqslant 2.\end{cases}$$

2. $\max\{X,Y\}$ 及 $\min\{X,Y\}$ 的分布函数

设 X,Y 是两个相互独立的随机变量，它们的分布函数分别为 $F_X(x)$ 和 $F_Y(y)$，现求 $\max\{X,Y\}$ 及 $\min\{X,Y\}$ 的分布函数.

对任意实数 z，易知 $\max\{X,Y\}\leqslant z$ 等价于 $X\leqslant z$ 且 $Y\leqslant z$，因此 $\max\{X,Y\}$ 的分布函数为

$$\begin{aligned}F_{\max}(z)&=P\{\max\{X,Y\}\leqslant z\}=P\{X\leqslant z,Y\leqslant z\}\\&=P\{X\leqslant z\}P\{Y\leqslant z\}=F_X(z)F_Y(z).\end{aligned}$$

进一步地，当 X,Y 是连续型随机变量时，

$$f_{\max}(z)=f_X(z)F_Y(z)+F_X(z)f_Y(z).$$

同样，由于对任意实数 z，$\min\{X,Y\}>z$ 等价于 $X>z$ 且 $Y>z$，则 $\min\{X,Y\}$ 的分布函数为

$$\begin{aligned}F_{\min}(z)&=P\{\min\{X,Y\}\leqslant z\}=1-P\{\min\{X,Y\}>z\}\\&=1-P\{X>z,Y>z\}=1-P\{X>z\}P\{Y>z\}\\&=1-[1-F_X(z)][1-F_Y(z)].\end{aligned}$$

进一步地，当 X,Y 是连续型随机变量时，

$$f_{\min}(z)=f_X(z)[1-F_Y(z)]+[1-F_X(z)]f_Y(z).$$

以上结果可推广到 n 个独立的随机变量的情况，设 $X_1,X_2,\cdots,X_n$ 是 n 个相互独立的随机变量，则 $\max\{X_1,X_2,\cdots,X_n\}$ 及 $\min\{X_1,X_2,\cdots,X_n\}$ 的分布函数(也记为 $F_{\max}(z)$ 及 $F_{\min}(z)$)为

$$F_{\max}(z)=F_{X_1}(z)F_{X_2}(z)\cdots F_{X_n}(z),$$

$$F_{\min}(z)=1-[1-F_{X_1}(z)][1-F_{X_2}(z)]\cdots[1-F_{X_n}(z)].$$

例 2.7.9 从区间 $[0,1]$ 中随机地抽出 n 个点 $X_1,X_2,\cdots,X_n$，试分别求出其最大值和最小值的概率密度函数.

解 由题意，$X_1,X_2,\cdots,X_n$ 都是 $[0,1]$ 上独立同分布的随机变量，$X_i\ (i=1,2,\cdots,n)$ 的概率密度函数为

$$f_{X_i}(x)=\begin{cases}1, & 0<x<1,\\ 0, & \text{其他},\end{cases}$$

其分布函数为

$$F_{X_i}(x)=\begin{cases}0, & x<0,\\ x, & 0\leqslant x<1,\\ 1, & x\geqslant 1,\end{cases}$$

则 $\max\{X_1,X_2,\cdots,X_n\}$ 及 $\min\{X_1,X_2,\cdots,X_n\}$ 的分布函数为

$$F_{\max}(z)=[F_{X_i}(z)]^n=\begin{cases}0, & z<0,\\ z^n, & 0\leqslant z<1,\\ 1, & z\geqslant 1,\end{cases}$$

$$F_{\min}(z)=1-[1-F_{X_i}(z)]^n=\begin{cases}0, & z<0,\\ 1-(1-z)^n, & 0\leqslant z<1,\\ 1, & z\geqslant 1,\end{cases}$$

求导得

$$f_{\max}(z)=\begin{cases}nz^{n-1}, & 0<z<1,\\ 0, & 其他,\end{cases}$$

$$f_{\min}(z)=\begin{cases}n(1-z)^{n-1}, & 0<z<1,\\ 0, & 其他.\end{cases}$$

3. $Z=XY$ 的分布函数

例 2.7.10　设 X,Y 是相互独立的随机变量，且 $P\{X=0\}=P\{X=1\}=\dfrac{1}{2}$，$Y\sim U(0,1)$，求 $Z=XY$ 的分布函数.

解　依题意，有

$$F_Y(y)=\begin{cases}0, & y<0,\\ y, & 0\leqslant y<1,\\ 1, & y\geqslant 1,\end{cases}$$

且 Z 的分布函数为

$$\begin{aligned}F_Z(z)&=P\{Z\leqslant z\}=P\{XY\leqslant z\}\\&=P\{X=0,0\leqslant z\}+P\{X=1,Y\leqslant z\}\\&=P\{X=0\}P\{0\leqslant z\mid X=0\}+P\{X=1\}P\{Y\leqslant z\}\\&=\frac{1}{2}P\{0\leqslant z\mid X=0\}+\frac{1}{2}F_Y(z).\end{aligned}$$

当 $z<0$ 时，$F_Z(z)=0$；

当 $z\geqslant 1$ 时，$F_Z(z)=1$；

当 $0\leqslant z<1$ 时，$F_Z(z)=\dfrac{1}{2}P\{0\leqslant z\mid X=0\}+\dfrac{1}{2}F_Y(z)=\dfrac{1}{2}+\dfrac{z}{2}$.

因此，

$$F_Z(z)=\begin{cases}0, & z<0,\\ \dfrac{1}{2}+\dfrac{z}{2}, & 0\leqslant z<1,\\ 1, & z\geqslant 1.\end{cases}$$

由于 Z 的取值范围不是可列无限的，是区间 $[0,1)$，故 Z 不是离散型随机变量. 又 $F_Z(z)$ 在 $z=0$ 处不连续，故 Z 也不是连续型随机变量. 像这种既不是离散型随机变量又不是连续型随机变量的随机变量，称为**奇异型随机变量**.

习　题　2

1. 设 $F_1(x),F_2(x)$ 为两个分布函数，试问:

(1) $F_1(x)+F_2(x)$ 是否为分布函数?

(2) 若 $c_1>0,c_2>0$ 均为常数，且 $c_1+c_2=1$，则 $c_1F_1(x)+c_2F_2(x)$ 是否为分布函数?

2. 一口袋中装有 5 个球, 其中有 2 个红球, 3 个白球. 任取 3 个球, 取到的红球数记作 X, 求 X 的分布律及分布函数.

3. 把 3 个乒乓球随机地放入 4 个盒子中, 试求盒子中乒乓球最多个数 X 的分布律.

4. 设随机变量 X 的分布函数为

$$F(x)=\begin{cases}0, & x<0,\\ 0.3, & 0\leqslant x<1,\\ 0.6, & 1\leqslant x<2,\\ 1, & x\geqslant 2,\end{cases}$$

求 X 的分布律.

5. 设 $X\sim B(2,p)$, $Y\sim B(4,p)$, 已知 $P\{X\geqslant 1\}=\dfrac{5}{9}$, 求 $P\{Y\geqslant 1\}$.

6. 电子计算机内, 装有 2000 个同样的晶体管, 每一晶体管损坏的概率等于 0.000 5, 如果任一晶体管损坏计算机即停止工作, 求计算机停止工作的概率.

7. 甲地需要与乙地的 10 个电话用户联系, 每一个用户在 1 h 内平均占线 12 min, 并且任何两个用户的呼叫是相互独立的. 为了在任意时刻使得对所有电话用户服务的概率为 0.99, 应当有多少条电话线路?

8. 每年袭击某地的台风次数近似服从 $\lambda=8$ 的泊松分布, 求:

(1) 该地一年中受台风袭击次数小于 6 的概率;

(2) 一年中该地受到台风袭击次数在 7～9 的概率.

9. 设随机变量 X 服从泊松分布, 且 $P\{X=1\}=P\{X=2\}$, 求 $P\{X=4\}$.

10. 设某批产品正品率为 $\dfrac{7}{9}$, 次品率为 $\dfrac{2}{9}$, 现对这批产品进行测试, 只要测得一个正品就不再继续测试, 试求测试次数 X 的分布律.

11. 从含有 10 件一级品的 50 件产品中抽取 5 件, 求其中一级品件数的分布律, 并求至少有 2 件一级品的概率.

12. 设随机变量 X 的概率密度函数为

$$f(x)=\begin{cases}A\cos x, & |x|\leqslant\dfrac{\pi}{2},\\ 0, & |x|>\dfrac{\pi}{2},\end{cases}$$

试求:

(1) 系数 A;

(2) X 落在区间 $\left(0,\dfrac{\pi}{4}\right)$ 内的概率;

(3) X 的分布函数.

13. 试确定常数 a,b,c,d 的值,使函数

$$F(x)=\begin{cases}a, & x<1,\\ bx\ln x+cx+d, & 1\leqslant x\leqslant \mathrm{e},\\ d, & x>\mathrm{e},\end{cases}$$

为一连续型随机变量的分布函数.

14. 设某型号的电子管的寿命 X (单位: h)具有概率密度函数

$$f(x)=\begin{cases}\dfrac{100}{x^2}, & x>100,\\ 0, & x\leqslant 100,\end{cases}$$

试求:

(1) 使用寿命在 150 h 以上的概率;

(2) 3 只该型号的电子管使用了 150 h 都不损坏的概率;

(3) 3 只该型号的电子管使用了 150 h 至少有一个不损坏的概率.

15. 设 $X\sim U(-2,6)$, 求方程 $2x^2-3Xx+X^2+2=0$ 有实根的概率.

16. 设随机变量 X 的分布函数为

$$F(x)=\begin{cases}1-\mathrm{e}^{-x}, & x\geqslant 0,\\ 0, & x<0,\end{cases}$$

试求:

(1) $P\{X\leqslant 2\}, P\{X>3\}$;

(2) 概率密度函数 $f(x)$.

17. 设顾客到某银行窗口等待服务的时间 X (单位: min)服从指数分布, 其概率密度函数为

$$f(x)=\begin{cases}\dfrac{1}{5}\mathrm{e}^{-\frac{x}{5}}, & x>0,\\ 0, & x\leqslant 0,\end{cases}$$

某顾客在窗口等待服务, 如超过 10 min, 他就离开. 他一个月要到银行 5 次, 以 Y 表示一个月内他未等到服务而离开窗口的次数, 写出 Y 的分布律, 并求 $P\{Y\geqslant 1\}$.

18. 高等学校入学考试的数学成绩近似地服从正态分布 $N(65,10^2)$. 如果 85 分以上为优秀, 问数学成绩为优秀的考生大致占总人数的百分之几?

19. 设 $\ln X\sim N(1,2^2)$, 试求 $P\left\{\dfrac{1}{2}<X<2\right\}$.

20. 某厂决定在工人中增发高产奖. 按过去生产状况对月生产额最高的 5%的工人发放高产奖. 已知过去每人每月生产额 X (单位: kg)服从正态分布 $N(4\,000,60^2)$, 试问高产奖发放标准应把月生产额定为多少?

21. 设测量误差 $X\sim N(0,10^2)$, 求在 100 次独立重复测量中至少有 3 次测量误差的绝对值大于 19.6 的概率, 并用泊松分布求其近似值.

22. 设随机变量 X 的分布律如下表所示, 求 $2X+1$ 与 X^2 的分布律.

X	-1	0	1	2
p_k	0.1	0.2	0.3	0.4

23. 一轰炸机带三枚炸弹向敌方目标投掷, 若炸弹落在目标中心 40 m 内, 目标将被摧毁, 设在使用瞄准器投弹时, 弹着点 X 的概率密度函数为

$$f(x)=\begin{cases}(100+x)/10\,000, & -100<x\leqslant 0,\\ (100-x)/10\,000, & 0<x\leqslant 100,\\ 0, & \text{其他},\end{cases}$$

求投掷三枚炸弹后,目标被摧毁的概率.

24. 随机变量 X 的概率密度函数为 $f(x)=\begin{cases}\mathrm{e}^{-x}, & x\geqslant 0,\\ 0, & x<0,\end{cases}$ 求 $Y=2X+1$ 的概率密度函数.

25. 设随机变量 X 的概率密度函数为

$$f(x)=\begin{cases}\dfrac{2}{\pi(1+x^2)}, & x>0,\\ 0, & x\leqslant 0,\end{cases}$$

试求随机变量 $Y=\ln X$ 的概率密度函数.

26. 已知随机变量 $X\sim N(0,1)$, 求 $Y=|X|$ 的概率密度函数.

27. 设随机变量 X 的概率密度函数为

$$f(x)=\frac{2}{\pi(\mathrm{e}^x+\mathrm{e}^{-x})}\quad(-\infty<x<+\infty),$$

求随机变量 $Y=g(X)$ 的分布律, 其中

$$g(x)=\begin{cases}1, & x\geqslant 0,\\ -1, & x<0.\end{cases}$$

28. 设随机变量 X 服从柯西分布,其概率密度函数为

$$f(x)=\frac{1}{\pi(1+x^2)}\quad(-\infty<x<+\infty),$$

证明: 随机变量 $Y=\arctan X$ 服从均匀分布.

29. 一正整数 X 随机地在 1, 2, 3, 4 四个数字中取一个值, 另一个正整数 Y 随机地在 $1\sim X$ 中取一个值, 试求 (X,Y) 的联合分布律.

30. 设随机变量 X 与 Y 同分布, X 的分布律如下表所示, 又 $P\{XY=0\}=1$, 试求 $P\{X=Y\}$.

X	-1	0	1
p_k	$\frac{1}{4}$	$\frac{1}{2}$	$\frac{1}{4}$

31. 设 (X,Y) 的联合概率密度函数为

$$f(x,y)=\begin{cases}A\mathrm{e}^{-(2x+3y)}, & x>0,y>0,\\ 0, & \text{其他},\end{cases}$$

求:

(1) 常数 A;

(2) $P\{-1\leqslant X\leqslant 1,-2\leqslant Y\leqslant 2\}$;

(3) 联合分布函数 $F(x,y)$.

32. 设二维随机向量 (X,Y) 的联合概率密度函数为

$$f(x,y)=\begin{cases}\frac{3}{2}x, & 0<x<1,|y|<x,\\ 0, & \text{其他},\end{cases}$$

求 (X,Y) 的边缘概率密度函数.

33. 设随机向量 (X,Y) 的联合概率密度函数为

$$f(x,y)=\begin{cases}e^{-y}, & 0<x<y,\\ 0, & \text{其他},\end{cases}$$

试求:

(1) $P\{X+Y\leqslant 1\}$;

(2) $P\{X=Y\}$;

(3) (X,Y) 的两个边缘概率密度函数 $f_X(x)$ 和 $f_Y(y)$.

34. 在区间 $(0,a)$ 中点的两边随机地选取两点, 求两点间的距离小于 $\frac{a}{3}$ 的概率.

35. 设随机变量 X 与 Y 独立同分布, 且 X 的分布律如下表所示, 求 $P\{X=Y\}$.

X	-1	1
p_k	$\frac{1}{2}$	$\frac{1}{2}$

36. 甲、乙两人独立地进行两次射击, 假设甲的命中率为 0.2, 乙的命中率为 0.5, 以 X 和 Y 分别表示甲与乙的命中次数, 求 (X,Y) 的联合分布律.

37. 设 (X,Y) 的联合概率密度函数为

$$f(x,y)=\frac{C}{(1+x^2)(1+y^2)},$$

试求:

(1) 常数 C;

(2) $P\{0<X<1,0<Y<1\}$;

(3) (X,Y) 的边缘概率密度函数;

(4) X 与 Y 是否独立?

38. 设 X 与 Y 是两个独立的随机变量, 且 X 在 $(0,1)$ 上服从均匀分布, Y 的概率密度函数为 $f_Y(y)=\begin{cases}\frac{1}{2}e^{-\frac{y}{2}}, & y>0,\\ 0, & y\leqslant 0,\end{cases}$ 求随机变量 X 与 Y 的联合概率密度函数.

39. 设随机变量 X 与 Y 独立, 且它们的概率密度函数分别为

$$f_X(x)=\begin{cases}\frac{1}{\pi\sqrt{1-x^2}}, & |x|<1,\\ 0, & \text{其他},\end{cases}$$

$$f_Y(y)=\begin{cases} ye^{-\frac{y^2}{2}}, & y>0, \\ 0, & \text{其他}, \end{cases}$$

试求:

(1) (X,Y) 的联合概率密度函数;

(2) $P\left\{|X|\leqslant\dfrac{1}{2},|Y|\leqslant 1\right\}$.

40. 设二维随机向量 (X,Y) 的联合概率密度函数为

$$f(x,y)=\begin{cases} e^{-x}, & 0<y<x, \\ 0, & \text{其他}, \end{cases}$$

试求:

(1) 条件概率密度函数 $f_{Y|X}(y|x)$;

(2) 条件概率 $P\{X\leqslant 1|Y\leqslant 1\}$.

41. 设二维随机向量 (X,Y) 的联合分布律如下表所示, 求:

(1) $U=\max\{X,Y\}$ 的分布律;

(2) $V=\min\{X,Y\}$ 的分布律;

(3) $Z=X+Y$ 的分布律.

X \ Y	1	2
1	$\frac{1}{6}$	$\frac{1}{3}$
2	$\frac{1}{9}$	$\frac{2}{9}$
3	$\frac{1}{18}$	$\frac{1}{9}$

42. 设二维随机向量 (X,Y) 的联合概率密度函数为

$$f(x,y)=\begin{cases} e^{-(x+y)}, & x\geqslant 0, y\geqslant 0, \\ 0, & \text{其他}, \end{cases}$$

试求:

(1) $Z=\dfrac{X+Y}{2}$ 的概率密度函数;

(2) $U=\max\{X,Y\}$ 和 $V=\min\{X,Y\}$ 的概率密度函数.

43. 设 $X_1\sim N(1,2)$, $X_2\sim N(0,3)$, $X_3\sim N(2,1)$, 且 X_1, X_2, X_3 相互独立, 求:

(1) $Y=2X_1+3X_2-X_3$ 的概率密度函数;

(2) $P\{0\leqslant Y\leqslant 6\}$.

44. 设随机变量 X 和 Y 相互独立, 且

$$f_X(x)=\begin{cases} 1, & 0\leqslant x\leqslant 1, \\ 0, & \text{其他}, \end{cases}$$

$$f_Y(y)=\begin{cases}2y, & 0\leqslant y\leqslant 1,\\ 0, & \text{其他},\end{cases}$$

求 $Z=X+Y$ 的概率密度函数 $f_Z(z)$.

45. 设随机变量 X,Y 相互独立,且 X 的分布律为 $P\{X=0\}=P\{X=2\}=\dfrac{1}{2}$, Y 的概率密度函数为 $f(y)=\begin{cases}2y, & 0<y<1,\\ 0, & \text{其他},\end{cases}$ 求:

(1) $P\{Y\leqslant EY\}$;

(2) $Z=X+Y$ 的概率密度函数.

46.设二维随机向量 (X,Y) 的联合概率密度函数为 $f(x,y)=\begin{cases}\dfrac{1+xy}{4}, & |x|<1,|y|<1,\\ 0, & \text{其他},\end{cases}$ 试证: X 与 Y 不相互独立,但 X^2 与 Y^2 相互独立.

47. 某商品一周的需求量是一个随机变量,其概率密度函数为

$$f(x)=\begin{cases}x\mathrm{e}^{-x}, & x>0,\\ 0, & x\leqslant 0,\end{cases}$$

又设各周的需求量是相互独立的,试求:

(1) 两周的需求量的概率密度函数;

(2) 三周的需求量的概率密度函数.

第 3 章　随机变量的数字特征

如果知道一个随机变量的分布函数(或分布律、概率密度函数), 那么就全面掌握了它的统计规律. 但是, 在实际应用中要全面掌握随机变量的分布往往很困难; 另外, 有些问题只需要知道随机变量的某些特征就够了. 因此, 在对随机变量的研究中, 用数值指标来刻画它的某些特征就显得非常重要. 称这样的数值指标为随机变量的**数字特征**.

随机变量有许多数字特征, 本章主要介绍数学期望、方差和相关系数, 它们分别表示随机变量一切可能值的集中位置、分散程度及随机变量之间相依的程度.

3.1　随机变量的数学期望

3.1.1　数学期望的概念与性质

先通过一个例子, 引出离散型随机变量数学期望的定义.

已知 10 个学生的线性代数考试成绩为 2 个 73 分, 3 个 78 分, 3 个 82 分, 2 个 87 分, 则他们的平均成绩为

$$\frac{73\times2+78\times3+82\times3+87\times2}{10}=73\times\frac{2}{10}+78\times\frac{3}{10}+82\times\frac{3}{10}+87\times\frac{2}{10}=80\ (分).$$

从计算中可以看到, 平均成绩并不是这 10 个学生所得到的 4 个分数的简单平均, 而是以取这些分数的次数与总人数的比值(频率)为权重的加权平均.

受上述讨论的启发, 引出离散型随机变量数学期望的定义.

定义 3.1.1　设 X 是离散型随机变量, 其分布律为 $P\{X=x_k\}=p_k\ (k=1,2,\cdots)$. 若级数 $\sum\limits_{k=1}^{\infty}x_k p_k$ 绝对收敛, 则称该级数的和为随机变量 X 的**数学期望**, 记作 EX , 即

$$EX=\sum_{k=1}^{\infty}x_k p_k\ . \tag{3.1.1}$$

若级数 $\sum\limits_{k=1}^{\infty}x_k p_k$ 不绝对收敛, 则称 X 的数学期望不存在.

随机变量 X 的数学期望反映了 X 取值的平均值, 它由分布完全决定, 因此, 若数学期望存在, 则它是由 X 所唯一确定的一个数值(常数), 不应该与 X 的所有取值的排序有关. 因为 X 的所有取值的排序是人为的, 它们有各种各样的排序, $x_1,x_2,\cdots$ 只是其中一种具体的排序, 所以假定级数 $\sum\limits_{k=1}^{\infty}x_k p_k$ 绝对收敛, 保证了级数的和与求和的次序无关, 即与 X 的所有取值的排序无关.

数学期望简称**期望**, 又称为**均值**.

例 3.1.1　某银行开展定期定额有奖储蓄, 定期一年, 定额 60 元, 规定: 10 000 个户头中, 一等奖 1 个, 奖金 500 元; 二等奖 10 个, 各奖 100 元; 三等奖 100 个, 各奖 10 元; 四等奖 1000 个, 各奖 2 元. 记一个户头得奖 X 元, 试求 X 的数学期望 EX.

解　因为任何一个户头获奖都是等可能的, 所以 X 的分布律如表 3.1.1 所示.

表 3.1.1

X	500	100	10	2	0
p_k	$\frac{1}{10^4}$	$\frac{10}{10^4}$	$\frac{100}{10^4}$	$\frac{1000}{10^4}$	$\frac{8889}{10^4}$

因此,

$$EX=\frac{1}{10^4}\times 500+\frac{1}{10^3}\times 100+\frac{1}{10^2}\times 10+\frac{1}{10}\times 2=0.45.$$

例 3.1.2　已知某人投篮命中率为 $p\,(0<p<1)$, 各次投中与否相互独立, 设首次投中时的投篮次数为 X, r 次投中时的投篮次数为 X_r, 求 EX 及 EX_r.

解　因为 X,X_r,X_{r+1} 的分布律分别为

$$P\{X=k\}=(1-p)^{k-1}p=pq^{k-1}\quad (q=1-p,k=1,2,\cdots)\,(X\sim G(p)),$$

$$P\{X_r=k\}=\mathrm{C}_{k-1}^{r-1}p^r q^{k-r}\quad (k=r,r+1,\cdots),$$

$$P\{X_{r+1}=k+1\}=\mathrm{C}_{k}^{r}p^{r+1} q^{k-r}\quad (k=r,r+1,\cdots),$$

所以

$$EX=\sum_{k=1}^{\infty}kP\{X=k\}=p\sum_{k=1}^{\infty}k(1-p)^{k-1}=\frac{p}{1-p}\sum_{k=1}^{\infty}k(1-p)^k=\frac{p}{1-p}\cdot\frac{1-p}{p^2}=\frac{1}{p},$$

$$\begin{aligned}EX_r&=\sum_{k=r}^{\infty}kP\{X_r=k\}=\sum_{k=r}^{\infty}k\mathrm{C}_{k-1}^{r-1}p^r q^{k-r}\\&=\frac{r}{p}\sum_{k=r}^{\infty}\mathrm{C}_{k}^{r}p^{r+1}q^{k-r}=\frac{r}{p}\sum_{k=r}^{\infty}P\{X_{r+1}=k+1\}=\frac{r}{p}.\end{aligned}$$

例 3.1.3　设随机变量 X 的概率密度函数为 $f(x)=\begin{cases}2^{-x}\ln 2, & x>0,\\ 0, & x\leqslant 0,\end{cases}$ 对 X 进行独立重复的观测, 直到第 2 个大于 3 的观测值出现停止, 记 Y 为观测次数, 求:

(1) Y 的分布律;

(2) EY.

解　(1) 由

$$p=P\{X>3\}=\int_3^{+\infty}f(x)\mathrm{d}x=\int_3^{+\infty}2^{-x}\ln 2\mathrm{d}x=-2^{-x}\big|_3^{+\infty}=\frac{1}{8},$$

得 Y 的分布律为

$$P\{Y=k\}=\mathrm{C}_{k-1}^{1}\left(\frac{1}{8}\right)^2\left(\frac{7}{8}\right)^{k-2}\quad (k=2,3,\cdots),$$

即

$$P\{Y=k\}=\frac{k-1}{64}\left(\frac{7}{8}\right)^{k-2} \quad (k=2,3,\cdots).$$

(2) 由例 3.1.2 知, $EY=\frac{2}{1/8}=16$.

若 X 为连续型随机变量, 其概率密度函数为 $f(x)$, 则 X 落入 $(x_k, x_k+\mathrm{d}x)$ 内的概率可近似地表示为 $f(x_k)\mathrm{d}x$, 它与离散型随机变量的 p_k 类似, 下面给出定义.

定义 3.1.2 设连续型随机变量 X 的概率密度函数为 $f(x)$, 若积分 $\int_{-\infty}^{+\infty} xf(x)\mathrm{d}x$ 绝对收敛, 即 $\int_{-\infty}^{+\infty}|x|f(x)\mathrm{d}x<+\infty$, 则称 $\int_{-\infty}^{+\infty} xf(x)\mathrm{d}x$ 为随机变量 X 的**数学期望**, 仍记作 EX, 即

$$EX=\int_{-\infty}^{+\infty} xf(x)\mathrm{d}x. \tag{3.1.2}$$

若积分 $\int_{-\infty}^{+\infty} xf(x)\mathrm{d}x$ 不绝对收敛, 即 $\int_{-\infty}^{+\infty}|x|f(x)\mathrm{d}x=+\infty$, 则称 X 的数学期望不存在.

与离散型随机变量一样, 连续型随机变量 X 的数学期望 EX 仍反映 X 取值的平均值, 且当分布给定时, 数学期望为一数值(常数).

例 3.1.4 设随机变量 X 的概率密度函数为 $f(x)=\begin{cases}2x, & 0<x<1,\\ 0, & \text{其他},\end{cases}$ 求 $P\{X\leqslant EX\}$.

解 由 $EX=\int_{-\infty}^{+\infty} xf(x)\mathrm{d}x=\int_0^1 2x^2\mathrm{d}x=\frac{2}{3}$ 知, $P\{X\leqslant EX\}=\int_0^{\frac{2}{3}} 2x\mathrm{d}x=\frac{4}{9}$.

例 3.1.5 设随机变量 X 的概率密度函数为

$$f(x)=\begin{cases}\dfrac{\lambda^r}{\Gamma(r)}x^{r-1}\mathrm{e}^{-\lambda x}, & x>0,\\ 0, & x\leqslant 0,\end{cases} \tag{3.1.3}$$

其中, $\lambda>0, r>0, \Gamma(r)=\int_0^{+\infty} x^{r-1}\mathrm{e}^{-x}\mathrm{d}x$, 求 EX.

解 $EX=\int_{-\infty}^{+\infty} xf(x)\mathrm{d}x=\int_0^{+\infty}\frac{\lambda^r}{\Gamma(r)}x^r\mathrm{e}^{-\lambda x}\mathrm{d}x=\frac{1}{\Gamma(r)}\int_0^{+\infty}(\lambda x)^r\mathrm{e}^{-\lambda x}\frac{1}{\lambda}\mathrm{d}(\lambda x)$,

令 $\lambda x=t$, 则

$$\int_0^{+\infty}(\lambda x)^r\mathrm{e}^{-\lambda x}\mathrm{d}(\lambda x)=\int_0^{+\infty} t^r\mathrm{e}^{-t}\mathrm{d}t=\Gamma(r+1),$$

又

$$\begin{aligned}\Gamma(r+1)&=\int_0^{+\infty} x^r\mathrm{e}^{-x}\mathrm{d}x=-x^r\mathrm{e}^{-x}\Big|_0^{+\infty}+\int_0^{+\infty}\mathrm{e}^{-x}\mathrm{d}x^r\\ &=r\int_0^{+\infty} x^{r-1}\mathrm{e}^{-x}\mathrm{d}x=r\Gamma(r),\end{aligned}$$

代入上式, 得

$$EX=\frac{1}{\Gamma(r)}\cdot\frac{1}{\lambda}\Gamma(r+1)=\frac{1}{\Gamma(r)}\cdot\frac{r}{\lambda}\Gamma(r)=\frac{r}{\lambda}.$$

例 3.1.5 的分布称为**伽马(Gamma)分布**, 特别地, 当 $r=1$ 时, 它即参数为 λ 的指数分布. 由例 3.1.5 可知, 指数分布的数学期望为 $\frac{1}{\lambda}$.

例 3.1.6　设随机变量 X 的概率密度函数为

$$f(x)=\frac{1}{\pi(1+x^2)} \quad (-\infty<x<+\infty), \tag{3.1.4}$$

证明: X 的数学期望 EX 不存在.

证　因为 $\int_{-\infty}^{+\infty}|x|f(x)\mathrm{d}x=\int_{-\infty}^{+\infty}|x|\frac{1}{\pi(1+x^2)}\mathrm{d}x=+\infty$, 所以 EX 不存在.

称以式(3.1.4)为概率密度函数的分布为**柯西(Cauchy)分布**.

从 2.7 节可知, 对于随机变量的函数, 其分布有时很难求出, 也就是其期望很难用数学期望的定义进行计算. 实际上, 求随机变量函数的期望, 有下面的定理.

定理 3.1.1　设 Y 是随机变量 X 的函数, $Y=g(X)$ ($y=g(x)$ 是连续函数).

(1) X 为离散型随机变量, 其分布律为 $P\{X=x_k\}=p_k \ (k=1,2,\cdots)$, 若 $\sum_{k=1}^{\infty}g(x_k)p_k$ 绝对收敛, 则

$$EY=E[g(X)]=\sum_{k=1}^{\infty}g(x_k)p_k. \tag{3.1.5}$$

(2) X 为连续型随机变量, 其概率密度函数为 $f(x)$, 若 $\int_{-\infty}^{+\infty}g(x)f(x)\mathrm{d}x$ 绝对收敛, 则

$$EY=E[g(X)]=\int_{-\infty}^{+\infty}g(x)f(x)\mathrm{d}x. \tag{3.1.6}$$

证　只就 X 是连续型随机变量, 且 $y=g(x)$ 满足定理 2.7.1 的条件的情形予以证明. 由于

$$f_Y(y)=\begin{cases} f[h(y)]\cdot|h'(y)|, & \alpha<y<\beta, \\ 0, & \text{其他}, \end{cases}$$

不妨设 $y=g(x)$ 严格单调下降, 则其反函数 $x=h(y)$ 也严格单调下降, 故 $h'(y)<0\,(\alpha<y<\beta)$, 从而

$$\begin{aligned} EY&=\int_{-\infty}^{+\infty}yf_Y(y)\mathrm{d}y=\int_{\alpha}^{\beta}yf[h(y)]\cdot|h'(y)|\mathrm{d}y \\ &=-\int_{g(+\infty)}^{g(-\infty)}yf[h(y)]h'(y)\mathrm{d}y=-\int_{g(+\infty)}^{g(-\infty)}yf[h(y)]\mathrm{d}h(y), \end{aligned}$$

令 $t=h(y)$, 有 $y=g(t)$, 故

$$EY=-\int_{+\infty}^{-\infty}g(t)f(t)\mathrm{d}t=\int_{-\infty}^{+\infty}g(x)f(x)\mathrm{d}x.$$

定理 3.1.1 的重要意义在于求 EY 时, 不必知道 Y 的分布, 而只需知道 X 的分布即可.

定理 3.1.1 还可以推广到两个或两个以上随机变量的函数的情形.

定理 3.1.2　设 Z 是随机向量 (X,Y) 的函数, $Z=g(X,Y)$ ($Z=g(x,y)$ 是连续函数).

(1) X,Y 为离散型随机变量, 其联合分布律为

$$P\{X=x_i,Y=y_j\}=p_{ij} \quad (i=1,2,\cdots;j=1,2,\cdots),$$

若 $\sum_{i=1}^{\infty}\sum_{j=1}^{\infty}g(x_i,y_j)p_{ij}$ 绝对收敛, 则

$$EZ=E[g(X,Y)]=\sum_{i=1}^{\infty}\sum_{j=1}^{\infty}g(x_i,y_j)p_{ij}. \tag{3.1.7}$$

(2) X,Y 为连续型随机变量, 其联合概率密度函数为 $f(x,y)$, 若 $\int_{-\infty}^{+\infty}\int_{-\infty}^{+\infty}g(x,y)f(x,y)\mathrm{d}x\mathrm{d}y$ 绝对收敛, 则

$$EZ=E[g(X,Y)]=\int_{-\infty}^{+\infty}\int_{-\infty}^{+\infty}g(x,y)f(x,y)\mathrm{d}x\mathrm{d}y. \tag{3.1.8}$$

证明从略.

例 3.1.7 设 $X\sim G(p)$, 求 $Y=X^2$ 的数学期望 EY.

解 X 的分布律为

$$P\{X=k\}=(1-p)^{k-1}p \quad (k=1,2,\cdots),$$

令 $q=1-p$, 由无穷级数的逐项求导公式, 有

$$\begin{aligned}EY=EX^2&=\sum_{k=0}^{\infty}k^2(1-p)^{k-1}p=p\sum_{k=1}^{\infty}k^2q^{k-1}\\&=p\sum_{k=1}^{\infty}k(q^k)'=p\left(\sum_{k=1}^{\infty}kq^k\right)'=p\left[q\sum_{k=1}^{\infty}(q^k)'\right]'\\&=p\left[q\left(\sum_{k=1}^{\infty}q^k\right)'\right]'=p\left[q\left(\frac{1}{1-q}-1\right)'\right]'=\frac{2-p}{p^2},\end{aligned}$$

即

$$EY=\frac{2-p}{p^2}.$$

例 3.1.8 设 $X\sim N(0,1)$, $Y\sim N(0,1)$, 且 X,Y 相互独立, 试求 $E\sqrt{X^2+Y^2}$.

解 因为 $X\sim N(0,1)$, $Y\sim N(0,1)$, 且 X,Y 相互独立, 则 X 和 Y 的联合概率密度函数为

$$f(x,y)=f_X(x)f_Y(y)=\frac{1}{\sqrt{2\pi}}\mathrm{e}^{-\frac{x^2}{2}}\frac{1}{\sqrt{2\pi}}\mathrm{e}^{-\frac{y^2}{2}}=\frac{1}{2\pi}\mathrm{e}^{-\frac{1}{2}(x^2+y^2)},$$

从而

$$\begin{aligned}E\sqrt{X^2+Y^2}&=\int_{-\infty}^{+\infty}\int_{-\infty}^{+\infty}\sqrt{x^2+y^2}f(x,y)\mathrm{d}x\mathrm{d}y=\int_{-\infty}^{+\infty}\int_{-\infty}^{+\infty}\sqrt{x^2+y^2}\frac{1}{2\pi}\mathrm{e}^{-\frac{1}{2}(x^2+y^2)}\mathrm{d}x\mathrm{d}y\\&\xlongequal{\begin{cases}x=r\cos\theta,\\y=r\sin\theta\end{cases}}\frac{1}{2\pi}\int_0^{2\pi}\mathrm{d}\theta\int_0^{+\infty}r\mathrm{e}^{-\frac{r^2}{2}}r\mathrm{d}r=\int_0^{+\infty}r^2\mathrm{e}^{-\frac{r^2}{2}}\mathrm{d}r=-\int_0^{+\infty}r\mathrm{d}(\mathrm{e}^{-\frac{r^2}{2}})\\&=-r\mathrm{e}^{-\frac{r^2}{2}}\Big|_0^{+\infty}+\int_0^{+\infty}\mathrm{e}^{-\frac{r^2}{2}}\mathrm{d}r=\sqrt{\frac{\pi}{2}}.\end{aligned}$$

例 3.1.9 某商店按照合同每月可从某工厂得到数量为 X 的商品. 受各种因素的随机影响, X 服从[10, 20](单位: 箱)上的均匀分布, 而该商店每月实际卖出的商品数量 Y 服从[10, 15]

上的均匀分布. 若商店能从该工厂得到足够的商品, 则每卖出一箱商品可获利 2000 元; 若商店不能从该工厂得到足够的商品, 则要通过其他途径进货, 每卖出一箱商品只能获利 1000 元. 求该商店每月的平均利润.

解　设商店每月的利润为 Z (单位: 1 000 元), 由题设知

$$Z=\begin{cases}2Y, & Y\leqslant X,\\ 2X+(Y-X), & Y>X\end{cases}=\begin{cases}2Y, & Y\leqslant X,\\ X+Y, & Y>X,\end{cases}$$

记 $Z=g(X,Y)$. 可以认为 X 和 Y 相互独立, 则 X 和 Y 的联合概率密度函数为

$$f(x,y)=f_X(x)f_Y(y)=\begin{cases}\dfrac{1}{50}, & 10\leqslant x\leqslant 20, 10\leqslant y\leqslant 15,\\ 0, & 其他,\end{cases}$$

故平均利润为

$$\begin{aligned}EZ&=E[g(X,Y)]=\int_{-\infty}^{+\infty}\int_{-\infty}^{+\infty}g(x,y)f(x,y)\mathrm{d}x\mathrm{d}y\\&=\frac{1}{50}\int_{10}^{15}\mathrm{d}x\int_{x}^{15}(x+y)\mathrm{d}y+\frac{1}{50}\int_{10}^{15}\mathrm{d}x\int_{10}^{x}2y\mathrm{d}y+\frac{1}{50}\int_{15}^{20}\mathrm{d}x\int_{10}^{15}2y\mathrm{d}y\\&=\frac{1}{50}\left[\int_{10}^{15}\left(-\frac{3}{2}x^2+15x+\frac{225}{2}\right)\mathrm{d}x+\int_{10}^{15}(x^2-100)\mathrm{d}x+\int_{15}^{20}125\mathrm{d}x\right]\\&=\frac{1}{50}(312.5+291.667+625)=24.58\ (1\,000元).\end{aligned}$$

例 3.1.10　设某种商品每周的需求量 X 是服从区间 $[10,30]$ 上均匀分布的随机变量, 而经销商店的进货数量为 $[10,30]$ 中的某一整数, 商店每销售一单位商品可获利 500 元. 若供大于求, 则削价处理, 每处理一单位商品亏损 100 元; 若供不应求, 则可从外部调剂供应, 此时每一单位商品仅获利 300 元. 为使商店所获利润期望值不少于 9280 元, 试确定最少进货量.

解　设进货量为 t, $10\leqslant t\leqslant 30$, 用 Y 表示利润, 则

$$Y=\begin{cases}500t+(X-t)300, & t<X\leqslant 30,\\ 500X-(t-X)100, & 10\leqslant X\leqslant t\end{cases}=\begin{cases}300X+200t, & t<X\leqslant 30,\\ 600X-100t, & 10\leqslant X\leqslant t,\end{cases}$$

记 $Y=g(X)$, 从而平均利润为

$$\begin{aligned}EY&=E[g(X)]=\int_{-\infty}^{+\infty}g(x)f(x)\mathrm{d}x=\int_{10}^{30}g(x)\frac{1}{20}\mathrm{d}x\\&=\frac{1}{20}\int_{10}^{t}(600x-100t)\mathrm{d}x+\frac{1}{20}\int_{t}^{30}(300x+200t)\mathrm{d}x\\&=\frac{1}{20}\left(600\frac{x^2}{2}-100tx\right)\Bigg|_{10}^{t}+\frac{1}{20}\left(300\frac{x^2}{2}+200tx\right)\Bigg|_{t}^{30}\\&=-7.5t^2+350t+5250,\end{aligned}$$

由题设知

$$-7.5t^2+350t+5250\geqslant 9280,$$

即

$$7.5t^2 - 350t + 4030 \leqslant 0,$$

解不等式得

$$20\frac{2}{3} \leqslant t \leqslant 26,$$

故平均利润不少于 9280 元的最少进货量为 21 个单位.

随机变量的数学期望具有下述基本性质, 假设性质中的数学期望均存在.

(1) 设 C 为常数, 则 $EC = C$. (3.1.9)

(2) 设 C 为常数, 则 $E(CX) = CEX$. (3.1.10)

(3) 设 X,Y 为任意两个随机变量, 则 $E(X+Y) = EX + EY$. (3.1.11)

证 只就 (X,Y) 为二维连续型随机向量的情形予以证明. 设 (X,Y) 的联合概率密度函数为 $f(x,y)$, 边缘概率密度函数分别为 $f_X(x), f_Y(y)$, 则

$$\begin{aligned} E(X+Y) &= \int_{-\infty}^{+\infty}\int_{-\infty}^{+\infty}(x+y)f(x,y)\mathrm{d}x\mathrm{d}y \\ &= \int_{-\infty}^{+\infty}\int_{-\infty}^{+\infty}xf(x,y)\mathrm{d}x\mathrm{d}y + \int_{-\infty}^{+\infty}\int_{-\infty}^{+\infty}yf(x,y)\mathrm{d}x\mathrm{d}y \\ &= \int_{-\infty}^{+\infty}xf_X(x)\mathrm{d}x + \int_{-\infty}^{+\infty}yf_Y(y)\mathrm{d}y = EX + EY. \end{aligned}$$

这一性质可以推广到任意有限多个随机变量之和的情形, 即

$$E\left(\sum_{i=1}^{n}X_i\right) = \sum_{i=1}^{n}EX_i. \tag{3.1.12}$$

一般地, 随机变量线性组合的数学期望, 等于随机变量数学期望的线性组合, 即

$$E\left(\sum_{i=1}^{n}c_iX_i\right) = \sum_{i=1}^{n}c_iEX_i, \tag{3.1.13}$$

其中, $c_1, c_2, \cdots, c_n$ 为常数.

(4) 若 X 与 Y 是相互独立的随机变量, 则

$$E(XY) = EXEY. \tag{3.1.14}$$

证 只就 (X,Y) 为二维连续型随机向量的情形予以证明. 设 (X,Y) 的联合概率密度函数为 $f(x,y)$, 边缘概率密度函数分别为 $f_X(x), f_Y(y)$, 则

$$\begin{aligned} E(XY) &= \int_{-\infty}^{+\infty}\int_{-\infty}^{+\infty}xyf(x,y)\mathrm{d}x\mathrm{d}y \\ &= \int_{-\infty}^{+\infty}\int_{-\infty}^{+\infty}xyf_X(x)f_Y(y)\mathrm{d}x\mathrm{d}y \\ &= \int_{-\infty}^{+\infty}xf_X(x)\mathrm{d}x \cdot \int_{-\infty}^{+\infty}yf_Y(y)\mathrm{d}y \\ &= EXEY, \end{aligned}$$

其中, X 与 Y 相互独立, 有 $f(x,y) = f_X(x)f_Y(y)$.

性质(4)可推广为若 $X_1, X_2, \cdots, X_n$ 相互独立, 则

$$E(X_1X_2\cdots X_n)=EX_1EX_2\cdots EX_n.$$

定理 3.1.3 (柯西-施瓦茨(Cauchy-Schwarz)不等式)　设 X,Y 为任意两个随机变量, 则

$$[E(XY)]^2\leqslant EX^2EY^2. \tag{3.1.15}$$

证　对任意的实数 t, 考虑

$$E(tX+Y)^2=E(t^2X^2+2tXY+Y^2)=t^2EX^2+2tE(XY)+EY^2,$$

由于对于任意的实数 t, 恒有

$$E(tX+Y)^2\geqslant 0,$$

即

$$t^2EX^2+2tE(XY)+EY^2\geqslant 0,$$

故判别式 $\Delta\leqslant 0$, 即

$$\Delta=4[E(XY)]^2-4EX^2EY^2\leqslant 0,$$

从而

$$[E(XY)]^2\leqslant EX^2EY^2.$$

例 3.1.11　设有 m 种类型的票券, 每次获得其中一种票券, 且获得各种类型的票券是等可能的. 现获得 n 张票券, 试求其中所含的不同类型数的期望值.

解　用 X 表示这 n 张票券中的不同类型数, 再令

$$X_k=\begin{cases}1, & 在\, n\, 张票券中至少有一张第\, k\, 型票券,\\ 0, & n\, 张票券中没有第\, k\, 型票券,\end{cases}\qquad k=1,2,\cdots,m,$$

显然有 $X=X_1+X_2+\cdots+X_m$.

又

$$P\{X_k=0\}=P\{n\,张票券无一张第\,k\,型票券\}=\left(1-\frac{1}{m}\right)^n\quad(k=1,2,\cdots,m),$$

$$P\{X_k=1\}=1-\left(1-\frac{1}{m}\right)^n\quad(k=1,2,\cdots,m),$$

所以

$$EX_k=0\times P\{X_k=0\}+1\times P\{X_k=1\}=1-\left(1-\frac{1}{m}\right)^n,$$

再由式(3.1.12), 有

$$EX=EX_1+EX_2+\cdots+EX_m=m\left[1-\left(1-\frac{1}{m}\right)^n\right].$$

3.1.2　几种常见的随机变量的数学期望

例 3.1.12　设随机变量 X 服从(0-1)分布, 试求 X 的数学期望 EX.

解　$EX=0\times(1-p)+1\times p=p$.

例 3.1.13　设 $X \sim B(n,p)$，试求 X 的数学期望 EX .

解　由第 2 章二项分布可知，X 可看作 n 次独立重复试验中事件 A 发生的次数，且 $P(A)=p$. 令

$$X_i = \begin{cases} 1, & \text{第} i \text{次试验} A \text{发生}, \\ 0, & \text{第} i \text{次试验} A \text{不发生}, \end{cases} \quad i=1,2,\cdots,n,$$

则 $X_1, X_2, \cdots, X_n$ 都服从参数为 p 的(0-1)分布，且 $X = X_1 + X_2 + \cdots + X_n$，故由式(3.1.11)知，

$$EX = EX_1 + EX_2 + \cdots + EX_n = np .$$

例 3.1.14　设 $X \sim P(\lambda)$，试求 X 的数学期望 EX .

解　因为

$$P\{X=k\} = \frac{\lambda^k}{k!}\mathrm{e}^{-\lambda} \quad (k=0,1,\cdots;\lambda>0),$$

所以

$$EX = \sum_{k=0}^{\infty} kP\{X=k\} = \sum_{k=1}^{\infty} k\frac{\lambda^k}{k!}\mathrm{e}^{-\lambda} = \lambda\mathrm{e}^{-\lambda}\sum_{k=1}^{\infty}\frac{\lambda^{k-1}}{(k-1)!}$$

$$\overset{j=k-1}{=\!=\!=} \lambda\mathrm{e}^{-\lambda}\sum_{j=0}^{\infty}\frac{\lambda^j}{j!} = \lambda\mathrm{e}^{-\lambda}\mathrm{e}^{\lambda} = \lambda.$$

例 3.1.15　设 $X \sim G(p)$，试求 X 的数学期望 EX .

解　由例 3.1.2 知，$EX = \dfrac{1}{p}$.

例 3.1.16　设 $X \sim U[a,b]$，试求 X 的数学期望 EX .

解　$$EX = \int_{-\infty}^{+\infty} xf(x)\mathrm{d}x = \int_a^b x\frac{1}{b-a}\mathrm{d}x = \frac{1}{b-a}\frac{x^2}{2}\bigg|_a^b = \frac{a+b}{2},$$

EX 正好是 $[a,b]$ 的中点.

例 3.1.17　设 $X \sim E(\lambda)$，试求 X 的数学期望 EX .

解　由例 3.1.5 知，$EX = \dfrac{1}{\lambda}$.

例 3.1.18　设 $X \sim N(\mu,\sigma^2)$，试求 X 的数学期望 EX .

解　$$EX = \int_{-\infty}^{+\infty} xf(x)\mathrm{d}x = \int_{-\infty}^{+\infty} x\frac{1}{\sqrt{2\pi}\sigma}\mathrm{e}^{-\frac{(x-\mu)^2}{2\sigma^2}}\mathrm{d}x,$$

令 $y = \dfrac{x-\mu}{\sigma}$，则

$$EX = \int_{-\infty}^{+\infty}(\sigma y+\mu)\frac{1}{\sqrt{2\pi}}\mathrm{e}^{-\frac{y^2}{2}}\mathrm{d}y = \frac{\sigma}{\sqrt{2\pi}}\int_{-\infty}^{+\infty} y\mathrm{e}^{-\frac{y^2}{2}}\mathrm{d}y + \mu\int_{-\infty}^{+\infty}\frac{1}{\sqrt{2\pi}}\mathrm{e}^{-\frac{y^2}{2}}\mathrm{d}y = \mu .$$

例 3.1.19　设随机变量 X 的分布函数为 $F(x) = 0.5\Phi(x) + 0.5\Phi\left(\dfrac{x-4}{2}\right)$，其中 $\Phi(x)$ 为标准正态分布函数，求 EX .

解　$f(x)=F'(x)=0.5\varphi(x)+0.25\varphi\left(\dfrac{x-4}{2}\right)$,

$$EX=\int_{-\infty}^{+\infty}xf(x)\mathrm{d}x=0.5\int_{-\infty}^{+\infty}x\varphi(x)\mathrm{d}x+0.25\int_{-\infty}^{+\infty}x\varphi\left(\frac{x-4}{2}\right)\mathrm{d}x$$

$$\overset{t=\frac{x-4}{2}}{=\!=\!=}0.5\int_{-\infty}^{+\infty}(2t+4)\varphi(t)\mathrm{d}t=\int_{-\infty}^{+\infty}t\varphi(t)\mathrm{d}t+2\int_{-\infty}^{+\infty}\varphi(t)\mathrm{d}t=2.$$

3.2　随机变量的方差

3.2.1　方差的概念与性质

已经知道, 随机变量的数学期望描述了它取值的平均值, 随机变量的取值总在其周围波动. 但是, 只考虑随机变量的平均值是不够的, 还要考虑其取值偏离平均值的平均偏离程度. 为了研究随机变量与其均值的偏离程度, 引入方差的概念.

定义 3.2.1　设 X 是一个随机变量, 若 $E(X-EX)^2$ 存在, 则称 $E(X-EX)^2$ 为 X 的**方差**, 记为 DX 或 $\mathrm{Var}(X)$, 即

$$DX=E(X-EX)^2. \tag{3.2.1}$$

方差的算术平方根 $\sqrt{DX}$ 称为 X 的**标准差或均方差**.

数学期望和方差都是刻画随机变量统计特征的数字特征. 前者刻画了随机变量取值的平均值; 后者刻画了随机变量偏离其数学期望的(分散)程度, 方差越小, 随机变量取值越集中于数学期望的周围. 数学期望和方差是随机变量的最基本、最常用的两个数字特征.

为了计算方便, 方差的公式可简化为

$$DX=EX^2-(EX)^2. \tag{3.2.2}$$

事实上,

$$\begin{aligned}DX&=E(X-EX)^2=E[X^2-2XEX+(EX)^2]\\&=EX^2-2EX\cdot EX+(EX)^2=EX^2-(EX)^2.\end{aligned}$$

例 3.2.1　设随机变量 X 的分布律为 $P\{X=-2\}=\dfrac{1}{2}$, $P\{X=1\}=a$, $P\{X=3\}=b$, 若 $EX=0$, 求 DX.

解　依题意, 有 $a+3b=1, a+b=\dfrac{1}{2}$, 解得 $a=b=\dfrac{1}{4}$, 故

$$EX^2=4\times\frac{1}{2}+1\times\frac{1}{4}+9\times\frac{1}{4}=4.5,\qquad DX=EX^2-(EX)^2=4.5.$$

随机变量的方差具有下述基本性质, 假设性质中的方差均存在.

(1) 设 C 为常数, 则 $DC=0$. (3.2.3)

(2) 设 C 为常数, 则 $D(CX)=C^2DX$. (3.2.4)

(3) 若 X,Y 是两个相互独立的随机变量, 则

$$D(X \pm Y) = DX + DY. \tag{3.2.5}$$

证　因为 X 与 Y 相互独立, 所以

$$E[(X-EX)(Y-EY)] = (EX-EX)\cdot(EY-EY) = 0.$$

因此,

$$\begin{aligned} D(X \pm Y) &= E[(X \pm Y) - E(X \pm Y)]^2 \\ &= E[(X-EX) \pm (Y-EY)]^2 \\ &= E[(X-EX)^2 + (Y-EY)^2 \pm 2(X-EX)(Y-EY)] \\ &= DX + DY \pm 2E[(X-EX)(Y-EY)] \\ &= DX + DY. \end{aligned}$$

性质(3)还可以推广到多个随机变量的情况, 设 $X_1, X_2, \cdots, X_n$ 相互独立, 则

$$D(X_1 + X_2 + \cdots + X_n) = DX_1 + DX_2 + \cdots + DX_n. \tag{3.2.6}$$

(4) $DX = 0$ 的充分必要条件是存在某个常数 C, 使得

$$P\{X = C\} = 1. \tag{3.2.7}$$

显然, $C = EX$.

证明从略.

(5) 对任意常数 $C \neq EX$, 有

$$DX < E(X-C)^2. \tag{3.2.8}$$

证　$E(X-C)^2 = E[(X-EX)^2 + 2(X-EX)(EX-C) + (EX-C)^2]$

$$= DX + (EX-C)^2 > DX.$$

定义 3.2.2　对任一随机变量 X, 若 $DX > 0$, 则称

$$Y = \frac{X-EX}{\sqrt{DX}} \tag{3.2.9}$$

为 X 的标准化随机变量.

对于 X 的标准化随机变量 Y, 有

$$EY = 0, \qquad DY = 1. \tag{3.2.10}$$

事实上,

$$EY = E\left(\frac{X-EX}{\sqrt{DX}}\right) = \frac{1}{\sqrt{DX}} E(X-EX) = 0,$$

$$DY = EY^2 - (EY)^2 = E\left(\frac{X-EX}{\sqrt{DX}}\right)^2 = \frac{1}{DX} E(X-EX)^2 = \frac{DX}{DX} = 1.$$

定理 3.2.1 (切比雪夫不等式)　对任一随机变量 X, 若 DX 存在, 则对任一正数 ε, 恒有

$$P\{|X-EX| \geqslant \varepsilon\} \leqslant \frac{DX}{\varepsilon^2}. \tag{3.2.11}$$

证　只考虑连续型随机变量的情况. 设 $f(x)$ 为连续型随机变量 X 的概率密度函数, 则有

$$P\{|X-EX|\geqslant\varepsilon\}=\int\limits_{|x-EX|\geqslant\varepsilon}f(x)\mathrm{d}x\leqslant\int\limits_{|x-EX|\geqslant\varepsilon}\frac{(x-EX)^2}{\varepsilon^2}f(x)\mathrm{d}x$$
$$\leqslant\frac{1}{\varepsilon^2}\int_{-\infty}^{+\infty}(x-EX)^2f(x)\mathrm{d}x=\frac{DX}{\varepsilon^2}.$$

切比雪夫不等式只假定随机变量的数学期望和方差存在, 没有用到随机变量的分布, 这是切比雪夫不等式的优点, 所以它有很广泛的应用, 是概率论中一个重要的基本不等式. 然而也正是这个原因, 一般来说它给出的估计是比较粗糙的.

例如, 对于任一随机变量 X, 若 $EX=\mu$, $DX=\sigma^2$, 则由切比雪夫不等式可得下述估计:

$$P\{|X-\mu|\geqslant 3\sigma\}\leqslant\frac{DX}{(3\sigma)^2}=\frac{1}{9}\approx 0.11.$$

若 $X\sim N(\mu,\sigma^2)$, 则

$$P\{|X-\mu|<3\sigma\}=2\Phi(3)-1\approx 0.9974,$$

即 $P\{|X-\mu|\geqslant 3\sigma\}\approx 0.0026$.

比较两者的结果, 前者的估计粗糙一些. 因此, 对一个具体分布, 一般不要使用这个不等式.

3.2.2　几种常见的随机变量的方差

例 3.2.2　设 X 服从(0-1)分布, 试求 DX.

解　由于 $EX=p$, 而

$$EX^2=0^2\times(1-p)+1^2\times p=p,$$

故

$$DX=EX^2-(EX)^2=p-p^2=p(1-p)=pq,$$

其中, $q=1-p$.

例 3.2.3　设 $X\sim B(n,p)$, 试求 DX.

解　由例 3.1.13 可知,

$$X=X_1+X_2+\cdots+X_n,$$

其中, $X_1,X_2,\cdots,X_n$ 相互独立, 且都服从参数为 p 的(0-1)分布, 故由性质(3)的推广可知,

$$DX=D(X_1+X_2+\cdots+X_n)=DX_1+DX_2+\cdots+DX_n=npq,$$

其中, $q=1-p$.

例 3.2.4　设 $X\sim P(\lambda)$, 试求 DX.

解　由于 $EX=\lambda$, 而

$$EX^2=\sum_{k=0}^{\infty}k^2P\{X=k\}=\sum_{k=1}^{\infty}k^2\frac{\lambda^k}{k!}\mathrm{e}^{-\lambda}=\sum_{k=1}^{\infty}\frac{[(k-1)+1]\lambda^k}{(k-1)!}\mathrm{e}^{-\lambda}$$
$$=\lambda\left[\sum_{k=1}^{\infty}(k-1)\frac{\lambda^{k-1}}{(k-1)!}\mathrm{e}^{-\lambda}+\sum_{k=1}^{\infty}\frac{\lambda^{k-1}}{(k-1)!}\mathrm{e}^{-\lambda}\right]$$
$$=\lambda\left(\sum_{k=0}^{\infty}k\frac{\lambda^k}{k!}\mathrm{e}^{-\lambda}+\sum_{k=0}^{\infty}\frac{\lambda^k}{k!}\mathrm{e}^{-\lambda}\right)=\lambda(\lambda+1),$$

故

$$DX = EX^2 - (EX)^2 = \lambda(\lambda+1) - \lambda^2 = \lambda .$$

例 3.2.5 设 $X \sim G(p)$，试求 DX .

解 由于 $EX = \dfrac{1}{p}$，由例 3.1.7 知，$EX^2 = \dfrac{2-p}{p^2}$，则

$$DX = EX^2 - (EX)^2 = \frac{2-p}{p^2} - \frac{1}{p^2} = \frac{q}{p^2},$$

其中，$q = 1-p$.

例 3.2.6 设 $X \sim U[a,b]$，试求 DX .

解 由于 $EX = \dfrac{a+b}{2}$，而

$$EX^2 = \int_a^b x^2 \frac{1}{b-a} \mathrm{d}x = \frac{a^2+ab+b^2}{3},$$

故

$$DX = EX^2 - (EX)^2 = \frac{a^2+ab+b^2}{3} - \left(\frac{a+b}{2}\right)^2 = \frac{(b-a)^2}{12} .$$

例 3.2.7 设 $X \sim E(\lambda)$，试求 DX .

解 由于 $EX = \dfrac{1}{\lambda}$，而

$$EX^2 = \int_0^{+\infty} x^2 \lambda \mathrm{e}^{-\lambda x} \mathrm{d}x = \frac{2}{\lambda^2},$$

故

$$DX = EX^2 - (EX)^2 = \frac{2}{\lambda^2} - \left(\frac{1}{\lambda}\right)^2 = \frac{1}{\lambda^2} .$$

例 3.2.8 设 $X \sim N(\mu, \sigma^2)$，试求 DX .

解 根据方差的定义，并令 $t = \dfrac{x-\mu}{\sigma}$，有

$$\begin{aligned} DX &= E(X-EX)^2 = \int_{-\infty}^{+\infty} (x-\mu)^2 f(x) \mathrm{d}x \\ &= \int_{-\infty}^{+\infty} (x-\mu)^2 \frac{1}{\sqrt{2\pi}\sigma} \mathrm{e}^{-\frac{(x-\mu)^2}{2\sigma^2}} \mathrm{d}x = \frac{\sigma^2}{\sqrt{2\pi}} \int_{-\infty}^{+\infty} t^2 \mathrm{e}^{-\frac{t^2}{2}} \mathrm{d}t \\ &= -\frac{\sigma^2}{\sqrt{2\pi}} \int_{-\infty}^{+\infty} t \mathrm{d}\left(\mathrm{e}^{-\frac{t^2}{2}}\right) = -\frac{\sigma^2}{\sqrt{2\pi}} \left(t\mathrm{e}^{-\frac{t^2}{2}} \bigg|_{-\infty}^{+\infty} - \int_{-\infty}^{+\infty} \mathrm{e}^{-\frac{t^2}{2}} \mathrm{d}t \right) \\ &= \sigma^2 \int_{-\infty}^{+\infty} \frac{1}{\sqrt{2\pi}} \mathrm{e}^{-\frac{t^2}{2}} \mathrm{d}t = \sigma^2 . \end{aligned}$$

例 3.2.9 设随机变量 X 与 Y 相互独立，且 $X \sim N(1,2)$，$Y \sim N(1,4)$，则 $D(XY) = (\quad)$.

A. 6 B. 8 C. 14 D.15

解　因为

$$D(XY)=E(X^2Y^2)-[E(XY)]^2=EX^2EY^2-(EXEY)^2$$
$$=(2+1^2)(4+1^2)-(1\times1)^2=14,$$

所以选 C.

例 3.2.10　设 X,Y 是两个相互独立的随机变量, 且都服从均值为 0, 方差为 $\frac{1}{2}$ 的正态分布, 求随机变量 $|X-Y|$ 的方差.

解　记 $Z=X-Y$, 由于 X,Y 相互独立, 且 $X\sim N\left(0,\frac{1}{2}\right),Y\sim N\left(0,\frac{1}{2}\right)$, 由正态分布的再生性知, $Z\sim N(0,1)$, 即

$$f_Z(z)=\frac{1}{\sqrt{2\pi}}\mathrm{e}^{-\frac{z^2}{2}}.$$

因此,

$$E|Z|=\int_{-\infty}^{+\infty}|z|f_Z(z)\mathrm{d}z=\frac{2}{\sqrt{2\pi}}\int_0^{+\infty}z\mathrm{e}^{-\frac{z^2}{2}}\mathrm{d}z=-\frac{2}{\sqrt{2\pi}}\mathrm{e}^{-\frac{z^2}{2}}\Bigg|_0^{+\infty}=\sqrt{\frac{2}{\pi}},$$

而

$$E|Z|^2=EZ^2=DZ+(EZ)^2=1,$$

故

$$D|Z|=E|Z|^2-(E|Z|)^2=1-\frac{2}{\pi},$$

即

$$D|X-Y|=1-\frac{2}{\pi}.$$

3.3　矩　协方差和相关系数

3.3.1　矩

随机变量的数字特征除了上述数学期望和方差外, 还有其他数字特征. 例如, 随机变量的矩就是一种比较重要的数字特征. 最常用的矩有两种: 一种是原点矩, 一种是中心矩.

定义 3.3.1　如果 $E|X|^k<+\infty$, k 为正整数, 则称

$$\mu_k=E(X^k) \tag{3.3.1}$$

为随机变量 X 的 ***k* 阶原点矩**, 而称

$$\upsilon_k=E(X-EX)^k \tag{3.3.2}$$

为随机变量 X 的 ***k* 阶中心矩**.

显然,数学期望是一阶原点矩 μ_1,方差是二阶中心矩 υ_2,从而矩可以看成数学期望、方差的推广.

运用初等不等式 $|X|^k \leqslant 1+|X|^{k+1}$ 可知,若随机变量 X 的高阶矩存在,则其低阶矩也存在.

下面讨论原点矩与中心矩之间的关系.

首先,由原点矩可求中心矩:

$$\upsilon_n = E(X-EX)^n = \sum_{k=0}^{n} \mathrm{C}_n^k (-1)^{n-k} EX^k (EX)^{n-k} = \sum_{k=0}^{n} (-1)^{n-k} \mathrm{C}_n^k \mu_1^{n-k} \mu_k, \tag{3.3.3}$$

故可得

$$\begin{aligned}
&\upsilon_0 = 1,\\
&\upsilon_1 = 0,\\
&\upsilon_2 = \mu_2 - \mu_1^2,\\
&\upsilon_3 = \mu_3 - 3\mu_2\mu_1 + 2\mu_1^3,\\
&\upsilon_4 = \mu_4 - 4\mu_3\mu_1 + 6\mu_2\mu_1^2 - 3\mu_1^4,\\
&\cdots.
\end{aligned}$$

其次,由中心矩也可求原点矩:

$$\begin{aligned}
\mu_n &= EX^n = E[(X-\mu_1)+\mu_1]^n\\
&= \sum_{k=0}^{n} \mathrm{C}_n^k \mu_1^k E(X-EX)^{n-k} = \sum_{k=0}^{n} \mathrm{C}_n^k \mu_1^k \upsilon_{n-k},
\end{aligned} \tag{3.3.4}$$

故可得

$$\begin{aligned}
&\mu_0 = 1,\\
&\mu_1 = EX,\\
&\mu_2 = \upsilon_2 + \mu_1^2,\\
&\mu_3 = \upsilon_3 + 3\mu_1\upsilon_2 + \mu_1^3,\\
&\mu_4 = \upsilon_4 + 4\mu_1\upsilon_3 + 6\mu_1^2\upsilon_2 + \mu_1^4,\\
&\cdots.
\end{aligned}$$

例 3.3.1 设 $X \sim P(\lambda)$,求 X 的三阶中心矩 υ_3.

解 由于 X 的分布律为

$$P\{X=k\} = \frac{\lambda^k}{k!}\mathrm{e}^{-\lambda} \quad (k=0,1,2,\cdots),$$

故

$$\begin{aligned}
\mu_1 &= \lambda,\\
\mu_2 &= \lambda + \lambda^2,\\
\mu_3 &= EX^3 = \sum_{k=0}^{\infty} k^3 P\{X=k\} = \sum_{k=1}^{\infty} k^3 \frac{\lambda^k}{k!}\mathrm{e}^{-\lambda} = \sum_{k=1}^{\infty} k^2 \frac{\lambda^k}{(k-1)!}\mathrm{e}^{-\lambda}\\
&= \lambda \sum_{i=0}^{\infty} (i+1)^2 \frac{\lambda^i}{i!}\mathrm{e}^{-\lambda} = \lambda\left(\sum_{k=0}^{\infty} k^2 \frac{\lambda^k}{k!}\mathrm{e}^{-\lambda} + 2\sum_{k=0}^{\infty} k \frac{\lambda^k}{k!}\mathrm{e}^{-\lambda} + \sum_{k=0}^{\infty} \frac{\lambda^k}{k!}\mathrm{e}^{-\lambda}\right)\\
&= \lambda(\mu_2 + 2\mu_1 + 1) = \lambda + 3\lambda^2 + \lambda^3,
\end{aligned}$$

从而由原点矩与中心矩的关系得

$$\upsilon_3 = \mu_3 - 3\mu_2\mu_1 + 2\mu_1^3 = \lambda .$$

例 3.3.2　设随机变量 $X \sim N(\mu,\sigma^2)$，求 X 的 k 阶中心矩 υ_k.

解　$\upsilon_k = E(X-EX)^k = \dfrac{1}{\sqrt{2\pi}\sigma}\displaystyle\int_{-\infty}^{+\infty}(x-\mu)^k \mathrm{e}^{-\frac{(x-\mu)^2}{2\sigma^2}}\mathrm{d}x$,

令 $t=\dfrac{x-\mu}{\sigma}$，有

$$\upsilon_k = \frac{\sigma^k}{\sqrt{2\pi}}\int_{-\infty}^{+\infty} t^k \mathrm{e}^{-\frac{t^2}{2}}\mathrm{d}t.$$

当 k 为奇数时，由于被积函数为奇函数，故 $\upsilon_k = 0$.

当 k 为偶数时，令 $y=\dfrac{t^2}{2}$，则

$$\begin{aligned}\upsilon_k &= \frac{2\sigma^k}{\sqrt{2\pi}}\int_0^{+\infty} t^k \mathrm{e}^{-\frac{t^2}{2}}\mathrm{d}t = \sqrt{\frac{2}{\pi}}\sigma^k 2^{\frac{k-1}{2}}\int_0^{+\infty} y^{\frac{k-1}{2}}\mathrm{e}^{-y}\mathrm{d}y \\ &= \frac{1}{\sqrt{\pi}}\sigma^k 2^{\frac{k}{2}}\Gamma\left(\frac{k+1}{2}\right) = \sigma^k(k-1)(k-3)\cdots 1.\end{aligned}$$

因此，有 $\upsilon_0 = 1, \upsilon_2 = \sigma^2, \upsilon_4 = 3\sigma^4, \upsilon_6 = 15\sigma^6, \cdots$.

上面计算中用到了函数 $\Gamma(\alpha) = \displaystyle\int_0^{+\infty} x^{\alpha-1}\mathrm{e}^{-x}\mathrm{d}x\ (\alpha>0)$ 的性质:

(1) $\Gamma(\alpha+1) = \alpha\Gamma(\alpha)$;

(2) $\Gamma\left(\dfrac{1}{2}\right) = \displaystyle\int_0^{+\infty}\frac{1}{\sqrt{x}}\mathrm{e}^{-x}\mathrm{d}x = \sqrt{\pi}$.

3.3.2　协方差和相关系数

二维随机向量的联合分布中包含 X 和 Y 之间相互关系的信息，协方差和相关系数就是描述两个随机变量之间联系的数字特征，下面来介绍它们的概念.

定义 3.3.2　设 (X,Y) 是一个二维随机向量，若 $E[(X-EX)(Y-EY)]$ 存在，则称 $E[(X-EX)(Y-EY)]$ 为随机变量 X 与 Y 的**协方差**，记作 $\mathrm{cov}(X,Y)$，即

$$\mathrm{cov}(X,Y) = E[(X-EX)(Y-EY)]. \tag{3.3.5}$$

若 X 和 Y 的方差均存在，且都大于 0，则称 $\dfrac{\mathrm{cov}(X,Y)}{\sqrt{DXDY}}$ 为随机变量 X 与 Y 的**相关系数**，记作 ρ_{XY}，即

$$\rho_{XY} = \frac{\mathrm{cov}(X,Y)}{\sqrt{DXDY}}. \tag{3.3.6}$$

从定义可以看出:

$$\mathrm{cov}(X,Y) = \mathrm{cov}(Y,X), \qquad \mathrm{cov}(X,X) = DX. \tag{3.3.7}$$

为了计算方便，协方差的公式可简化为

$$\mathrm{cov}(X,Y)=E(XY)-EXEY. \tag{3.3.8}$$

事实上,

$$\begin{aligned}\mathrm{cov}(X,Y)&=E[(X-EX)(Y-EY)]\\&=E[XY-XEY-(EX)Y+EXEY]\\&=E(XY)-2EXEY+EXEY=E(XY)-EXEY.\end{aligned}$$

协方差具有下述性质(a,b 为常数):

(1) $\mathrm{cov}(aX,bY)=ab\,\mathrm{cov}(X,Y)$. (3.3.9)

(2) $\mathrm{cov}(X_1+X_2,Y)=\mathrm{cov}(X_1,Y)+\mathrm{cov}(X_2,Y)$. (3.3.10)

(3) $\mathrm{cov}(X,a)=0$. (3.3.11)

(4) 若 X,Y 相互独立, 则 $\mathrm{cov}(X,Y)=0$.

证 因为 X,Y 独立, 所以 $E(XY)=EXEY$, 从而 $\mathrm{cov}(X,Y)=E(XY)-EXEY=0$.

(5) $D(X\pm Y)=DX+DY\pm 2\mathrm{cov}(X,Y)$, (3.3.12)

特别地, 若 X,Y 独立, 则 $D(X\pm Y)=DX+DY$.

证 由方差的性质(3)的证明过程知,

$$D(X\pm Y)=DX+DY\pm 2E[(X-EX)(Y-EY)]=DX+DY\pm 2\mathrm{cov}(X,Y).$$

(6) $[\mathrm{cov}(X,Y)]^2\leqslant DXDY$. (3.3.13)

证 由定理 3.1.3 知,

$$\begin{aligned}[\mathrm{cov}(X,Y)]^2&=\{E[(X-EX)(Y-EY)]\}^2\\&\leqslant E(X-EX)^2E(Y-EY)^2=DXDY.\end{aligned}$$

下面讨论 ρ_{XY} 的性质及意义.

定理 3.3.1 随机变量 X 与 Y 的相关系数 ρ_{XY} 满足:

(1) $|\rho_{XY}|\leqslant 1$; (3.3.14)

(2) $|\rho_{XY}|=1\Leftrightarrow X$ 与 Y 概率为 1 地线性相关, 即存在常数 a 和 b, $a\neq 0$, 使得

$$P\{Y=aX+b\}=1. \tag{3.3.15}$$

证 (1) 由式(3.3.13)即得;

(2) 充分性. 若 $P\{Y=aX+b\}=1$, 则

$$DY=D(aX+b)=a^2DX,$$

$$\mathrm{cov}(X,Y)=\mathrm{cov}(X,aX+b)=a\,\mathrm{cov}(X,X)=aDX,$$

从而 $\rho_{XY}=\dfrac{aDX}{\sqrt{DXDY}}=\dfrac{aDX}{|a|DX}=\pm 1$, 即 $|\rho_{XY}|=1$.

必要性. 由于

$$\begin{aligned}D\left(\frac{Y}{\sqrt{DY}}\pm\frac{X}{\sqrt{DX}}\right)&=D\left(\frac{Y}{\sqrt{DY}}\right)+D\left(\frac{X}{\sqrt{DX}}\right)\pm 2\mathrm{cov}\left(\frac{Y}{\sqrt{DY}},\frac{X}{\sqrt{DX}}\right)\\&=2\pm 2\rho_{XY}=2(1\pm\rho_{XY}),\end{aligned}$$

故当 $\rho_{XY}=1$ 时, 有 $P\left\{\frac{Y}{\sqrt{DY}}-\frac{X}{\sqrt{DX}}=\frac{EY}{\sqrt{DY}}-\frac{EX}{\sqrt{DX}}\right\}=1$, 即 $P\{Y=aX+b\}=1$, 其中 $a=\frac{\sqrt{DY}}{\sqrt{DX}}$, $b=\sqrt{DY}\left(\frac{EY}{\sqrt{DY}}-\frac{EX}{\sqrt{DX}}\right)$; 当 $\rho_{XY}=-1$ 时, 有 $P\left\{\frac{Y}{\sqrt{DY}}+\frac{X}{\sqrt{DX}}=\frac{EY}{\sqrt{DY}}+\frac{EX}{\sqrt{DX}}\right\}=1$, 即 $P\{Y=aX+b\}=1$, 其中 $a=-\frac{\sqrt{DY}}{\sqrt{DX}}, b=\sqrt{DY}\left(\frac{EY}{\sqrt{DY}}+\frac{EX}{\sqrt{DX}}\right)$.

定理 3.3.1 表明: 当 $|\rho_{XY}|=1$ 时, 在 X 与 Y 之间存在线性关系的概率为 1, 即 X 与 Y 线性关系不成立的概率为零. 当 $\rho_{XY}=1$ 时, $a>0$, 称 X 与 Y **正线性相关**; 当 $\rho_{XY}=-1$ 时, $a<0$, 称 X 与 Y **负线性相关**; 当 $|\rho_{XY}|<1$ 时, 这种线性相关的程度随着 $|\rho_{XY}|$ 的减小而减弱; 当 $\rho_{XY}=0$ 时, 称 X 和 Y **不相关**, 即它们不存在线性关系. 由此可知, 相关系数 ρ_{XY} 是描述随机变量 X,Y 之间线性相关程度强弱的一个数字特征.

假设随机变量 X 与 Y 的相关系数存在, 当 X 与 Y 相互独立时, $\mathrm{cov}(X,Y)=0$, 故 $\rho_{XY}=0$, 即 X 和 Y 不相关; 反之, 若 X 和 Y 不相关, X 与 Y 却不一定相互独立. 实际上, 不相关只是说两者没有线性关系, 而相互独立是 X 和 Y 之间没有影响, 可以认为它们之间没有函数关系. 因此, 没有函数关系一定没有线性关系, 但没有线性关系并非一定没有函数关系.

例 3.3.3　随机试验 E 有三种两两不相容的结果 A_1, A_2, A_3, 且三种结果发生的概率都为 $\frac{1}{3}$, 将试验 E 独立重复做两次, X 表示两次试验中结果 A_1 发生的次数, Y 表示两次试验 A_2 发生的次数, 则 X 与 Y 的相关系数为(　　).

A. $-\frac{1}{2}$　　B. $-\frac{1}{3}$　　C. $\frac{1}{3}$　　D. $\frac{1}{2}$

解　将 X 和 Y 的联合分布律及 (X,Y) 关于 X 和 Y 的边缘分布律列表, 如表 3.3.1 所示.

表 3.3.1

X \ Y	0	1	2	$p_{i\cdot}$
0	$\frac{1}{9}$	$\frac{2}{9}$	$\frac{1}{9}$	$\frac{4}{9}$
1	$\frac{2}{9}$	$\frac{2}{9}$	0	$\frac{4}{9}$
2	$\frac{1}{9}$	0	0	$\frac{1}{9}$
$p_{\cdot j}$	$\frac{4}{9}$	$\frac{4}{9}$	$\frac{1}{9}$	1

由此可得

$$EX=\frac{2}{3},\quad EY=\frac{2}{3},\quad DX=\frac{4}{9},\quad DY=\frac{4}{9},\quad E(XY)=\frac{2}{9},$$

所以 $\rho_{XY}=\frac{E(XY)-EXEY}{\sqrt{DXDY}}=-\frac{1}{2}$, 故选 A.

例 3.3.4　设 X,Y 的联合概率密度函数为

$$f(x,y)=\begin{cases}1, & 0<x<1,|y|<x,\\ 0, & 其他,\end{cases}$$

讨论 X,Y 是否独立, 是否不相关.

解　如图 3.3.1 所示,

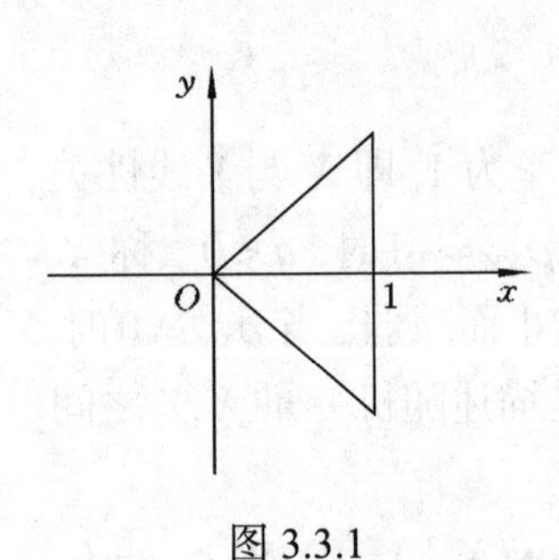

图 3.3.1

$$E(XY)=\int_{-\infty}^{+\infty}\int_{-\infty}^{+\infty}xyf(x,y)\mathrm{d}x\mathrm{d}y=\int_0^1 x\mathrm{d}x\int_{-x}^{x}y\mathrm{d}y=0,$$

$$EX=\int_{-\infty}^{+\infty}\int_{-\infty}^{+\infty}xf(x,y)\mathrm{d}x\mathrm{d}y=\int_0^1 x\mathrm{d}x\int_{-x}^{x}\mathrm{d}y=\int_0^1 2x^2\mathrm{d}x=\frac{2}{3},$$

$$EY=\int_{-\infty}^{+\infty}\int_{-\infty}^{+\infty}yf(x,y)\mathrm{d}x\mathrm{d}y=\int_0^1\mathrm{d}x\int_{-x}^{x}y\mathrm{d}y=0,$$

$$\operatorname{cov}(X,Y)=E(XY)-EXEY=0,$$

$$\rho_{XY}=\frac{\operatorname{cov}(X,Y)}{\sqrt{DX}\sqrt{DY}}=0,$$

故 X 与 Y 不相关.

$$f_X(x)=\int_{-\infty}^{+\infty}f(x,y)\mathrm{d}y=\begin{cases}\int_{-x}^{x}\mathrm{d}y=2x, & 0<x<1,\\ 0, & 其他,\end{cases}$$

$$f_Y(y)=\int_{-\infty}^{+\infty}f(x,y)\mathrm{d}x=\begin{cases}\int_y^1\mathrm{d}x=1-y, & 0\leqslant y<1,\\ \int_{-y}^1\mathrm{d}x=1+y, & -1<y<0,\\ 0, & 其他,\end{cases}$$

由于 $f(x,y)\neq f_X(x)f_Y(y)$, 故 X 与 Y 不独立.

例 3.3.5　已知随机变量 X,Y 不相关, 且 $EX=EY=0, DX=DY=1$, 令 $U=X, V=X+Y$, 试求 U 与 V 的相关系数 ρ_{UV}.

解　因为 X,Y 不相关, 所以

$$D(X+Y)=DX+DY+2\operatorname{cov}(X,Y)=DX+DY+2\rho_{XY}\sqrt{DX}\sqrt{DY}=2,$$

$$\operatorname{cov}(U,V)=\operatorname{cov}(X,X+Y)=\operatorname{cov}(X,X)+\operatorname{cov}(X,Y)=DX+0=1,$$

故

$$\rho_{UV}=\frac{\operatorname{cov}(U,V)}{\sqrt{DU}\sqrt{DV}}=\frac{1}{\sqrt{DX}\sqrt{D(X+Y)}}=\frac{\sqrt{2}}{2}.$$

例 3.3.6　设 $(X,Y)\sim N(\mu_1,\mu_2,\sigma_1^2,\sigma_2^2,\rho)$, 求 ρ_{XY}.

解　由例 2.5.3 知,

$$X\sim N(\mu_1,\sigma_1^2),\qquad Y\sim N(\mu_2,\sigma_2^2),$$

从而

$$EX=\mu_1,\quad DX=\sigma_1^2,\quad EY=\mu_2,\quad DY=\sigma_2^2,$$

令 $u=\dfrac{x-\mu_1}{\sigma_1}, v=\dfrac{y-\mu_2}{\sigma_2}$, 则

$$\begin{aligned}
\operatorname{cov}(X,Y)&=\int_{-\infty}^{+\infty}\int_{-\infty}^{+\infty}(x-\mu_1)(y-\mu_2)f(x,y)\mathrm{d}x\mathrm{d}y\\
&=\frac{\sigma_1\sigma_2}{2\pi\sqrt{1-\rho^2}}\int_{-\infty}^{+\infty}\int_{-\infty}^{+\infty}uv\mathrm{e}^{-\frac{1}{2(1-\rho^2)}(u^2-2\rho uv+v^2)}\mathrm{d}u\mathrm{d}v\\
&=\frac{\sigma_1\sigma_2}{2\pi\sqrt{1-\rho^2}}\int_{-\infty}^{+\infty}\int_{-\infty}^{+\infty}uv\mathrm{e}^{-\frac{1}{2(1-\rho^2)}[(u-\rho v)^2+(1-\rho^2)v^2]}\mathrm{d}u\mathrm{d}v\\
&=\frac{\sigma_1\sigma_2}{\sqrt{2\pi}}\int_{-\infty}^{+\infty}\left\{v\mathrm{e}^{-\frac{v^2}{2}}\left[\frac{1}{\sqrt{2\pi}\sqrt{1-\rho^2}}\int_{-\infty}^{+\infty}u\mathrm{e}^{-\frac{(u-\rho v)^2}{2(1-\rho^2)}}\mathrm{d}u\right]\right\}\mathrm{d}v\\
&=\frac{\sigma_1\sigma_2}{\sqrt{2\pi}}\int_{-\infty}^{+\infty}v\mathrm{e}^{-\frac{v^2}{2}}\rho v\mathrm{d}v=\frac{\rho\sigma_1\sigma_2}{\sqrt{2\pi}}\int_{-\infty}^{+\infty}v^2\mathrm{e}^{-\frac{v^2}{2}}\mathrm{d}v=\rho\sigma_1\sigma_2.
\end{aligned}$$

由相关系数的定义知,

$$\rho_{XY}=\frac{\operatorname{cov}(X,Y)}{\sqrt{DXDY}}=\rho.$$

根据例 3.3.6 及例 2.6.5, 立即得到如下结论.

若 (X,Y) 服从二维正态分布, 则“X,Y 相互独立 $\Leftrightarrow$ X 和 Y 不相关”.

例 3.3.7　设二维随机向量 (X,Y) 服从正态分布 $N(0,0,1,1,0)$, 求 $P\{XY-Y<0\}$.

解　$P\{XY-Y<0\}=P\{X<1\}P\{Y>0\}+P\{X>1\}P\{Y<0\}=\dfrac{1}{2}$.

另外, 根据上面叙述的方差、协方差及相关系数的性质, 容易得到:

(1) $\rho_{XY}=0\Leftrightarrow\operatorname{cov}(X,Y)=0\Leftrightarrow E(XY)=EXEY\Leftrightarrow D(X\pm Y)=DX+DY$;

(2) 若随机变量 $X_1,X_2,\cdots,X_n$ 两两不相关, 则

$$\operatorname{cov}\left(\sum_{i=1}^n\lambda_iX_i,\sum_{i=1}^n\mu_iX_i\right)=\sum_{i=1}^n\lambda_i\mu_iDX_i,\tag{3.3.16}$$

其中, $\lambda_1,\lambda_2,\cdots,\lambda_n,\mu_1,\mu_2,\cdots,\mu_n$ 为常数.

例 3.3.8　设随机变量 X,Y 不相关, 且 $EX=2, EY=1, DX=3$, 则 $E[X(X+Y-2)]=(\quad)$.

A. -3　　B. 3　　C. -5　　D. 5

解　因为

$$\begin{aligned}
E[X(X+Y-2)]&=E(X^2+XY-2X)=EX^2+E(XY)-2EX\\
&=DX+(EX)^2+EXEY-2EX=5,
\end{aligned}$$

所以选 D.

对于二维正态随机向量 (X,Y), 若 X,Y 不相关, 则 X,Y 相互独立. 下面来介绍 n 维正态随机向量与之类似的结果, 先介绍一个定理.

定理 3.3.2　若 n 维随机向量 $(X_1,X_2,\cdots,X_n)\sim N(\boldsymbol{a},\boldsymbol{B})$, 则

$$\operatorname{cov}(X_i, X_j) = b_{ij} \quad (i, j = 1, 2, \cdots, n).$$

证明从略.

由于 $b_{ij} = \operatorname{cov}(X_i, X_j)$ $(i, j = 1, 2, \cdots, n)$, 故矩阵 $\boldsymbol{B}$ 称为 $(X_1, X_2, \cdots, X_n)$ 的**协方差矩阵**.

例 3.3.9　若 n 维随机向量 $(X_1, X_2, \cdots, X_n) \sim N(\boldsymbol{a}, \boldsymbol{B})$, 则 $X_1, X_2, \cdots, X_n$ 相互独立的充分必要条件是 $X_1, X_2, \cdots, X_n$ 两两不相关.

证　只需证充分性. 设 $X_1, X_2, \cdots, X_n$ 两两不相关, $DX_i = \sigma_i^2$ $(i = 1, 2, \cdots, n)$, 由定理 3.3.2 知,

$$\boldsymbol{B} = \begin{pmatrix} b_{11} & 0 & \cdots & 0 \\ 0 & b_{22} & \cdots & 0 \\ \vdots & \vdots & & \vdots \\ 0 & 0 & \cdots & b_{nn} \end{pmatrix} = \begin{pmatrix} \sigma_1^2 & 0 & \cdots & 0 \\ 0 & \sigma_2^2 & \cdots & 0 \\ \vdots & \vdots & & \vdots \\ 0 & 0 & \cdots & \sigma_n^2 \end{pmatrix},$$

故 $(X_1, X_2, \cdots, X_n)$ 的联合概率密度函数为

$$\begin{aligned} f(x_1, x_2, \cdots, x_n) &= \frac{1}{(2\pi)^{n/2} \sigma_1 \sigma_2 \cdots \sigma_n} \exp\left[-\sum_{i=1}^{n} \frac{(x_i - a_i)^2}{2\sigma_i^2} \right] \\ &= \frac{1}{\sqrt{2\pi}\sigma_1} \mathrm{e}^{-\frac{(x_1 - a_1)^2}{2\sigma_1^2}} \cdot \frac{1}{\sqrt{2\pi}\sigma_2} \mathrm{e}^{-\frac{(x_2 - a_2)^2}{2\sigma_2^2}} \cdots \frac{1}{\sqrt{2\pi}\sigma_n} \mathrm{e}^{-\frac{(x_n - a_n)^2}{2\sigma_n^2}}. \end{aligned}$$

又由推论 2.6.1 知,

$$f_{X_i}(x_i) = \frac{1}{\sqrt{2\pi}\sigma_i} \mathrm{e}^{-\frac{(x_i - a_i)^2}{2\sigma_i^2}} \quad (i = 1, 2, \cdots, n).$$

显然, $f(x_1, x_2, \cdots, x_n) = f_{X_1}(x_1) f_{X_2}(x_2) \cdots f_{X_n}(x_n)$, 所以 $X_1, X_2, \cdots, X_n$ 相互独立.

习　题　3

1. 设有 5 件产品, 其中有 2 件一等品, 3 件二等品. 从中任取 2 件, 求一等品件数 X 的数学期望.

2. 设随机变量 X 的概率密度函数为

$$f(x) = \begin{cases} x, & 0 \leqslant x < 1, \\ 2 - x, & 1 \leqslant x \leqslant 2, \\ 0, & \text{其他}, \end{cases}$$

求 EX.

3. 设随机变量 X 的概率密度函数为

$$f(x) = \begin{cases} a\sin x + b, & 0 \leqslant x \leqslant \dfrac{\pi}{2}, \\ 0, & \text{其他}, \end{cases}$$

且 $EX = \dfrac{\pi + 4}{8}$, 求 a, b.

4. 设随机变量 X 的分布律如下表所示, 试求 $EX, E(2X^2+1)$.

X	−2	0	1
p_k	0.2	0.5	0.3

5. 投篮比赛, 每人投四次, 约定全部不中得 0 分, 只中一球得 15 分, 中两球得 30 分, 中三球得 55 分, 中四球得 100 分, 某人每次投篮的命中率均为 $\frac{3}{5}$, 求其得分的数学期望.

6. 若有 n 把看上去样子相同的钥匙, 其中只有一把能打开门上的锁, 用它们去试开门上的锁. 设抽取钥匙是相互独立, 且等可能的. 若

(1) 每把钥匙试开后除去;

(2) 每把钥匙试开后不除去,

分别求这两种情况下试开次数的数学期望.

7. 按规定, 某车站每天 8:00～9:00, 9:00～10:00 都恰有一辆客车到站, 但到站的时间是随机的, 且两者到站的时间相互独立, 其规律如下表所示.

到站时间	8:10 9:10	8:30 9:30	8:50 9:50
概率	$\frac{1}{6}$	$\frac{3}{6}$	$\frac{2}{6}$

(1) 一旅客 8:00 到车站, 求他候车时间的数学期望;

(2) 一旅客 8:20 到车站, 求他候车时间的数学期望.

8. 假设电子元件的寿命服从指数分布, 且这种电子元件的平均寿命为 1 000 h, 又已知制造一个这种元件的成本为 2.00 元, 售价为 6.00 元, 而且规定这种元件使用寿命不超过 900 h 可以退款, 问每制造一个这种元件平均利润是多少?

9. 设随机变量 X 的概率密度函数为

$$f(x)=\begin{cases} e^{-x}, & x>0, \\ 0, & x\leqslant 0, \end{cases}$$

令 $Y=5X$, $Z=e^{-3X}$, 求 EY, EZ.

10. 设随机变量 X 在 $[0,\pi]$ 上服从均匀分布, 求 $E\sin X$, EX^2.

11. 设随机变量 X 的概率密度函数为

$$f(x)=\frac{1}{\pi(1+x^2)} \quad (-\infty<x<+\infty),$$

求 $E\min\{|X|,1\}$.

12. 假定在国际市场上每年对我国某种出口商品的需求量是随机变量 X (单位: t), 它服从 [2000, 4000]上的均匀分布. 设每出售这种商品 1t, 可为国家挣得外汇 3 万元, 但如果销售不出去而囤积于仓库, 则 1t 需花费保养费用 1 万元. 问需要组织多少货源才能使国家的收益最大?

13. 报童每天从邮局订购零售报纸, 批发价为 0.4 元, 而每天报纸的需求量 X 是服从

$N(150,36)$ 的随机变量, 零售价为 0.6 元, 如果当天的报纸卖不掉, 他就按每份 0.2 元处理掉. 为使获利最大, 报童每天应向邮局订购多少份报纸?

14. 从 $1,2,\cdots,n$ 中依次(不重复)地取两个数, 分别记为 X 和 Y, 求 $E(X+Y)$.

15. 设 (X,Y) 的联合概率密度函数为 $f(x,y)=\begin{cases}12y^2, & 0\leqslant y\leqslant x\leqslant 1,\\ 0, & \text{其他},\end{cases}$ 求 $EX,EY,E(XY)$.

16. 设 (X,Y) 服从在 D 上的二维均匀分布, 其中 D 为 x 轴, y 轴及直线 $x+\dfrac{y}{2}=1$ 所围成的三角形区域, 求 $E(X^2Y^2)$.

17. 设随机变量 X 与 Y 独立同分布, 且 $X\sim N(\mu,\sigma^2)$, 求 $E\max\{X,Y\}$.

18. 将 n 封信(编号 $1\sim n$)随机地装入 n 个信封(编号 $1\sim n$)中去. 若一封信装入与信同号的信封中, 称为一个配对, 记 X 为总的配对数, 求 EX.

19. 设甲、乙两家灯泡厂生产的灯泡寿命(单位: h) X 和 Y 的分布律分别如下面两个表所示, 试问哪家工厂生产的灯泡质量较好?

X	900	1000	1100
p_k	0.1	0.8	0.1

Y	950	1000	1050
p_k	0.3	0.4	0.3

20.设随机变量 X 的分布函数为

$$F(x)=\begin{cases}0, & x<-1,\\ 0.2, & -1\leqslant x<0,\\ 0.5, & 0\leqslant x<1,\\ 0.8, & 1\leqslant x<2,\\ 1, & x\geqslant 2,\end{cases}$$

试求 EX 和 DX.

21. 设随机变量 X 的概率密度函数为

$$f(x)=\begin{cases}\dfrac{2}{\pi}\cos^2 x, & |x|<\dfrac{\pi}{2},\\ 0, & \text{其他},\end{cases}$$

试求 EX 和 DX.

22. 设随机变量 X 的分布函数为

$$F(x)=\begin{cases}0, & x<-1,\\ \dfrac{1}{2}+\dfrac{1}{\pi}\arcsin x, & -1\leqslant x<1,\\ 1, & x\geqslant 1,\end{cases}$$

求 EX 和 DX .

23. 已知随机变量 X 的概率密度函数为

$$f(x)=\begin{cases}1-|1-x|, & 0<x<2,\\ 0, & \text{其他},\end{cases}$$

设 Y 为 X 的标准化随机变量, 求 Y 的概率密度函数.

24. 掷一颗骰子 1 620 次, 则 “6 点” 出现的次数 X 的期望和方差为多少?

25. 五家商店联营, 它们每两周售出的某种农产品的数量(单位: kg)分别为 X_1,X_2,X_3,X_4,X_5 , 已知 $X_1\sim N(200,225)$, $X_2\sim N(240,240)$, $X_3\sim N(180,225)$, $X_4\sim N(260,265)$, $X_5\sim N(320,270)$, X_1,X_2,X_3,X_4,X_5 相互独立.

(1) 求五家商店两周的总销售量的均值和方差;

(2) 商店每隔两周进货一次, 为了使新的供货到达前商店不会脱销的概率大于 0.99, 问商店的仓库应至少储存多少千克该产品?

26. 一民航班车载有 20 名旅客自机场开出, 沿途有 10 个停车点, 若到达一个车站没有旅客下车就不停车. 设每名旅客在各个车站是否下车是等可能的, 且各旅客是否下车相互独立, 求停车次数的数学期望.

27. 袋中有 n 张卡片, 编号为 $1,2,\cdots,n$, 从中有放回地每次抽一张, 共抽 r 次, 求所得号码之和 X 的数学期望和方差.

28. 设连续型随机变量 X 在区间[−1,2]上服从均匀分布, 随机变量 $Y=\begin{cases}1, & X>0,\\ 0, & X=0,\\ -1, & X<0,\end{cases}$ 求 DY .

29. 设 $X\sim N(\mu,\sigma^2)$, 求 $E(X-\mu)^4$.

30. 设 X,Y 是两个相互独立且均服从正态分布 $N(0,0.5)$ 的随机变量, 试求 $E|X-Y|$.

31. 设 (X,Y) 的联合分布律如下表所示, 计算 X 与 Y 的相关系数 ρ_{XY} , 并判断 X 与 Y 是否独立, X 与 Y 是否不相关.

X \ Y	−1	0	1
−1	$\frac{1}{8}$	$\frac{1}{8}$	$\frac{1}{8}$
0	$\frac{1}{8}$	0	$\frac{1}{8}$
1	$\frac{1}{8}$	$\frac{1}{8}$	$\frac{1}{8}$

32. 设二维随机向量 (X,Y) 服从在区域 D 上的二维均匀分布, 其中区域 D 是以点(0, 1), (1, 0), (1, 1)为顶点的三角形区域, 试求:

(1) ρ_{XY} ;

(2) $D(X-Y+2)$.

33. 已知$(X,Y)\sim N\left(1,0,9,16,-\dfrac{1}{2}\right)$，且$Z=\dfrac{X}{3}+\dfrac{Y}{2}$，求:

(1) Z的数学期望和方差;

(2) X与Z的相关系数ρ_{XZ}.

34. 设$X_1,X_2,\cdots,X_{n+m}$ $(n>m)$是独立同分布且方差存在的随机变量, 又令

$$Y=X_1+X_2+\cdots+X_n,\qquad Z=X_{m+1}+X_{m+2}+\cdots+X_{m+n},$$

求ρ_{YZ}.

第 4 章　大数定律和中心极限定理

4.1　大 数 定 律

人们在长期实践中发现, 在相同条件下进行大量重复试验时, 随机现象呈现出一种统计规律性, 它表现为事件发生的频率具有稳定性, 即随着试验次数的增加, 事件发生的频率逐渐稳定于某个常数, 这种稳定性就是本节所要讨论的大数定律的客观背景.

定义 4.1.1　设 $X_1, X_2, \cdots$ 是随机变量序列, 若存在随机变量 X, 使对任意 $\varepsilon > 0$, 恒有

$$\lim_{n\to\infty} P\{|X_n - X| \geqslant \varepsilon\} = 0, \tag{4.1.1}$$

或等价地有

$$\lim_{n\to\infty} P\{|X_n - X| < \varepsilon\} = 1, \tag{4.1.2}$$

则称随机变量序列 $\{X_n\}$ **依概率收敛于** X, 记作

$$\lim_{n\to\infty} X_n = X\ (P)$$

或

$$X_n \xrightarrow{P} X \quad (n\to\infty).$$

根据上述定义及数列极限的“σ-N”语言, 可知下列三个条件等价.

(1) 随机变量序列 $\{X_n\}$ 依概率收敛于 X, 即

$$\lim_{n\to\infty} X_n = X\ (P)$$

或

$$X_n \xrightarrow{P} X \quad (n\to\infty).$$

(2) $\forall \varepsilon > 0$, 有

$$\lim_{n\to\infty} P\{|X_n - X| \geqslant \varepsilon\} = 0$$

或

$$\lim_{n\to\infty} P\{|X_n - X| < \varepsilon\} = 1.$$

(3) $\forall \varepsilon > 0, \forall \sigma > 0$, $\exists N \in \mathbf{N}_+$, $\forall n > N$, 有

$$P\{|X_n - X| \geqslant \varepsilon\} < \sigma. \tag{4.1.3}$$

性质 4.1.1　设二元函数 $g(x,y)$ 在点 (a,b) 连续, 若 $X_n \xrightarrow{P} a, Y_n \xrightarrow{P} b\ (n\to\infty)$, 则

$$g(X_n,Y_n)\xrightarrow{P}g(a,b)\quad(n\to\infty).$$

证明从略.

定义 4.1.2　设 $X_1,X_2,\cdots$ 是随机变量序列, 数学期望 EX_n 存在, 若

$$\lim_{n\to\infty}\left[\frac{1}{n}\sum_{k=1}^{n}X_k-E\left(\frac{1}{n}\sum_{k=1}^{n}X_k\right)\right]=0\,(P),\tag{4.1.4}$$

则称随机变量序列 $\{X_n\}$ 服从**大数定律**.

定理 4.1.1 (切比雪夫大数定律)　设 $\{X_n\}$ 是独立随机变量序列, $EX_k,DX_k\ (k=1,2,\cdots)$ 存在, 并且存在常数 C, 使 $DX_k\leqslant C\ (k=1,2,\cdots)$, 则对任意 $\varepsilon>0$, 有

$$\lim_{n\to\infty}P\left\{\left|\frac{1}{n}\sum_{k=1}^{n}X_k-\frac{1}{n}\sum_{k=1}^{n}EX_k\right|<\varepsilon\right\}=1.\tag{4.1.5}$$

证　因为 $EX_1,EX_2,\cdots$ 存在, 所以

$$E\left(\frac{1}{n}\sum_{k=1}^{n}X_k\right)=\frac{1}{n}\sum_{k=1}^{n}EX_k,$$

而 $X_1,X_2,\cdots$ 相互独立, 且 $DX_1,DX_2,\cdots$ 存在, 故

$$D\left(\frac{1}{n}\sum_{k=1}^{n}X_k\right)=\frac{1}{n^2}\sum_{k=1}^{n}DX_k\leqslant\frac{C}{n},\tag{4.1.6}$$

由切比雪夫不等式及式(4.1.6), 得

$$P\left\{\left|\frac{1}{n}\sum_{k=1}^{n}X_k-\frac{1}{n}\sum_{k=1}^{n}EX_k\right|<\varepsilon\right\}\geqslant1-\frac{D\left(\frac{1}{n}\sum_{k=1}^{n}X_k\right)}{\varepsilon^2}\geqslant1-\frac{C}{n\varepsilon^2},$$

因此

$$1\geqslant P\left\{\left|\frac{1}{n}\sum_{k=1}^{n}X_k-\frac{1}{n}\sum_{k=1}^{n}EX_k\right|<\varepsilon\right\}\geqslant1-\frac{C}{n\varepsilon^2}.$$

令 $n\to\infty$, 可得式(4.1.5).

细心的读者会发现, 在定理 4.1.1 的证明过程当中, 式(4.1.6)成立的充分条件是 $X_1,X_2,\cdots$ 两两不相关. 因此, 定理 4.1.1 中关于 $X_1,X_2,\cdots$ 相互独立的条件可以放宽为 $X_1,X_2,\cdots$ 两两不相关.

这个结论在 1866 年被俄国数学家切比雪夫证明, 它是关于大数定律的一个相当普遍的结论, 许多大数定律的古典结果是它的特例.

推论 4.1.1 (独立同分布情形)　设 $X_1,X_2,\cdots$ 是独立同分布的随机变量序列, 且

$$EX_k=\mu,\qquad DX_k=\sigma^2<\infty\quad(k=1,2,\cdots),$$

那么对任意 $\varepsilon>0$, 有

$$\lim_{n\to\infty}P\left\{\left|\frac{1}{n}\sum_{k=1}^{n}X_k-\mu\right|<\varepsilon\right\}=1.\tag{4.1.7}$$

切比雪夫大数定律及其推论表明, 对随机变量进行 n 次独立观测的算术平均值 $\frac{1}{n}\sum_{i=1}^{n}X_i$, 当

n 很大时, "接近"这个随机变量的数学期望. 这就为估计随机变量的数学期望提供了一个切实可行的方法. 例如, 在 Markowitz 的组合投资模型中, 为估计某一股票收益率的数学期望, 只要观察这一股票若干天的收益率 $R_1, R_2, \cdots, R_n$, 计算它们的算术平均值 $\frac{1}{n}\sum_{i=1}^{n} R_i$, 当 n 相当大时, 这个算术平均值就可以作为这一股票收益率的数学期望 r 的一个近似.

推论 4.1.2 (伯努利大数定律)　设 η_n 是 n 重伯努利试验中事件 A 出现的次数, p 是事件 A 在每次试验中发生的概率, 那么对任意 $\varepsilon > 0$, 有

$$\lim_{n\to\infty} P\left\{\left|\frac{\eta_n}{n} - p\right| < \varepsilon\right\} = 1. \tag{4.1.8}$$

证　令

$$X_k = \begin{cases} 1, & \text{第 } k \text{ 次试验中出现 } A, \\ 0, & \text{第 } k \text{ 次试验中不出现 } A, \end{cases} \quad k = 1, 2, \cdots,$$

则 X_k 的分布律为

$$P\{X_k = 1\} = p, \qquad P\{X_k = 0\} = 1 - p,$$

从而

$$EX_k = p, \qquad DX_k = p(1-p) \leqslant \frac{1}{4},$$

由假设不难知道 $X_1, X_2, \cdots$ 相互独立, 且 $\eta_n = \sum_{k=1}^{n} X_k$, 由切比雪夫大数定律知, $\forall \varepsilon > 0$, 有

$$\lim_{n\to\infty} P\left\{\left|\frac{1}{n}\sum_{k=1}^{n} X_k - \frac{1}{n}\sum_{k=1}^{n} EX_k\right| < \varepsilon\right\} = 1,$$

即

$$\lim_{n\to\infty} P\left\{\left|\frac{\eta_n}{n} - p\right| < \varepsilon\right\} = 1.$$

伯努利大数定律从理论上解释了"频率稳定性". 因此, 当 n 很大时, 可以将随机事件发生的频率作为随机事件概率的近似.

定理 4.1.2 (辛钦大数定律)　设 $X_1, X_2, \cdots$ 是独立同分布的随机变量序列, 且 $EX_k = \mu$ $(k = 1, 2, \cdots)$, 那么对任意 $\varepsilon > 0$, 有

$$\lim_{n\to\infty} P\left\{\left|\frac{1}{n}\sum_{k=1}^{n} X_k - \mu\right| < \varepsilon\right\} = 1. \tag{4.1.9}$$

证明从略.

例 4.1.1　若 $X_n \xrightarrow{P} X$, $Y_n \xrightarrow{P} Y$ $(n \to +\infty)$, 则 $X_n + Y_n \xrightarrow{P} X + Y$ $(n \to +\infty)$.

证　因为 $X_n \xrightarrow{P} X$, $Y_n \xrightarrow{P} Y$ $(n \to +\infty)$, 所以 $\forall \varepsilon > 0, \forall \sigma > 0$, $\exists N \in \mathbf{N}_+$, $\forall n > N$, 有

$$P\left\{|X_n - X| \geqslant \frac{\varepsilon}{2}\right\} < \frac{\sigma}{2}, \qquad P\left\{|Y_n - Y| \geqslant \frac{\varepsilon}{2}\right\} < \frac{\sigma}{2},$$

于是

$$P\{|(X_n+Y_n)-(X+Y)|\geqslant\varepsilon\}\leqslant P\left\{|X_n-X|\geqslant\frac{\varepsilon}{2}\right\}+P\left\{|Y_n-Y|\geqslant\frac{\varepsilon}{2}\right\}<\frac{\sigma}{2}+\frac{\sigma}{2}=\sigma,$$

因此

$$X_n+Y_n\xrightarrow{P}X+Y\quad(n\to+\infty).$$

例 4.1.2 设随机变量序列 $X_1,X_2,\cdots$ 独立同分布, $EX_k=0,DX_k=\sigma^2$, 且 $EX_k^4\ (k=1,2,\cdots)$ 存在. 试证明: $\forall\varepsilon>0$, 有

$$\lim_{n\to\infty}P\left\{\left|\frac{1}{n}\sum_{k=1}^{n}X_k^2-\sigma^2\right|<\varepsilon\right\}=1.$$

证 令 $Y_k=X_k^2\ (k=1,2,\cdots)$, 因为 $X_1,X_2,\cdots$ 独立同分布, 所以 $Y_1,Y_2,\cdots$ 也独立同分布, 且 $EY_k=EX_k^2=DX_k+(EX_k)^2=\sigma^2$, $DY_k=EY_k^2-(EY_k)^2=EX_k^4-\sigma^4$ 存在, 由切比雪夫大数定律知, $\forall\varepsilon>0$, 有

$$\lim_{n\to\infty}P\left\{\left|\frac{1}{n}\sum_{k=1}^{n}Y_k-\frac{1}{n}\sum_{k=1}^{n}EY_k\right|<\varepsilon\right\}=1,$$

即

$$\lim_{n\to\infty}P\left\{\left|\frac{1}{n}\sum_{k=1}^{n}X_k^2-\sigma^2\right|<\varepsilon\right\}=1.$$

例 4.1.3 在独立重复试验中, 事件 A 在第 k 次试验中发生的概率为 $p_k\ (k=1,2,\cdots)$, $f_n(A)$ 为 n 次试验中 A 发生的频率. 试证:

$$\lim_{n\to\infty}\left[f_n(A)-\frac{1}{n}\sum_{k=1}^{n}p_k\right]=0\,(P).$$

证 令

$$X_k=\begin{cases}1, & \text{第}k\text{次}A\text{发生},\\ 0, & \text{其他},\end{cases}$$

则 $X_1,X_2,\cdots$ 相互独立, 且 $EX_k=p_k$, $DX_k=p_k(1-p_k)\leqslant\frac{1}{4}\ (k=1,2,\cdots)$, 由切比雪夫大数定律知, $\forall\varepsilon>0$, 有

$$\lim_{n\to\infty}P\left\{\left|\frac{1}{n}\sum_{k=1}^{n}X_k-\frac{1}{n}\sum_{k=1}^{n}EX_k\right|<\varepsilon\right\}=1,$$

将 $f_n(A)=\frac{1}{n}\sum_{k=1}^{n}X_k$, $\frac{1}{n}\sum_{k=1}^{n}EX_k=\frac{1}{n}\sum_{k=1}^{n}p_k$ 代入上式, 得

$$\lim_{n\to\infty}P\left\{\left|f_n(A)-\frac{1}{n}\sum_{k=1}^{n}p_k\right|<\varepsilon\right\}=1,$$

即

$$\lim_{n\to\infty}\left[f_n(A)-\frac{1}{n}\sum_{k=1}^{n}p_k\right]=0\,(P).$$

例 4.1.4 设 $\{X_n\}$ 是独立随机变量序列, $X_n\ (n=1,2,\cdots)$ 的分布律如表 4.1.1 所示. 试问 $\{X_n\}$ 是否服从大数定律?

表 4.1.1

X_n	$-\sqrt{\ln n}$	$\sqrt{\ln n}$
p_k	$\frac{1}{2}$	$\frac{1}{2}$

解 由于

$$EX_n=0,\qquad DX_n=EX_n^2=\frac{1}{2}(-\sqrt{\ln n})^2+\frac{1}{2}(\sqrt{\ln n})^2=\ln n,$$

故

$$0\leqslant D\left(\frac{1}{n}\sum_{k=1}^{n}X_k\right)=\frac{1}{n^2}\sum_{k=1}^{n}DX_k=\frac{1}{n^2}\sum_{k=1}^{n}\ln k<\frac{n\ln n}{n^2}=\frac{\ln n}{n}\to 0\quad(n\to\infty),$$

则对任意 $\varepsilon>0$, 根据切比雪夫不等式及上式, 有

$$0\leqslant P\left\{\left|\frac{1}{n}\sum_{k=1}^{n}X_k-\frac{1}{n}\sum_{k=1}^{n}EX_k\right|\geqslant\varepsilon\right\}\leqslant\frac{1}{\varepsilon^2}D\left(\frac{1}{n}\sum_{k=1}^{n}X_k\right)\to 0\quad(n\to\infty),$$

即

$$\lim_{n\to\infty}P\left\{\left|\frac{1}{n}\sum_{k=1}^{n}X_k-\frac{1}{n}\sum_{k=1}^{n}EX_k\right|\geqslant\varepsilon\right\}=0,$$

从而 $\{X_n\}$ 服从大数定律.

例 4.1.4 在证明 $\{X_n\}$ 服从大数定律过程中, 用到了 $\lim\limits_{n\to\infty}D\left(\frac{1}{n}\sum\limits_{k=1}^{n}X_k\right)=0$. 一般地, 可将其进行推广.

定理 4.1.3 (马尔可夫大数定律) 设 $\{X_n\}$ 是一个随机变量序列, $EX_k, DX_k\ (k=1,2,\cdots)$ 存在, 若 $\lim\limits_{n\to\infty}D\left(\frac{1}{n}\sum\limits_{k=1}^{n}X_k\right)=0$, 则对任意 $\varepsilon>0$, 有

$$\lim_{n\to\infty}P\left\{\left|\frac{1}{n}\sum_{k=1}^{n}X_k-\frac{1}{n}\sum_{k=1}^{n}EX_k\right|<\varepsilon=1\right\}.\tag{4.1.10}$$

4.2 中心极限定理

观察表明, 如果一个量是大量相互独立的随机变量的总和, 如某城市 1 h 内的耗电量是大量用户耗电量之和、发生虫害的某一地区的害虫数是许多小块地区上害虫数的总和等, 而每一个随机变量在总和中所起的作用不是很大, 那么这种量通常都服从或近似服从正态分布. 这种

现象就是中心极限定理的客观背景. 下面来介绍中心极限定理.

定理 4.2.1 (林德贝格-勒维中心极限定理) 设 $X_1, X_2, \cdots$ 是独立同分布随机变量序列, 并且 $EX_k = \mu, 0 < DX_k = \sigma^2 < +\infty \ (k=1,2,\cdots)$, 那么对任意实数 x, 总有

$$\lim_{n\to\infty} P\left\{\frac{\sum_{k=1}^{n} X_k - n\mu}{\sqrt{n}\sigma} \leqslant x\right\} = \frac{1}{\sqrt{2\pi}}\int_{-\infty}^{x} e^{-\frac{t^2}{2}} dt. \tag{4.2.1}$$

证明从略.

林德贝格–勒维中心极限定理也称为**独立同分布中心极限定理**.

例 4.2.1 某种电器元件的寿命服从均值为 100 h 的指数分布.现随机地取 16 只, 设它们的寿命是相互独立的, 求这 16 只元件的寿命总和大于 1 920 h 的概率.

解 设 $X_i \ (i=1,2,\cdots,16)$ 为第 i 只元件的寿命, 由 $EX_i = 100, DX_i = 100^2$ 知,

$$P\left\{\sum_{i=1}^{16} X_i > 1920\right\} = 1 - P\left\{\sum_{i=1}^{16} X_i \leqslant 1920\right\} = 1 - P\left\{\frac{\sum_{i=1}^{16} X_i - 16\times 100}{\sqrt{16\times 100^2}} \leqslant \frac{1920 - 16\times 100}{\sqrt{16\times 100^2}}\right\}$$

$$\approx 1 - \Phi(0.8) = 1 - 0.7881 = 0.2119,$$

所以这 16 只元件的寿命总和大于 1 920 h 的概率为 0.211 9.

例 4.2.2 一生产线生产的产品成箱包装, 每箱的重量是随机的. 假设每箱平均重 50 kg, 标准差为 5 kg, 若用最大载重量 5 t 的汽车承运, 最多可以装多少箱才能保证不超载的概率大于 0.977 2?

解 设装运的第 i 箱的重量记为 $X_i \ (i=1,2,\cdots)$, 每辆车所装的箱数为 n, 则载重量为 $\sum_{k=1}^{n} X_k$. 问题归于求最大的 n, 使得 $P\left\{\sum_{k=1}^{n} X_k \leqslant 5\,000\right\} > 0.977\,2$.

显然, $X_1, X_2, \cdots$ 独立同分布, 且 $EX_i = 50$, $DX_i = 25$, 由独立同分布中心极限定理, 有

$$P\left\{\sum_{k=1}^{n} X_k \leqslant 5\,000\right\} = P\left\{\frac{\sum_{k=1}^{n} X_k - 50n}{5\sqrt{n}} \leqslant \frac{5\,000 - 50n}{5\sqrt{n}}\right\} \approx \Phi\left(\frac{1\,000 - 10n}{\sqrt{n}}\right) > 0.977\,2 = \Phi(2),$$

故 $\frac{1\,000-10n}{\sqrt{n}} > 2$, 从而 $n < 98.019\,9$, 取 $n = 98$.

因此, 要想保证不超载的概率大于 0.977 2, 最多能装 98 箱.

推论 4.2.1 (棣莫弗–拉普拉斯中心极限定理) 设 η_n 是 n 次伯努利试验中事件 A 出现的次数, p 是事件 A 在每次试验中发生的概率, 那么对任意实数 x, 有

$$\lim_{n\to\infty} P\left\{\frac{\eta_n - np}{\sqrt{np(1-p)}} \leqslant x\right\} = \frac{1}{\sqrt{2\pi}}\int_{-\infty}^{x} e^{-\frac{t^2}{2}} dt. \tag{4.2.2}$$

棣莫弗–拉普拉斯中心极限定理表明, 如果随机变量 $X \sim B(n,p)$, 那么, 当 n 很大时,

$\dfrac{X-np}{\sqrt{np(1-p)}}$ 近似服从 $N(0,1)$.

例 4.2.3　一批生猪,其中 80%的重量不少于 100 kg, 现随机从中抽出 100 头, 问至少有 30 头少于 100 kg 的概率是多少?

解　设 X 为重量少于 100 kg 的生猪头数, 则 $X \sim B(100,0.2)$, 由定理 4.2.1 知, 所求概率为

$$P\{X \geqslant 30\} = 1 - P\{X < 30\} = 1 - P\left\{\frac{X-100\times 0.2}{\sqrt{100\times 0.2\times 0.8}} < \frac{30-100\times 0.2}{\sqrt{100\times 0.2\times 0.8}}\right\}$$
$$\approx 1-\Phi(2.5) = 1-0.993\,8 = 0.006\,2,$$

故至少有 30 头少于 100 kg 的概率是 0.006 2.

例 4.2.4　已知某车间有 400 台同类型的机器, 每台的电功率为 Q W. 设每台机器开动时间为总工作时间的 $\dfrac{3}{4}$, 且每台机器的开与停是相互独立的, 为了保证以 0.99 的概率有足够的电力, 问本车间至少要供应多大的电功率?

解　设需供应 NQ W 电功率, 用 X 表示同时工作的机器台数. 问题归于求最小的 N, 使得 $P\{X \leqslant N\} \geqslant 0.99$. 显然, $X \sim B\left(400, \dfrac{3}{4}\right)$, 从而

$$P\{X \leqslant N\} = P\left\{\frac{X-400\times\frac{3}{4}}{\sqrt{400\times\frac{3}{4}\times\frac{1}{4}}} \leqslant \frac{N-400\times\frac{3}{4}}{\sqrt{400\times\frac{3}{4}\times\frac{1}{4}}}\right\} \approx \Phi\left(\frac{N-300}{\sqrt{75}}\right) \geqslant 0.99 = \Phi(2.33),$$

故 $\dfrac{N-300}{\sqrt{75}} \geqslant 2.33 \Rightarrow N \geqslant 320.1$, 取 $N = 321$.

因此, 该车间至少要供应 $321Q$ W 的电功率才能保证以 0.99 的概率有足够的电力供其使用.

正态分布和泊松分布虽然都是二项分布的极限分布, 但后者要求 n 很大, p 很小, np 大小适中, 而前者只要求 n 很大, 所以前者适用范围大一些, 但是对于 n 很大, p 很小, np 大小适中的二项分布用正态分布来近似计算不如用泊松分布计算精确.

习　题　4

1. 设 $X_1, X_2, \cdots, X_{100}$ 是独立同分布的随机变量, 其共同分布是均值为 1 的泊松分布, 求概率 $P\{X_1 + X_2 + \cdots + X_{100} > 15\}$.

2. 计算器在进行加法计算时, 将每个加数取整(取为最靠近它的整数), 设所有取整误差相互独立且服从(−0.5,0.5)上的均匀分布. 将 1 500 个数相加, 问误差总和的绝对值超过 15 的概率是多少?

3. 设一袋味精的重量是随机变量, 平均值为 100 g, 标准差为 2 g, 求 100 袋味精的重量超过 10.05 kg 的概率.

4. 在一零件商店中, 其结账柜台替各顾客服务的时间(单位: min)是相互独立的随机变量, 均值为 1.5, 方差为 1, 求对 100 位顾客的总服务时间不多于 2 h 的概率.

5. 将一枚硬币抛 49 次, 求:

(1) 至多出现 28 次正面的概率;

(2) 出现 20 ~ 25 次正面的概率.

6. 某厂有同号机器 100 台, 且独立工作, 在一段时间内每台正常工作的概率为 0.8, 求正常工作的机器超过 85 台的概率.

7. 设一大批产品中一级品率为 10%, 现从中任取 500 件, 试用中心极限定理求这 500 件中一级品的比例与 10%之差的绝对值小于 2%的概率.

8. 一本 200 页的书, 每页上的错误数服从参数为 0.1 的泊松分布, 求该书的错误数大于 15 个的概率.

9. 某射手打靶, 得 10 分、9 分、8 分、7 分、6 分的概率分别为 0.5, 0.3, 0.1, 0.05, 0.05. 现射击 100 次, 求总分多于 880 分的概率.

10. 某保险公司多年的统计资料表明, 在索赔中被盗索赔户占 20%, 求在随机抽取的 100 个索赔户中被盗索赔户不少于 14 户且不多于 30 户的概率.

11.对敌人的防御阵地进行 100 次轰炸, 每次轰炸命中目标的炸弹数目是一个随机变量, 其数学期望为 2, 方差为 1.69, 求在 100 次轰炸中有 180～220 颗炸弹命中目标的概率.

12. 抛一枚均匀硬币, 问至少应抛多少次, 才能保证正面出现的频率在 0.4～0.6 的概率不小于 0.9 ? 试用切比雪夫不等式和中心极限定理分别求解.

第 5 章　概率模型及其应用

前面四章较为全面地介绍了概率论基本理论, 本章将从应用角度出发, 先对概率论中一些基本模型及其应用进行概述, 然后介绍四个运用概率论知识建立数学模型的实际例子.

5.1　概率基本模型概述

随着人类社会的进步, 科学技术的发展, 经济全球化的日益加剧, 概率论获得了越来越大的发展动力和越来越广泛的应用. 如今概率论已被广泛地应用于自然科学、环境保护、工程技术、经济理论和经营管理等诸多领域, 尤其是在市场经济不断发展的今天, 人们对金融保险领域的随机现象和变化规律的研究更是取得了长足的进步. 概率论作为一门科学已被人们广泛接受, 并日益成为人类社会日常生活和生产实际中的一种不可或缺的工具.

概率论经过了 300 多年艰难曲折的发展. 在漫长的历史进程中, 历代的学者对各学科中的随机现象进行了仔细深刻的分析, 归纳总结出许多经典的概率模型. 下面将有选择性地介绍一些概率分布模型及其应用.

概率论中古典概型是被研究得最早也是最为深入的模型. 几何概型与古典概型一样, 也是一种建立在等可能性基础上的概率模型. 这两个模型的建立解决了概率论中很多有关概率的计算问题. 同时, 这两个模型还引出了一些富有意义的、更深层次的问题. 例如, 柏特龙奇论，就曾被希尔伯特(D. Hilbert)作为一个数学物理问题列在 1900 年数学家大会上提出的 20 世纪应解决的 23 个数学问题之中. 又如, 在应用几何概型解“抛针问题”时, 发现了被称为“蒙特卡罗(Monte Carlo)方法”的一个现在常用于计算某些复杂量的方法. 例如, 应用“蒙特步罗方法”可计算出一些原函数不易表出的定积分等. 在“条件概率”这一概念的基础上, 得到了全概率公式, 尤其是“贝叶斯公式”. 基于这一公式本身所蕴含的不同寻常的哲理意义, 以及由此引出的“先验概率”和“后验概率”的理念, 更是开辟了一条与经典概率统计学派完全不同的道路, 即贝叶斯学派. 而随机变量的引入则是概率论发展史上的重大事件. 它最先是由 19 世纪下半叶俄罗斯的彼得堡学派引入的, 在 20 世纪 30 年代, 概率论的公理化体系由科尔莫戈罗夫建立后, 随机变量得到了严格的表述. 这一概念的引入, 对于人类社会的经济活动, 甚至对于人类认识自己, 都具有极其重要的意义.

建立在 n 重伯努利试验基础上的伯努利随机变量的分布——二项分布, 是描述多次重复试验中某事件发生的概率的一个极佳的概率模型.

几何分布则是可列重伯努利试验中等待某事件首次出现的试验次数的分布. 几何分布具有广泛的应用, 且有“无记忆性”的特殊性质, 它是唯一具有无记忆性的取值集合为正整数集的离散型分布.

帕斯卡(Pascal)分布, 又称负二项分布, 是在可列重伯努利试验中, 某事件第 r 次出现所需的试验次数的分布. 应用这一分布得到了历史上有名的两个问题的概率模型, 即“巴拿赫(Banach)火柴问题”和“分赌注问题”的结果.

泊松分布则是一种通过理论推导而得到的分布, 它仅仅是为解决二项分布的计算而得到的一种理论上的分布. 尽管如此, 泊松分布却有着极为广泛的应用. 例如, 110 报警台 24 h 内接到的报警次数、一定时间内发生的意外事故次数或灾害次数、布匹上的疵点数目、放射性物质放射出的粒子数目等, 都可以用泊松分布作为其概率模型. 在第二次世界大战中, 伦敦市南部地区遭受飞弹袭击, 英国学者曾经统计出飞弹的个数 X 服从 $\lambda = 0.9323$ 的泊松分布. 在泊松分布的基础上还发展出更为复杂也更为实用的模型——泊松过程, 它可以用来描述在一定条件下“随机质点流”的形成数目.

超几何分布是由不放回抽样产生的一种分布. 它最早被用于描述不同物理粒子的运动状态, 据此建立了三种模型:

(1) 麦克斯韦–玻尔兹曼(Maxwell-Boltzmann)模型;

(2) 玻色–爱因斯坦(Bose-Einstein)模型;

(3) 费米–狄拉克(Fermi-Dirac)模型.

该分布在产品质量抽检、盖洛普民意调查、产品市场调研等方面有着广泛的应用.

离散均匀分布最早是军事上敌方秘密武器生产数量的分布, 它也是构建现代博彩业的一个理论依据.

连续型随机变量的典型分布模型中, 最早被发现和被研究得最为透彻的是正态分布, 它起源于高斯对天体的观测误差的研究. 后来, 在自然和社会现象中, 发现存在许多类随机变量都服从或近似服从正态分布, 如人的身高、海浪的高度、半导体中热噪声的电流或电压、炮弹的弹着点、农作物的产量、学生的考试成绩等.

指数分布是连续型随机变量中唯一一个具有“无记忆性”的分布, 它在可靠性理论、排队论中用于描述零部件等的寿命, 以及对系统故障作诊断与预报. 此外, Γ 分布与韦布尔(Weibull)分布也常用于刻画系统零部件的寿命, 以及计算保险公司的破产概率等.

5.2 随机模型

本节介绍四个运用概率论知识建模的具体例子.

例 5.2.1　报纸购进量优化模型.

问题　报童每天清晨从报社购进报纸零售, 晚上将没有卖掉的报纸退回. 设报纸每份的购进价为 b, 零售价为 a, 退回价为 c, 应该自然地假设为 $a>b>c$. 这就是说, 报童售出一份报纸赚 $a-b$, 退回一份赔 $b-c$. 报童每天如果购进的报纸太少, 不够卖, 会少赚钱; 如果购进太多, 卖不完, 将要赔钱. 报童应如何确定每天购进报纸的数量, 以获得最大的收入.

假设　需求量 X (份)的分布律为 $P\{X=r\}=p(r)\ (r=1,2,\cdots)$.

建模与求解　每天的收入为

$$Y=g(X)=\begin{cases}(a-b)X-(b-c)(n-X), & X\leqslant n,\\ (a-b)n, & X>n,\end{cases}$$

每天的平均收入(目标函数)为

$$G(n)=\sum_{r=0}^{n}[(a-b)r-(b-c)(n-r)]p(r)+\sum_{r=n+1}^{\infty}(a-b)np(r).$$

通常 X 的取值及 n 都相当大, 将 X 视作连续型随机变量, 便于计算. 此时可设 X 的概率密度函数为 $f(x)$, 则

$$G(n)=E[g(X)]=\int_0^n[(a-b)x-(b-c)(n-x)]f(x)\mathrm{d}x+\int_n^{\infty}(a-b)nf(x)\mathrm{d}x,$$

从而

$$\begin{aligned}\frac{\mathrm{d}G(n)}{\mathrm{d}n}&=(a-b)nf(n)-\int_0^n(b-c)f(x)\mathrm{d}x-(a-b)nf(n)+\int_n^{\infty}(a-b)f(x)\mathrm{d}x\\&=-(b-c)\int_0^n f(x)\mathrm{d}x+(a-b)\int_n^{\infty}f(x)\mathrm{d}x.\end{aligned}$$

令 $\frac{\mathrm{d}G(n)}{\mathrm{d}n}=0$, 得 $\frac{\int_0^n f(x)\mathrm{d}x}{\int_n^{\infty}f(x)\mathrm{d}x}=\frac{a-b}{b-c}$, 即 $\int_0^n f(x)\mathrm{d}x=\frac{a-b}{a-c}$.

上述方程的解 n^* 就是 n 的最优值.

例 5.2.2 粗轧钢材长度优化模型.

问题 用连续热轧方法制造钢材时要经过两道工序, 第一道是粗轧(热轧), 形成钢材的雏形; 第二道是精轧(冷轧), 得到规定长度的钢材. 粗轧时受设备、环境等方面随机因素的影响, 钢材冷却后的长度大致上呈正态分布, 其均值可以在轧制过程中由轧机调整, 而其均方差则是由设备的精度决定的, 不能随便改变. 精轧时把多出规定长度的部分切掉, 但是如果发现粗轧后的钢材已经比规定长度短, 则整根报废. 精轧设备的精度很高, 轧出的成品材可以认为是完全符合规定长度要求的.

根据轧制工艺的要求, 要在成品材规定长度 l 和粗轧后钢材长度的均方差 σ 已知的条件下, 确定粗轧后钢材长度的均值 m, 使得当轧机调整到 m 进行粗轧, 再通过精轧以得到成品材时的浪费最少.

分析 成品材规定长度为 l; 粗轧后钢材长度 $X\sim N(m,\sigma^2)$, X 的概率密度函数为

$$f(x)=\frac{1}{\sqrt{2\pi}\sigma}\mathrm{e}^{-\frac{(x-m)^2}{2\sigma^2}};$$

粗轧一根钢材的浪费长度为

$$Y=g(X)=\begin{cases}X-l, & X\geqslant l,\\ X, & X<l;\end{cases}$$

粗轧一根钢材的平均浪费长度为

$$W=EY=E\big[g(X)\big]=\int_{-\infty}^{\infty}g(x)f(x)\mathrm{d}x=\int_l^{\infty}(x-l)f(x)\mathrm{d}x+\int_{-\infty}^{l}xf(x)\mathrm{d}x.$$

记 $\int_l^{\infty}f(x)\mathrm{d}x=P(m)$, 并注意到 $\int_{-\infty}^{\infty}f(x)\mathrm{d}x=1$, $\int_{-\infty}^{\infty}xf(x)\mathrm{d}x=m$, 则 $W=m-lP(m)$.

建模与求解 以每得到一根成品材浪费钢材的平均长度为目标函数, 记为 J_1. 设想共粗轧出 N 根钢材, 则钢材总长度的平均值为 mN, 总浪费的长度的平均值为 $mN-lP(m)N$ (即 WN), 成品材总长的平均值为 $lP(m)N$, 成品材总根数的平均值为 $P(m)N$, 从而

$$J_1=\frac{mN-lP(m)N}{P(m)N}=\frac{m}{P(m)}-l\,.$$

取 $J=\dfrac{m}{P(m)}$, 下面求 m 使 J 达到最小.

在 $P(m)=\int_l^{\infty}f(x)\mathrm{d}x$, $f(x)=\dfrac{1}{\sqrt{2\pi}\sigma}\mathrm{e}^{-\frac{(x-m)^2}{2\sigma^2}}$ 中, 令 $y=\dfrac{x-m}{\sigma}$, 并记 $\mu=\dfrac{m}{\sigma}$, $\lambda=\dfrac{l}{\sigma}$, 则

$$J=\frac{\sigma\mu}{\varPhi(\lambda-\mu)},$$

其中,

$$\varPhi(z)=\int_z^{\infty}\varphi(y)\mathrm{d}y\,,\qquad \varphi(y)=\frac{1}{\sqrt{2\pi}}\mathrm{e}^{-\frac{y^2}{2}}\,.$$

再设 $z=\lambda-\mu$, 则 $J=\dfrac{\sigma(\lambda-z)}{\varPhi(z)}$, 令 $\dfrac{\mathrm{d}J}{\mathrm{d}z}=0$, 即 $\dfrac{\varPhi(z)}{\varphi(z)}=\lambda-z$, 记 $F(z)=\dfrac{\varPhi(z)}{\varphi(z)}$, 所以 $F(z)=\lambda-z$, 解之可得 z^*, 把 $z=z^*$ 代入 $z=\lambda-\mu, \mu=\dfrac{m}{\sigma},\lambda=\dfrac{l}{\sigma}$ 中, 即得到 m 的最优值 m^*($m^*=l-\sigma z^*$).

例 5.2.3 概率仿真模型.

问题 某公司最新研制了一款新型且高质量的便携式打印机, 公司销售部经理对该产品的市场预期较高, 初步的市场营销及财务分析如下.

零售价为 249 美元/台, 第一年的行政管理费用为 40 万美元, 广告费为 60 万美元. 对直接劳动力费用、零件费用、产品第一年的市场需求量均无法获知, 但公司对这些量的预期是直接劳动力费用为每台 45 美元, 零件费用为每台 90 美元, 产品第一年的市场需求为 15 000 台.

现在公司希望对该款产品第一年可能带来的利润作一次分析. 由于现金流紧张, 公司高层尤其关注亏损的可能性. 又由于预期的不可靠性, 公司销售部通过市场调研发现:

每台打印机直接劳动力费用为 43～47 美元, 服从如表 5.2.1 所示的分布律.

表 5.2.1

费用/美元	43	44	45	46	47
概率	0.1	0.2	0.4	0.2	0.1

零件费用因与经济总状况、对零件的总需求及零件供应商的定价政策有关, 每台打印机的零件费用在 80～100 美元的任何数字都有可能. 第一年的市场需求量服从均值为 15 000 台, 标准差为 4 500 台的正态分布.

试综合以上情况为公司高层提供对产品第一年利润及亏损的可能性的数量分析依据.

符号说明如下.

零售价为 P_0 美元/台; 行政管理费为 M 美元; 广告费为 A 美元; 直接劳动力费用为 C_1 美元/台; 零件费为 C_2 美元/台; 第一年的市场需求量为 C_3 台; 利润为 L 美元; 预期利润为 L_{P} 美元; 最好情形下利润为 L_{G} 美元; 最坏情形下利润为 L_{B} 美元.

模型与求解

1) 问题的初步分析

(1) 利润 = 收益 − 成本: $L = P_0 - (M + A + C_1C_3 + C_2C_3)$.

(2) 预期利润.

$$L_P = 15\,000 \times 249 - (400\,000 + 600\,000 + 15\,000 \times 45 + 15\,000 \times 49)$$
$$= 132\,500\ (\text{美元}),$$

(3) 最好情形下利润.

$$L_G = 19\,500 \times 249 - [1\,000\,000 + 19\,500 \times (43+80)] = 1\,457\,000\ (\text{美元}).$$

(4) 最坏情形下利润.

$$L_B = 10\,500 \times 249 - [1\,000\,000 + 10\,500 \times (47+100)] = 71\,000\ (\text{美元}).$$

上述最好情形是指年销售量最多, 而成本最少时; 最坏情形是指年销售量最少, 而成本最多时.

2) 问题的仿真分析

先考虑对利润的一次仿真. 由前述初步分析知

$$L = [249 - (C_1 + C_2)]C_3 - 1\,000\,000 .$$

下面介绍 C_1, C_2, C_3 的概率输入法.

(1) C_1 的输入: 将 C_1 的分布律与(0,1)区间的随机数 R_1 对应于表 5.2.2.

表 5.2.2

C_1	43	44	45	46	47
p	0.1	0.2	0.4	0.2	0.1
R_1	0.0～0.1	0.1～0.3	0.3～0.7	0.7～0.9	0.9～1.0

例如, 若计算机生成的随机数 $R_1 = 0.685\,9, R_1 \in [0.3, 0.7]$, 则

$$C_1(R_1) = 45\ \text{美元/台}.$$

(2) C_2 的输入: $C_2 = 80 + R_2(100 - 80)$, 即 $C_2 = 80 + 20R_2$, R_2 是由计算机生成的[0,1]区间中的随机数. 例如, 若 $R_2 = 0.268\,0$, 则

$$C_2(R_2) = 80 + 20 \times 0.268\,0 = 85.36\ (\text{美元/台}).$$

(3) C_3 的输入: 由于 $C_3 \sim N(15\,000, 4\,500^2)$, 利用 Excel 输入如下公式即可生成 C_3 的随机值:

$$C_3 = \text{NORMINV}(\text{RANDO}(\,), 1\,500, 4\,500) .$$

例如, 若 $R_3 = \text{RANDO}(\,) = 0.700\,5$, 则 $C_3(R_3) = 17\,366$ 台.

综合以上即可得本题的利润仿真模型:

$$L = \{249 - [C_1(R_1) + C_2(R_2)]\}C_3(R_3) - 1\,000\,000 ,$$

并且仿真如图 5.2.1 所示.

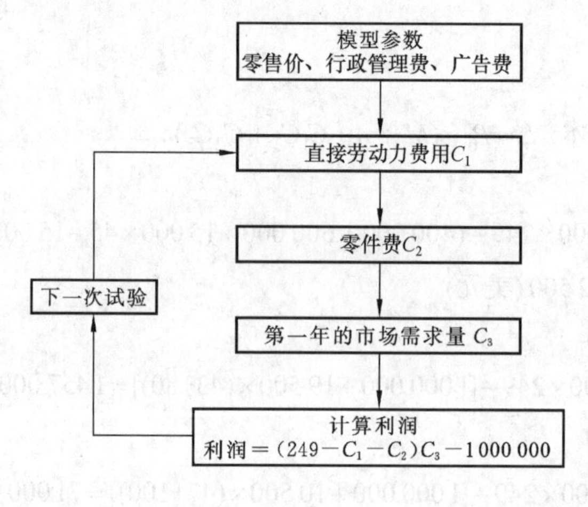

图 5.2.1

3) 仿真结果分析

在上述利润模型中, 利用 Excel 工作表进行 500 次仿真试验, 并将仿真结果制成直方图, 如图 5.2.2 所示.

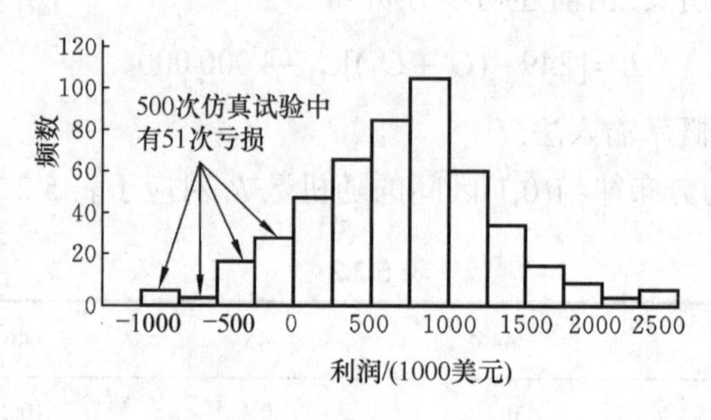

图 5.2.2

仿真结果表明: 利润值的分布较对称, 大多在 250 000～1 250 000 美元, 高亏损与高利润的概率均很小, 只有 3 次试验导致亏损 5 000 美元以上, 也只有 3 次试验的利润高于 2 000 000 美元, 500 次试验中有 48 次亏损, 亏损金额在 0～500 000 美元, 占 10%左右, 故亏损概率约为 10%(48/500).

通过 500 次仿真试验, 发现最差情况和最好情况尽管有可能成立, 但可能性都不大, 500 次试验中, 没有一次的亏损达到最差情况的预测亏损, 也没有一次的盈利达到最好情况的预测盈利.

模型评价

计算机仿真是现今应用最广泛、用于决策的定量方法之一, 它是通过对代表某实际系统的模型进行试验来了解该系统的一种方法. 仿真模型常见图如图 5.2.3 所示.

本例中的仿真模型主要用于企业产品的市场营销的风险分析. 利用概率进行仿真也常被称为蒙特卡罗仿真, 如今许多人从更广泛的意义上去理解和解释这个术语, 它表示随机生成概率输入量的值的任意仿真, 而模型中概率输入量的值的概率分布通常是用过去的数据开发出来的. 至今, 国内外已有许多用于仿真的程序或软件, 如 Crystal Ball 程序等.

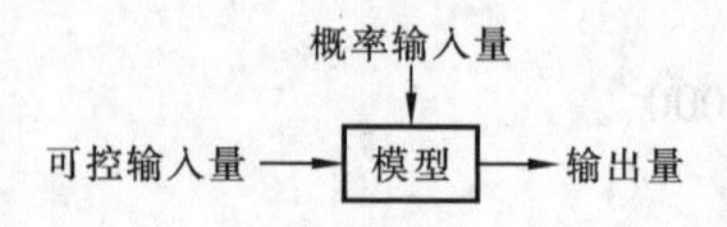

图 5.2.3

模型改进与应用

(1) 概率仿真模型的改进在很多文献中多有论证, 在此不再赘述. 仅就本题而言, 若模型中的参数的概率分布是别的概率分布, 应用 Excel 或其他仿真程序即可很好地解决, 但如果参数是随时间变化的, 如保险理赔中的索赔额或索赔次数等, 需要用随机过程如泊松过程或复合泊松过程描述, 则仿真过程将会变得稍微复杂一些, 读者如有兴趣, 可去阅读相关文献.

(2) 正如前述模型评价中所言, 仿真模型的应用是极其广泛的, 下面介绍仿真模型的一些较为具体的应用: ①新产品的开发, 仿真的目的是确定新产品盈利的概率; ②机票的超额预订系统、大饭店预订系统、出租车预订系统等大系统的利润仿真; ③存储或库存对策仿真; ④ 交通路口信号灯对车流量的控制仿真; ⑤银行服务窗口、铁路等售票窗口、ATM 机前顾客的等候时间仿真等.

例 5.2.4　零件的参数优化设计模型.

问题　一件产品由若干零件组装而成. 标志产品性能的某个参数取决于这些零件的参数, 零件参数包括标定值和容差两部分. 进行成批生产时, 标定值表示一批零件该参数的平均值, 容差则给出了参数偏离其标定值的容许范围. 若将零件参数视为随机变量, 则标定值代表期望值, 在生产部门无特殊要求时, 容差通常规定为均方差的三倍.

进行零件设计, 就是要确定其标定值和容差, 这时要考虑两方面因素:

(1) 当各零件组装成产品时, 如果产品参数偏离预先设定的目标值, 就会造成质量损失, 偏离越大, 损失越大.

(2) 零件容差的大小决定了其制造成本, 容差设计得越小, 成本越高.

试通过如下具体问题给出一般的零件设计方法.

粒子分离器某参数(y)由 7 个零件参数($x_1, x_2, x_3, x_4, x_5, x_6, x_7$)决定, 经验公式为

$$y = 174.42 \times \frac{x_1}{x_5} \times \left(\frac{x_3}{x_2 - x_1}\right)^{0.85} \times \sqrt{\frac{1 - 2.62\left[1 - 0.36\left(\frac{x_4}{x_2}\right)^{-0.56}\right]^{\frac{3}{2}}\left(\frac{x_4}{x_2}\right)^{1.16}}{x_6 x_7}}.$$

y 的目标值(记作 y_0)为 1. 50, 当 y 偏离 $y_0 \pm 0.1$ 时, 产品为次品, 质量损失为 1 000 元, 当 y 偏离 $y_0 \pm 0.3$ 时, 产品为废品, 损失为 9 000 元.

零件参数的标定值有一定的容许变化范围; 容差分为 A, B, C 三个等级, 用与标定值的相对值表示, A 等为 ± 1%,B 等为 ± 5%,C 等为 ± 10%. 7 个零件参数标定值的容许范围, 以及不同容差等级零件的成本如表 5.2.3 所示(符号 “—” 表示无此等级零件).

表 5.2.3

零件参数	标定值的容许范围	C 等/元	B 等/元	A 等/元
x_1	[0.075,0.125]	—	25	—
x_2	[0.225,0.375]	20	50	—
x_3	[0.075,0.125]	20	50	200
x_4	[0.075,0.125]	50	100	500
x_5	[1.125,1.875]	50	—	—
x_6	[12,20]	10	25	100
x_7	[0.5625,0.935]	—	25	100

现成批生产，每批生产 1 000 个. 在原设计中，7 个零件参数的标定值为 $x_1=0.1$, $x_2=0.3$, $x_3=0.1$, $x_4=0.1$, $x_5=1.5$, $x_6=16$, $x_7=0.75$; 容差均选最便宜的等级.

现需综合考虑 y 偏离 y_0 造成的损失和零件成本，重新设计零件参数(包括标定值和容差)，并与原设计比较，总费用降低了多少？

假设

(1) 假设组成产品的各个零件互不影响，即若将各零件的参数视为随机变量，它们相互独立.

(2) 生产过程中除质量损失外不再有其他形式的损失.

(3) 题目所给经验公式在给定的参数变化范围内有效.

(4) 在大批量生产当中,假设整批零件都处于同一等级. 本题中可视 1 000 个零件都是 A 等、B 等或 C 等.

参数的说明

y 表示粒子分离器的某参数;

y_0 表示粒子分离器的该参数的目标值，为 1.50;

$\boldsymbol{x}$ 表示 7 个零件参数的标定值向量 $\boldsymbol{x}=(x_1,x_2,x_3,x_4,x_5,x_6,x_7)$;

r_i 表示第 i 种零件的容差, $i=1,2,\cdots,7$;

σ_i 表示第 i 种零件的均方差, $i=1,2,\cdots,7$;

m_i 表示第 i 种零件的相对容差, $i=1,2,\cdots,7$;

E_y 表示参数 y 的期望值;

σ_y 表示参数 y 的均方差;

$f(\boldsymbol{x})$ 表示 y 关于 $\boldsymbol{x}$ 的经验公式;

$F(y)$ 表示表征质量损失的函数;

$C_i(m_i)$ 表示相对容差为 m_i 的第 i 种零件的成本, $i=1,2,\cdots,7$;

$C(\boldsymbol{m})$ 表示产品的总成本函数;

$P(\boldsymbol{x},\boldsymbol{m})$ 表示总费用函数;

$E[F(y)]$ 表示 $F(y)$ 的期望.

模型的建立

(1) 先来讨论质量损失的计算. 题目中所给的“如果产品参数偏离预先设定的目标值，就会造成质量损失，偏离越大，损失越大”说明质量损失的计算应具有两个特点: ①只要 y 不等于 y_0，就有质量损失; ②损失值与 $|y-y_0|$ 成正比. 因此, 给出如下函数:

$$F(y)=k(y-y_0)^2,$$

其中, k 是常数. 将题目中所给的两组损失数值代入上式, 求得 $k=100\,000$. 因此,

$$F(y)=10^5\times(y-y_0)^2. \tag{5.2.1}$$

式(5.2.1)符合上述两个特点, 称为表征质量损失的函数.

(2) 本题要求的是使总费用最少的设计方案. 总费用由两部分组成: 零件成本和 y 偏离 m_i 造成的质量损失.

零件成本只取决于零件的相对容差 m_i，设第 i 种零件的成本为 $C_i(m_i)$，则 7 个零件总成本为

$$C(\boldsymbol{m})=\sum_{i=1}^{7}C_i(m_i).$$

y 是由零件参数 $\boldsymbol{x}=(x_1,x_2,x_3,x_4,x_5,x_6,x_7)$ 决定的, 即经验公式 $y=f(\boldsymbol{x})$, 由假设知 x_i 可视为相互独立的随机变量, 那么 y 也是随机变量. 大量生产时, 平均每件产品的质量损失费用应该用表征质量损失的函数 $F(y)$ 的期望来度量. 而该期望又由各个零件参数的标定值 $\boldsymbol{x}$ 和相对容差 m_i 决定. 设总费用函数为 P, 那么

$$P(\boldsymbol{x},\boldsymbol{m})=E[F(y)]+C(\boldsymbol{m}). \tag{5.2.2}$$

(3) 下面讨论式(5.2.2)的具体表达式. 由 $F(y)=10^5\times(y-y_0)^2$ 知,

$$E[F(y)]=10^5E(y-y_0)^2=10^5\{[E(y-y_0)]^2+\sigma_y^2\},$$

其中, E_y 是 y 的期望值, σ_y 是 y 的均方差.

现在来推导 E_y 与 σ_y.

将 $y=f(\boldsymbol{x})$ 在 $\boldsymbol{x}_0=(x_{10},x_{20},x_{30},x_{40},x_{50},x_{60},x_{70})$ 处进行泰勒展开, 并略去二阶以上各项, 则 $y=f(\boldsymbol{x}_0)+\sum_{i=1}^{7}\left.\frac{\partial f}{\partial x_i}\right|_{\boldsymbol{x}=\boldsymbol{x}_0}(x_i-x_{i0})$, 那么 $E_y=f(\boldsymbol{x}_0)$,

$$\begin{aligned}\sigma_y^2&=D\left[\sum_{i=1}^{7}\left.\frac{\partial f}{\partial x_i}\right|_{\boldsymbol{x}=\boldsymbol{x}_0}(x_i-x_{i0})\right]=\sum_{i=1}^{7}\left(\left.\frac{\partial f}{\partial x_i}\right|_{\boldsymbol{x}=\boldsymbol{x}_0}\right)^2D(x_i-x_{i0})\\&=\sum_{i=1}^{7}\left(\left.\frac{\partial f}{\partial x_i}\right|_{\boldsymbol{x}=\boldsymbol{x}_0}\right)^2D(x_i)=\sum_{i=1}^{7}d_i^2\sigma_i^2,\end{aligned} \tag{5.2.3}$$

其中, $d_i=\left.\frac{\partial f}{\partial x_i}\right|_{\boldsymbol{x}=\boldsymbol{x}_0}$, σ_i 是 x_i 的均方差.

从题目中已知, 零件的容差 $r_i=3\sigma_i$, 相对容差 $m_i=\frac{r_i}{x_i}$, 将这些代入式(5.2.3), 则目标函数的最终表达式为

$$P(\boldsymbol{x}_0,\boldsymbol{m})=10^5[f(\boldsymbol{x}_0)-y_0]^2+\frac{10^5}{9}\sum_{i=1}^{7}(d_ix_{i0}m_i)^2+\sum_{i=1}^{7}C_i(m_i). \tag{5.2.4}$$

模型的求解

所求解中, 包括连续变量标定值 $\boldsymbol{x}_0$, 也包括离散变量相对容差 m_i, 给求解带来困难, 因此采用分离方法求解. 从表 5.2.3 中可知, 7 个零件的容差共有 1×2×3×3×1×3×2=108(种)组合, 可以采用穷举法, 求出每种容差组合 $\boldsymbol{m}=(m_1,m_2,m_3,m_4,m_5,m_6,m_7)$ 下的最优解 $\boldsymbol{x}_0$ 和 P_1, 此时求 P_1 的表达式为

$$\min\ P_1(\boldsymbol{x}_0,\boldsymbol{m})=10^5[f(\boldsymbol{x}_0)-y_0]^2+\frac{10^5}{9}\sum_{i=1}^{7}(d_ix_{i0}m_i)^2\quad(a_i\leqslant x_{i0}\leqslant b_i;\ i=1,2,\cdots,7),$$

其中, a_i,b_i 是标定值的上下限.

而此种组合下的总成本为 $P=P_1+C(\boldsymbol{m})$.

再对 108 个总费用进行比较, 找出其中最小的, 其对应的 $\boldsymbol{x}_0$ 和 $\boldsymbol{m}^{(0)}$ 组合, 即所要找的解.

结果与分析

原设计的单位零件费用为 6 507.2 元.

求得最优的零件标定值和相对容差如表 5.2.4 所示.

表 5.2.4

x_1	x_2	x_3	x_4	x_5	x_6	x_7
0.075 0	0.364 3	0.125 0	0.108 9	1.276 1	15.983 4	0.632 8
m_1	m_2	m_3	m_4	m_5	m_6	m_7
5%	5%	5%	10%	10%	5%	5%

对应的单个零件的最小费用为 P =751.091 8 元.

参数分析: 为了了解各参数对最优设计方案的影响, 有必要分析各参数对优化设计方案的影响. 在求得的最优解的基础上, 有规律地变化其中某一变量值, 而保持其他参数值不变, 观察其对目标函数值的影响. 图 5.2.4、图 5.2.5 为目标函数在最优解附近对各参数的敏感程度曲线.

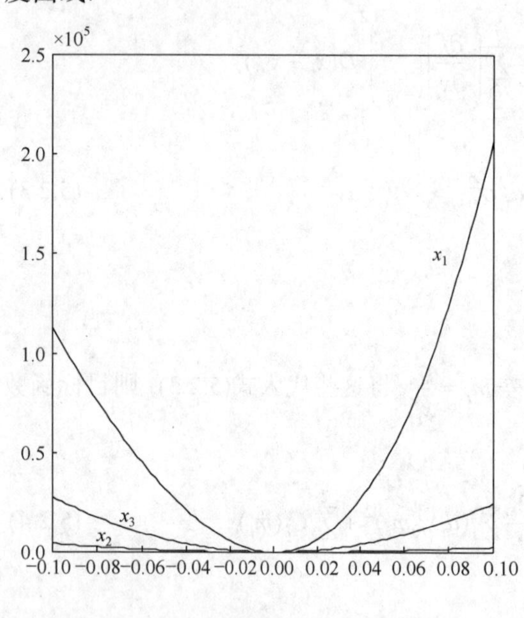

图 5.2.4

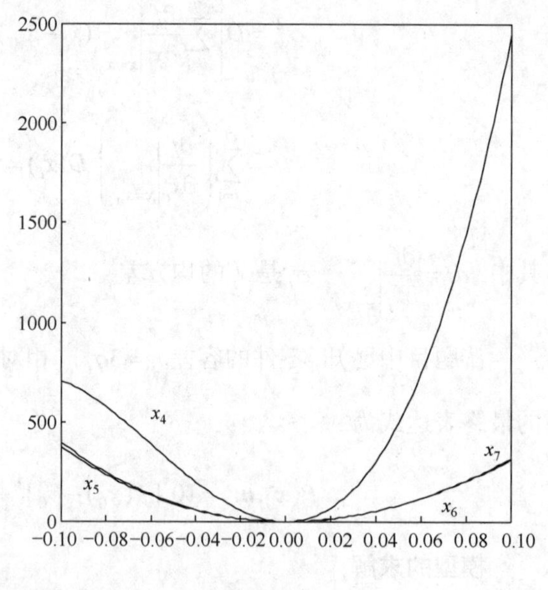

图 5.2.5

从图 5.2.4、图 5.2.5 可以看到, x_1, x_2, x_3 的变化对目标函数值的影响较大; 而 x_4, x_5, x_6, x_7 的变化对目标函数值的影响较小. 而且各参数标定值在减小和增大时对目标函数的影响也不同.

然后考虑各参数的相对容差的变化对目标函数的影响. 在最优解相对容差的基础上, 改变一个参数的相对容差, 可求得对应的一组参数标定值和单个零件的最小费用, 如表 5.2.5 所示.

表 5.2.5

相对容差	$m_2=10\%$	$m_3=1\%$	$m_4=1\%$	$m_6=1\%$	$m_7=1\%$
单个零件最小费用/元	845	858.875 3	1 186.8	808.8	808.8
相对容差		$m_3=10\%$	$m_4=5\%$	$m_6=10\%$	
单个零件最小费用/元		853.555 6	792.369 3	780.405 0	

由表 5.2.5 可以看到，m_4 的变化对目标函数值的影响最大，其次为 m_3，m_2，而 m_6，m_7 影响最小.

模型的评价

1) 优点

(1) 模型有概率理论作基础, 得到的结果将总费用从原来的 6 507.2 元/单个产品降低到 751.091 8 元/单个产品, 降幅达 88.46%,这个结果是令人十分满意的. 同时, 报告中所采用的模型对求解这一类问题有一定的通用性.

(2) 该模型对于质量损失函数的计算,采用了 y 对 y_0 的偏离会连续的影响最终产品的质量这一思路. 也可以采用如下分段函数形式:

$$F(y)=\begin{cases}0, & |y-y_0|<0.1,\\ 1000, & 0.1\leqslant|y-y_0|<0.3,\\ 9000, & |y-y_0|\geqslant 0.3.\end{cases} \tag{5.2.5}$$

若采用上述形式, 得到的结果会小些,但并不完全符合质量损失函数的两个特点,并且采用式(5.2.5)建模需要进行复杂的概率计算. 因此，采用式(5.2.1)作为表征质量损失的函数, 无论是目标函数的形式还是算法都大为简化.

(3) 在用 MATLAB 编程求解时, 先使用了符号变量的形式对公式进行运算, 再将数值代入求解非线性最优化问题的解. 这样有利于提高运算速度和计算精度.

2) 缺点

(1) 在对时间和计算复杂性综合考虑的基础上, 对 $y=f(\boldsymbol{x})$ 进行泰勒展开时, 忽略了二阶和二阶以上各项. 这样会引起一定的误差, 但是对参数标定值和容差的选取影响并不大, 不会影响所求的最优解.

(2) 从理论上讲, 非线性最优化问题是无法保证得到全局最优解的, 因此只能得到一个局部的最优解.

习　题　5

1. 生产车间应经常检查其设备的运行情况, 以便及时发现和排除故障, 保证生产的顺利运行. 接连两次检查的时间间隔称为检查周期, 设备出故障的时刻是随机的, 一旦发生故障, 假定设备将带故障运行到下一次检查时才被发现, 这会造成相当大的损失. 显然, 检查周期越长, 损失越大, 另外, 检查需要支付费用, 周期越短, 检查费越多. 试对故障出现的随机规律、损失费、检查费等作合理假设, 建立一个随机化模型, 确定使总的平均费用最小的检查周期.

2. 某商店要订购一批商品零售, 设购进价为 C_1，售出价为 C_2，订购费为 C_0 (与数量无关),

随机需求量 X 的概率密度函数为 $f(x)$，每件商品的储存费为 C_3(与时间无关). 问如何确定订购量才能使商店的平均利润最大?这个平均利润是多少?为使这个平均利润为正值, 需要对订购费 C_0 加什么限制?

3. 某大型书城欲订购一批新书出售, 为了更好地推销该书, 该书城计划制作有关该批图书的精美广告. 依据以往经验, 图书的市场潜在需求不但是随机的而且会随着广告费的增加而上升, 但总是有限的. 假设已掌握若干潜在买主的名单, 广告将首先分发给他们. 试依据需求量对广告费的随机规律作合理假设, 并由图书的购进价和售出价确定最佳的广告投入和最优的订购数量.

4. 某空调公司正打算进一批便捷式空调, 每台空调要花费 560 元, 而该公司可以以 875 元出售. 该公司不想把过剩的空调留到来年. 因此, 它会将过剩的空调以每台 350 元的价格卖给批发商. 假设该款空调的需求可以用正态分布来描述, 即 $X \sim N(20,8^2)$，试确定:

(1) 订货量以多少为宜?

(2) 该公司能够售出其订购的全部空调的概率为多少?

5. 一个很受欢迎的报摊想决定它一天应购入多少份当地的报纸. 该报纸的需求量 $X \sim N(450,100^2)$. 这种报纸的购入价为每份 1.4 元, 而售出价为每份 2 元. 这个报摊从过剩的报纸上得不到任何价值, 因而接收其 100%的损失. 试求:

(1) 每天应购入多少份报纸?

(2) 这个报摊出现断货的概率为多少?

(3) 该报摊的管理人员考虑到如果断货情况太多将会影响报摊的信誉. 顾客通常来到报摊后还要买其他物品, 而经常性的断货会令顾客跑到其他的报摊去. 该管理人员认为每次断货的信誉成本为 2 元. 试确定此时订购量以多少为宜?断货出现的概率为多少?

6. 某超市订购一种易变质的乳制品. 这种乳制品的购入价为每单位 8.33 元, 而售出价为每单位 11.55 元. 如果一天内的该乳制品有过剩, 则由供应商以每单位 7 元的价格回收. 假设该乳制品每日内的需求量 $D \sim N(150,30^2)$, 试求:

(1) 该超市每日应订购多少单位的乳制品?

(2) 该超市能完售出其所购入的乳制品的概率为多少?

(3) 在这类问题中, 为什么供应商要拟定每单位 7 元的回收价? 例如, 为什么不拟定每单位 1.75 元这样不太高的回收价?如果供应商将回收价降低, 会对超市的订货量有何种影响?

7. 有一个零售店销售一种季节性产品, 售价为每单位 70 元. 该产品的购入价格为每单位 56 元. 所有季节内没能卖出的产品将在季节末的清仓大甩卖中以零售价的一半处理. 假设对该产品的需求均匀分布在 200～800 单位.

(1) 订货量以多少为宜?

(2) 在所有货物售出后顾客还要购买的情况发生的概率为多少?

(3) 为了使顾客满意并能成为回头客, 店主认为断货应该尽可能地减少, 如果店主能够接受 0.15%的断货概率, 则订货量应以多少为宜?

(4) 根据(3)的答案, 试确定信誉成本.

8. 某公司的管理层对使用仿真方法来预测一种新产品的每台的利润很感兴趣. 而其采购费用、劳动力费用和运输费用的可能性分配见下表.

采购费用/元	概率	劳动力费用/元	概率	运输费用/元	概率
70	0.25	140	0.10	21	0.75
77	0.45	154	0.25	35	0.25
84	0.30	168	0.35		
		175	0.30		

假设这些是仅有的费用, 而每台新产品的售价是 315 元.

(1) 试提供每台产品关于基本情况、最差情况和最好情况的利润的计算.

(2) 建立随机的数字区间, 用以产生 3 个月费用组成部分.

(3) 使用随机数字 0.372 6, 0.583 9, 0.827 5 及 0.186 2, 0.746 6, 0.617 1 计算每台产品的利润.

(4) 管理层认为如果每台产品的利润不足 35 元, 则这种新产品就不能盈利. 试利用仿真预计每台产品的利润不足 35 元的概率.

9. 美国南方中心航空公司运营一个来往于亚特兰大和夏洛特之间的区间航班. 飞机承载 30 名旅客, 航空公司从搭乘航班的每名旅客身上赚取 100 美元. 如果航空公司此次航班已被预订了 30 个座席, 以往的经验表明, 一般情况下会有 2 名旅客不会出现. 其结果是, 有了 30 个预订, 但航空公司只有 28 名旅客, 其利润为 $28\times100=2\,800$ (美元/航班). 航空公司管理层要求对当有 32 个预订时, 实际搭乘的旅客的可能性分配如下表所示.

实际出现的旅客数	28	29	30	31	32
概率	0.05	0.25	0.50	0.15	0.05

如果航班的搭乘旅客为 30 名, 航空公司会在每名旅客身上赚取 100 美元. 而任何旅客拒绝乘坐航班时, 航空公司都会为此付出代价. 代价包括重新安排这名旅客的费用和信誉损失的费用, 预计每名旅客的花费为 150 美元. 试做一个工作表模型来模拟超额预订系统的实施情况, 使用 VLOOKUP 功能来模拟 500 次航班中每一次的旅客实际搭乘数, 并使用运算的结果来计算每次航班的利润值. 问:

(1) 你的模拟赞成超额预订方案吗?如果实施超额预订方案, 一般每次航班的利润是多少?

(2) 解释一下你的模拟模型如何被用于评估其他的超额预订情况, 如 31 名、33 名、34 名的情况, 并且最终建议一个最好的超额预订方案.

10. 有一场由四个项目(高低杠、平衡木、跳马、自由体操)组成的女子体操团体赛, 赛程规定: 每个队至多允许 10 名运动员参赛, 每一个项目可以有 6 名选手参加. 每个选手参赛的成绩评分从高到低依次为 10.0, 9.9, 9.8,…, 0.1, 0.0. 每个代表队的总分是参赛选手所得总分之和, 总分最多的代表队为优胜者. 此外, 规定每个运动员只能参加全能比赛(四项全参加)与单项比赛这两类中的一类, 参加单项比赛的每个运动员至多能参加三个单项. 每个队应有 4 名运动员参加全能比赛, 其余运动员参加单项比赛.

现某代表队的教练已经对其所带领的 10 名运动员参加各个项目的成绩进行了大量测试, 教练发现每个运动员在每个单项上的成绩稳定在 4 个得分上, 见下表, 她们得到这些成绩的相应概率也由统计得出(下表中波浪线后面的数据. 例如, 8.4～0.15 表示取得 8.4 分的概率为 0.15).

项目	运动员				
	1	2	3	4	5
高低杠	8.4～0.15 9.5～0.50 9.2～0.25 9.4～0.10	9.3～0.1 9.5～0.1 9.6～0.6 9.8～0.2	8.4～0.1 8.8～0.2 9.0～0.6 10.0～0.1	8.1～0.1 9.1～0.5 9.3～0.3 9.5～0.1	8.4～0.15 9.5～0.50 9.2～0.25 9.4～0.10
平衡木	8.4～0.1 8.8～0.2 9.0～0.6 10.0～0.1	8.4～0.15 9.0～0.50 9.2～0.25 9.4～0.10	8.1～0.1 9.1～0.5 9.3～0.3 9.5～0.1	8.7～0.1 8.9～0.2 9.1～0.6 9.9～0.1	9.0～0.1 9.2～0.1 9.4～0.6 9.7～0.2
跳马	9.1～0.1 9.3～0.1 9.5～0.6 9.8～0.2	8.4～0.1 8.8～0.2 9.0～0.6 10.0～0.1	8.4～0.15 9.5～0.50 9.2～0.25 9.4～0.10	9.0～0.1 9.4～0.1 9.5～0.5 9.7～0.3	8.3～0.1 8.7～0.1 8.9～0.6 9.3～0.2
自由体操	8.7～0.1 8.9～0.2 9.1～0.6 9.9～0.1	8.9～0.1 9.1～0.1 9.3～0.6 9.6～0.2	9.5～0.1 9.7～0.1 9.8～0.6 10.0～0.2	8.4～0.1 8.8～0.2 9.0～0.6 10.0～0.1	9.4～0.1 9.6～0.1 9.7～0.6 9.9～0.2

项目	运动员				
	6	7	8	9	10
高低杠	9.4～0.1 9.6～0.1 9.7～0.6 9.9～0.2	9.5～0.1 9.7～0.1 9.8～0.6 10.0～0.2	8.4～0.1 8.8～0.2 9.0～0.6 10.0～0.1	8.4～0.15 9.5～0.50 9.2～0.25 9.4～0.10	9.0～0.1 9.2～0.1 9.4～0.6 9.7～0.2
平衡木	8.7～0.1 8.9～0.2 9.1～0.6 9.9～0.1	8.4～0.1 8.8～0.2 9.0～0.6 10.0～0.1	8.8～0.05 9.2～`0.05 9.8～0.50 10.0～0.40	8.4～0.1 8.8～0.1 9.2～0.6 9.8～0.2	8.1～0.1 9.1～0.5 9.3～0.3 9.5～0.1
跳马	8.5～0.1 8.7～0.1 8.9～0.5 9.1～0.3	8.3～0.1 8.7～0.1 8.9～0.6 9.3～0.2	8.7～0.1 8.9～0.2 9.1～0.6 9.9～0.1	8.4～0.1 8.8～0.2 9.0～0.6 10.0～0.1	8.2～0.1 9.2～0.5 9.4～0.3 9.6～0.1
自由体操	8.4～0.15 9.5～0.50 9.2～0.25 9.4～0.10	8.4～0.1 8.8～0.1 9.2～0.6 9.8～0.2	8.2～0.1 9.3～0.5 9.5～0.3 9.8～0.1	9.3～0.1 9.5～0.1 9.7～0.5 9.9～0.3	9.1～0.1 9.3～0.1 9.5～0.6 9.8～0.2

试解答以下问题:

(1) 每个选手的各单项得分按最悲观估算, 在此前提下, 请为该队排出一个出场阵容, 使该队团体总分尽可能高; 每个选手的各单项得分按均值估算, 在此前提下, 请为该队排出一个出场阵容, 使该队团体总分尽可能高.

(2) 若对以往的资料及近期各种信息进行分析得到, 本次夺冠的团体总分估计为不少于236.2 分, 该队为了夺冠应排出怎样的阵容? 以该阵容出战, 其夺冠的前景如何?得分前景(即期望值)又如何? 该队有 90%的把握战胜怎样水平的对手?

第6章　数理统计的基本概念

在前面五章, 介绍了概率论的基本内容及其在数学模型中的一些应用. 概率论的研究特点是, 在随机变量的分布律或概率密度函数已知的情况下, 研究其性质、特点和规律性. 然而, 在实际问题中随机变量所服从的分布可能完全不知道, 或者知道分布类型, 但不知道分布中所含的参数. 它们都是数理统计需要解决的问题. 从本章开始, 将介绍数理统计的基本内容. 数理统计的研究特点是以概率论为理论基础, 研究如何有效地收集、整理和分析带有随机性的数据, 以对所考虑的问题做出推断或预测. 其目的就是希望认识被研究对象(随机变量)的概率特征, 如它是否服从某种分布, 它的各种数字特征是多少等, 从而为正确决策提供科学依据. 数理统计的内容大致包括两大类: 一类是试验设计与抽样调查设计, 即如何有效地收集数据; 另一类是统计推断, 即如何整理和分析数据, 并做出推论. 本书只讨论统计推断的理论与方法.

本章主要介绍数理统计的最基本概念, 其中包括总体与样本、统计量和抽样分布等.

6.1　数理统计的基本内容

6.1.1　总体和个体

在数理统计学中, 研究对象的全体称为**总体**; 把总体中的每一个基本单位称为**个体**. 例如, 在研究某批灯泡的质量时, 该批灯泡就是一个总体, 其中每一个灯泡就是一个个体.

在数理统计学中, 主要关心研究对象的某一个或某几个数值指标. 例如, 考察灯泡时, 主要关心的是灯泡寿命、亮度这两项数值指标, 而不去关心其形状、式样等特征. 当只考察灯泡寿命这项数值指标时, 一批灯泡中的每一个灯泡均有一个确定的寿命值, 因此, 自然地, 把这些灯泡寿命值的全体当作总体, 这时, 每个灯泡寿命值就是个体.

即使在相同的生产条件下生产灯泡, 受种种微小的偶然因素的影响, 它们的寿命值也不尽相同, 这说明灯泡寿命是一个随机变量, 这时, 每只灯泡的寿命值就是随机变量的可能取值, 而总体就是随机变量的所有可能取值的全体. 因而, 可以用随机变量 X 来描述总体, 简称总体 X, X 的分布函数 $F(x)$ 称为总体 X 的分布函数. 这样就把对总体的研究转化为对表示总体的随机变量 X 的研究. 这种联系也可以推广到多维. 例如, 要研究总体中个体的两个数值指标 X 和 Y, 如 X 表示灯泡的寿命, Y 表示灯泡的亮度, 可以把这两个指标所构成的二维随机向量 (X,Y) 可能取值的全体看作一个总体, (X,Y) 的联合分布函数称为总体 (X,Y) 的联合分布函数.

总体可用随机变量描述, 因而研究总体就需要研究其分布. 一般来说, 其分布是未知的, 或分布类型已知, 但其中的参数未知. 为了确定总体的分布, 可以从总体中随机地抽取一些个体(称为样本), 然后对这些个体进行观测或测试某个指标的数值. 这种随机选取一些个体进行观测或测试的过程称为随机抽样, 简称抽样.

从总体中抽取样本时, 为了使抽到的样本具有充分的代表性, 必须满足以下两个条件:

(1) 代表性, 总体的每一个个体有同等机会被抽到, 且使样本能代表总体, 即要求每个 $X_i\ (i=1,2,\cdots,n)$ 必须与总体 X 具有相同的分布;

(2) 独立性, 观测结果之间互不影响, 即要求 $X_1,X_2,\cdots,X_n$ 是相互独立的.

满足以上两个条件的抽样称为**简单随机抽样**, 得到的样本称为**简单随机样本**. 今后如无特别说明, 所说的样本皆为简单随机样本. 一般而言, 有放回抽样所得到的样本就是简单随机样本. 而对于无放回抽样, 当样本容量 n 相对于样品总数 N 很小时, 可以把所得到的样本近似地看作一个简单随机样本. 因此, 在许多情况下, 代表性和独立性可以得到满足与近似满足, 而在统计方法的研究上, 有代表性和独立性这两个条件将是十分方便的.

基于以上讨论, 给出以下定义.

定义 6.1.1　设 X 是分布函数为 $F(x)$ 的随机变量, $X_1,X_2,\cdots,X_n$ 是与 X 有同一分布函数 $F(x)$ 的、相互独立的随机变量, 则称 $X_1,X_2,\cdots,X_n$ 是来自总体 X 的一个**简单随机样本**, 简称**样本**. $X_1,X_2,\cdots,X_n$ 的观测值 $x_1,x_2,\cdots,x_n$ 称为**样本值**.

若总体 X 的分布函数是 $F(x)$, $X_1,X_2,\cdots,X_n$ 是来自总体 X 的一个样本, 则 $X_1,X_2,\cdots,X_n$ 的联合分布函数为

$$\begin{aligned}F(x_1,x_2,\cdots,x_n)&=P\{X_1\leqslant x_1,X_2\leqslant x_2,\cdots,X_n\leqslant x_n\}\\&=P\{X_1\leqslant x_1\}P\{X_2\leqslant x_2\}\cdots P\{X_n\leqslant x_n\}\\&=F(x_1)F(x_2)\cdots F(x_n)=\prod_{i=1}^{n}F(x_i).\end{aligned}$$

若总体 X 为离散型随机变量, 其分布律为 $P\{X=a_k\}=p_k\ \ (k=1,2,\cdots)$, $X_1,X_2,\cdots,X_n$ 是来自总体 X 的一个样本, 则 $X_1,X_2,\cdots,X_n$ 的联合分布律为

$$\begin{aligned}&P\{X_1=x_1,X_2=x_2,\cdots,X_n=x_n\}\\&=P\{X_1=x_1\}P\{X_2=x_2\}\cdots P\{X_n=x_n\}\\&=P\{X=x_1\}P\{X=x_2\}\cdots P\{X=x_n\}=\prod_{i=1}^{n}P\{X=x_i\},\end{aligned}$$

其中, $x_i\ \ (i=1,2,\cdots,n)$ 的取值范围为 $a_1,a_2,\cdots$.

若总体 X 为连续型随机变量, 其概率密度函数为 $f(x)$, $X_1,X_2,\cdots,X_n$ 是来自总体 X 的一个样本, 则 $X_1,X_2,\cdots,X_n$ 的联合概率密度函数为

$$f(x_1,x_2,\cdots,x_n)=f(x_1)f(x_2)\cdots f(x_n)=\prod_{i=1}^{n}f(x_i).$$

例 6.1.1　设总体 X 服从(0-1)分布, 且 $P\{X=1\}=p\ \ (0<p<1)$, 样本 $X_1,X_2,\cdots,X_n$ 来自总体 X, 求 $X_1,X_2,\cdots,X_n$ 的联合分布律.

解　因为 $P\{X=x_i\}=p^{x_i}(1-p)^{1-x_i}\ \ (i=1,2,\cdots,n)$, 所以

$$\begin{aligned}P\{X_1=x_1,X_2=x_2,\cdots,X_n=x_n\}&=P\{X=x_1\}P\{X=x_2\}\cdots P\{X=x_n\}\\&=p^{x_1}(1-p)^{1-x_1}p^{x_2}(1-p)^{1-x_2}\cdots p^{x_n}(1-p)^{1-x_n}\\&=p^{\sum\limits_{k=1}^{n}x_k}(1-p)^{n-\sum\limits_{k=1}^{n}x_k},\end{aligned}$$

其中, $x_i(i=1,2,\cdots,n)$ 只取 0, 1 两个数.

例 6.1.2　设总体 X 服从正态分布 $N(\mu,\sigma^2)$，样本 $X_1,X_2,\cdots,X_n$ 来自总体 X，求 $X_1,X_2,\cdots,X_n$ 的联合概率密度函数.

解　
$$
\begin{aligned}
f(x_1,x_2,\cdots,x_n) &= f(x_1)f(x_2)\cdots f(x_n) \\
&= \frac{1}{\sqrt{2\pi}\sigma}\mathrm{e}^{-\frac{(x_1-\mu)^2}{2\sigma^2}}\frac{1}{\sqrt{2\pi}\sigma}\mathrm{e}^{-\frac{(x_2-\mu)^2}{2\sigma^2}}\cdots\frac{1}{\sqrt{2\pi}\sigma}\mathrm{e}^{-\frac{(x_n-\mu)^2}{2\sigma^2}} \\
&= \left(\frac{1}{\sqrt{2\pi}\sigma}\right)^n \mathrm{e}^{-\frac{1}{2\sigma^2}\sum\limits_{i=1}^{n}(x_i-\mu)^2}.
\end{aligned}
$$

6.1.2　统计量

样本是总体的代表和反映，样本含有总体的信息，但较为分散，为了对总体进行推断，需要将分散在样本中有关总体的信息集中起来以反映总体的各种特征，这就需要对样本进行加工. 一种有效的方法是构造样本的函数，不同的样本函数反映总体的不同特征，这种样本函数便是统计量.

定义 6.1.2　设 $X_1,X_2,\cdots,X_n$ 是来自总体 X 的样本，若样本函数 $T=T(X_1,X_2,\cdots,X_n)$ 中不含任何未知参数，则称 T 为**统计量**.

例如，若总体 X 服从正态分布 $N(\mu,\sigma^2)$，其中 μ 为已知参数，σ^2 为未知参数，$X_1,X_2,\cdots,X_n$ 是来自总体 X 的样本，则 $\frac{1}{n}\sum\limits_{i=1}^{n}X_i$，$\max\{X_1,X_2,\cdots,X_n\}$，$\frac{1}{n}\sum\limits_{i=1}^{n}(X_i-\mu)^2$，$\frac{X_1+X_n}{2}$ 均是统计量，而 $\frac{1}{\sigma^2}\sum\limits_{i=1}^{n}X_i^2$，$\frac{1}{\sigma^2}\sum\limits_{i=1}^{n}(X_i-\mu)^2$ 都不是统计量.

在具体的统计问题中，选用什么样的统计量，要视具体情况与要求而定. 统计量的选取既要针对问题的需要，又要具有较好的性质，便于应用.

下面介绍一些常用的统计量.

(1) 样本均值，$\bar{X}=\frac{1}{n}\sum\limits_{i=1}^{n}X_i$；

(2) 样本方差，$S^2=\frac{1}{n-1}\sum\limits_{i=1}^{n}(X_i-\bar{X})^2=\frac{1}{n-1}\left(\sum\limits_{i=1}^{n}X_i^2-n\bar{X}^2\right)$；

(3) 样本标准差，$S=\sqrt{\frac{1}{n-1}\sum\limits_{i=1}^{n}(X_i-\bar{X})^2}$；

(4) 样本 k 阶(原点)矩，$A_k=\frac{1}{n}\sum\limits_{i=1}^{n}X_i^k$ ($k=1,2,\cdots$)；

(5) 样本 k 阶中心矩，$B_k=\frac{1}{n}\sum\limits_{i=1}^{n}(X_i-\bar{X})^k$ ($k=1,2,\cdots$)，样本二阶中心矩常记为

$$
S^{*2}=\frac{1}{n}\sum_{i=1}^{n}(X_i-\bar{X})^2；
$$

(6) 样本相关系数，对于二维总体 (X,Y)，为了了解 X 与 Y 的相关系数的信息，需要考虑样本相关系数

$$R=\frac{\sum_{i=1}^{n}(X_i-\overline{X})(Y_i-\overline{Y})}{\sqrt{\sum_{i=1}^{n}(X_i-\overline{X})^2\sum_{i=1}^{n}(Y_i-\overline{Y})^2}}.$$

如果将样本值代入以上统计量,那么得相应的统计值:

$$\overline{x}=\frac{1}{n}\sum_{i=1}^{n}x_i;$$

$$s^2=\frac{1}{n-1}\sum_{i=1}^{n}(x_i-\overline{x})^2=\frac{1}{n-1}\left(\sum_{i=1}^{n}x_i^2-n\overline{x}^2\right);$$

$$s=\sqrt{\frac{1}{n-1}\sum_{i=1}^{n}(x_i-\overline{x})^2};$$

$$a_k=\frac{1}{n}\sum_{i=1}^{n}x_i^k\quad(k=1,2,\cdots);$$

$$b_k=\frac{1}{n}\sum_{i=1}^{n}(x_i-\overline{x})^k\quad(k=1,2,\cdots);$$

$$r=\frac{\sum_{i=1}^{n}(x_i-\overline{x})(y_i-\overline{y})}{\sqrt{\sum_{i=1}^{n}(x_i-\overline{x})^2\sum_{i=1}^{n}(y_i-\overline{y})^2}}.$$

当样本值很复杂时,样本均值和样本方差的计算常采用以下简算公式.

令 $y_i=x_i-a$, 则

$$\overline{x}=\frac{1}{n}\sum_{i=1}^{n}x_i=\frac{1}{n}\sum_{i=1}^{n}(y_i+a)=\frac{1}{n}\sum_{i=1}^{n}y_i+a,$$

所以

$$\overline{x}=\overline{y}+a,$$

又

$$\begin{aligned}s_X^2&=\frac{1}{n-1}\sum_{i=1}^{n}(x_i-\overline{x})^2=\frac{1}{n-1}\sum_{i=1}^{n}[(y_i+a)-(\overline{y}+a)]^2\\&=\frac{1}{n-1}\sum_{i=1}^{n}(y_i-\overline{y})^2=\frac{1}{n-1}\left(\sum_{i=1}^{n}y_i^2-n\overline{y}^2\right),\end{aligned}$$

因此

$$s_X^2=s_Y^2.$$

6.1.3　统计模型

对于每一个统计问题,总是根据实际情况、经验及主观因素提出一些假设而建立模型. 一般地,可将统计模型简单区分为两大类. 若总体 X 的分布函数 $F(x)$ 的具体形式已知,但其中含有未知参数 θ (θ 可能为向量),即 $X\sim F(x;\theta)$, θ 的可能变化范围记为 Θ, 称为**参数空间**, 则称此类模型为**参数模型**. 例如, 总体 $X \sim N(\mu,\sigma^2)$, 其中 $\boldsymbol{\theta}=(\mu,\sigma^2)$ 未知, 这里

$$\boldsymbol{\Theta}=\{(\mu,\sigma^2)\mid \mu\in\mathbf{R},\sigma^2>0\},$$

这就是通常所说的单个正态总体. 另外, 若总体 X 的分布函数 $F(x)$ 的具体形式未知, 则称为**非参数模型**. 例如, 仅知总体 X 是一个连续型随机变量. 一般地, 统计模型不同, 选用的统计方法也不一样. 在本书中以讨论参数模型为主.

*6.2　经验分布函数与频率直方图

6.2.1　经验分布函数

为了对未知总体 X 有一个粗略的认识, 下面讨论用经验分布函数近似表示总体分布函数的方法.

$\forall x\in\mathbf{R}$, 设 $N_n(x)$ 表示样本值 $x_1,x_2,\cdots,x_n$ 中不大于 x 的个数, 则**经验分布函数**定义为

$$F_n(x)=\frac{N_n(x)}{n}\quad(-\infty<x<+\infty).\tag{6.2.1}$$

例如, 若总体 X 具有一组样本值, 为 2, 3, 5, 5, 则经验分布函数为

$$F_n(x)=\begin{cases}0, & x<2,\\ \dfrac{1}{4}, & 2\leqslant x<3,\\ \dfrac{1}{2}, & 3\leqslant x<5,\\ 1, & x\geqslant 5.\end{cases}$$

若将样本值按大小次序排列为 $x_1^*\leqslant x_2^*\leqslant\cdots\leqslant x_n^*$, 则经验分布函数可写成如下分段函数的形式:

$$F_n(x)=\begin{cases}0, & x<x_1^*,\\ \dfrac{k}{n}, & x_k^*\leqslant x<x_{k+1}^*,\quad k=1,2,\cdots,n-1.\\ 1, & x\geqslant x_n^*,\end{cases}\tag{6.2.2}$$

经验分布函数也称**样本分布函数**. 由于 $F_n(x)$ 就是事件 $\{X\leqslant x\}$ 发生的频率, 而 $F(x)$ 是该事件发生的概率 $P\{X\leqslant x\}$, 由伯努利大数定律知, 当 $n\to\infty$ 时, $F_n(x)$ 依概率收敛于 $F(x)$, 即 $\forall\varepsilon>0$, 有

$$\lim_{n\to\infty}P\{|F_n(x)-F(x)|<\varepsilon\}=1.\tag{6.2.3}$$

对于经验分布函数 $F_n(x)$, 格里汶科(Glivenko)证明了更深刻的结论: $\forall x\in\mathbf{R}$, 当 $n\to\infty$ 时, $F_n(x)$ 以概率 1 一致收敛于 $F(x)$, 即

$$P\{\lim_{n\to\infty}\sup_{-\infty<x<+\infty}|F_n(x)-F(x)|=0\}=1.\tag{6.2.4}$$

这就是在数理统计中可以依据样本推断总体的理论基础.

6.2.2 频率直方图

频率直方图是对连续型未知总体 X 的概率密度函数的最简单而有效的近似求法. 作直方图的步骤如下:

(1) 将总体 X 的一组样本值 $x_1,x_2,\cdots,x_n$ 按大小次序排列, 得

$$x_1^* \leqslant x_2^* \leqslant \cdots \leqslant x_n^* .$$

(2) 选取 a (略小于 x_1^*) 和 b (略大于 x_n^*), 则所有的样本值都落入区间 $(a,b]$ 中. 在 $(a,b]$ 内插入 $k-1$ 个分点

$$a=t_0<t_1<t_2<\cdots<t_{k-1}<t_k=b,$$

把 $(a,b]$ 分成 k 个小区间

$$(t_0,t_1],(t_1,t_2],\cdots,(t_{k-1},t_k],$$

$\Delta t_i=t_i-t_{i-1}$ 是第 i 个小区间的长度, 称为第 i 组**组距**. 各组组距可以相等, 也可以不等, 但每个小区间都要包含若干个样本值. 小区间的个数 k 一般可取 8～15, 太少或太多不易显示出分布特征. 另外, 分点的值 t_i 应比数据的有效数字多一位.

(3) 用唱票的办法, 数出样本值落在区间 $(t_{i-1},t_i]$ 中的频数 n_i, 并计算出频率

$$f_i=\frac{n_i}{n} \quad (i=1,2,\cdots,k).$$

(4) 在 x 轴上标出各分点, 以 $(t_{i-1},t_i]$ 为底边, 画出高度为 $f_i/\Delta t_i$ 的矩形, 便得到**频率直方图**, 其中第 i 个小矩形的面积 ΔS_i 是样本值落入区间 $(t_{i-1},t_i]$ 的频率, 是概率的近似值, 即

$$\Delta S_i=\frac{f_i}{\Delta t_i}\cdot\Delta t_i=f_i\approx\int_{t_{i-1}}^{t_i}f(x)\mathrm{d}x .$$

例 6.2.1 测量 120 个某工厂生产的一种机械零件的质量, 得到样本观测值如下(单位: g), 写出零件质量的频率分布表并作直方图.

206	216	203	208	202	206	222	213	209	219
216	203	197	208	200	209	206	208	202	203
206	213	218	207	208	202	194	203	213	211
193	213	208	208	204	206	204	206	208	209
213	203	206	207	196	201	208	207	213	208
210	208	211	211	214	220	211	203	216	221
211	209	218	214	219	211	208	221	211	218
218	190	219	211	208	199	214	207	207	214
206	217	214	201	212	213	211	212	216	206
210	216	204	221	208	209	214	214	199	204
211	201	216	211	209	208	209	202	211	207
220	205	206	216	213	206	206	207	200	198

解　因样本观测值中最小值为 190, 最大值为 222, 故取 $a=189.5, b=222.5$, 然后将区间 [189.5,222.5]等分成 11 个小区间, 其组距 $\Delta t=3$. 因此, 得到零件质量的频率分布表(表 6.2.1)和频率直方图(图 6.2.1).

表 6.2.1　频率分布表

区间	组频数 n_i	组频率 f_i	高 $h_i=f_i/\Delta t$
189.5～192.5	1	$\frac{1}{120}$	$\frac{1}{360}$
192.5～195.5	2	$\frac{2}{120}$	$\frac{2}{360}$
195.5～198.5	3	$\frac{3}{120}$	$\frac{3}{360}$
198.5～201.5	7	$\frac{7}{120}$	$\frac{7}{360}$
201.5～204.5	14	$\frac{14}{120}$	$\frac{14}{360}$
204.5～207.5	20	$\frac{20}{120}$	$\frac{20}{360}$
207.5～210.5	23	$\frac{23}{120}$	$\frac{23}{360}$
210.5～213.5	22	$\frac{22}{120}$	$\frac{22}{360}$
213.5～216.5	14	$\frac{14}{120}$	$\frac{14}{360}$
216.5～219.5	8	$\frac{8}{120}$	$\frac{8}{360}$
219.5～222.5	6	$\frac{6}{120}$	$\frac{6}{360}$
合计	120	1	

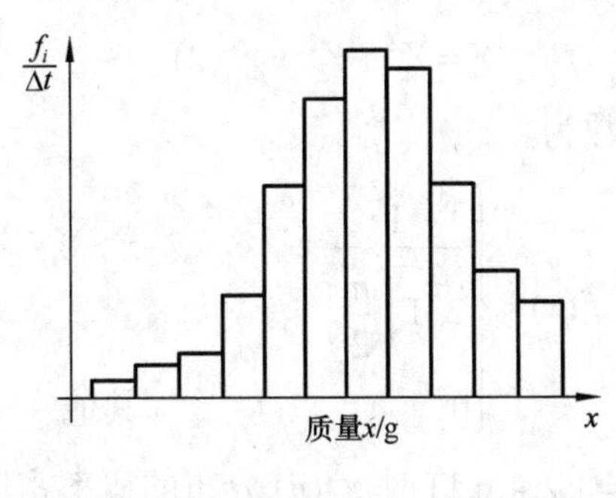

图 6.2.1

根据频率直方图可以大致画出 X 的概率密度曲线. 由于图形呈中间高、两头低的“倒钟形”, 可以粗略地认为该种零件的质量服从正态分布.

6.3 抽样分布

统计量是对总体的分布或数字特征进行统计推断的基础. 因此, 求统计量的分布是数理统计的基本问题之一. 统计量的分布也称为抽样分布.

关于抽样分布, 关心如下两类问题:

(1) 当已知总体 X 的分布类型时, 对固定的样本容量 n 推导出统计量的分布, 则称这种抽样分布为精确分布, 它在小样本问题(n 较小)中特别有用;

(2) 不对任何个别的 n 求出统计量的分布, 而只求出当 $n\to\infty$ 时统计量的极限分布, 则称这种抽样分布为极限分布, 它在大样本问题(n 较大)中很有用.

由于正态总体(即服从正态分布的总体)在数理统计中占有特别重要的地位, 下面介绍来自正态总体的几个常用统计量的分布.

6.3.1 χ^2 分布

定义 6.3.1 设 $X_1,X_2,\cdots,X_n$ 是相互独立且服从 $N(0,1)$ 的随机变量, 则称随机变量

$$\chi^2=\sum_{i=1}^{n}X_i^2$$

所服从的分布是自由度为 n 的 χ^2 **分布**, 记作 $\chi^2\sim\chi^2(n)$.

例 6.3.1 设总体 X 服从正态分布 $N(0,1)$, $X_1,X_2,\cdots,X_6$ 是来自总体 X 的一个样本, 令 $Y=\frac{1}{3}(X_1+X_2+X_3)^2+\frac{1}{3}(X_4+X_5+X_6)^2$, 求统计量 Y 的分布.

解 由于 $X_1,X_2,\cdots,X_6$ 独立同分布, 均服从 $N(0,1)$, 由正态分布的再生性知

$$(X_1+X_2+X_3)\sim N(0,3),\qquad (X_4+X_5+X_6)\sim N(0,3),$$

即

$$Y_1=\frac{X_1+X_2+X_3}{\sqrt{3}}\sim N(0,1),\qquad Y_2=\frac{X_4+X_5+X_6}{\sqrt{3}}\sim N(0,1),$$

且 Y_1,Y_2 相互独立, 由 χ^2 分布的定义知

$$Y=Y_1^2+Y_2^2\sim\chi^2(2).$$

$\chi^2(n)$ 分布的概率密度函数为

$$f(x)=\begin{cases}\dfrac{1}{2^{\frac{n}{2}}\Gamma\left(\dfrac{n}{2}\right)}x^{\frac{n}{2}-1}\mathrm{e}^{-\frac{x}{2}}, & x>0,\\ 0, & \text{其他}.\end{cases}$$

在图 6.3.1 中给出了当 $n=1,2,4,6,11$ 时 $\chi^2(n)$ 分布的概率密度曲线, 对 $\chi^2(n)$ 分布的概率密度曲线形状应有所了解.

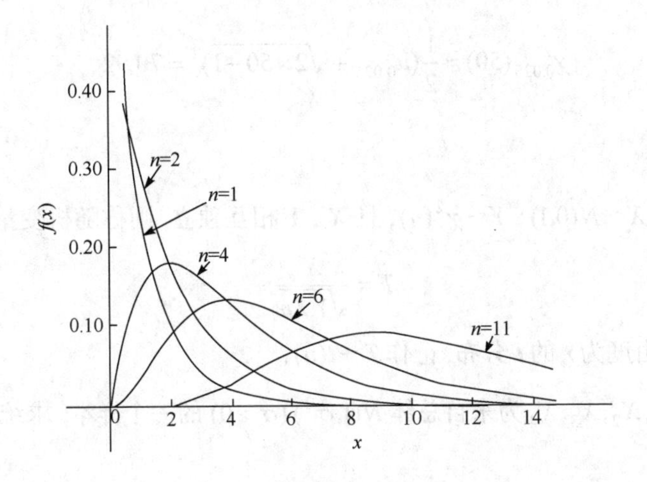

图 6.3.1

χ^2 分布具有以下性质.

(1) 再生性. 设 $\chi_1^2 \sim \chi^2(n_1)$, $\chi_2^2 \sim \chi^2(n_2)$, 且 χ_1^2, χ_2^2 相互独立, 则 $\chi_1^2 + \chi_2^2 \sim \chi^2(n_1+n_2)$.

一般地, 若 $\chi_i^2 \sim \chi^2(n_i)$ $(i=1,2,\cdots,m)$, 且 $\chi_1^2, \chi_2^2, \cdots, \chi_m^2$ 相互独立, 则

$$\sum_{i=1}^{m} \chi_i^2 \sim \chi^2\left(\sum_{i=1}^{m} n_i\right).$$

证明从略.

(2) 若 $\chi^2 \sim \chi^2(n)$, 则 $E\chi^2 = n, D\chi^2 = 2n$.

证　因为 $X_i \sim N(0,1)$, 所以 $EX_i^2 = DX_i = 1$, 且根据例 3.3.2 的结果, 得

$$DX_i^2 = EX_i^4 - \left(EX_i^2\right)^2 = 3-1=2 \quad (i=1,2,\cdots,n),$$

因此

$$E\chi^2 = E\left(\sum_{i=1}^{n} X_i^2\right) = \sum_{i=1}^{n} EX_i^2 = n,$$

$$D\chi^2 = D\left(\sum_{i=1}^{n} X_i^2\right) = \sum_{i=1}^{n} DX_i^2 = 2n.$$

χ^2 分布的分位点　对于给定正数 α $(0<\alpha<1)$, 满足

$$P\{\chi^2 > \chi_\alpha^2(n)\} = \int_{\chi_\alpha^2(n)}^{+\infty} f(x)\mathrm{d}x = \alpha$$

的数 $\chi_\alpha^2(n)$, 称为 $\chi^2(n)$ 分布的**上 α 分位点**(图 6.3.2). 查 χ^2 分布表(附表 5)可得相应的分位点. 例如, 查表可得 $\chi_{0.05}^2(25) = 37.652$, $\chi_{0.95}^2(20) = 10.851$. 由于附表 5 只列到 $n=45$, 当 $n>45$ 时, 可用近似公式

$$\chi_\alpha^2(n) \approx \frac{1}{2}(u_\alpha + \sqrt{2n-1})^2$$

求出 $\chi^2(n)$ 分布的上 α 分位点的近似值. 例如,

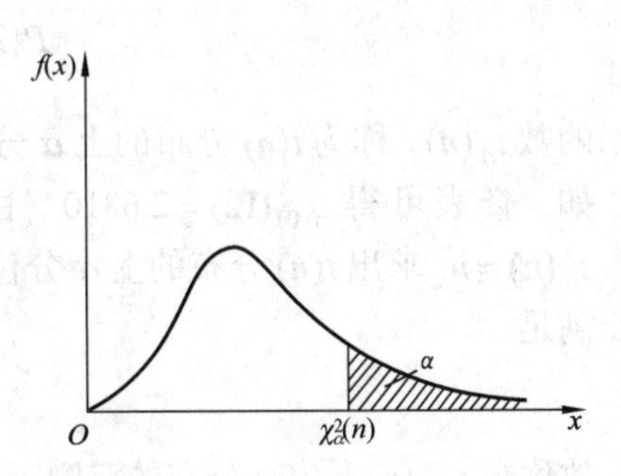

图 6.3.2

$$\chi^2_{0.025}(50) \approx \frac{1}{2}(u_{0.025} + \sqrt{2\times 50-1})^2 = 70.92 .$$

6.3.2　t 分布

定义 6.3.2　设 $X \sim N(0,1)$，$Y \sim \chi^2(n)$，且 X，Y 相互独立，则称随机变量

$$T = \frac{X}{\sqrt{Y/n}}$$

所服从的分布是自由度为 n 的 **t 分布**，记作 $T \sim t(n)$.

例 6.3.2　设 X_1, X_2, X_3, X_4 为来自总体 $N(1,\sigma^2)\ (\sigma>0)$ 的一个样本，求统计量 $\dfrac{X_1 - X_2}{|X_3 + X_4 - 2|}$ 的分布.

解　因为 $\dfrac{X_1 - X_2}{\sqrt{2}\sigma} \sim N(0,1)$，$\dfrac{X_3 + X_4 - 2}{\sqrt{2}\sigma} \sim N(0,1)$，且 $\dfrac{X_1 - X_2}{\sqrt{2}\sigma}$ 与 $\dfrac{X_3 + X_4 - 2}{\sqrt{2}\sigma}$ 独立，所以

$$\frac{X_1 - X_2}{|X_3 + X_4 - 2|} = \frac{\dfrac{X_1 - X_2}{\sqrt{2}\sigma}}{\sqrt{\left(\dfrac{X_3 + X_4 - 2}{\sqrt{2}\sigma}\right)^2}} \sim t(1) .$$

$t(n)$ 分布的概率密度函数为

$$f(x) = \frac{\Gamma\left(\dfrac{n+1}{2}\right)}{\Gamma\left(\dfrac{n}{2}\right)\sqrt{n\pi}}\left(1 + \frac{x^2}{n}\right)^{-\frac{n+1}{2}} \quad (-\infty < x < +\infty) .$$

在图 6.3.3 中给出了当 $n = 1, 10, \infty$ 时，t 分布的概率密度曲线. 对 t 分布的概率密度曲线形状应有所了解.

可以证明，t 分布的极限分布为标准正态分布 $N(0,1)$，即

$$\lim_{n\to\infty} \frac{\Gamma\left(\dfrac{n+1}{2}\right)}{\Gamma\left(\dfrac{n}{2}\right)\sqrt{n\pi}}\left(1 + \frac{x^2}{n}\right)^{-\frac{n+1}{2}} = \frac{1}{\sqrt{2\pi}}\mathrm{e}^{-\frac{x^2}{2}} \quad (-\infty < x < +\infty) .$$

t 分布的分位点　对于给定正数 $\alpha\ (0 < \alpha < 1)$，满足

$$P\{T > t_\alpha(n)\} = \int_{t_\alpha(n)}^{+\infty} f(x)\mathrm{d}x = \alpha$$

的数 $t_\alpha(n)$，称为 $t(n)$ 分布的**上 α 分位点**(图 6.3.4). 查 t 分布表(附表 4)可得相应的分位点. 例如，查表可得 $t_{0.01}(12) = 2.6810$. 由于附表 4 只列到 $n = 45$，当 $n > 45$ 时，可用近似公式 $t_\alpha(n) \approx u_\alpha$ 求出 $t(n)$ 分布的上 α 分位点的近似值. 由于对称性，有 $t_{1-\alpha}(n) = -t_\alpha(n)$. 又数 $t_{\alpha/2}(n)$ 满足

$$P\{|T| > t_{\alpha/2}(n)\} = \alpha ,$$

故称数 $t_{\alpha/2}(n)$ 是 $t(n)$ 分布的**双侧 α 分位点**.

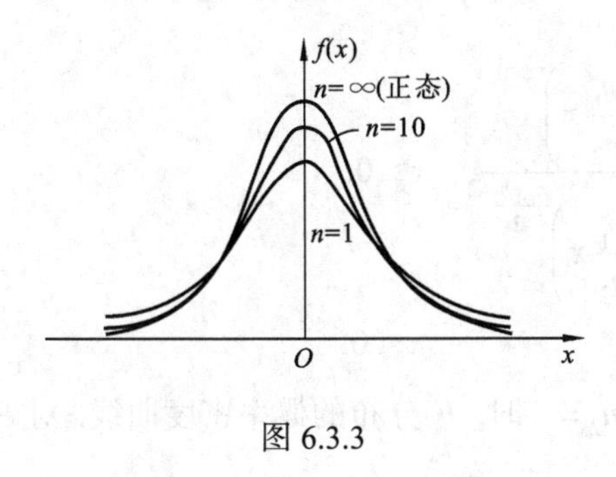

图 6.3.3

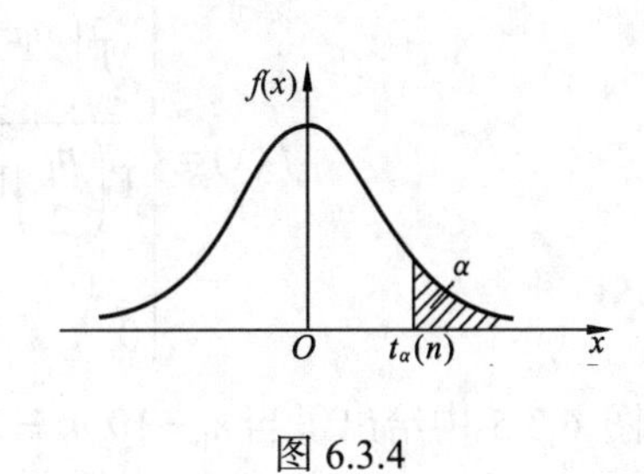

图 6.3.4

6.3.3　*F* 分布

定义 6.3.3　设 $X\sim\chi^2(n_1)$, $Y\sim\chi^2(n_2)$, 且 X, Y 相互独立, 则称随机变量

$$F=\frac{X/n_1}{Y/n_2}$$

所服从的分布是自由度为 (n_1,n_2) 的 ***F* 分布**, 其中 n_1 称为**第一自由度**, n_2 称为**第二自由度**, 记作 $F\sim F(n_1,n_2)$.

例 6.3.3　设总体 X 服从正态分布 $N(0,4)$, $X_1,X_2,\cdots,X_{15}$ 是来自总体 X 的一个样本, 求统计量

$$Y=\frac{X_1^2+X_2^2+\cdots+X_{10}^2}{2(X_{11}^2+X_{12}^2+\cdots+X_{15}^2)}$$

的分布.

解　因为 $\frac{X_i}{2}\sim N(0,1)$ $(i=1,2,\cdots,15)$, 则由 χ^2 分布的定义知,

$$\frac{1}{4}(X_1^2+X_2^2+\cdots+X_{10}^2)\sim\chi^2(10),$$

$$\frac{1}{4}(X_{11}^2+X_{12}^2+\cdots+X_{15}^2)\sim\chi^2(5),$$

且两者独立, 则由 F 分布的定义知,

$$\frac{\frac{1}{4}(X_1^2+X_2^2+\cdots+X_{10}^2)\Big/10}{\frac{1}{4}(X_{11}^2+X_{12}^2+\cdots+X_{15}^2)\Big/5}\sim F(10,5),$$

即

$$Y=\frac{X_1^2+X_2^2+\cdots+X_{10}^2}{2(X_{11}^2+X_{12}^2+\cdots+X_{15}^2)}\sim F(10,5).$$

$F(n_1,n_2)$ 分布的概率密度函数为

$$f(x)=\begin{cases}\dfrac{\Gamma\left(\dfrac{n_1+n_2}{2}\right)}{\Gamma\left(\dfrac{n_1}{2}\right)\Gamma\left(\dfrac{n_2}{2}\right)}\cdot\dfrac{\dfrac{n_1}{n_2}\left(\dfrac{n_1}{n_2}x\right)^{\frac{n_1}{2}-1}}{\left(1+\dfrac{n_1}{n_2}x\right)^{\frac{n_1+n_2}{2}}}, & x>0,\\ 0, & x\leqslant 0.\end{cases}$$

在图 6.3.5 中给出了当 $n_1=10,n_2=25$ 和 $n_1=10,n_2=5$ 时, F 分布的概率密度曲线. 对 F 分布的概率密度曲线形状应有所了解.

若 $T\sim t(n)$, 则根据 t 分布及 F 分布的定义知 $T^2\sim F(1,n)$.

若 $F\sim F(n_1,n_2)$, 则根据 F 分布的定义知 $\dfrac{1}{F}\sim F(n_2,n_1)$.

F 分布的分位点　对于给定正数 $\alpha\ (0<\alpha<1)$, 满足

$$P\{F>F_\alpha(n_1,n_2)\}=\int_{F_\alpha(n_1,n_2)}^{+\infty}f(x)\mathrm{d}x=\alpha$$

的数 $F_\alpha(n_1,n_2)$, 称为 $F(n_1,n_2)$ 分布的**上 α 分位点**(图 6.3.6). 查 F 分布表(附表 6)可得相应的分位点. 例如, 查表可得 $F_{0.05}(24,30)=1.89$. 关于 F 分布的上 α 分位点, 有如下重要性质:

$$F_{1-\alpha}(n_1,n_2)=\frac{1}{F_\alpha(n_2,n_1)}.$$

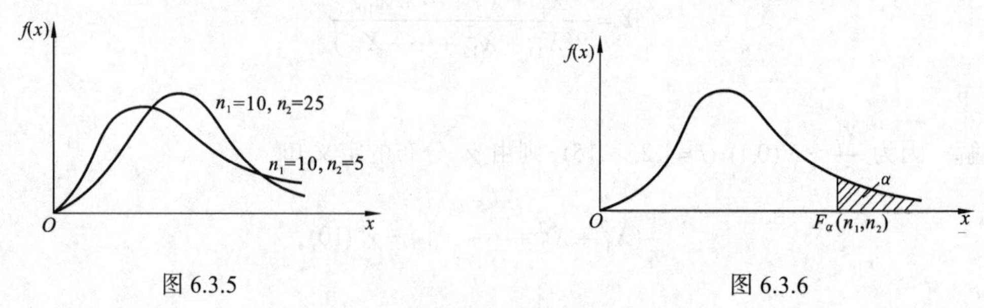

图 6.3.5　　　　　　　　　　图 6.3.6

利用上式, 可以求出 F 分布表中没有列出的上 α 分位点. 例如,

$$F_{0.95}(15,12)=\frac{1}{F_{0.05}(12,15)}=\frac{1}{2.48}=0.403.$$

6.3.4　抽样分布定理

定理 6.3.1　设 $X_1,X_2,\cdots,X_n$ 是来自总体 X 的样本, 若 $EX=\mu$, $DX=\sigma^2$, 则

(1) $E\overline{X}=\mu$;

(2) $D\overline{X}=\dfrac{\sigma^2}{n}$;

(3) $ES^2=\sigma^2$.

证　(1) $E\overline{X}=E\left(\dfrac{1}{n}\sum\limits_{i=1}^{n}X_i\right)=\dfrac{1}{n}\sum\limits_{i=1}^{n}EX_i=\dfrac{1}{n}\sum\limits_{i=1}^{n}\mu=\mu$;

(2) $D\bar{X}=D\left(\frac{1}{n}\sum_{i=1}^{n}X_i\right)=\frac{1}{n^2}\sum_{i=1}^{n}DX_i=\frac{1}{n^2}\sum_{i=1}^{n}\sigma^2=\frac{\sigma^2}{n}$;

(3) $ES^2=E\left[\frac{1}{n-1}\left(\sum_{i=1}^{n}X_i^2-n\bar{X}^2\right)\right]=\frac{1}{n-1}\left(\sum_{i=1}^{n}EX_i^2-nE\bar{X}^2\right)$

$$=\frac{1}{n-1}\left\{\sum_{i=1}^{n}[DX_i+(EX_i)^2]-n[D\bar{X}+(E\bar{X})^2]\right\}$$

$$=\frac{1}{n-1}\left[\sum_{i=1}^{n}(\sigma^2+\mu^2)-n\left(\frac{\sigma^2}{n}+\mu^2\right)\right]=\sigma^2.$$

定理 6.3.1 表明, 只要总体 X 存在期望 $EX=\mu$ 与方差 $DX=\sigma^2$, 那么, 对于来自总体 X 的样本 $X_1,X_2,\cdots,X_n$, 无论 X 服从什么分布, 都有

$$E\bar{X}=\mu,\qquad D\bar{X}=\frac{\sigma^2}{n},\qquad ES^2=\sigma^2.$$

下面来介绍正态总体的抽样分布定理.

定理 6.3.2　设 $X_1,X_2,\cdots,X_n$ 是来自正态总体 $N(\mu,\sigma^2)$ 的一个样本, 则

(1) $\frac{\bar{X}-\mu}{\sigma/\sqrt{n}}\sim N(0,1)$;

(2) $\frac{(n-1)S^2}{\sigma^2}=\frac{nS^{*2}}{\sigma^2}\sim\chi^2(n-1)$;

(3) $\bar{X}$ 与 S^2 相互独立, 且 $\frac{\bar{X}-\mu}{S/\sqrt{n}}\sim t(n-1)$;

(4) $\frac{1}{\sigma^2}\sum_{i=1}^{n}(X_i-\mu)^2\sim\chi^2(n)$.

证　(1) 由正态分布的再生性知, $\bar{X}\sim N(E\bar{X},D\bar{X})$, 由定理 6.3.1 知, $E\bar{X}=EX=\mu$, $D\bar{X}=\frac{DX}{n}=\frac{\sigma^2}{n}$, 故 $\bar{X}\sim N\left(\mu,\frac{\sigma^2}{n}\right)$, 所以 $\frac{\bar{X}-\mu}{\sigma/\sqrt{n}}\sim N(0,1)$.

(2) 证明过程超过本课程范围, 从略;

(3) $\bar{X}$, S^2 独立的证明超过本课程范围, 从略. 下面证明 $\frac{\bar{X}-\mu}{S/\sqrt{n}}\sim t(n-1)$.

因为 $\frac{\bar{X}-\mu}{\sigma/\sqrt{n}}\sim N(0,1)$, $\frac{(n-1)S^2}{\sigma^2}\sim\chi^2(n-1)$, 且 $\frac{\bar{X}-\mu}{\sigma/\sqrt{n}}$ 与 $\frac{(n-1)S^2}{\sigma^2}$ 相互独立, 所以

$$\frac{\bar{X}-\mu}{S/\sqrt{n}}=\frac{\dfrac{\bar{X}-\mu}{\sigma/\sqrt{n}}}{\sqrt{\dfrac{(n-1)S^2}{\sigma^2}\Big/(n-1)}}\sim t(n-1).$$

(4) 因为 $\frac{X_i-\mu}{\sigma}\sim N(0,1)\ (i=1,2,\cdots,n)$, 且 $\frac{X_1-\mu}{\sigma},\frac{X_2-\mu}{\sigma},\cdots,\frac{X_n-\mu}{\sigma}$ 相互独立, 所以

$$\frac{1}{\sigma^2}\sum_{i=1}^{n}(X_i-\mu)^2\sim\chi^2(n).$$

定理 6.3.3　设 $X_1,X_2,\cdots,X_m$ 和 $Y_1,Y_2,\cdots,Y_n$ 是分别来自正态总体 $N(\mu_1,\sigma_1^2)$ 和 $N(\mu_2,\sigma_2^2)$ 的样本, 且 $(X_1,X_2,\cdots,X_m)$ 与 $(Y_1,Y_2,\cdots,Y_n)$ 相互独立, 则

(1) $\dfrac{(\overline{X}-\overline{Y})-(\mu_1-\mu_2)}{\sqrt{\dfrac{\sigma_1^2}{m}+\dfrac{\sigma_2^2}{n}}}\sim N(0,1)$;

(2) $\dfrac{S_1^2/\sigma_1^2}{S_2^2/\sigma_2^2}\sim F(m-1,n-1)$;

(3) 当 $\sigma_1^2=\sigma_2^2=\sigma^2$ 时, $\dfrac{(\overline{X}-\overline{Y})-(\mu_1-\mu_2)}{S_{\mathrm{w}}\sqrt{\dfrac{1}{m}+\dfrac{1}{n}}}\sim t(m+n-2)$;

(4) $\dfrac{n\sigma_2^2\sum\limits_{i=1}^{m}(X_i-\mu_1)^2}{m\sigma_1^2\sum\limits_{j=1}^{n}(Y_j-\mu_2)^2}\sim F(m,n)$,

其中, $\overline{X}$ 和 S_1^2 分别是 $X_1,X_2,\cdots,X_m$ 的样本均值与样本方差, $\overline{Y}$ 和 S_2^2 分别是 $Y_1,Y_2,\cdots,Y_n$ 的样本均值与样本方差, 且

$$S_{\mathrm{w}}^2=\frac{(m-1)S_1^2+(n-1)S_2^2}{m+n-2},\qquad S_{\mathrm{w}}=\sqrt{S_{\mathrm{w}}^2}.$$

证　(1) 由正态分布的再生性知, $\overline{X}-\overline{Y}\sim N(E(\overline{X}-\overline{Y}),D(\overline{X}-\overline{Y}))$, 由定理 6.3.1 知,

$$E(\overline{X}-\overline{Y})=EX-EY=\mu_1-\mu_2,\qquad D(\overline{X}-\overline{Y})=\frac{DX}{m}+\frac{DY}{n}=\frac{\sigma_1^2}{m}+\frac{\sigma_2^2}{n},$$

故 $\overline{X}-\overline{Y}\sim N\left(\mu_1-\mu_2,\dfrac{\sigma_1^2}{m}+\dfrac{\sigma_2^2}{n}\right)$, 所以

$$\frac{(\overline{X}-\overline{Y})-(\mu_1-\mu_2)}{\sqrt{\dfrac{\sigma_1^2}{m}+\dfrac{\sigma_2^2}{n}}}\sim N(0,1).$$

(2) 因为 $\dfrac{(m-1)S_1^2}{\sigma_1^2}\sim\chi^2(m-1)$, $\dfrac{(n-1)S_2^2}{\sigma_2^2}\sim\chi^2(n-1)$, 且 $\dfrac{(m-1)S_1^2}{\sigma_1^2}$ 与 $\dfrac{(n-1)S_2^2}{\sigma_2^2}$ 相互独立,

所以
$$\frac{S_1^2/\sigma_1^2}{S_2^2/\sigma_2^2}=\frac{\dfrac{(m-1)S_1^2}{\sigma_1^2}\Big/(m-1)}{\dfrac{(n-1)S_2^2}{\sigma_2^2}\Big/(n-1)}\sim F(m-1,n-1).$$

(3) 因为 $\dfrac{(\overline{X}-\overline{Y})-(\mu_1-\mu_2)}{\sigma\sqrt{\dfrac{1}{m}+\dfrac{1}{n}}}\sim N(0,1)$, $\dfrac{(m-1)S_1^2+(n-1)S_2^2}{\sigma^2}\sim\chi^2(m+n-2)$,

且 $\dfrac{(\overline{X}-\overline{Y})-(\mu_1-\mu_2)}{\sigma\sqrt{\dfrac{1}{m}+\dfrac{1}{n}}}$ 与 $\dfrac{(m-1)S_1^2+(n-1)S_2^2}{\sigma^2}$ 相互独立, 所以

$$\frac{(\bar{X}-\bar{Y})-(\mu_1-\mu_2)}{S_{\mathrm{W}}\sqrt{\dfrac{1}{m}+\dfrac{1}{n}}}=\frac{\dfrac{(\bar{X}-\bar{Y})-(\mu_1-\mu_2)}{\sigma\sqrt{\dfrac{1}{m}+\dfrac{1}{n}}}}{\sqrt{\dfrac{(m-1)S_1^2+(n-1)S_2^2}{\sigma^2}\Big/(m+n-2)}}\sim t(m+n-2).$$

(4) 因为 $\dfrac{X_i-\mu_1}{\sigma_1}\sim N(0,1)$ $(i=1,2,\cdots,m)$, 且 $\dfrac{X_1-\mu_1}{\sigma_1},\dfrac{X_2-\mu_1}{\sigma_1},\cdots,\dfrac{X_m-\mu_1}{\sigma_1}$ 相互独立, 所以 $\dfrac{1}{\sigma_1^2}\sum\limits_{i=1}^{m}(X_i-\mu_1)^2\sim\chi^2(m)$. 同理, $\dfrac{1}{\sigma_2^2}\sum\limits_{j=1}^{n}(Y_j-\mu_2)^2\sim\chi^2(n)$.

又因为 $\dfrac{1}{\sigma_1^2}\sum\limits_{i=1}^{m}(X_i-\mu_1)^2$ 与 $\dfrac{1}{\sigma_2^2}\sum\limits_{j=1}^{n}(Y_j-\mu_2)^2$ 相互独立, 所以

$$\frac{n\sigma_2^2\sum\limits_{i=1}^{m}(X_i-\mu_1)^2}{m\sigma_1^2\sum\limits_{j=1}^{n}(Y_j-\mu_2)^2}=\frac{\dfrac{1}{\sigma_1^2}\sum\limits_{i=1}^{m}(X_i-\mu_1)^2\Big/m}{\dfrac{1}{\sigma_2^2}\sum\limits_{j=1}^{n}(Y_j-\mu_2)^2\Big/n}\sim F(m,n).$$

例 6.3.4　设总体 $X\sim B(m,\theta)$, $X_1,X_2,\cdots,X_n$ 为来自该总体的简单随机样本, 则 $E\left[\sum\limits_{i=1}^{n}(X_i-\bar{X})^2\right]=($　　$)$.

A. $(m-1)n\theta(1-\theta)$　　B. $m(n-1)\theta(1-\theta)$

C. $(m-1)(n-1)\theta(1-\theta)$　　D. $mn\theta(1-\theta)$

解　因为

$$\begin{aligned}E\left[\sum_{i=1}^{n}(X_i-\bar{X})^2\right]&=E[(n-1)S^2]=(n-1)ES^2\\&=(n-1)DX=(n-1)m\theta(1-\theta),\end{aligned}$$

所以选 B.

例 6.3.5　设 $X_1,X_2,\cdots,X_n$ $(n\geqslant 2)$ 为来自总体 $N(\mu,1)$ 的简单随机样本, 记 $\bar{X}=\dfrac{1}{n}\sum\limits_{i=1}^{n}X_i$, 则下列结论中不正确的是(　　).

A. $\sum\limits_{i=1}^{n}(X_i-\mu)^2$ 服从 χ^2 分布　　B. $2(X_n-X_1)^2$ 服从 χ^2 分布

C. $\sum\limits_{i=1}^{n}(X_i-\bar{X})^2$ 服从 χ^2 分布　　D. $n(\bar{X}-\mu)^2$ 服从 χ^2 分布

解　因为 $\dfrac{X_n-X_1}{\sqrt{2}}\sim N(0,1)$, 所以 $\dfrac{1}{2}(X_n-X_1)^2\sim\chi^2(1)$, 故选 B.

例 6.3.6　设 $X\sim N(\mu,\sigma^2)$, 抽取简单随机样本 $X_1,X_2,\cdots,X_{2n}$ $(n\geqslant 2)$, 样本均值 $\bar{X}=\dfrac{1}{2n}\sum\limits_{i=1}^{2n}X_i$, $Y=\sum\limits_{i=1}^{n}(X_i+X_{n+i}-2\bar{X})^2$, 求 EY.

方法 1: 将 $X_1+X_{n+1},X_2+X_{n+2},\cdots,X_n+X_{2n}$ 视为来自总体 $N(2\mu,2\sigma^2)$ 的简单随机样本,

则其样本均值为$\frac{1}{n}\sum_{i=1}^{n}(X_i+X_{n+i})=\frac{1}{n}\sum_{i=1}^{2n}X_i=2\bar{X}$, 样本方差为$\frac{1}{n-1}Y$, 所以

$$EY=(n-1)E\left(\frac{1}{n-1}Y\right)=(n-1)\cdot 2\sigma^2=2(n-1)\sigma^2.$$

方法 2: $EY=E\left[\sum_{i=1}^{n}(X_i+X_{n+i}-2\bar{X})^2\right]$

$$=E\left[\sum_{i=1}^{n}(X_i^2+X_{n+i}^2+4\bar{X}^2+2X_iX_{n+i}-4X_i\bar{X}-4X_{n+i}\bar{X})\right]$$

$$=\sum_{i=1}^{n}\left(\sigma^2+\mu^2+\sigma^2+\mu^2+\frac{2\sigma^2}{n}+4\mu^2+2\mu^2\right)-4E\left[\sum_{i=1}^{n}(X_i+X_{n+i})\bar{X}\right]$$

$$=2(n+1)\sigma^2+8n\mu^2-4E(2n\bar{X}^2)$$

$$=2(n+1)\sigma^2+8n\mu^2-8n\left(\frac{\sigma^2}{2n}+\mu^2\right)=2(n-1)\sigma^2.$$

例 6.3.7 设$X_1,X_2,\cdots,X_n$是总体$N(0,1)$的简单随机样本, $\bar{X},S^2$分别为样本均值和样本方差, 令$T=\bar{X}^2-\frac{1}{n}S^2$, 求$DT$.

分析 利用方差计算公式$DT=ET^2-(ET)^2$求解的难点在于要求ET^2. 利用抽样分布定理 6.3.2 可较轻松地计算出DT.

解 因为$\frac{\bar{X}}{1/\sqrt{n}}\sim N(0,1)$, 所以$\frac{\bar{X}^2}{1/n}\sim\chi^2(1)$, 于是

$$D\bar{X}^2=D\left(\frac{1}{n}\cdot\frac{\bar{X}^2}{1/n}\right)=\frac{1}{n^2}D\left(\frac{\bar{X}^2}{1/n}\right)=\frac{2}{n^2},$$

又因为$\frac{(n-1)S^2}{\sigma^2}=(n-1)S^2\sim\chi^2(n-1)$, 所以

$$DS^2=D\left[\frac{1}{n-1}\cdot(n-1)S^2\right]=\frac{1}{(n-1)^2}D[(n-1)S^2]=\frac{2(n-1)}{(n-1)^2}=\frac{2}{n-1},$$

又$\bar{X},S^2$相互独立, 故

$$DT=D\left(\bar{X}^2-\frac{1}{n}S^2\right)=D\bar{X}^2+\frac{1}{n^2}DS^2$$

$$=\frac{2}{n^2}+\frac{2}{n^2(n-1)}=\frac{2}{n(n-1)}.$$

例 6.3.8 设$X_1,X_2,\cdots,X_n$是来自正态总体$N(\mu,\sigma^2)$的一个样本, $\bar{X}$和S^2分别表示样本均值和样本方差. 又设$X_{n+1}\sim N(\mu,\sigma^2)$, 且$X_{n+1}$与$(X_1,X_2,\cdots,X_n)$独立. 试问统计量$\frac{X_{n+1}-\bar{X}}{S}\sqrt{\frac{n}{n+1}}$服从什么分布? 并说明理由.

解 由于X_{n+1}与$\bar{X}$独立, $\bar{X}\sim N\left(\mu,\frac{\sigma^2}{n}\right)$, 由正态分布的再生性, 有

$$X_{n+1}-\bar{X}\sim N\left(0,\left(1+\frac{1}{n}\right)\sigma^2\right),$$

从而

$$\frac{X_{n+1}-\bar{X}}{\sqrt{\frac{n+1}{n}\sigma^2}}\sim N(0,1),$$

因为 $\frac{(n-1)S^2}{\sigma^2}\sim\chi^2(n-1)$, 且它与 $X_{n+1}-\bar{X}$ 独立, 于是, 由 t 分布的定义知

$$\frac{\frac{X_{n+1}-\bar{X}}{\sqrt{\frac{n+1}{n}\sigma^2}}}{\sqrt{\frac{(n-1)S^2}{\sigma^2}\Big/(n-1)}}\sim t(n-1),$$

即

$$\frac{X_{n+1}-\bar{X}}{S}\sqrt{\frac{n}{n+1}}\sim t(n-1).$$

例 6.3.9　设两相互独立的总体 $X\sim N(\mu_1,100), Y\sim N(\mu_2,64)$, 其中 μ_1,μ_2 未知, $X_1,X_2,\cdots,X_{21}$ 和 $Y_1,Y_2,\cdots,Y_{16}$ 分别是来自 X 和 Y 的样本, 求两样本方差之比落入区间 $[0.71,3]$ 的概率.

解　因为 $\frac{S_1^2/100}{S_2^2/64}\sim F(20,15), \frac{S_2^2/64}{S_1^2/100}\sim F(15,20)$, 所以

$$\begin{aligned}P\left\{0.71\leqslant\frac{S_1^2}{S_2^2}\leqslant 3\right\}&=P\left\{0.4544\leqslant\frac{S_1^2/100}{S_2^2/64}\leqslant 1.92\right\}\\&=P\left\{\frac{S_1^2/100}{S_2^2/64}\leqslant 1.92\right\}-P\left\{\frac{S_1^2/100}{S_2^2/64}<0.4544\right\}\\&=1-P\left\{\frac{S_1^2/100}{S_2^2/64}>1.92\right\}-P\left\{\frac{S_2^2/64}{S_1^2/100}\geqslant 2.2\right\},\end{aligned}$$

查 F 分布表知 $F_{0.1}(20,15)=1.92, F_{0.05}(15,20)=2.2$, 故

$$P\left\{0.71\leqslant\frac{S_1^2}{S_2^2}\leqslant 3\right\}=1-0.1-0.05=0.85.$$

习　题　6

1. 样本 X_1,X_2,X_3,X_4 取自正态分布总体 X, $EX=\mu$ 为已知, 而 $DX=\sigma^2$ 未知, 则不能作为统计量的是(　　).

A. $\frac{1}{4}\sum_{i=1}^{4}X_i$　　　　B. $X_1+X_4-2\mu$

C. $\frac{1}{\sigma^2}\sum_{i=1}^{4}(X_i-\bar{X})^2$　　　　D. $\frac{1}{3}\sum_{i=1}^{4}(X_i-\bar{X})^2$

2. 设容量 $n=10$ 的样本的观察值为 $8,7,6,5,9,8,7,5,9,6$，求样本均值和样本方差的观察值.

3. 设总体 X 服从 (0-1) 分布，$X\sim\begin{pmatrix}0 & 1\\ 1-p & p\end{pmatrix}(0<p<1)$，$X_1,X_2,\cdots,X_n$ 是取自总体 X 的样本，$\bar{X}$ 为其均值，试求 $P\left\{\bar{X}=\frac{k}{n}\right\}$.

4. 设总体 $X\sim N(\mu,\sigma^2)$，$X_1,X_2,\cdots,X_n$ 是来自总体 X 的一个样本，试求常数 k，使

$$P\left\{\left|\frac{X_i-\bar{X}}{\sigma/n}\right|<k\sqrt{n(n-1)}\right\}=0.95$$

成立，其中 i 为 $1,2,\cdots,n$ 中的某个数.

5. 设随机变量 $X\sim N(0,1)$，$Y\sim N(0,1)$，则(　　).

A. $X+Y$ 服从正态分布　　　　B. X^2 和 Y^2 服从 χ^2 分布

C. X^2+Y^2 服从 χ^2 分布　　　　D. $\frac{X^2}{Y^2}$ 服从 F 分布

6. 设 X_1,X_2,X_3,X_4 是来自总体 $N(0,2^2)$ 的样本，已知 $X=a(X_1+2X_2)^2+b(3X_3+4X_4)^2$ 服从 χ^2 分布，试求 a,b.

7. 设 $X_1,X_2,\cdots,X_9$ 是来自分布为 $N(0,2^2)$ 的正态总体的一个样本，求系数 a,b,c，使

$$X=a(X_1+X_2)^2+b(X_3+X_4+X_5)^2+c(X_6+X_7+X_8+X_9)^2$$

服从 χ^2 分布，并求其自由度.

8. 设总体 $X\sim N(0,0.3^2)$，$X_1,X_2,\cdots,X_{10}$ 是 X 的容量为 10 的样本，求

$$P\left\{\sum_{i=1}^{10}X_i^2>1.44\right\}.$$

9. 设随机变量 X 和 Y 相互独立，且都服从 $N(0,16)$，而 $X_1,X_2,\cdots,X_{16}$ 和 $Y_1,Y_2,\cdots,Y_{16}$ 是分别来自总体 X 和 Y 的样本，则统计量 $V=\frac{\sum_{i=1}^{16}X_i}{\sqrt{\sum_{i=1}^{16}Y_i^2}}$ 服从什么分布?

10. 若 $T\sim t(n)$，问 T^2 服从什么分布?

11. 设随机变量 $X\sim t(n),Y\sim F(1,n)$，给定 $\alpha\,(0<\alpha<0.5)$，常数 c 满足 $P\{X>c\}=\alpha$，则 $P\{Y>c^2\}=($　　$)$.

A. α　　B. $1-\alpha$　　C. 2α　　D. $1-2\alpha$

12. 总体 $X\sim N(0,\sigma^2)$，$X_1,X_2,\cdots,X_n$ 为 X 的样本，求统计量

$$Y=\frac{\left(\frac{n}{5}-1\right)\sum_{i=1}^{5}X_i^2}{\sum_{i=6}^{n}X_i^2}\quad(n>5)$$

所服从的分布.

13. 设总体 $X\sim P(\lambda)(\lambda>0)$，$X_1,X_2,\cdots,X_n\,(n\geqslant 2)$ 为来自总体 X 的样本，记 $T_1=\frac{1}{n}\sum_{i=1}^{n}X_i,T_2=\frac{1}{n-1}\sum_{i=1}^{n-1}X_i+\frac{X_n}{n}$, 则(　　).

A. $ET_1>ET_2,DT_1>DT_2$　　B. $ET_1>ET_2,DT_1<DT_2$

C. $ET_1<ET_2,DT_1>DT_2$　　D. $ET_1<ET_2,DT_1<DT_2$

14. 设 $X\sim N\left(1,2^2\right)$，$X_1,X_2,\cdots,X_{100}$ 是来自 X 的样本，$\bar{X}$ 为样本均值，已知 $Y=a\left(\bar{X}+b\right)^2\sim\chi^2(1)$, 试求 a,b.

15. 设总体 $X\sim N\left(\mu,\sigma^2\right)$, $X_1,X_2,\cdots,X_{10}$ 是取自总体 X 的一个样本, 设样本均值与总体均值的差的绝对值在 4 以上的可能性为 2%, 试求总体的标准差.

16. 从正态总体 $N(3.4,6^2)$ 中抽取容量为 n 的样本, 如果要求其样本均值位于区间 (1.4,5.4) 内的概率不小于 0.95, 问样本容量 n 至少应取多大?

17. 设 $X\sim N\left(\mu,\sigma^2\right)$, $\bar{X}$, S^2 分别是容量为 n 的样本均值和样本方差, 则 $\sum_{i=1}^{n}\left(\frac{X_i-\bar{X}}{\sigma}\right)^2$ 服从什么分布?

18. 设 $X_1,X_2,\cdots,X_n$ 是来自 $N\left(\mu,\sigma^2\right)$ 的样本, 则 $\frac{\bar{X}-\mu}{\sqrt{\frac{1}{n(n-1)}\sum_{i=1}^{n}(X_i-\bar{X})^2}}$ 服从什么分布?

19. 设总体 $X\sim N\left(\mu,4^2\right)$, $X_1,X_2,\cdots,X_{10}$ 是来自总体 X 的一个样本, S^2 为样本方差, 已知 $P\left\{S^2>a\right\}=0.1$, 求 a.

20. 设 $X_1,X_2,\cdots,X_n$ 是来自 $N\left(\mu,\sigma^2\right)$ 的一个样本，$\bar{X}=\frac{1}{n}\sum_{i=1}^{n}X_i$，$S_1^2=\sum_{i=1}^{n}(X_i-\mu)^2$，$S_2^2=\sum_{i=1}^{n}(X_i-\bar{X})^2$, 试求 $ES_1^2,DS_1^2,ES_2^2,DS_2^2$.

21. 设总体 X 和 Y 相互独立且都服从正态分布 $N\left(\mu,\sigma^2\right)$, 在 X 与 Y 中各抽取容量为 n 的一个样本, 其均值分别为 $\bar{X}$ 与 $\bar{Y}$, 如果 $P\left\{\left|\bar{X}-\bar{Y}\right|>\sigma\right\}\geqslant 0.01$, 问样本容量 n 最多是多少?

22. 分别从方差为 20 和 35 的正态总体中抽取容量为 8 与 10 的两个独立样本, 求第一个样本方差不小于第二个样本方差两倍的概率范围.

第7章　参数估计

总体的特征是通过其分布来刻画的, 根据以往的经验及对问题本身的了解, 有时可认为总体分布的形式是已知的, 但分布中含有未知参数, 需要通过样本来估计, 这就是参数估计问题. 参数估计问题是统计推断的基本问题之一. 若分布的形式未知, 通过样本直接估计分布的形式, 则属于非参数统计的范畴. 本章只介绍参数估计的两种方法: 点估计和区间估计.

7.1　点估计方法

在总体分布类型已知, 但它的一个或几个参数为未知时, 根据总体的一个样本来估计参数的真值的问题称为参数的**点估计**问题.

点估计问题的一般提法如下: 设总体 X 的分布函数为 $F(x,\theta)$, θ 为待估计参数(若待估计参数有 k 个, 就认为参数为向量 $\boldsymbol{\theta}=(\theta_1,\theta_2,\cdots,\theta_k)$), $X_1,X_2,\cdots,X_n$ 是来自总体 X 的一个样本, $x_1,x_2,\cdots,x_n$ 是一组样本观测值, 于是构造样本的一个函数(统计量) $\hat{\theta}(X_1,X_2,\cdots,X_n)$, 利用其观测值 $\hat{\theta}(x_1,x_2,\cdots,x_n)$ 来估计参数 θ 的真值. 这时称统计量 $\hat{\theta}(X_1,X_2,\cdots,X_n)$ 为**估计量**, 称 $\hat{\theta}(x_1,x_2,\cdots,x_n)$ 为**估计值**. 今后, 在不至于引起混淆的情况下, 不区别估计量 $\hat{\theta}(X_1,X_2,\cdots,X_n)$ 和估计值 $\hat{\theta}(x_1,x_2,\cdots,x_n)$, 将它们统称为**估计**, 均记为 $\hat{\theta}$. θ 的可能取值范围称为**参数空间**, 记为 Θ. 有时还要估计参数的某个函数 $g(\theta)$ (或 $g(\theta_1,\theta_2,\cdots,\theta_k)$), 估计量记为 $\hat{g}(X_1,X_2,\cdots,X_n)$, 估计值记为 $\hat{g}(x_1,x_2,\cdots,x_n)$.

注意到, 估计量是取定的函数, 而估计值因样本观测值的不同而变化.

构造估计量的方法很多, 本书只介绍其中常用的两种: 矩估计法与最大似然估计法.

7.1.1　矩估计法

矩估计法是一种古老的统计方法, 由英国统计学家皮尔逊(K. Pearson)于 1894 年提出, 这一方法简单而且直观. 对于连续型总体 X, 若它的前 k 阶原点矩存在, 则

$$\mu_m(\theta_1,\theta_2,\cdots,\theta_k)=E(X^m)=\int_{-\infty}^{+\infty}x^m f(x;\theta_1,\theta_2,\cdots,\theta_k)\mathrm{d}x \quad (m=1,2,\cdots,k);$$

若 X 为离散型总体, 则

$$\mu_m(\theta_1,\theta_2,\cdots,\theta_k)=E(X^m)=\sum_{i=1}^{\infty}x_i^m P\{X=x_i\} \quad (m=1,2,\cdots,k),$$

对于样本 $X_1,X_2,\cdots,X_n$, 其 m 阶样本原点矩为

$$A_m=\frac{1}{n}\sum_{i=1}^{n}X_i^m,$$

因为

$$EA_m = E\left(\frac{1}{n}\sum_{i=1}^{n} X_i^m\right) = \frac{1}{n}\sum_{i=1}^{n} E(X_i^m) = E(X^m) = \mu_m,$$

即 A_m 的均值为 μ_m, 所以用 m 阶样本矩作为 m 阶总体矩的估计, 即令

$$\mu_m(\theta_1,\theta_2,\cdots,\theta_k) = A_m = \frac{1}{n}\sum_{i=1}^{n} X_i^m \quad (m=1,2,\cdots,k),$$

解这一含 k 个未知参数 $\theta_1,\theta_2,\cdots,\theta_k$ 的方程组, 记其解为

$$\hat{\theta}_i = \hat{\theta}_i(X_1,X_2,\cdots,X_n) \quad (i=1,2,\cdots,k),$$

称它们为 $\theta_1,\theta_2,\cdots,\theta_k$ 的**矩估计**. 必要时也可以利用中心矩求得未知参数的矩估计.

例 7.1.1　已知总体 X 存在期望 $EX=\mu$ 和方差 $DX=\sigma^2$, 其中 μ,σ^2 为未知参数. 设 $X_1,X_2,\cdots,X_n$ 为来自 X 的一个样本, 求 μ,σ^2 的矩估计.

解　易知

$$\begin{cases}\mu_1 = EX = \mu,\\ \mu_2 = E(X^2) = DX + (EX)^2 = \sigma^2 + \mu^2,\end{cases}$$

令

$$\begin{cases}\mu = \bar{X},\\ \sigma^2 + \mu^2 = \dfrac{1}{n}\sum_{i=1}^{n} X_i^2,\end{cases}$$

解这一方程组, 得到 μ 和 σ^2 的矩估计为

$$\hat{\mu} = \bar{X}, \qquad \hat{\sigma}^2 = \frac{1}{n}\sum_{i=1}^{n} X_i^2 - \bar{X}^2 = \frac{1}{n}\sum_{i=1}^{n}(X_i-\bar{X})^2.$$

例 7.1.1 表明, 对一切均值为 μ、方差为 σ^2 的总体, 不管其分布的具体形式如何, 未知参数 μ 和 σ^2 的矩估计总是

$$\hat{\mu} = \bar{X}, \quad \hat{\sigma}^2 = \frac{1}{n}\sum_{i=1}^{n}(X_i-\bar{X})^2 = S^{*2}.$$

例 7.1.2　设总体 X 的概率密度函数为 $f(x;a,b) = \begin{cases}\dfrac{1}{b}\mathrm{e}^{-\frac{x-a}{b}}, & x \geqslant a, b>0,\\ 0, & \text{其他},\end{cases}$ 求 a, b 的矩估计.

解

$$EX = \int_{-\infty}^{+\infty} xf(x)\mathrm{d}x = \int_a^{+\infty} \frac{x}{b}\mathrm{e}^{-\frac{x-a}{b}}\mathrm{d}x = -\int_a^{+\infty} x\mathrm{d}\mathrm{e}^{-\frac{x-a}{b}}$$

$$= -x\mathrm{e}^{-\frac{x-a}{b}}\Big|_a^{+\infty} + \int_a^{+\infty}\mathrm{e}^{-\frac{x-a}{b}}\mathrm{d}x = a - \left[b\left(\mathrm{e}^{-\frac{x-a}{b}}\right)\Big|_a^{+\infty}\right] = a+b,$$

$$EX^2 = \int_{-\infty}^{+\infty} x^2 f(x)\mathrm{d}x = \int_a^{+\infty}\frac{x^2}{b}\mathrm{e}^{-\frac{x-a}{b}}\mathrm{d}x = -\int_a^{+\infty} x^2\mathrm{d}\mathrm{e}^{-\frac{x-a}{b}}$$

$$=-x^2\mathrm{e}^{-\frac{x-a}{b}}\Big|_a^{+\infty}+2\int_a^{+\infty}x\mathrm{e}^{-\frac{x-a}{b}}\mathrm{d}x$$

$$=a^2+2bEX=a^2+2b(a+b).$$

令

$$\begin{cases}a+b=A_1,\\ a^2+2b(a+b)=A_2,\end{cases}$$

解之得

$$\begin{cases}\hat{a}=A_1-\sqrt{A_2-\overline{X}^2},\\ \hat{b}=\sqrt{A_2-\overline{X}^2}.\end{cases}$$

将 $A_1=\frac{1}{n}\sum_{i=1}^{n}X_i=\overline{X}, A_2=\frac{1}{n}\sum_{i=1}^{n}X_i^2$ 代入上式, 整理得

$$\begin{cases}\hat{a}=\overline{X}-S^*,\\ \hat{b}=S^*,\end{cases}$$

其中, $X_1, X_2, \cdots, X_n$ 为 X 的样本.

矩估计法一般不要求知道总体的分布情况, 使用起来直观、简便. 但是, 矩估计法要求总体的原点矩存在, 否则就不适用; 另外, 矩估计法有时没有充分利用总体的分布对未知参数 θ 所提供的信息.

7.1.2　最大似然估计法

最大似然估计法最早由高斯(C. F. Gauss)提出, 后来由费希尔(R. A. Fisher)于 1912 年重新提出, 并证明了这一方法的性质. 最大似然估计法在理论上有优良的性质, 是目前得到广泛应用的估计方法. 下面结合例子来介绍最大似然估计法的思想和方法.

假设有甲、乙两名射手, 甲是战士, 命中率为 90%, 乙是学生, 命中率为 60%, 已知有一名射手上了射击场, 不知道这名射手是战士还是学生. 下面要解决的问题是确定这名射手是战士还是学生. 若设命中率为 p, 则问题相当于估计 p. 为此, 让这名射手对目标进行了两次射击, 结果两次都命中了目标, 这时自然会确定 $p=0.9$. 因为在 $p=0.9$ 时, 两次都命中的概率为 $0.9\times0.9=0.81$; 而在 $p=0.6$ 时, 两次都命中的概率为 $0.6\times0.6=0.36$, 显然 $p=0.9$ 的条件对发生两次都命中这一事件有利, 选择 $\hat{p}=0.9$. 这就是最大似估计然估计法思想的体现.

一般地, 若总体 X 为离散型总体, 分布律为 $P\{X=x\}=p(x;\theta_1,\theta_2,\cdots,\theta_k)$, 其中 $\theta_1,\theta_2,\cdots,\theta_k$ 为未知参数, $(\theta_1,\theta_2,\cdots,\theta_k)$ 的可能取值范围为 $\boldsymbol{\Theta}$. $X_1,X_2,\cdots,X_n$ 是来自总体 X 的一个样本, 样本值为 $x_1,x_2,\cdots,x_n$. 当样本值取定后, 事件 $\{X_1=x_1,X_2=x_2,\cdots,X_n=x_n\}$ 发生的概率为

$$L(x_1,x_2,\cdots,x_n;\theta_1,\theta_2,\cdots,\theta_k)=P\{X_1=x_1,X_2=x_2,\cdots,X_n=x_n\}=\prod_{i=1}^{n}p(x_i;\theta_1,\theta_2,\cdots,\theta_k).$$

这一概率随 $(\theta_1,\theta_2,\cdots,\theta_k)$ 的变化而变化, 它是 $(\theta_1,\theta_2,\cdots,\theta_k)$ 的函数, 这个函数称为样本的**似然函数**.

最大似然估计法的直观想法是, 既然在一次试验中得到了样本观测值 $x_1,x_2,\cdots,x_n$, 那么

认为发生 $\{X_1=x_1,X_2=x_2,\cdots,X_n=x_n\}$ 这一事件的概率 $L(x_1,x_2,\cdots,x_n;\theta_1,\theta_2,\cdots,\theta_k)$ 应具有最大值, 即 $(\theta_1,\theta_2,\cdots,\theta_k)$ 的估计值 $(\hat{\theta}_1,\hat{\theta}_2,\cdots,\hat{\theta}_k)$ 应使似然函数达到最大值:

$$L(x_1,x_2,\cdots,x_n;\hat{\theta}_1,\hat{\theta}_2,\cdots,\hat{\theta}_k)=\max_{(\theta_1,\theta_2,\cdots,\theta_k)\in\boldsymbol{\Theta}} L(x_1,x_2,\cdots,x_n;\theta_1,\theta_2,\cdots,\theta_k).$$

这样得到的 $\hat{\theta}_i\ (i=1,2,\cdots,k)$ 与样本值 $x_1,x_2,\cdots,x_n$ 有关, 记为 $\hat{\theta}_i(x_1,x_2,\cdots,x_n)\ (i=1,2,\cdots,k)$, 称为 $\theta_i\ (i=1,2,\cdots,k)$ 的一个**最大似然估计值**, 而相应的统计量 $\hat{\theta}_i(X_1,X_2,\cdots,X_n)\ (i=1,2,\cdots,k)$ 称为 $\theta_i\ (i=1,2,\cdots,k)$ 的一个**最大似然估计量**.

从以上讨论可见, 求 $(\theta_1,\theta_2,\cdots,\theta_k)$ 的最大似然估计就是求似然函数 $L(x_1,x_2,\cdots,x_n;\theta_1,\theta_2,\cdots,\theta_k)$ 的最大值点的问题. 若 $L(x_1,x_2,\cdots,x_n;\theta_1,\theta_2,\cdots,\theta_k)$ 对 $\theta_i\ (i=1,2,\cdots,k)$ 的偏导数存在, 由微积分知识, 最大似然估计 $\hat{\theta}_i\ (i=1,2,\cdots,k)$ 应满足方程组

$$\frac{\partial L}{\partial \theta_i}=0\quad (i=1,2,\cdots,k), \tag{7.1.1}$$

称式(7.1.1)为**似然方程组**. 由于在许多情况下, 求 $\ln L(x_1,x_2,\cdots,x_n;\theta_1,\theta_2,\cdots,\theta_k)$ 的最大值点比较简单, 而且 $\ln x$ 是 x 的严格增函数, 在 $\ln L(x_1,x_2,\cdots,x_n;\theta_1,\theta_2,\cdots,\theta_k)$ 对 $\theta_i\ (i=1,2,\cdots,k)$ 的偏导数存在的情况下, $\hat{\theta}_i$ 可由

$$\frac{\partial \ln L}{\partial \theta_i}=0\quad (i=1,2,\cdots,k) \tag{7.1.2}$$

求得, 称式(7.1.2)为**对数似然方程组**. 解这一方程组, 若 $\ln L$ 的驻点唯一, 又能验证它是极大值点, 则它必是 $\ln L$ 的最大值点, 即所求的最大似然估计. 但若驻点不唯一, 则需进一步判断哪一个为最大值点. 还需指出的是, 若 L 对 $\theta_i\ (i=1,2,\cdots,k)$ 的偏导数不存在, 则无法得到方程组(7.1.1), 这时必须根据最大似然估计的定义直接求 L 的最大值点.

若总体 X 为连续型总体, 具有概率密度函数 $f(x;\theta_1,\theta_2,\cdots,\theta_k)$, 其中 $\theta_1,\theta_2,\cdots,\theta_k$ 为未知参数, $(\theta_1,\theta_2,\cdots,\theta_k)$ 的可能取值范围为 $\boldsymbol{\Theta}$. $X_1,X_2,\cdots,X_n$ 是来自总体 X 的一个样本, 样本值为 $x_1,x_2,\cdots,x_n$. 当样本值取定后, 事件

$$\{x_1<X_1\leqslant x_1+\Delta x_1,x_2<X_2\leqslant x_2+\Delta x_2,\cdots,x_n<X_n\leqslant x_n+\Delta x_n\}$$

发生的概率近似等于 $\prod_{i=1}^{n} f(x_i;\theta_1,\theta_2,\cdots,\theta_k)\Delta x_i$, 其值随 $(\theta_1,\theta_2,\cdots,\theta_k)$ 的变化而变化. 但因子 $\prod_{i=1}^{n}\Delta x_i$ 不依赖于 $(\theta_1,\theta_2,\cdots,\theta_k)$ 的取值, 所以只需考虑函数

$$L(x_1,x_2,\cdots,x_n;\theta_1,\theta_2,\cdots,\theta_k)=\prod_{i=1}^{n} f(x_i;\theta_1,\theta_2,\cdots,\theta_k)$$

的最大值, 这里 $L(x_1,x_2,\cdots,x_n;\theta_1,\theta_2,\cdots,\theta_k)$ 称为样本的**似然函数**. 如果

$$L(x_1,x_2,\cdots,x_n;\hat{\theta}_1,\hat{\theta}_2,\cdots,\hat{\theta}_k)=\max_{(\theta_1,\theta_2,\cdots,\theta_k)\in\boldsymbol{\Theta}} L(x_1,x_2,\cdots,x_n;\theta_1,\theta_2,\cdots,\theta_k),$$

则称 $\hat{\theta}_i(x_1,x_2,\cdots,x_n)\ (i=1,2,\cdots,k)$ 为 $\theta_i\ (i=1,2,\cdots,k)$ 的一个**最大似然估计值**, 而相应的统计量 $\hat{\theta}_i(X_1,X_2,\cdots,X_n)\ (i=1,2,\cdots,k)$ 称为 $\theta_i\ (i=1,2,\cdots,k)$ 的一个**最大似然估计量**.

最大似然估计具有如下性质: 设 θ 的函数 $g(\theta)\ (\theta\in\Theta)$ 具有单值反函数, $\hat{\theta}$ 是 θ 的最大似

然估计, 则 $g(\hat{\theta})$ 是 $g(\theta)$ 的最大似然估计.

例 7.1.3　设总体 X 具有分布律 $P\{X=k\}=(1-p)^{k-1}p\ (k=1,2,\cdots)$, 求 p 的最大似然估计.

解　似然函数为

$$L(x_1,x_2,\cdots,x_n;p)=\prod_{i=1}^{n}(1-p)^{x_i-1}p=(1-p)^{\sum\limits_{i=1}^{n}x_i-n}p^n=(1-p)^{n\overline{x}-n}p^n,$$

两边取对数得

$$\ln L(x_1,x_2,\cdots,x_n;p)=[n(\overline{x}-1)]\ln(1-p)+n\ln p,$$

令

$$\frac{\mathrm{d}\ln L(x_1,x_2,\cdots,x_n;p)}{\mathrm{d}p}=0,$$

即

$$\frac{-n(\overline{x}-1)}{1-p}+\frac{n}{p}=0,$$

解之得 p 的最大似然估计为 $\hat{p}=\dfrac{1}{\overline{X}}$.

例 7.1.4　设总体 $X\sim N(\mu,\sigma^2)$, μ,σ^2 未知, $X_1,X_2,\cdots,X_n$ 为来自 X 的样本, 求 μ,σ^2 的最大似然估计量.

解　似然函数为

$$L(x_1,x_2,\cdots,x_n;\mu,\sigma^2)=\prod_{i=1}^{n}\frac{1}{\sqrt{2\pi}\sigma}\mathrm{e}^{-\frac{(x_i-\mu)^2}{2\sigma^2}}=(2\pi\sigma^2)^{-\frac{n}{2}}\mathrm{e}^{-\frac{1}{2\sigma^2}\sum\limits_{i=1}^{n}(x_i-\mu)^2},$$

两边取对数得

$$\ln L(x_1,x_2,\cdots,x_n;\mu,\sigma^2)=-\frac{n}{2}\ln(2\pi)-\frac{n}{2}\ln(\sigma^2)-\frac{1}{2\sigma^2}\sum_{i=1}^{n}(x_i-\mu)^2,$$

解对数似然方程组

$$\begin{cases}\dfrac{\partial\ln L}{\partial\mu}=\dfrac{1}{\sigma^2}\displaystyle\sum_{i=1}^{n}(x_i-\mu)=0,\\[2ex]\dfrac{\partial\ln L}{\partial\sigma^2}=-\dfrac{n}{2\sigma^2}+\dfrac{1}{2\sigma^4}\displaystyle\sum_{i=1}^{n}(x_i-\mu)^2=0,\end{cases}$$

得 μ,σ^2 的最大似然估计值为

$$\hat{\mu}=\frac{1}{n}\sum_{i=1}^{n}x_i=\overline{x},\qquad\hat{\sigma}^2=\frac{1}{n}\sum_{i=1}^{n}(x_i-\overline{x})^2=s^{*2},$$

于是 μ,σ^2 的最大似然估计量为

$$\hat{\mu}=\overline{X},\qquad\hat{\sigma}^2=S^{*2}.$$

例 7.1.5　总体 X 的概率密度函数为 $f(x)=\begin{cases}1, & \theta-\frac{1}{2}\leqslant x\leqslant\theta+\frac{1}{2},\\ 0, & \text{其他},\end{cases}$ $x_1,x_2,\cdots,x_n$ 为来自总体 X 的样本值, 求 θ 的最大似然估计值.

解　似然函数为

$$L(\theta)=\prod_{i=1}^{n}f(x_i;\theta)=\begin{cases}1, & \theta-\frac{1}{2}\leqslant x_1,x_2,\cdots,x_n\leqslant\theta+\frac{1}{2},\\ 0, & \text{其他},\end{cases}$$

令 $x_{(1)}=\min\{x_1,x_2,\cdots,x_n\}, x_{(n)}=\max\{x_1,x_2,\cdots,x_n\}$, 因为当 $\theta-\frac{1}{2}\leqslant x_{(1)}\leqslant x_{(n)}\leqslant\theta+\frac{1}{2}$, 即 $x_{(n)}-\frac{1}{2}\leqslant\theta\leqslant x_{(1)}+\frac{1}{2}$ 时, $L(\theta)$ 取最大值, 所以介于 $x_{(n)}-\frac{1}{2}$ 与 $x_{(1)}+\frac{1}{2}$ 之间的任何点均为 θ 的最大似然估计值.

例 7.1.6　设总体 X 的概率密度函数为 $f(x)=\begin{cases}\frac{1}{1-\theta}, & \theta\leqslant x\leqslant 1,\\ 0, & \text{其他},\end{cases}$ 其中 θ 为未知参数, $X_1,X_2,\cdots,X_n$ 为来自该总体的简单随机样本. 求:

(1) θ 的矩估计;

(2) θ 的最大似然估计.

解　(1) $\mu_1=EX=\frac{1+\theta}{2}$, 令 $\frac{1+\theta}{2}=\bar{X}$, 解得 θ 的矩估计为 $\hat{\theta}=2\bar{X}-1$.

(2) X 的概率密度函数为

$$f(x)=\begin{cases}\frac{1}{1-\theta}, & \theta\leqslant x\leqslant 1,\\ 0, & \text{其他},\end{cases}$$

因此似然函数为

$$L(x_1,x_2,\cdots,x_n;\theta)=\begin{cases}\frac{1}{(1-\theta)^n}, & \theta\leqslant x_i\leqslant 1,\quad i=1,2,\cdots,n,\\ 0, & \text{其他}.\end{cases}$$

因为 $L(x_1,x_2,\cdots,x_n;\theta)$ 在其取正值的区间 $(-\infty,\min\{x_1,x_2,\cdots,x_n\}]$ 上递增, 所以 θ 的最大似然估计值为 $\hat{\theta}=\min\{x_1,x_2,\cdots,x_n\}$, 故 θ 的最大似然估计量为 $\hat{\theta}=\min\{X_1,X_2,\cdots,X_n\}$.

例 7.1.7　设总体 $X\sim U(a,b)$, $X_1,X_2,\cdots,X_n$ 为来自总体 X 的样本, 求未知参数 a,b 的最大似然估计量.

解　X 的概率密度函数为

$$f(x)=\begin{cases}\frac{1}{b-a}, & a\leqslant x\leqslant b,\\ 0, & \text{其他},\end{cases}$$

因此似然函数为

$$L(x_1,x_2,\cdots,x_n;a,b)=\begin{cases}\dfrac{1}{(b-a)^n}, & a<x_i<b,\quad i=1,2,\cdots,n,\\ 0, & \text{其他}.\end{cases}$$

显然, 方程组

$$\begin{cases}\dfrac{\partial \ln L}{\partial a}=\dfrac{n}{b-a}=0,\\ \dfrac{\partial \ln L}{\partial b}=-\dfrac{n}{b-a}=0\end{cases}$$

无解, 于是从最大似然估计的定义出发求 L 的最大值点.

为使 L 达到最大, $b-a$ 应尽量地小, 但 $b>\max\{x_1,x_2,\cdots,x_n\}$, 否则 $L(x_1,x_2,\cdots,x_n;a,b)=0$; 类似地, $a<\min\{x_1,x_2,\cdots,x_n\}$. 因此, a,b 的最大似然估计值为

$$\hat{a}=\min\{x_1,x_2,\cdots,x_n\},\qquad \hat{b}=\max\{x_1,x_2,\cdots,x_n\},$$

所以 a,b 的最大似然估计量为

$$\hat{a}=\min\{X_1,X_2,\cdots,X_n\},\qquad \hat{b}=\max\{X_1,X_2,\cdots,X_n\}.$$

例 7.1.8 某工程师为了解一台天平的精度, 用该天平对一物体的质量做 n 次测量, 该物体的质量 μ 是已知的. 设 n 次测量结果 $X_1,X_2,\cdots,X_n$ 相互独立且均服从正态分布 $N(\mu,\sigma^2)$. 该工程师记录的是 n 次测量的绝对误差 $Z_i=|X_i-\mu|\,(i=1,2,\cdots,n)$, 利用 $Z_1,Z_2,\cdots,Z_n$ 估计 σ.

(1) 求 Z_i 的概率密度函数;

(2) 利用一阶矩求 σ 的矩估计量;

(3) 求 σ 的最大似然估计量.

解 (1) 当 $z\leqslant 0$ 时, $F_{Z_i}(z)=0$; 当 $z>0$ 时,

$$F_{Z_i}(z)=P\{Z_i\leqslant z\}=P\{|X_i-\mu|\leqslant z\}=P\{-z\leqslant X_i-\mu\leqslant z\}=\frac{1}{\sqrt{2\pi}\sigma}\int_{-z}^{z}\mathrm{e}^{-\frac{x^2}{2\sigma^2}}\mathrm{d}x.$$

因此, Z_i 的概率密度函数为

$$f_{Z_i}(z)=\begin{cases}\dfrac{2}{\sqrt{2\pi}\sigma}\mathrm{e}^{-\frac{z^2}{2\sigma^2}}, & z>0,\\ 0, & z\leqslant 0.\end{cases}$$

(2) $$EZ_i=\int_{-\infty}^{+\infty}zf_{Z_i}(z)\mathrm{d}z=\frac{2}{\sqrt{2\pi}\sigma}\int_0^{+\infty}z\mathrm{e}^{-\frac{z^2}{2\sigma^2}}\mathrm{d}z=-\frac{2\sigma}{\sqrt{2\pi}}\mathrm{e}^{-\frac{z^2}{2\sigma^2}}\Bigg|_0^{+\infty}=\frac{2\sigma}{\sqrt{2\pi}},$$

令 $\dfrac{2\sigma}{\sqrt{2\pi}}=\overline{Z}$, 解得 σ 的矩估计量为 $\hat{\sigma}=\dfrac{\sqrt{2\pi}}{2}\overline{Z}$, 其中 $\overline{Z}=\dfrac{1}{n}\sum\limits_{i=1}^{n}Z_i$.

(3) 似然函数为

$$L(x_1,x_2,\cdots,x_n;\sigma)=\frac{2}{\sqrt{2\pi}\sigma^n}\mathrm{e}^{-\frac{1}{2\sigma^2}\sum\limits_{i=1}^{n}z_i^2},$$

对数似然函数为

$$\ln L=\ln\frac{2}{\sqrt{2\pi}}-n\ln\sigma-\frac{1}{2\sigma^2}\sum_{i=1}^{n}z_i^2 .$$

令 $\frac{\mathrm{d}\ln L}{\mathrm{d}\sigma}=-\frac{n}{\sigma}+\frac{1}{\sigma^3}\sum_{i=1}^{n}z_i^2=0$, 解得 σ 的最大似然估计值为 $\hat{\sigma}=\sqrt{\frac{1}{n}\sum_{i=1}^{n}z_i^2}$, 所以 σ 的最大似然估计量为 $\hat{\sigma}=\sqrt{\frac{1}{n}\sum_{i=1}^{n}Z_i^2}$.

例 7.1.9 设总体 X 的概率密度函数为 $f(x;\theta)=\begin{cases}2\theta x, & 0<x<1,\\ \frac{2(1-\theta)}{3}x, & 1\leqslant x\leqslant 2,\\ 0, & \text{其他},\end{cases}$ 其中 $\theta\,(0<\theta<1)$ 是未知参数, $X_1,X_2,\cdots,X_n$ 为来自总体 X 的简单随机样本, 记 m 为样本值 $x_1,x_2,\cdots,x_n$ 中小于 1 的个数. 求:

(1) θ 的最大似然估计值;

(2) $\mu=EX$ 的最大似然估计值.

解 (1) $L=\prod_{i=1}^{n}f(x_i;\theta)=\frac{2^n}{3^{n-m}}x_1x_2\cdots x_n\theta^m(1-\theta)^{n-m}$,

$$\ln L=\ln\left(\frac{2^n}{3^{n-m}}x_1x_2\cdots x_n\right)+m\ln\theta+(n-m)\ln(1-\theta),$$

令 $\frac{\mathrm{d}\ln L}{\mathrm{d}\theta}=0$, 即 $\frac{m}{\theta}-\frac{n-m}{1-\theta}=0$, 解之, 得 θ 的最大似然估计值 $\hat{\theta}=\frac{m}{n}$.

(2) 因为

$$\mu=EX=\int_{-\infty}^{+\infty}xf(x;\theta)\mathrm{d}x=\int_0^1 2x^2\theta\mathrm{d}x+\int_1^2\frac{2}{3}x^2(1-\theta)\mathrm{d}x=\frac{14}{9}-\frac{8}{9}\theta,$$

所以 μ 的最大似然估计值为 $\hat{\mu}=\frac{14}{9}-\frac{8m}{9n}$.

7.2 点估计的评价标准

对于总体分布的同一个未知参数, 可以有许多种估计量. 因为只要求估计量是统计量, 所以任何统计量都可以作为估计量, 这就存在衡量比较、评判优劣的问题. 不同估计量的优劣有时是相同的, 但更多时候是不同的. 评判的标准也很多, 对于同一估计量在不同标准下, 也可能有不同的结论.

下面从不同的角度, 提出几种衡量估计量优劣的标准.

7.2.1 无偏性

定义 7.2.1 设 θ 为总体分布的未知参数, $\hat{\theta}(X_1,X_2,\cdots,X_n)$ 是 θ 的一个估计量. 如果 $\hat{\theta}(X_1,X_2,\cdots,X_n)$ 的均值等于未知参数 θ, 即

$$E[\hat{\theta}(X_1, X_2, \cdots, X_n)] = \theta \tag{7.2.1}$$

对一切可能的 θ 成立, 则称 $\hat{\theta}(X_1, X_2, \cdots, X_n)$ 为 θ 的**无偏估计量**.

无偏估计量的意义是, 用 $\hat{\theta}(X_1, X_2, \cdots, X_n)$ 去估计未知参数 θ, 有时候偏高, 有时候偏低, 但是平均来说等于未知参数 θ.

例如, 设 $X_1, X_2, \cdots, X_n$ 是来自均值为 μ 、方差为 σ^2 的总体 X 的样本, 对于估计量 $\hat{\mu}_1 = X_1$, $\hat{\mu}_2 = \dfrac{X_1 + X_2}{2}$, $\hat{\mu}_3 = \dfrac{X_1 + X_2 + X_{n-1} + X_n}{4}$ (假设 $n \geqslant 4$), 因为 $EX_i = \mu$ $(i = 1, 2, \cdots, n)$, 容易验证 $E\hat{\mu}_i = \mu$ $(i = 1, 2, 3)$, 所以 $\hat{\mu}_1$, $\hat{\mu}_2$, $\hat{\mu}_3$ 都是 μ 的无偏估计量, 但是 $\hat{\mu}_4 = 2X_1$, $\hat{\mu}_5 = \dfrac{X_1 + X_2}{3}$ 都不是 μ 的无偏估计量. 又因为 $ES^2 = E\left[\dfrac{1}{n-1}\sum\limits_{i=1}^{n}(X_i - \overline{X})^2\right] = \sigma^2$, 所以 $\hat{\sigma}^2 = S^2$ 是总体方差 σ^2 的无偏估计量, $S^{*2} = \dfrac{1}{n}\sum\limits_{i=1}^{n}(X_i - \overline{X})^2$ 不是总体方差 σ^2 的无偏估计量.

若 $\hat{\theta}$ 是 θ 的估计量, $g(\theta)$ 为 θ 的实函数, 通常总是用 $g(\hat{\theta})$ 去估计 $g(\theta)$, 但是值得注意的是, 即使 $E\hat{\theta} = \theta$, 也不一定有 $E\left[g(\hat{\theta})\right] = g(\theta)$.

例如, 虽然 $\hat{\sigma}^2 = S^2$ 是总体方差 σ^2 的无偏估计量, 但是当 $DS > 0$ 时, S 不是总体标准差 σ 的无偏估计量. 事实上, 由于 $\sigma^2 = E(S^2) = DS + (ES)^2 > (ES)^2$, 故 $\sigma > ES$, 即 S 不是 σ 的无偏估计量.

例 7.2.1 设总体 X 的概率密度函数为 $f(x;\theta) = \begin{cases} \dfrac{3x^2}{\theta^3}, & 0 < x < \theta, \\ 0, & 其他, \end{cases}$ 其中 $\theta \in (0, +\infty)$ 为未知参数, X_1, X_2, X_3 为总体 X 的简单随机抽样, 令 $T = \max\{X_1, X_2, X_3\}$.

(1) 求 T 的概率密度函数;

(2) 确定 a, 使得 aT 为 θ 的无偏估计.

解 (1) 当 $t \leqslant 0$ 时, $F_T(t) = 0$; 当 $t \geqslant \theta$ 时, $F_T(t) = 1$; 当 $0 < t < \theta$ 时,

$$F_T(t) = P\{T \leqslant t\} = P\{X_1 \leqslant t, X_2 \leqslant t, X_3 \leqslant t\} = \left(\int_0^t \frac{3x^2}{\theta^3}\mathrm{d}x\right)^3 = \frac{t^9}{\theta^9},$$

由此得 T 的概率密度函数为

$$f_T(t, \theta) = \begin{cases} \dfrac{9t^8}{\theta^9}, & 0 < t < \theta, \\ 0, & 其他. \end{cases}$$

(2) 因为 $ET = \int_{-\infty}^{+\infty} t f_T(t, \theta)\mathrm{d}t = \int_0^{\theta} \dfrac{9t^9}{\theta^9}\mathrm{d}t = \dfrac{9}{10}\theta$, 所以 $E(aT) = \dfrac{9}{10}a\theta$, 令 $E(aT) = \theta$, 得 $a = \dfrac{10}{9}$, 故当 $a = \dfrac{10}{9}$ 时, aT 为 θ 的无偏估计.

若 θ 的估计量 $\hat{\theta}$ 不是无偏的, 但当 $n \to \infty$ 时, $E\hat{\theta} \to \theta$, 则称 $\hat{\theta}$ 是 θ 的**渐近无偏估计量**. 显然, S^{*2} 是总体方差 σ^2 的一个渐近无偏估计量.

7.2.2　有效性

定义 7.2.2　设 $\hat{\theta}_1(X_1,X_2,\cdots,X_n)$, $\hat{\theta}_2(X_1,X_2,\cdots,X_n)$ 均为参数 θ 的无偏估计量, 若

$$D\hat{\theta}_1 < D\hat{\theta}_2, \tag{7.2.2}$$

则称 $\hat{\theta}_1$ 较 $\hat{\theta}_2$ 有效.

例 7.2.2　设总体 $X \sim E\left(\frac{1}{\theta}\right)$, $X_1,X_2,\cdots,X_n$ 是来自总体 X 的样本, 证明: $\bar{X}$ 和 $nX_{(1)}$ 都是 θ 的无偏估计量, 并比较它们的有效性.

证　由于 $EX=\theta$, 而 $E\bar{X}=EX=\theta$, 故 $\bar{X}$ 为 θ 的无偏估计.

由于 X 的分布函数为 $F(x)=\begin{cases}1-\mathrm{e}^{-\frac{x}{\theta}}, & x>0,\\ 0, & x\leqslant 0,\end{cases}$ 故 $X_{(1)}$ 的分布函数为

$$G(x)=1-[1-F(x)]^n=\begin{cases}1-\mathrm{e}^{-\frac{nx}{\theta}}, & x>0,\\ 0, & x\leqslant 0,\end{cases}$$

于是

$$G'(x)=\begin{cases}\frac{n}{\theta}\mathrm{e}^{-\frac{nx}{\theta}}, & x>0,\\ 0, & x\leqslant 0,\end{cases}$$

故 $X_{(1)}$ 仍为指数分布, 且 $EX_{(1)}=\frac{\theta}{n}$, 从而 $E\left[nX_{(1)}\right]=\theta$, 即 $nX_{(1)}$ 为 θ 的无偏估计量.

下面比较它们的有效性.

$$D\bar{X}=\frac{1}{n}DX=\frac{\theta^2}{n},$$

$$D\left[nX_{(1)}\right]=n^2DX_{(1)}=n^2\left(\frac{\theta}{n}\right)^2=\theta^2,$$

由于 $D\bar{X}<D\left[nX_{(1)}\right]$ $(n\geqslant 2)$, 故 $\bar{X}$ 比 $nX_{(1)}$ 有效.

例 7.2.3　设总体 X 的期望 $EX=\mu$, 方差 $DX=\sigma^2$ 存在, $X_1,X_2,\cdots,X_n$ 是来自总体 X 的样本, 取统计量 $\hat{\mu}=\sum_{i=1}^{n}k_iX_i$ 作为 μ 的估计, 其中 $k_1,k_2,\cdots,k_n$ 为常数, 且 $\sum_{i=1}^{n}k_i=1$.

(1) 证明 $\hat{\mu}$ 是 μ 的无偏估计(这种形式的无偏估计称为**线性无偏估计**);

(2) 求 μ 的线性无偏估计中最有效的估计.

解　(1) 由 $\sum_{i=1}^{n}k_i=1$ 得, $E\hat{\mu}=E\left(\sum_{i=1}^{n}k_iX_i\right)=\sum_{i=1}^{n}k_iEX_i=\mu\sum_{i=1}^{n}k_i=\mu$, 即 $\hat{\mu}$ 是 μ 的无偏估计;

(2) 由 $D\hat{\mu}=D\left(\sum_{i=1}^{n}k_iX_i\right)=\sigma^2\sum_{i=1}^{n}k_i^2$ 知, 求 μ 的线性无偏估计中最有效的估计等价于求 $\sum_{i=1}^{n}k_i^2$ 在条件 $\sum_{i=1}^{n}k_i=1$ 下的条件最小值. 利用拉格朗日乘数法求解.

引入拉格朗日函数

$$L(k_1,k_2,\cdots,k_n)=(k_1^2+k_2^2+\cdots+k_n^2)-\lambda(k_1+k_2+\cdots+k_n-1),$$

令

$$\begin{cases}\dfrac{\partial L}{\partial k_1}=2k_1-\lambda=0,\\ \dfrac{\partial L}{\partial k_2}=2k_2-\lambda=0,\\ \cdots\cdots\\ \dfrac{\partial L}{\partial k_n}=2k_n-\lambda=0,\end{cases}$$

解之并利用$\sum_{i=1}^{n}k_i=1$得, $k_1=k_2=k_3=\cdots=k_n=\dfrac{1}{n}$.

因此, 当$k_1=k_2=k_3=\cdots=k_n=\dfrac{1}{n}$时, $D\hat{\mu}$取得条件最小值, 即μ的线性无偏估计中最有效的估计为$\bar{X}=\dfrac{1}{n}\sum_{i=1}^{n}X_i$.

7.2.3　一致性

定义 7.2.3　设$\hat{\theta}(X_1,X_2,\cdots,X_n)$是总体分布的未知参数$\theta$的估计量, 若$\hat{\theta}$依概率收敛于$\theta$, 即对任意的$\varepsilon>0$,

$$\lim_{n\to\infty}P\{|\hat{\theta}-\theta|<\varepsilon\}=1, \tag{7.2.3}$$

则称$\hat{\theta}$是θ的**一致估计量(或相合估计量)**.

满足一致性的估计量$\hat{\theta}$, 当样本容量n不断增大时, 其观察值越来越接近参数真值θ. 由切比雪夫大数定律, 若$X_1,X_2,\cdots$相互独立, 且$EX_k=\mu$, $DX_k=\sigma^2$ $(k=1,2,\cdots)$, 则$\bar{X}=\dfrac{1}{n}\sum_{k=1}^{n}X_k$依概率收敛于$\mu$, 由此可以得到一些总体分布中未知参数的一致估计量.

例 7.2.4　设总体$X\sim N(\mu,\sigma^2)$, $X_1,X_2,\cdots,X_n$为来自总体X的样本, $EX_i=\mu$, $DX_i=\sigma^2$ $(i=1,2,\cdots,n)$, 则$\bar{X}$依概率收敛于μ, 即未知参数μ的最大似然估计或矩估计$\hat{\mu}=\bar{X}$是μ的一致估计量.

例 7.2.5　设总体$X\sim P(\lambda)$, $X_1,X_2,\cdots,X_n$是来自总体X的样本, 且$EX_i=\lambda$, $DX_i=\lambda$ $(i=1,2,\cdots,n)$, 则$\bar{X}$依概率收敛于λ, 故$\hat{\lambda}=\bar{X}$是λ的一致估计量.

例 7.2.6　设总体X服从(0-1)分布, $P\{X=1\}=p$ $(0<p<1)$, $X_1,X_2,\cdots,X_n$是来自X的样本, $EX_i=p$, $DX_i=p(1-p)$ $(i=1,2,\cdots,n)$, 则$\bar{X}$依概率收敛于p, 故$\hat{p}=\bar{X}$是p的一致估计量.

7.3　区间估计

已经知道, 用点估计$\hat{\theta}(X_1,X_2,\cdots,X_n)$来估计总体的未知参数$\theta$时, 一旦获得了样本观察值$x_1,x_2,\cdots,x_n$，将它代入$\hat{\theta}(x_1,x_2,\cdots,x_n)$，即可得到$\theta$的一个估计值. 这很直观, 也很便于使用. 但是, 点估计值只提供了θ的一个近似值, 并没有反映这种近似的精度. 同时, 由于θ本身是未知的, 无从知道这种估计的可靠度. 区间估计在一定程度上弥补了点估计的这些不足,而且估计的精度用置信区间表示,可靠度用置信度表示.

定义 7.3.1 设$X_1,X_2,\cdots,X_n$是来自总体X的样本，θ为总体分布中的未知参数，$\hat{\theta}_1(X_1,X_2,\cdots,X_n)$和$\hat{\theta}_2(X_1,X_2,\cdots,X_n)$为两个统计量, 对给定的$\alpha$ $(0<\alpha<1)$, 若

$$P\{\hat{\theta}_1<\theta<\hat{\theta}_2\}=1-\alpha, \tag{7.3.1}$$

则称$(\hat{\theta}_1,\hat{\theta}_2)$为$\theta$的置信度为$1-\alpha$的**置信区间**, $\hat{\theta}_1$称为**置信下限**, $\hat{\theta}_2$称为**置信上限**. α一般取较小的值, 如$\alpha=0.05$, 0.01等, 称$1-\alpha$为**置信度(或置信水平)**.

这里要指出的是, 置信区间$(\hat{\theta}_1,\hat{\theta}_2)$是一个随机区间, 对于给定的样本$X_1,X_2,\cdots,X_n$，$(\hat{\theta}_1,\hat{\theta}_2)$可能包含未知参数$\theta$, 也可能不包含$\theta$, 但式(7.3.1)表明, 随机区间$(\hat{\theta}_1,\hat{\theta}_2)$以$1-\alpha$的概率包含$\theta$. 在对未知参数作具体估计时, 人们把由一组样本值算出的一个确定区间$(\hat{\theta}_1,\hat{\theta}_2)$也称为$\theta$的置信区间. 如果有$N$组样本值, 就得到$N$个确定的区间, 在这$N$个区间中, 包含$\theta$真值的占约$100(1-\alpha)\%$, 不包含$\theta$真值的仅约占$100\alpha\%$. 置信度表示区间估计的可靠度, 置信度$1-\alpha$越接近1越好. 区间长度则表示估计的范围, 即估计的精度, 区间长度越短越好. 当然, 置信度和区间长度是相互矛盾的. 在实际问题中, 总是在保证可靠度的前提下, 尽可能地提高精度.

区间估计具有如下性质: 若(θ_1,θ_2)为总体X的未知参数θ的$100(1-\alpha)\%$的置信区间, $\varphi(\theta)$严格递增, 则$(\varphi(\theta_1),\varphi(\theta_2))$为$\varphi(\theta)$的$100(1-\alpha)\%$的置信区间.

7.3.1 单个正态总体均值的置信区间

设总体$X\sim N(\mu,\sigma^2)$, $X_1,X_2,\cdots,X_n$是来自总体X的样本.

1. σ^2已知, 求μ的置信区间

已知$\bar{X}$为μ的无偏估计量, 且$U=\dfrac{\bar{X}-\mu}{\sigma/\sqrt{n}}\sim N(0,1)$, 对于给定的置信度$1-\alpha$, 如图 7.3.1 所示, 有

$$P\left\{\left|\frac{\bar{X}-\mu}{\sigma/\sqrt{n}}\right|<u_{\frac{\alpha}{2}}\right\}=1-\alpha,$$

即

$$P\left\{\bar{X}-\frac{\sigma}{\sqrt{n}}u_{\frac{\alpha}{2}}<\mu<\bar{X}+\frac{\sigma}{\sqrt{n}}u_{\frac{\alpha}{2}}\right\}=1-\alpha,$$

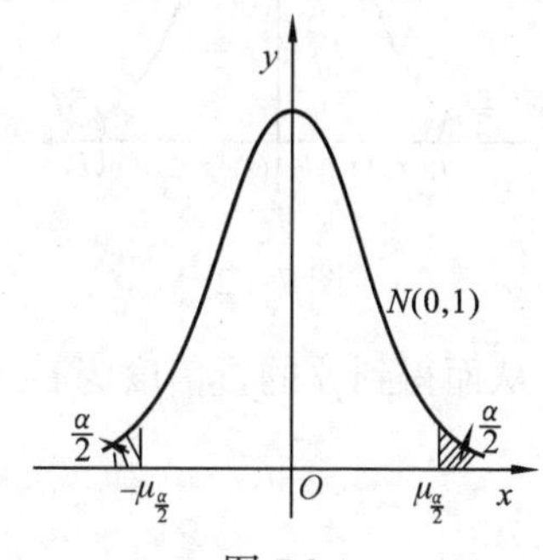

图 7.3.1

从而得到μ的置信度为$1-\alpha$的置信区间为

$$\left(\bar{X}-\frac{\sigma}{\sqrt{n}}u_{\frac{\alpha}{2}},\bar{X}+\frac{\sigma}{\sqrt{n}}u_{\frac{\alpha}{2}}\right). \tag{7.3.2}$$

然而, 置信度为$1-\alpha$的置信区间并不是唯一的. 例如, 若给定$\alpha=0.05$, 则有

$$P\left\{-u_{0.04} < \frac{\bar{X}-\mu}{\sigma/\sqrt{n}} < u_{0.01}\right\} = 0.95,$$

即

$$P\left\{\bar{X}-\frac{\sigma}{\sqrt{n}}u_{0.01} < \mu < \bar{X}+\frac{\sigma}{\sqrt{n}}u_{0.04}\right\} = 1-\alpha,$$

故

$$\left(\bar{X}-\frac{\sigma}{\sqrt{n}}u_{0.01}, \bar{X}+\frac{\sigma}{\sqrt{n}}u_{0.04}\right) \tag{7.3.3}$$

也是 μ 的置信度为 0.95 的置信区间. 将式(7.3.3)与式(7.3.2)中令 $\alpha=0.05$ 所得的置信度为 0.95 的置信区间相比较, 可知由式(7.3.2)所确定的区间的长度为 $2\times\frac{\sigma}{\sqrt{n}}u_{0.025}=3.92\times\frac{\sigma}{\sqrt{n}}$, 这一长度要比区间式(7.3.3)的长度 $\frac{\sigma}{\sqrt{n}}(u_{0.04}+u_{0.01})=4.08\times\frac{\sigma}{\sqrt{n}}$ 短, 置信区间短表示估计的精度高, 故由式(7.3.2)给出的区间较式(7.3.3)更优. 可以证明, 像 $N(0,1)$ 那样概率密度函数的图形是单峰且对称的情况, 当 n 固定时, 以形如式(7.3.2)那样的区间的长度为最短, 自然选用它.

2. σ^2 未知, 求 μ 的置信区间

由于 σ^2 未知, 用 σ^2 的无偏估计 S^2 代替 σ^2, 考虑随机变量 $\frac{\bar{X}-\mu}{S/\sqrt{n}}$, 已知

$$T=\frac{\bar{X}-\mu}{S/\sqrt{n}} \sim t(n-1),$$

于是, 对于给定的置信度 $1-\alpha$, 如图 7.3.2 所示, 有

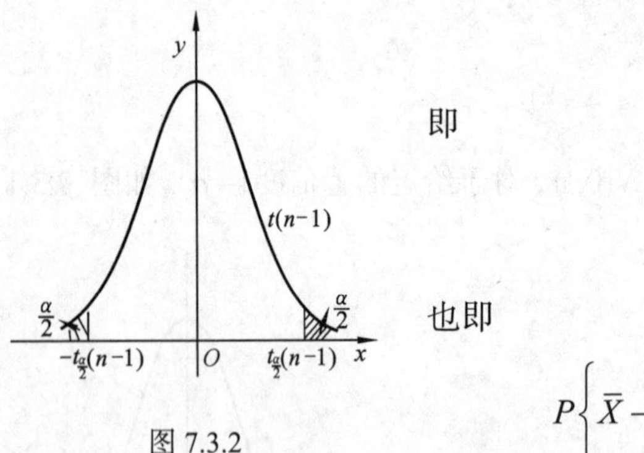

图 7.3.2

$$P\{|T| < t_{\frac{\alpha}{2}}(n-1)\} = 1-\alpha,$$

即

$$P\left\{\left|\frac{\bar{X}-\mu}{S/\sqrt{n}}\right| < t_{\frac{\alpha}{2}}(n-1)\right\} = 1-\alpha,$$

也即

$$P\left\{\bar{X}-\frac{S}{\sqrt{n}}t_{\frac{\alpha}{2}}(n-1) < \mu < \bar{X}+\frac{S}{\sqrt{n}}t_{\frac{\alpha}{2}}(n-1)\right\} = 1-\alpha,$$

从而得到 μ 的置信度为 $1-\alpha$ 的置信区间为

$$\left(\bar{X}-\frac{S}{\sqrt{n}}t_{\frac{\alpha}{2}}(n-1), \bar{X}+\frac{S}{\sqrt{n}}t_{\frac{\alpha}{2}}(n-1)\right). \tag{7.3.4}$$

例 7.3.1 设 $x_1, x_2, \cdots, x_n$ 为来自总体 $X \sim N(\mu, \sigma^2)$ 的简单随机样本, 样本均值 $\bar{x}=9.5$, 参数 μ 的置信度为 0.95 的双侧置信区间的置信上限为 10.8, 求 μ 的置信度为 0.95 的双侧置信区间.

解 由 $\overline{x}=9.5, \overline{x}+\frac{s}{\sqrt{n}}t_{\frac{0.05}{2}}(n-1)=10.8$ 知, $\overline{x}-\frac{s}{\sqrt{n}}t_{\frac{0.05}{2}}(n-1)=8.2$, 故 μ 的置信度为 0.95 的双侧置信区间为 $(8.2,10.8)$.

例 7.3.2 某工厂生产滚珠, 从某日生产的产品中随机抽取 9 个, 测得直径(单位: mm)为

14.6, 14.7, 15.1, 14.9, 14.8, 15.0, 15.1, 15.2, 14.8,

设滚珠直径服从正态分布, 若:

(1) 已知滚珠直径的标准差 $\sigma=0.15\text{mm}$;

(2) 未知标准差 σ,

求直径的均值 μ 的置信度为 0.95 的置信区间.

解 (1) $\overline{x}=14.911, \alpha=0.05, u_{\frac{\alpha}{2}}=u_{0.025}=1.96, n=9$, 于是由式(7.3.2)得, μ 的置信度为 0.95 的置信区间为

$$14.911\pm\frac{0.15}{\sqrt{9}}\times1.96=14.911\pm0.098=(14.813,15.009).$$

(2) 由于 $\overline{x}=14.911, s=0.203, \alpha=0.05, t_{\frac{\alpha}{2}}(n-1)=t_{0.025}(8)=2.306$, 于是由式(7.3.4)得, μ 的置信度为 0.95 的置信区间为

$$14.911\pm\frac{0.203}{\sqrt{9}}\times2.306=14.911\pm0.156=(14.755,15.067).$$

例 7.3.3 设 1.25,1.00,2.00,0.80 是从某产品指标 X 中随机抽取的一个简单随机样本值, 已知 $Y=-3\ln X+3\ln 2$ 服从正态分布 $N(a,1)$, 求:

(1) a 的置信度为 95%的置信区间;

(2) $\mu=EX$ 的置信度为 95%的置信区间.

解 (1) a 的置信度为 0.95 的置信区间为

$$\left(\overline{Y}-\frac{\sigma}{\sqrt{n}}\times u_{\frac{\alpha}{2}},\overline{Y}+\frac{\sigma}{\sqrt{n}}\times u_{\frac{\alpha}{2}}\right)=\left(\overline{Y}-\frac{1}{\sqrt{4}}\times1.96,\overline{Y}+\frac{1}{\sqrt{4}}\times1.96\right), \tag{7.3.5}$$

其中, $\overline{Y}$ 表示总体 Y 的样本均值, 于是将

$$\overline{y}=\frac{1}{4}\left(-3\ln\frac{1.25}{2}-3\ln\frac{1}{2}-3\ln\frac{2}{2}-3\ln\frac{0.8}{2}\right)=\frac{1}{4}\times(-3\ln1)=0$$

代入式(7.3.5), 得参数 a 的置信度为 0.95 的置信区间为 $(-0.98,0.98)$.

(2) Y 的概率密度函数为 $f_Y(y)=\frac{1}{\sqrt{2\pi}}\mathrm{e}^{-\frac{(y-a)^2}{2}}\ (-\infty<y<+\infty)$, 于是

$$\mu=EX=E\left(2\mathrm{e}^{-\frac{Y}{3}}\right)=\frac{2}{\sqrt{2\pi}}\int_{-\infty}^{+\infty}\mathrm{e}^{-\frac{y}{3}}\mathrm{e}^{-\frac{(y-a)^2}{2}}\mathrm{d}y\xlongequal{\text{令 } y-a=t}\frac{2}{\sqrt{2\pi}}\int_{-\infty}^{+\infty}\mathrm{e}^{-\frac{t}{3}-\frac{a}{3}}\mathrm{e}^{-\frac{1}{2}t^2}\mathrm{d}t$$

$$=\mathrm{e}^{-\frac{a}{3}+\frac{1}{18}}\int_{-\infty}^{+\infty}\frac{1}{\sqrt{2\pi}}\mathrm{e}^{-\frac{1}{2}\left(t+\frac{1}{3}\right)^2}\mathrm{d}t=\mathrm{e}^{-\frac{a}{3}+\frac{1}{18}}.$$

由 e^x 的严格递增性可知, μ 的置信度为 0.95 的置信区间为 $(\mathrm{e}^{-0.27},\mathrm{e}^{0.38})$.

7.3.2 单个正态总体方差的置信区间

考虑随机变量 $\chi^2=\dfrac{(n-1)S^2}{\sigma^2}$，因为 $\chi^2=\dfrac{(n-1)S^2}{\sigma^2}\sim\chi^2(n-1)$，所以对于给定的置信度 $1-\alpha$，如图 7.3.3 所示，有

$$P\left\{\frac{(n-1)S^2}{\sigma^2}\leqslant\chi^2_{1-\frac{\alpha}{2}}(n-1)\right\}=\frac{\alpha}{2},\qquad P\left\{\frac{(n-1)S^2}{\sigma^2}\geqslant\chi^2_{\frac{\alpha}{2}}(n-1)\right\}=\frac{\alpha}{2},$$

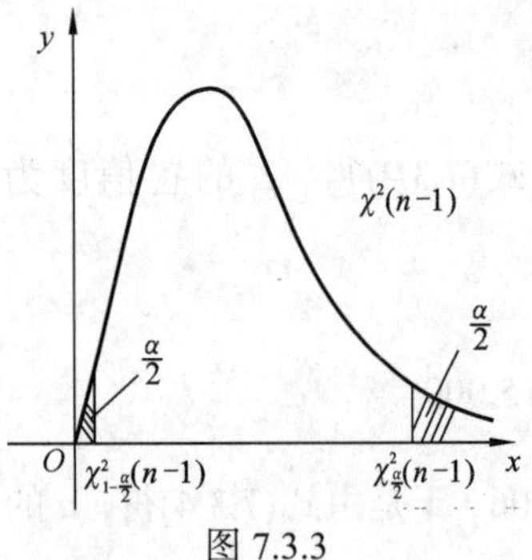

图 7.3.3

于是

$$P\left\{\chi^2_{1-\frac{\alpha}{2}}(n-1)<\frac{(n-1)S^2}{\sigma^2}<\chi^2_{\frac{\alpha}{2}}(n-1)\right\}=1-\alpha,$$

即

$$P\left\{\frac{(n-1)S^2}{\chi^2_{\frac{\alpha}{2}}(n-1)}<\sigma^2<\frac{(n-1)S^2}{\chi^2_{1-\frac{\alpha}{2}}(n-1)}\right\}=1-\alpha,$$

从而得到 σ^2 的置信度为 $1-\alpha$ 的置信区间为

$$\left(\frac{(n-1)S^2}{\chi^2_{\frac{\alpha}{2}}(n-1)},\frac{(n-1)S^2}{\chi^2_{1-\frac{\alpha}{2}}(n-1)}\right). \tag{7.3.6}$$

例 7.3.4 从某超市的货架上随机地抽得 9 包 0.5 kg 装的食盐，实测其重量(单位: kg)分别为 0.524, 0.488, 0.510, 0.510, 0.497, 0.506, 0.518, 0.515, 0.512, 从长期的实践中知道，该品牌的食盐重量服从正态分布 $N(\mu,\sigma^2)$，求 σ^2 的置信度为 95%的置信区间.

解 对于 $\alpha=0.05$，查 χ^2 分布表得，$\chi^2_{0.975}(8)=2.180$，$\chi^2_{0.025}(8)=17.535$，由式(7.3.6)得，σ^2 的置信度为 95%的置信区间为

$$\left(\frac{8\times0.118\,4\times10^{-3}}{17.535},\frac{8\times0.118\,4\times10^{-3}}{2.180}\right)=(0.054\,0\times10^{-3},0.434\,5\times10^{-3}).$$

7.3.3 两个正态总体均值差的置信区间

两个正态总体参数的区间估计通常用于对两个总体的比较，包括均值的比较和方差的比较. 设总体 $X\sim N(\mu_1,\sigma_1^2)$，$Y\sim N(\mu_2,\sigma_2^2)$，$X_1,X_2,\cdots,X_m$ 和 $Y_1,Y_2,\cdots,Y_n$ 是分别来自 X 和 Y 的样本，且 $(X_1,X_2,\cdots,X_m)$ 与 $(Y_1,Y_2,\cdots,Y_n)$ 相互独立，记

$$\bar{X}=\frac{1}{m}\sum_{i=1}^{m}X_i,\qquad \bar{Y}=\frac{1}{n}\sum_{j=1}^{n}X_j,$$

$$S_1^2=\frac{1}{m-1}\sum_{i=1}^{m}(X_i-\bar{X})^2,\qquad S_2^2=\frac{1}{n-1}\sum_{j=1}^{n}(Y_j-\bar{Y})^2.$$

1. σ_1^2 和 σ_2^2 均为已知

因为 $\bar{X} \sim N\left(\mu_1, \dfrac{\sigma_1^2}{m}\right)$, $\bar{Y} \sim N\left(\mu_2, \dfrac{\sigma_2^2}{n}\right)$, 且 $(X_1, X_2, \cdots, X_m)$ 和 $(Y_1, Y_2, \cdots, Y_n)$ 相互独立, 所以

$$\bar{X} - \bar{Y} \sim N\left(\mu_1 - \mu_2, \frac{\sigma_1^2}{m} + \frac{\sigma_2^2}{n}\right),$$

标准化后得到

$$Z = \frac{(\bar{X} - \bar{Y}) - (\mu_1 - \mu_2)}{\sqrt{\dfrac{\sigma_1^2}{m} + \dfrac{\sigma_2^2}{n}}} \sim N(0,1).$$

由此不难得到 $\mu_1 - \mu_2$ 的置信度为 $1-\alpha$ 的置信区间为

$$\left(\bar{X} - \bar{Y} - u_{\frac{\alpha}{2}}\sqrt{\frac{\sigma_1^2}{m} + \frac{\sigma_2^2}{n}}, \bar{X} - \bar{Y} + u_{\frac{\alpha}{2}}\sqrt{\frac{\sigma_1^2}{m} + \frac{\sigma_2^2}{n}}\right). \tag{7.3.7}$$

2. $\sigma_1^2 = \sigma_2^2 = \sigma^2$, 但 σ^2 未知

已知

$$T = \frac{(\bar{X} - \bar{Y}) - (\mu_1 - \mu_2)}{S_{\mathrm{w}}\sqrt{\dfrac{1}{m} + \dfrac{1}{n}}} \sim t(m+n-2),$$

于是得到 $\mu_1 - \mu_2$ 的置信度为 $1-\alpha$ 的置信区间为

$$\left(\bar{X} - \bar{Y} - t_{\frac{\alpha}{2}}(m+n-2)\sqrt{\frac{1}{m} + \frac{1}{n}}S_{\mathrm{w}},\ \bar{X} - \bar{Y} + t_{\frac{\alpha}{2}}(m+n-2)\sqrt{\frac{1}{m} + \frac{1}{n}}S_{\mathrm{w}}\right), \tag{7.3.8}$$

其中, $S_{\mathrm{w}} = \sqrt{\dfrac{(m-1)S_1^2 + (n-1)S_2^2}{m+n-2}}$.

例 7.3.5　设从两个正态分布 $N(\mu_1, \sigma^2)$, $N(\mu_2, \sigma^2)$ 中分别抽取容量为 10 和 12 的样本,算得 $\bar{x} = 20$, $\bar{y} = 24$, 又两样本标准差 $s_1 = 5$, $s_2 = 6$,求 $\mu_1 - \mu_2$ 的置信度为 0.95 的置信区间.

解　因为 $m = 10$, $n = 12$,

$$s_{\mathrm{w}} = \sqrt{\frac{(m-1)s_1^2 + (n-1)s_2^2}{m+n-2}} = \sqrt{\frac{9 \times 5^2 + 11 \times 6^2}{20}} = 5.572,$$

$$\alpha = 0.05, \qquad t_{0.025}(20) = 2.086,$$

$$\sqrt{\frac{1}{m} + \frac{1}{n}} = \sqrt{\frac{1}{10} + \frac{1}{12}} = 0.428,$$

所以由式(7.3.8)得, $\mu_1 - \mu_2$ 的置信度为 0.95 的置信区间为

$$\begin{aligned}\bar{x} - \bar{y} \pm t_{0.025}(20)\sqrt{\frac{1}{m} + \frac{1}{n}}s_{\mathrm{w}} &= -4 \pm 0.428 \times 5.572 \times 2.086 \\ &= -4 \pm 4.975 = (-8.975, 0.975).\end{aligned}$$

7.3.4 两个正态总体方差比的置信区间

因为 $\dfrac{(m-1)S_1^2}{\sigma_1^2}\sim\chi^2(m-1)$, $\dfrac{(n-1)S_2^2}{\sigma_2^2}\sim\chi^2(n-1)$, 且两者相互独立, 所以

$$F=\frac{S_1^2/S_2^2}{\sigma_1^2/\sigma_2^2}\sim F(m-1,n-1),$$

对于给定的 α , 如图 7.3.4 所示, 有

$$P\{F<F_{1-\frac{\alpha}{2}}(m-1,n-1)\}=\frac{\alpha}{2},$$

$$P\{F>F_{\frac{\alpha}{2}}(m-1,n-1)\}=\frac{\alpha}{2},$$

故

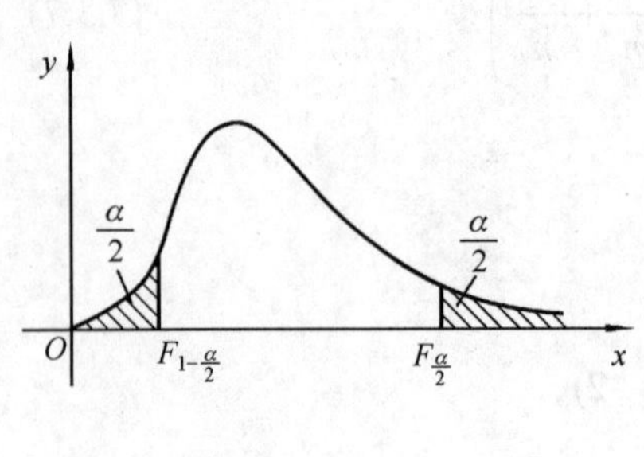

图 7.3.4

$$P\left\{F_{1-\frac{\alpha}{2}}(m-1,n-1)<\frac{S_1^2/S_2^2}{\sigma_1^2/\sigma_2^2}<F_{\frac{\alpha}{2}}(m-1,n-1)\right\}=1-\alpha,$$

即

$$P\left\{\frac{S_1^2/S_2^2}{F_{\frac{\alpha}{2}}(m-1,n-1)}<\frac{\sigma_1^2}{\sigma_2^2}<\frac{S_1^2/S_2^2}{F_{1-\frac{\alpha}{2}}(m-1,n-1)}\right\}=1-\alpha,$$

于是得到 $\dfrac{\sigma_1^2}{\sigma_2^2}$ 的置信度为 $1-\alpha$ 的置信区间为

$$\left(\frac{S_1^2/S_2^2}{F_{\frac{\alpha}{2}}(m-1,n-1)},\frac{S_1^2/S_2^2}{F_{1-\frac{\alpha}{2}}(m-1,n-1)}\right). \tag{7.3.9}$$

注意到

$$\frac{1}{F_{1-\frac{\alpha}{2}}(m-1,n-1)}=F_{\frac{\alpha}{2}}(n-1,m-1),$$

从而式(7.3.9)可以进一步表示为

$$\left(\frac{1}{F_{\frac{\alpha}{2}}(m-1,n-1)}\cdot\frac{S_1^2}{S_2^2},F_{\frac{\alpha}{2}}(n-1,m-1)\cdot\frac{S_1^2}{S_2^2}\right). \tag{7.3.10}$$

例 7.3.6 两位化验员 A, B 独立地对某种聚合物的含氯量用相同的方法测定 10 次和 11 次, 测定的样本方差分别为 $s_1^2=0.5419$, $s_2^2=0.6065$. 设 A, B 两位化验员测定的值服从正态分布, 其总体方差分别为 σ_1^2,σ_2^2, 求方差比 $\dfrac{\sigma_1^2}{\sigma_2^2}$ 的置信度为 0.90 的置信区间.

解 依题意有 $m=10, n=11, \alpha=0.1$,

$$F_{\frac{\alpha}{2}}(m-1, n-1) = F_{0.05}(9,10) = 3.02\,,$$

$$F_{\frac{\alpha}{2}}(n-1, m-1) = F_{0.05}(10,9) = 3.14\,,$$

故 $\dfrac{\sigma_1^2}{\sigma_2^2}$ 的置信度为 0.90 的置信区间为

$$\left(\frac{s_1^2 / s_2^2}{F_{0.05}(9,10)}, F_{0.05}(10,9)\cdot\frac{s_1^2}{s_2^2}\right) = \left(\frac{0.5419}{0.6065\times 3.02}, \frac{0.5419}{0.6065}\times 3.14\right) = (0.296\,, 2.806)\,.$$

正态总体参数的置信区间汇总见表 7.3.1.

表 7.3.1 正态总体参数的置信区间

待估参数	条件		置信区间 $(\hat{\theta}_1,\hat{\theta}_2)$		对应的分布
			$\hat{\theta}_1$	$\hat{\theta}_2$	
μ	单个总体	$\sigma^2=\sigma_0^2$	$\overline{X}-\frac{\sigma_0}{\sqrt{n}}u_{\frac{\alpha}{2}}$	$\overline{X}+\frac{\sigma_0}{\sqrt{n}}u_{\frac{\alpha}{2}}$	$N(0,1)$
		σ^2 未知	$\overline{X}-\frac{S}{\sqrt{n}}t_{\frac{\alpha}{2}}(n-1)$	$\overline{X}+\frac{S}{\sqrt{n}}t_{\frac{\alpha}{2}}(n-1)$	$t(n-1)$
$\mu_1-\mu_2$	两个总体	σ_1^2,σ_2^2 已知	$\overline{X}-\overline{Y}-u_{\frac{\alpha}{2}}\sqrt{\frac{\sigma_1^2}{m}+\frac{\sigma_2^2}{n}}$	$\overline{X}-\overline{Y}+u_{\frac{\alpha}{2}}\sqrt{\frac{\sigma_1^2}{m}+\frac{\sigma_2^2}{n}}$	$N(0,1)$
		$\sigma_1^2=\sigma_2^2$ 但未知	$\overline{X}-\overline{Y}-t_{\frac{\alpha}{2}}(m+n-2)\cdot\sqrt{\frac{(m-1)S_1^2+(n-1)S_2^2}{m+n-2}}\cdot\sqrt{\frac{1}{m}+\frac{1}{n}}$	$\overline{X}-\overline{Y}+t_{\frac{\alpha}{2}}(m+n-2)\cdot\sqrt{\frac{(m-1)S_1^2+(n-1)S_2^2}{m+n-2}}\cdot\sqrt{\frac{1}{m}+\frac{1}{n}}$	$t(m+n-2)$
σ^2	单个总体		$\frac{(n-1)S^2}{\chi^2_{\frac{\alpha}{2}}(n-1)}$	$\frac{(n-1)S^2}{\chi^2_{1-\frac{\alpha}{2}}(n-1)}$	$\chi^2(n-1)$
$\frac{\sigma_1^2}{\sigma_2^2}$	两个总体		$\frac{S_1^2/S_2^2}{F_{\frac{\alpha}{2}}(m-1,n-1)}$	$\frac{S_1^2/S_2^2}{F_{1-\frac{\alpha}{2}}(m-1,n-1)}$	$F(m-1,n-1)$

7.3.5 单侧置信区间

前面所讲的都是双侧置信区间问题, 而在许多实际问题中, 并不需要作双侧估计, 只需估计单侧的置信下限或置信上限, 即求形如 $(\hat{\theta}_1,+\infty)$ 或 $(-\infty,\hat{\theta}_2)$ 的置信区间, 这种估计称为**单侧置信区间估计**. 例如, 对于电子元件的寿命, 通常只关心下限.

作单侧置信区间估计, 其方法和计算与双侧置信区间估计十分相似.

例如, 设总体 $X\sim N(\mu,\sigma^2)$, σ^2 已知, $X_1,X_2,\cdots,X_n$ 为来自总体 X 的样本, 由于

$$U=\frac{\bar{X}-\mu}{\sigma/\sqrt{n}}\sim N(0,1),$$

对于给定的α, 有

$$P\left\{\frac{\bar{X}-\mu}{\sigma/\sqrt{n}}<u_\alpha\right\}=1-\alpha,$$

即

$$P\left\{\mu>\bar{X}-\frac{\sigma}{\sqrt{n}}u_\alpha\right\}=1-\alpha,$$

从而得到μ的置信度为$1-\alpha$的**单侧置信区间**为

$$\left(\bar{X}-\frac{\sigma}{\sqrt{n}}u_\alpha,+\infty\right). \tag{7.3.11}$$

*7.3.6　大样本下非正态总体参数的区间估计

对于非正态总体的未知参数, 当样本容量很大时, 可用中心极限定理求得其近似的置信区间.

对于总体X, 设其均值$EX=\mu$, 方差$DX=\sigma^2$均存在, σ^2已知, μ为未知参数, $X_1,X_2,\cdots,X_n$是来自X的一个样本. 由中心极限定理易知, 当n充分大时,

$$\frac{\sum_{i=1}^{n}X_i-n\mu}{\sqrt{n}\sigma}=\frac{\bar{X}-\mu}{\sigma/\sqrt{n}}\overset{\text{近似地}}{\sim}N(0,1).$$

因此, 当样本容量n充分大($n\geqslant 50$)时, 有

$$P\left\{-u_{\frac{\alpha}{2}}<\frac{\bar{X}-\mu}{\sigma/\sqrt{n}}<u_{\frac{\alpha}{2}}\right\}\approx 1-\alpha,$$

于是总体均值μ的置信度为$1-\alpha$的一个近似置信区间为

$$\left(\bar{X}-\frac{\sigma}{\sqrt{n}}u_{\frac{\alpha}{2}},\bar{X}+\frac{\sigma}{\sqrt{n}}u_{\frac{\alpha}{2}}\right). \tag{7.3.12}$$

当总体方差未知时, 可用样本标准差S代替σ. 实际上, 可以证明, 当n充分大时, $\frac{\bar{X}-\mu}{S/\sqrt{n}}$近似地服从$N(0,1)$, 故得$\mu$的置信度为$1-\alpha$的一个近似置信区间为

$$\left(\bar{X}-\frac{S}{\sqrt{n}}u_{\frac{\alpha}{2}},\bar{X}+\frac{S}{\sqrt{n}}u_{\frac{\alpha}{2}}\right). \tag{7.3.13}$$

下面讨论(0-1)分布的参数的区间估计.

设$X_1,X_2,\cdots,X_n$为来自(0-1)分布总体X的一个样本, $X\sim B(1,p)$, 其分布律为

$$f(x,p)=p^x(1-p)^{1-x}\quad (x=0,1),$$

p为未知参数. 已知$EX=p,DX=p(1-p)$, 现在来求p的置信度为$1-\alpha$的置信区间.

由中心极限定理知,

$$\frac{\sum_{i=1}^{n} X_i - np}{\sqrt{np(1-p)}} = \frac{n\overline{X} - np}{\sqrt{np(1-p)}}$$

近似地服从 $N(0,1)$, 于是有

$$P\left\{-u_{\frac{\alpha}{2}} < \frac{n\overline{X} - np}{\sqrt{np(1-p)}} < u_{\frac{\alpha}{2}}\right\} \approx 1-\alpha,$$

而不等式

$$-u_{\frac{\alpha}{2}} < \frac{n\overline{X} - np}{\sqrt{np(1-p)}} < u_{\frac{\alpha}{2}}$$

等价于

$$(n + u_{\frac{\alpha}{2}}^2)p^2 - (2n\overline{X} + u_{\frac{\alpha}{2}}^2)p + n\overline{X}^2 < 0, \tag{7.3.14}$$

记 $a = n + u_{\frac{\alpha}{2}}^2, b = -(2n\overline{X} + u_{\frac{\alpha}{2}}^2), c = n\overline{X}^2$, 则式(7.3.14)的等价形式为

$$p_1 < p < p_2,$$

其中,

$$p_1 = \frac{1}{2a}(-b - \sqrt{b^2 - 4ac}),$$

$$p_2 = \frac{1}{2a}(-b + \sqrt{b^2 - 4ac}),$$

因此 p 的置信度为 $1-\alpha$ 的近似置信区间为

$$(p_1, p_2). \tag{7.3.15}$$

例 7.3.7　设来自一大批产品的 100 个样品中, 有一级品 60 个, 求这批产品的一级产品率 p 的置信度为 95% 的置信区间.

解　设一级品率为 p , 它是(0-1)分布的参数. 此处 $n = 100, \overline{x} = \frac{60}{100} = 0.6, 1-\alpha = 0.95, \frac{\alpha}{2} = 0.025, u_{\frac{\alpha}{2}} = 1.96$, 于是

$$a = n + u_{\frac{\alpha}{2}}^2 = 103.84, \quad b = -(2n\overline{x} + u_{\frac{\alpha}{2}}^2) = -123.84, \quad c = n\overline{x}^2 = 36,$$

计算得 $p_1 = 0.50, p_2 = 0.69$, 故得 p 的置信度为 95% 的近似置信区间为 $(0.50, 0.69)$.

习　题　7

1. 设总体 X 的概率密度函数为 $f(x;\theta) = \begin{cases} \frac{\theta^2}{x^3} e^{-\frac{\theta}{x}}, & x > 0, \\ 0, & \text{其他}, \end{cases}$ 其中 θ 为未知参数且大于零, $X_1, X_2, \cdots, X_n$ 为来自总体 X 的简单随机样本. 求 θ 的矩估计量.

2. 设 X 的概率密度函数为 $f(x;\theta)=\begin{cases}\dfrac{6x}{\theta^3}(\theta-x), & 0<x<\theta,\\ 0, & 其他,\end{cases}$ $X_1,X_2,\cdots,X_n$ 是取自总体 X 的简单随机样本,求:

(1) θ 的矩估计量 $\hat{\theta}$;

(2) $\hat{\theta}$ 的方差 $D\hat{\theta}$.

3. 设湖中有 N 条鱼,现捕出 r 条,做上记号后放回.一段时间后,再从湖中捕起 n 条鱼,其中有标记的有 k 条,试据此信息估计湖中鱼的条数 N.

4. 设总体 X 的分布函数为 $F(x;\beta)=\begin{cases}1-\dfrac{1}{x^{\beta}}, & x>1,\\ 0, & x\leqslant 1,\end{cases}$ 其中未知参数 $\beta>1$, $X_1,X_2,\cdots,X_n$ 为来自总体 X 的简单随机样本,求:

(1) β 的矩估计量;

(2) β 的最大似然估计量.

5. 设总体 X 服从对数正态分布,概率密度函数为

$$f(x;\mu,\sigma^2)=\frac{1}{\sqrt{2\pi}\sigma x}\mathrm{e}^{-\frac{(\ln x-\mu)^2}{2\sigma^2}}\quad(x>0),$$

求 μ,σ^2 的矩估计和最大似然估计.

6. 设总体 X 的概率密度函数为 $f(x;\theta)=\begin{cases}\theta, & 0<x<1,\\ 1-\theta, & 1\leqslant x\leqslant 2,\\ 0, & 其他,\end{cases}$ 其中 θ $(0<\theta<1)$是未知参数, $X_1,X_2,\cdots,X_n$ 为来自总体 X 的简单随机样本,记 N 为样本值 $x_1,x_2,\cdots,x_n$ 中小于 1 的个数,求 θ 的最大似然估计.

7. 设某种元件的使用寿命 X 的概率密度函数为 $f(x;\theta)=\begin{cases}2\mathrm{e}^{-2(x-\theta)}, & x>\theta,\\ 0, & x\leqslant\theta,\end{cases}$ 其中 $\theta>0$ 为未知参数.又设 $x_1,x_2,\cdots,x_n$ 是 X 的一组样本观测值,求参数 θ 的最大似然估计值.

8. (1) 设 $X_1,X_2,\cdots,X_n$ 是取自总体 $N(\mu,\sigma^2)$ 的样本,试求 $P\{X<t\}$ 的最大似然估计;

(2) 已知某种白炽灯泡的寿命服从正态分布,在某星期生产的灯泡中随机抽取 10 个,测得寿命(单位: h)为 1 067, 919, 1 196, 785, 1 126, 936, 918, 1 156, 920, 948, 总体参数未知,试用最大似然估计法估计这批灯泡能使用 1 300 h 以上的概率.

9. 设总体 $X\sim U(0,\theta)$, $X_1,X_2,\cdots,X_n$ 为 X 的一个样本, θ 的最大似然估计 $\hat{\theta}=\max\{X_1,X_2,\cdots,X_n\}=X_n^*$,试将其修正为无偏估计量.

10. 设 $X_1,X_2,\cdots,X_n$ 为来自二项分布总体 $B(n,p)$ 的简单随机样本, $\overline{X}$ 和 S^2 分别为样本均值和样本方差.若 $\overline{X}+kS^2$ 为 np^2 的无偏估计量,则 $k=$________.

11. 设 $X_1,X_2,\cdots,X_n\ (n\geqslant 2)$ 为总体 $N(\mu,\sigma^2)$ 的一个样本,试适当地选择 C,使 $Q=C\sum\limits_{i=1}^{n-1}(X_{i+1}-X_i)^2$ 为 σ^2 的无偏估计.

12. 设$X_1,X_2,\cdots,X_n$是总体为$N(\mu,\sigma^2)$的简单随机样本. 记

$$\overline{X}=\frac{1}{n}\sum_{i=1}^{n}X_i,\qquad S^2=\frac{1}{n-1}\sum_{i=1}^{n}(X_i-\overline{X})^2,\qquad T=\overline{X}^2-\frac{1}{n}S^2.$$

(1) 证明T是μ^2的无偏估计量;

(2) 当$\mu=0,\sigma=1$时, 求DT.

13. 设$X_1,X_2,\cdots,X_n$为来自总体$X\sim P(\lambda)$的样本, $\lambda>0$是未知参数, 证明样本均值$\overline{X}$是λ的最有效无偏估计量.

14. 设总体$X\sim U(0,\theta)$, $X_1,X_2,\cdots,X_n$为X的样本, 证明$\theta^*=\dfrac{n+1}{n}X_n^*$为$\theta$的一致性估计.

15. 设总体X的分布函数为$F(x;\theta)=\begin{cases}1-\mathrm{e}^{-\frac{x^2}{\theta}}, & x\geqslant 0,\\ 0, & x<0,\end{cases}$其中$\theta$是未知参数且大于零, $X_1,X_2,\cdots,X_n$为来自总体X的简单随机样本.

(1) 求EX与EX^2;

(2) 求θ的最大似然估计量$\hat{\theta}_n$;

(3) 是否存在实数a, 使得对任何$\varepsilon>0$, 都有$\lim\limits_{n\to\infty}P\{|\hat{\theta}_n-a|\geqslant\varepsilon\}=0$.

16. 若总体$X\sim N(\mu,\sigma^2)$, 其中σ^2已知, 则对于确定的样本容量, 总体均值μ的置信区间长度L与置信度$1-\alpha$的关系是(　　)

A. 当$1-\alpha$缩小时, L缩短　　B. 当$1-\alpha$缩小时, L增大

C. 当$1-\alpha$缩小时, L不变　　D. 以上说法均错

17. 设正态总体期望μ的置信区间长度$L=\dfrac{2S}{\sqrt{n}}t_\alpha(n-1)$, 则其置信度为(　　).

A. $1-\alpha$　　B. α　　C. $1-\dfrac{\alpha}{2}$　　D. $1-2\alpha$

18. 设总体$X\sim N(\mu,\sigma^2)$, 已知σ^2, 问样本容量n取多大时方能保证μ的95%的置信区间的长度不大于l?

19. 某产品指标$X\sim N(\mu,1)$, 从中随机抽取容量为16的一个样本, 计算得样本均值为$\bar{x}=2$, 求总体均值μ的置信度为95%的置信区间.

20. 随机抽查5炉铁水, 其含碳率分别为4.28, 4.40, 4.42, 4.35, 4.37, 并由积累资料知道, 铁水含碳率服从$N(\mu,0.108^2)$, 试在置信度0.95下, 求μ的置信区间.

21. 从某品牌的食糖中随机地抽得9包, 实测其重量(单位: kg)分别为0.497, 0.506, 0.518, 0.524, 0.488, 0.510, 0.510, 0.515, 0.512, 从长期的实践中知道, 该品牌的食糖重量服从正态分布$N(\mu,\sigma^2)$.

(1) 已知$\sigma^2=0.01^2$, 求μ的置信度为95%的置信区间;

(2) σ^2未知, 求μ的置信度为95%的置信区间.

22. 从正态总体中抽取容量为5的样本观察值: 6.60, 4.60, 5.40, 5.80, 5.50, 试在置信度0.95下, 求总体均值μ的置信区间.

23. 岩石密度的测量结果 $X \sim N(\mu,\sigma^2)$，现抽取 12 个样品，测得 $\sum_{i=1}^{12} x_i = 32.1, \sum_{i=1}^{12} x_i^{\,2} = 89.92$，当 μ 未知时，求方差 σ^2 的置信度为 0.90 的置信区间.

24. 某市随机对 1 000 名成年人进行调查，得知有 600 人喜欢上网，求该市成年人喜欢上网的比率 p 的置信度为 95%的置信区间.

25. 某农场为了试验磷肥与氮肥能否提高水稻收获量，任选试验田 18 块进行试验，每块面积 $\frac{1}{20}$ 亩(1 亩 $\approx 666.67\text{m}^2$)，其结果如下.

不施肥的 10 块试验田的收获量(单位: kg)为 8.6, 7.9, 9.3, 10.7, 11.2, 11.4, 9.8, 9.5, 10.1, 8.5;
施肥的 8 块试验田的收获量(单位: kg)为 12.6, 10.2, 11.7, 12.3, 11.1, 10.5, 10.6, 12.2.

假定施肥与不施肥的收获量均服从正态分布，且方差相等，试在置信度 0.95 下，求每 $\frac{1}{20}$ 亩的水稻施肥比不施肥增产的幅度.

26. 若总体 $X \sim N(\mu_1,\sigma_1^2)$ 与 $Y \sim N(\mu_2,\sigma_2^2)$ 相互独立，已知样本数据 $m=80, \bar{x}=200, s_1=80$，$n=100, \bar{y}=100, s_2=100$，求 $\mu_1-\mu_2$ 的置信度为 0.99 的置信区间(假定 $\sigma_1^2=\sigma_2^2$).

27. 有两位化验员 A 和 B，他们独立地对某种聚合物的含氯量用相同的方法各测定 10 次，其测量值的方差分别为 0.487 71 和 0.545 85，假定 A, B 所测量的总体均服从正态分布，方差分别为 σ_{A}^2 和 σ_{B}^2，求方差比 $\frac{\sigma_{\text{A}}^2}{\sigma_{\text{B}}^2}$ 的置信度为 0.90 的置信区间.

28. 从某批灯泡中随机抽取 5 只做寿命试验，其寿命(单位: h)为

$$1\,050,\quad 1\,100,\quad 1\,120,\quad 1\,250,\quad 1\,280,$$

设灯泡的寿命服从正态分布，试求其置信度为 0.95 的单侧置信下限.

第 8 章　假 设 检 验

假设检验是依据由总体取得的样本对总体进行分析和推断的另一种方式. 在总体的分布完全未知, 或总体分布的形式已知但含有未知参数的情形下, 为了推断总体的某些性质, 假设检验采用先提出关于所研究总体的分布或参数的某假设, 再根据样本对所提出的假设做出判断——接受或者拒绝, 从而得到总体的有关性质. 假设检验可分为参数假设检验和非参数假设检验两类.

本章主要介绍假设检验的概念, 给出假设检验的一般步骤, 然后给出正态总体的参数假设检验方法及分布拟合检验、秩和检验、独立性检验等非参数假设检验方法.

8.1　假设检验的基本概念

假设检验问题, 就是根据研究实际问题的需要, 对总体提出某些假设, 然后利用实际得到的样本观测值, 通过一定的步骤判断所提出的假设是否合理, 从而做出拒绝与否的决定.

下面先分析几个实际例子, 给出假设检验的一些常用的基本概念.

例 8.1.1　经验表明, 一个矩形的宽与长之比等于 0.618 的时候会给人们比较良好的感觉. 某工艺品工厂生产的矩形工艺品框架的宽与长要求也按这一比值设计. 现随机抽取了 20 个框架测得比值, 如表 8.1.1 所示.

表 8.1.1

比值				
0.693	0.749	0.654	0.670	0.662
0.672	0.615	0.606	0.690	0.628
0.668	0.611	0.606	0.609	0.601
0.553	0.570	0.844	0.576	0.933

问: 能否认为该厂生产的工艺品符合要求, 即工艺品框架宽与长的比值为 0.618?

如果设工艺品框架的宽与长的比为随机变量 X , 有 $X \sim N(\mu, 0.3^2)$, 问题相当于关于总体的命题“ $\mu = \mu_0 = 0.618$ ”是否成立.

例 8.1.2　某市公交部门某年对前 6 个月交通事故作记录, 统计得星期一至星期日发生交通事故的次数, 如表 8.1.2 所示.

表 8.1.2

星期	一	二	三	四	五	六	日
次数	36	23	29	31	34	60	25

试问交通事故的发生是否与星期几有关?如果设 X 表示发生交通事故的时间(这里指星期几), 则总体 X 的所有可能取值可设为 $1,2,3,4,5,6,7$, 若事故发生与星期几无关, 即 X 服从离散均匀分布. 这里总体 X 的分布完全未知, 能否由统计数据说明关于总体 X 的命题 "X 服从离散均匀分布, 即 $P\{X=i\}=\frac{1}{7}(i=1,2,\cdots,7)$" 成立?

例 8.1.3 (续例 6.2.1) 某工厂生产的一种机械零件的质量为 X (单位: g), 问它是否服从正态分布 $N(\mu,\sigma^2)$? 现抽查 120 个这种零件, 测量其质量, 样本观测值的频数分布如表 8.1.3 所示, 样本均值 $\bar{x}=209$, 样本方差 $s^2=6.5^2$, 如何根据这 120 个观测值判断 X 是否服从正态分布 $N(\mu,\sigma^2)$?这里总体 X 的分布完全未知, 问题相当于判断命题 "$X\sim N(\mu,\sigma^2)$" 是否成立.

表 8.1.3

质量区间	$(-\infty, 198.5)$	$(198.5, 201.5)$	$(201.5, 204.5)$	$(204.5, 207.5)$	$(207.5, 210.5)$
频数	6	7	14	20	23

质量区间	$(210.5, 213.5)$	$(213.5, 216.6)$	$(216.5, 219.5)$	$(219.5, +\infty)$
频数	22	14	8	6

在统计学中把上述有关所研究总体的命题称为**"假设"**或**"统计假设"**, "假设"这个词在此就是一个其正确与否有待通过样本去判断的陈述. 例如, 一群人的身高服从正态分布 $N(\mu,\sigma^2)$, 则命题"这群人的平均身高 $\mu\leqslant 1.7\,\mathrm{m}$"是一个假设. 又如, 某种产品按照规定, 次品率不得超过 5%才能出厂, 从 1000 件产品中抽检 10 件, 假设有 2 件次品, 问这批产品能否出厂?设 X 表示从 10 件产品中检查出的次品的件数, p 为该产品的次品率, 则 X 服从二项分布, $X\sim B(10,p)$. "$p\leqslant 0.05$" 是关于总体 X 的一个假设. 该批产品能否出厂即判断假设 "$p\leqslant 0.05$" 是否正确. 假设是否正确, 要用从总体中抽出的样本进行判断, 在统计学中通常用**"检验"**一词来代替"判断". "认为假设正确"称为接受该假设; "认为假设不正确"称为否定或拒绝该假设. **假设检验**是做出这一判断的过程.

在例 8.1.1 中提出的假设为 "$\mu=0.618$", 与之对立的有另一假设 "$\mu\neq 0.618$", 它们分别称为**原假设**(**或零假设**)和**备择假设**(指在原假设被拒绝后可供选择的假设), 用记号

$$H_0:\mu=\mu_0=0.618\leftrightarrow H_1:\mu\neq\mu_0=0.618$$

表示. 这个假设检验问题涉及的总体分布形式已知, 假设是对总体的未知参数做出的, 一旦知道未知参数的值, 总体的分布就能完全确定. 这种仅对总体分布所包含的未知参数的假设检验称为**参数假设检验**. 而例 8.1.2 的假设为

$$H_0:X \text{ 服从离散均匀分布, 即 } P\{X=i\}=\frac{1}{7}\ (i=1,2,\cdots,7)$$

$$\leftrightarrow H_1:X \text{ 不服从离散均匀分布 } P\{X=i\}=\frac{1}{7}\ (i=1,2,\cdots,7),$$

例 8.1.3 的假设为

$$H_0:X\sim N(\mu,\sigma^2)\leftrightarrow H_1:X \text{ 不服从分布 } N(\mu,\sigma^2),$$

这两个假设检验问题中总体的分布都未知，甚至连分布的形式都不知道，因此这类假设只能给在未知分布函数的形式上或分布的某些数字特征上，这样的假设检验称为**非参数假设检验**.

怎样检验一个假设的正确性呢?先分析例 8.1.1，要根据已经获得的样本在零假设 H_0 和备择假设 H_1 之间做出选择或判断.由于问题涉及正态总体的均值 μ，自然想到样本均值 $\bar{X}$，它是 μ 的线性无偏估计中最有效的估计，如果原假设 H_0 成立，那么 $|\bar{X}-0.618|$ 应该比较小；反之，就应该比较大. 因此，$|\bar{X}-0.618|$ 可以用来作为检验假设的一个量，利用样本观测值，可算得 $\bar{x}=0.6605$，从而 $|\bar{x}-0.618|=0.6605-0.618=0.0425$. 由于 $X\sim N(\mu,0.3^2)$，当原假设 H_0 为真时，$\mu=0.618$，利用抽样分布定理，有 $\bar{X}\sim N\left(0.618,\dfrac{0.3^2}{20}\right)$. 因为

$$P\left\{\left|\frac{\bar{X}-0.618}{\sqrt{0.3^2/20}}\right|\geqslant\frac{0.0425}{\sqrt{0.3^2/20}}\right\}=P\left\{\left|\frac{\bar{X}-0.618}{\sqrt{0.3^2/20}}\right|\geqslant 0.63\right\}$$

$$=1-P\left\{\left|\frac{\bar{X}-0.618}{\sqrt{0.3^2/20}}\right|<0.63\right\}=0.5286,$$

所以当原假设 H_0 成立时，事件 $\left\{\left|\dfrac{\bar{X}-0.618}{\sqrt{0.3^2/20}}\right|\geqslant 0.63\right\}$ 发生的概率为 0.5286. 如此大的概率的事件发生是很正常的，所得到的样本不足以否定原假设 H_0，没有理由说明 H_0 不正确，只好接受原假设成立.

在上述检验过程中，统计量 $\dfrac{\bar{X}-0.618}{\sqrt{0.3^2/20}}$ 起到了关键作用，称为**检验统计量**. 它的分布在原假设 H_0 下完全确定. 算得的概率 $P\left\{\left|\dfrac{\bar{X}-0.618}{\sqrt{0.3^2/20}}\right|\geqslant 0.63\right\}=0.5286$，依据所得到的概率不太小的事实，不能认为观测结果与原假设 H_0 有显著差异，本检验做出了接受原假设的结论.

一个自然的问题是，当原假设 H_0 成立时，事件发生的概率到底要小到什么程度才认为观测结果与原假设 H_0 有显著差异，从而怀疑 H_0 的正确性而做出拒绝 H_0 的判断呢?推断依据是什么?

8.1.1　小概率事件原理

小概率事件原理 (实际推断原理)　概率很小的随机事件(通常以小于 0.05 或小于 0.01 等的概率为小概率)在一次试验中是几乎不可能发生的.

如果依据原假设，可知某事件出现的概率很小，而在一次试验中，某事件竟然出现了，则可以认为原假设是不正确的，从而应该拒绝原假设.

先假设“$H_0:\mu=0.618$”，然后分析抽样结果，如果出现了在假设成立的条件下，竟然发生了实际很难发生的事件，就有理由认为原假设“$H_0:\mu=0.618$”不能成立，拒绝原假设，认为“$H_1:\mu\neq 0.618$”成立. 上面的推理运用了小概率事件原理，可称为**概率反证法**. 本例所得样本不能推出这种“矛盾”，则只好认为“$H_0:\mu=0.618$”成立. 可见，假设检验的依据就是小概率事件原理，掌握假设检验的这种思想方法是很重要的.

8.1.2　显著性水平

从上述分析知道, 假设检验所采用的是一种反证法的思想. 先假定结论成立, 然后在此条件之下依据样本进行推断, 若得到了矛盾, 则拒绝原假设; 若没有得到矛盾, 则接受原假设. 注意这里的矛盾不是纯逻辑形式上的矛盾, 只是与人们普遍的经验相矛盾. 因为假设检验依据的小概率事件原理中的小概率事件只是几乎不可能发生, 而不是绝对不会发生. 因此, 依据小概率事件原理做出的结论可能会犯错误. 怎样使做出正确结论的可能性更大呢? 这涉及"小概率事件"的认定和感兴趣问题的具体性质. 例如, 事件发生的概率小到什么程度才认为是小概率事件?一般在假设检验之前, 根据具体情况, 给定一个合理的数值 α $(0<\alpha<1)$ 作为判断小概率事件的标准, 把发生概率不大于 α 的事件称为小概率事件, 称 α 为**显著性水平**.

根据各种具体问题的实际意义, 显著性水平 α 的选取可以不一样. 为查表方便起见, 常选取 $\alpha=0.1, 0.05, 0.01$ 等值. 有了显著性水平 α 以后, 以例 8.1.1 为例来说明给定的显著性水平 α 在统计推断中的作用.

以 $\alpha=0.05$ 为例, 检验统计量 $\dfrac{\overline{X}-0.618}{\sqrt{0.3^2/20}}$ 在原假设 H_0 下服从 $N(0,1)$, 查标准正态分布表得, 其上 $\dfrac{\alpha}{2}$ 分位点 $u_{\frac{\alpha}{2}}=1.96$, 从而

$$P\left\{\left|\frac{\overline{X}-0.618}{\sqrt{0.3^2/20}}\right|>u_{\frac{\alpha}{2}}\right\}=\alpha .$$

可以认为检验统计量取值落在 $(-\infty,-u_{\frac{\alpha}{2}})\cup(u_{\frac{\alpha}{2}},+\infty)$ 的事件为小概率事件, 一次试验中按经验应当不会发生, 若发生了就拒绝原假设 H_0. 当检验统计量取某个区域中的值时, 就拒绝原假设 H_0, 则称该区域为**拒绝域**, 拒绝域的边界点称为**临界点**. 本检验的拒绝域为 $(-\infty,-u_{\frac{\alpha}{2}})\cup(u_{\frac{\alpha}{2}},+\infty)$, $u_{\frac{\alpha}{2}}$ 为临界点. 而相应的 $[-u_{\frac{\alpha}{2}},u_{\frac{\alpha}{2}}]$ 称为**接受域**. 本例中检验统计量的取值落在接受域中, 小概率事件在一次试验中没有发生, 于是不拒绝 H_0, 只好认为该厂生产的工艺品符合要求, 即工艺品框架宽与长的比值为 0.618. 可见显著性水平 α 的取值确定了一个小概率事件标准, 是使用小概率事件原理的先决条件.

8.1.3　两类错误

奈曼(J. Neyman)与皮尔逊(E. S. Pearson)合作, 从 1928 年开始, 对假设检验提出了比较系统的理论. 他们认为, 在检验一个假设时可能犯两类错误: 一种情况是 H_0 真实成立, 但判断做出 H_0 不成立的结论, 犯了"**弃真**"的错误; 另一种情况是 H_0 实际上不成立, 但判断做出 H_0 成立的结论, 犯了"**取伪**"的错误. 由于假设检验是根据小概率事件原理做出判断的, 并且抽样又具有随机性, 这就总有可能做出错误的判断. 当假设 H_0 为真时, 有可能犯拒绝 H_0 的错误, 称这类"弃真"的错误为**第一类错误**. 犯第一类错误的概率就是显著性水平 α, 即

$$P\{\text{拒绝}\,H_0 \mid H_0\,\text{为真}\}=\alpha .$$

又当 H_0 实际上不真时, 也有可能犯接受 H_0 的错误, 称这类"取伪"的错误为**第二类错误**. 犯第二类错误的概率记为 β, 即

$$P\{接受H_0 | H_0不真\} = \beta.$$

为明确起见，两类错误列在表 8.1.4 中.

表 8.1.4

总体情况	H_0 为真	H_1 为真
拒绝 H_0	犯第一类错误	正确
接受 H_0	正确	犯第二类错误

我们希望犯这两类错误的概率越小越好，但对于固定的样本容量 n，建立犯两类错误的概率都最小的检验是不可能的. 要使犯两类错误的概率同时减小，只有增加样本容量. 考虑到原假设 H_0 的提出一般是有一定依据的，如果没有充足理由，通常人们不希望轻易拒绝 H_0，对它要加以保护，此即**保护原假设的原则**. 例如，工厂的产品一般是合格的，出厂进行抽样检查时不希望轻易地被认为不合格，即犯第一类错误的概率不能太大. 因此，总是控制犯第一类错误的概率，让它小于或等于 α，而不考虑犯第二类错误的概率. 这种只对犯第一类错误的概率加以控制，而不考虑犯第二类错误的概率的检验，称为**显著性检验问题**. 数 α 称为显著性水平. α 的大小依具体情况确定，通常取 $\alpha = 0.1, 0.05, 0.01$ 等. α 取值越小，获得否定原假设 H_0 的样本的可能性越小，如果原假设 H_0 被否定，那么所得结论越强有力；当然，如果原假设 H_0 没有被否定，接受原假设则不能得到原假设正确的结论. 可见，原假设和备择假设的地位在显著性检验中并不是对称的.

8.1.4　双侧假设检验与单侧假设检验

例 8.1.1 中备择假设是 $H_1: \mu \neq \mu_0$，它表示只要 $\mu > \mu_0$ 与 $\mu < \mu_0$ 中有一个成立，就可以拒绝 H_0. 因为拒绝域分别位于 μ_0 的两侧，所以称这类假设检验为**双侧假设检验**.

但在有些问题中还会用到单侧假设检验，如对于一批灯泡，关心的主要是它的寿命均值 μ 不应太低. 因此，就会提出如下问题："是否可以认为这批灯泡的寿命均值 μ 不小于或不大于 μ_0?" 这样，就是要求检验如下形式的假设

$$H_0: \mu \leqslant \mu_0 \leftrightarrow H_1: \mu > \mu_0,$$

或

$$H_0: \mu \geqslant \mu_0 \leftrightarrow H_1: \mu < \mu_0.$$

这样的假设检验称为**单侧假设检验**. 上面两种形式的假设检验分别称为**右侧检验**和**左侧检验**.

下面讨论单侧假设检验的拒绝域.

设总体 $X \sim N(\mu, \sigma^2)$，σ 为已知，$X_1, X_2, \cdots, X_n$ 是来自总体 X 的样本. 给定显著性水平 α，下面来求右侧检验

$$H_0: \mu \leqslant \mu_0 \leftrightarrow H_1: \mu > \mu_0$$

的拒绝域.

当 H_0 成立时，$\mu - \mu_0 \leqslant 0$，此时 μ 的线性无偏估计中最有效的估计 $\bar{X}$ 的观测值 $\bar{x}$ 与 μ_0 的差不应该偏大，假如它偏大，就应该拒绝 H_0，所以拒绝域的形式应该为 $\dfrac{\bar{x} - \mu_0}{\sigma / \sqrt{n}} > k$. 由于

$\dfrac{\bar{X}-\mu}{\sigma/\sqrt{n}} \sim N(0,1)$, 在给定显著性水平$\alpha$下, 确定$N(0,1)$的上$\alpha$分位点$u_\alpha$, 得

$$P\left\{\frac{\bar{X}-\mu}{\sigma/\sqrt{n}} > u_\alpha\right\} = \alpha .$$

但$\dfrac{\bar{X}-\mu}{\sigma/\sqrt{n}}$不能作为检验统计量, 因为$\mu$是未知的. 当$H_0$成立时, 有

$$\frac{\bar{X}-\mu_0}{\sigma/\sqrt{n}} \leqslant \frac{\bar{X}-\mu}{\sigma/\sqrt{n}},$$

故

$$\left\{\frac{\bar{X}-\mu_0}{\sigma/\sqrt{n}} > u_\alpha\right\} \subseteq \left\{\frac{\bar{X}-\mu}{\sigma/\sqrt{n}} > u_\alpha\right\},$$

从而

$$P\left\{\frac{\bar{X}-\mu_0}{\sigma/\sqrt{n}} > u_\alpha\right\} \leqslant P\left\{\frac{\bar{X}-\mu}{\sigma/\sqrt{n}} > u_\alpha\right\} = \alpha,$$

因此可以取$U = \dfrac{\bar{X}-\mu_0}{\sigma/\sqrt{n}}$作为检验统计量, 拒绝域为$C = \left\{u : u = \dfrac{\bar{x}-\mu_0}{\sigma/\sqrt{n}} > u_\alpha\right\}$.

类似地, 左侧检验$H_0:\mu \geqslant \mu_0 \leftrightarrow H_1:\mu < \mu_0$的拒绝域为

$$C = \left\{u : u = \frac{\bar{x}-\mu_0}{\sigma/\sqrt{n}} < -u_\alpha\right\}.$$

由上述讨论可总结假设检验的基本步骤如下:

(1) 根据实际问题的要求提出原假设H_0及备择假设H_1;

(2) 选取适当的检验统计量, 并在H_0成立的条件下确定检验统计量的分布;

(3) 给定显著性水平α, 并根据统计量的分布查表, 确定拒绝域;

(4) 根据样本值计算检验统计量的值, 将其与临界值比较;

(5) 作结论, 若检验统计量的值落入拒绝域, 就拒绝H_0, 否则接受H_0.

但要注意, 若检验统计量的值接近临界值, 实际应用中应该再抽一个样本来作进一步分析, 然后下结论.

8.2 单个正态总体参数的假设检验

在实际问题中的许多变量都可以用正态总体去刻画, 因此经常会遇到正态总体参数的检验. 本节介绍单个正态总体参数的假设检验问题.

8.2.1 单个正态总体均值的假设检验

1. *方差σ^2已知, 关于μ的检验*

设$X_1, X_2, \cdots, X_n$为取自正态总体$N(\mu,\sigma^2)$的一个样本, $\sigma^2 = \sigma_0^2$为已知常数, 检验

$$H_0: \mu = \mu_0 \leftrightarrow H_1: \mu \neq \mu_0 .$$

根据 8.1 节的讨论, 选用检验统计量

$$U = \frac{\overline{X} - \mu_0}{\sigma_0 / \sqrt{n}}, \tag{8.2.1}$$

当 H_0 成立时, $U = \dfrac{\overline{X} - \mu_0}{\sigma_0 / \sqrt{n}} \sim N(0,1)$, 故 $|U|$ 的观测值 $|u|$ 不应该偏大, 假如 $|u|$ 偏大, 就应该拒绝 H_0, 所以拒绝域的形式应该为 $|u| > k$. 在给定显著性水平 α 下, 查标准正态分布表, 确定 $N(0,1)$ 的双侧 α 分位点 $u_{\frac{\alpha}{2}}$, 即

$$P\{|U| > u_{\frac{\alpha}{2}}\} = \alpha .$$

由此得到拒绝域为 $C = \{u : |u| > u_{\frac{\alpha}{2}}\}$, 其中 u 为式(8.2.1)的观测值.在检验中由于利用了检验统计量 $U = \dfrac{\overline{X} - \mu_0}{\sigma_0 / \sqrt{n}}$ 来确定拒绝域, 故常称其为 **U-检验法**. 例 8.1.1 的检验采用的就是 U-检验法, 下面再看一个例子.

例 8.2.1 某高校一年级大学生进行数学考试, 全年级平均成绩为 75.6 分, 标准差为 7.4 分, 现从该校某专业中抽取 50 位大一学生, 测得该次数学考试平均成绩为 78 分, 试问该专业学生的数学成绩与全校数学成绩有无显著差异?

分析 本例中总体为该校一年级大学生的数学考试成绩, 但是否服从正态分布并不知道, 由中心极限定理知, 式(8.2.1)构造的统计量的极限分布为 $N(0,1)$ 分布, 因此当样本容量较大(一般是 $n \geqslant 30$)时, 无论总体是什么分布, 仍可用 U-检验法.

解 取 $\alpha = 0.05$, 则 $P\left\{|U| \geqslant u_{\frac{\alpha}{2}}\right\} = \alpha = 0.05$, 查标准正态分布表得, $u_{\frac{\alpha}{2}} = 1.96$, 将 $\mu_0 = 75.6$, $\sigma_0 = 7.4$, $n = 50$, $\overline{x} = 78$ 代入式(8.2.1)得

$$u = \frac{78 - 75.6}{7.4 / \sqrt{50}} = 2.29,$$

因为 $|u| = 2.29 > 1.96$, 所以应拒绝 $H_0: \mu = \mu_0$, 认为该专业学生的数学成绩与全校数学成绩有显著差异.

8.1 节同样用 U-检验法讨论了在方差 $\sigma^2 = \sigma_0^2$ 已知时 μ 的单侧检验问题. 选用统计量 $U = \dfrac{\overline{X} - \mu_0}{\sigma_0 / \sqrt{n}}$, 右侧检验 $H_0: \mu \leqslant \mu_0 \leftrightarrow H_1: \mu > \mu_0$ 的拒绝域为 $C = \{u : u > u_\alpha\}$, 左侧检验 $H_0: \mu \geqslant \mu_0 \leftrightarrow H_1: \mu < \mu_0$ 的拒绝域为 $C = \{u : u < -u_\alpha\}$, 其中 u 为式(8.2.1)的观测值.

2. 方差 σ^2 未知, 关于 μ 的检验

作单个总体均值的 U-检验时, 要求总体标准差已知, 但在实际应用中, σ^2 往往并不知道, 自然想到用 σ^2 的无偏估计 S^2 代替它, 得到相应的检验统计量.

设 $X_1, X_2, \cdots, X_n$ 为取自正态总体 $N(\mu, \sigma^2)$ 的一个样本, σ^2 未知, 检验

$$H_0: \mu = \mu_0 \leftrightarrow H_1: \mu \neq \mu_0 .$$

选用统计量

$$T = \frac{\bar{X} - \mu_0}{S / \sqrt{n}}, \tag{8.2.2}$$

当 H_0 成立时，$T \sim t(n-1)$，$ET=0$，此时 $|T|$ 的观测值 $|t|$ 不应该偏大，假如 $|t|$ 偏大，就应该拒绝 H_0，所以拒绝域的形式应该为 $|t|>k$．对于给定的水平 α，查 t 分布表，得临界值 $t_{\frac{\alpha}{2}}(n-1)$，即

$$P\{|T| > t_{\frac{\alpha}{2}}(n-1)\} = \alpha .$$

由此得拒绝域为 $C=\{t:|t|>t_{\frac{\alpha}{2}}(n-1)\}$，其中 t 为式(8.2.2)的观测值．上述利用统计量 T 得出结论的检验法称为 T-**检验法**.

例 8.2.2　假定健康成年男子每分钟脉搏次数服从正态分布，均值为 72 次/min，进行某项体检时，参加体检的 25 名男子的脉搏平均为 74.2 次/min，标准差为 6.2 次/min，问此 25 名男子每分钟脉搏次数与一般成年男子有无显著差异(α=0.05)?

分析　问题相当于问 25 名男子是否来自 $\mu_0 = 72$ 的正态总体，由于总体方差未知，只能用 T-检验法.

解　按题意需检验假设 $H_0: \mu = \mu_0 \leftrightarrow H_1: \mu \neq \mu_0$．选定检验统计量 $T = \dfrac{\bar{X} - \mu_0}{S / \sqrt{n}}$，计算 t 值:

$$t = \frac{\bar{x} - \mu_0}{s / \sqrt{n}} = \frac{74.2 - 72}{6.2 / \sqrt{25}} = 1.77 .$$

查 t 分布表，得临界值 $t_{0.025}(24) = 2.06$．由于|1.77|<2.06，故接受 H_0，认为此 25 名男子每分钟脉搏次数与一般成年男子无显著差异.

同样，可以用 T-检验法讨论在方差 σ^2 未知时关于 μ 的单侧检验问题．对于检验

$$H_0: \mu \leqslant \mu_0 \leftrightarrow H_1: \mu > \mu_0 ,$$

当 H_0 成立时，$\mu - \mu_0 \leqslant 0$，此时 μ 的线性无偏估计中最有效的估计 $\bar{X}$ 的观测值 $\bar{x}$ 与 μ_0 的差不应该偏大，假如它偏大，就应该拒绝 H_0，所以拒绝域的形式应该为 $\dfrac{\bar{x} - \mu_0}{s / \sqrt{n}} > k$．由于 $\dfrac{\bar{X} - \mu}{S / \sqrt{n}} \sim t(n-1)$，在给定显著性水平 α 下，确定 $t(n-1)$ 的上 α 分位点 $t_\alpha(n-1)$，得

$$P\left\{\frac{\bar{X} - \mu}{S / \sqrt{n}} > t_\alpha(n-1)\right\} = \alpha .$$

但 $\dfrac{\bar{X} - \mu}{S / \sqrt{n}}$ 不能作为检验统计量，因为 μ 是未知的．当 H_0 成立时，有

$$\frac{\bar{X} - \mu_0}{S / \sqrt{n}} \leqslant \frac{\bar{X} - \mu}{S / \sqrt{n}},$$

故

$$\left\{\frac{\bar{X}-\mu_0}{S/\sqrt{n}}>t_\alpha(n-1)\right\}\subseteq\left\{\frac{\bar{X}-\mu}{S/\sqrt{n}}>t_\alpha(n-1)\right\},$$

从而

$$P\left\{\frac{\bar{X}-\mu_0}{S/\sqrt{n}}>t_\alpha(n-1)\right\}\leqslant P\left\{\frac{\bar{X}-\mu}{S/\sqrt{n}}>t_\alpha(n-1)\right\}=\alpha,$$

因此可以取检验统计量 $T=\dfrac{\bar{X}-\mu_0}{S/\sqrt{n}}$，拒绝域为 $C=\{t:t>t_\alpha(n-1)\}$，其中 t 为 $T=\dfrac{\bar{X}-\mu_0}{S/\sqrt{n}}$ 的观测值.

类似地，左侧检验 $H_0:\mu\geqslant\mu_0\leftrightarrow H_1:\mu<\mu_0$ 的检验统计量 $T=\dfrac{\bar{X}-\mu_0}{S/\sqrt{n}}$，其拒绝域为 $C=\{t:t<-t_\alpha(n-1)\}$，其中 t 为 $T=\dfrac{\bar{X}-\mu_0}{S/\sqrt{n}}$ 的观测值.

8.2.2 单个总体方差的检验

以上讨论的 U-检验法和 T-检验法都是关于均值的检验. 现在来讨论正态总体方差的检验. 设 $X_1,X_2,\cdots,X_n$ 为取自正态总体 $N(\mu,\sigma^2)$ 的样本, 需对总体方差 σ^2 进行检验:

(1) $H_0:\sigma^2={\sigma_0}^2\leftrightarrow H_1:\sigma^2\neq{\sigma_0}^2$;

(2) $H_0:\sigma^2\leqslant{\sigma_0}^2\leftrightarrow H_1:\sigma^2>{\sigma_0}^2$;

(3) $H_0:\sigma^2\geqslant{\sigma_0}^2\leftrightarrow H_1:\sigma^2<{\sigma_0}^2$.

现分别对 μ 已知和 μ 未知两种情况对双侧假设检验(1)进行讨论, 至于单侧假设检验(2)和(3)可类似得到.

1. $\mu=\mu_0$ 已知, 关于 σ^2 的检验

这时, $\dfrac{1}{n}\sum\limits_{i=1}^{n}(X_i-\mu_0)^2$ 是 σ^2 的无偏估计.选用检验统计量

$$\chi^2=\frac{\sum\limits_{i=1}^{n}(X_i-\mu_0)^2}{\sigma_0^2}, \tag{8.2.3}$$

当 H_0 成立时, $\chi^2\sim\chi^2(n)$, 由于 $E\chi^2=n$, 故 χ^2 既不应该偏小, 又不应该偏大, 否则就应该拒绝 H_0, 所以拒绝域的形式应该为 $\chi^2<k_1$ 或 $\chi^2>k_2$. 对于给定的水平 α, 查自由度为 n 的 χ^2 分布表, 得临界值 $\chi^2_{1-\frac{\alpha}{2}}(n)$ 和 $\chi^2_{\frac{\alpha}{2}}(n)$, 即

$$P\{\chi^2<\chi^2_{1-\frac{\alpha}{2}}(n)\}=\frac{\alpha}{2},\qquad P\{\chi^2>\chi^2_{\frac{\alpha}{2}}(n)\}=\frac{\alpha}{2},$$

由此得拒绝域 $C=\{\chi^2<\chi^2_{1-\frac{\alpha}{2}}(n)\}\cup\{\chi^2>\chi^2_{\frac{\alpha}{2}}(n)\}$.

同样, 可以讨论 σ^2 在 $\mu=\mu_0$ 已知时的单侧假设检验问题. 如果要检验假设

$$H_0:\sigma^2 \geqslant \sigma_0^2 \leftrightarrow H_1:\sigma^2 < \sigma_0^2,$$

当 H_0 成立时，$\sigma^2/\sigma_0^2 \geqslant 1$，此时 $E\left[\dfrac{1}{\sigma_0^2}\sum_{i=1}^{n}(X_i-\mu_0)^2\right]=\dfrac{n\sigma^2}{\sigma_0^2}\geqslant n$，故 $\dfrac{1}{\sigma_0^2}\sum_{i=1}^{n}(X_i-\mu_0)^2$ 不应该偏小，假如它偏小，就应该拒绝 H_0，故拒绝域的形式应该为 $\dfrac{1}{\sigma_0^2}\sum_{i=1}^{n}(X_i-\mu_0)^2<k$．由于 $\chi^2=\dfrac{1}{\sigma^2}\sum_{i=1}^{n}(X_i-\mu_0)^2\sim\chi^2(n)$，在给定显著性水平 α 下，确定 $\chi^2(n)$ 的上 $1-\alpha$ 分位点 $\chi_{1-\alpha}^2(n)$，得

$$P\left\{\frac{1}{\sigma^2}\sum_{i=1}^{n}(X_i-\mu_0)^2<\chi_{1-\alpha}^2(n)\right\}=\alpha .$$

但 $\dfrac{1}{\sigma^2}\sum_{i=1}^{n}(X_i-\mu_0)^2$ 不能作为检验统计量，因为 σ^2 是未知的．当 H_0 成立时，有

$$\frac{1}{\sigma^2}\sum_{i=1}^{n}(X_i-\mu_0)^2\leqslant\frac{1}{\sigma_0^2}\sum_{i=1}^{n}(X_i-\mu_0)^2,$$

故

$$\left\{\frac{1}{\sigma_0^2}\sum_{i=1}^{n}(X_i-\mu_0)^2<\chi_{1-\alpha}^2(n)\right\}\subseteq\left\{\frac{1}{\sigma^2}\sum_{i=1}^{n}(X_i-\mu_0)^2<\chi_{1-\alpha}^2(n)\right\},$$

从而

$$P\left\{\frac{1}{\sigma_0^2}\sum_{i=1}^{n}(X_i-\mu_0)^2<\chi_{1-\alpha}^2(n)\right\}\leqslant P\left\{\frac{1}{\sigma^2}\sum_{i=1}^{n}(X_i-\mu_0)^2<\chi_{1-\alpha}^2(n)\right\}=\alpha,$$

因此可以取检验统计量 $\chi^2=\dfrac{1}{\sigma_0^2}\sum_{i=1}^{n}(X_i-\mu_0)^2$，拒绝域为 $C=\{\chi^2:\chi^2<\chi_{1-\alpha}^2(n)\}$，其中 χ^2 为 $\chi^2=\dfrac{1}{\sigma_0^2}\sum_{i=1}^{n}(X_i-\mu_0)^2$ 的观测值.

类似地，右侧检验 $H_0:\sigma^2\leqslant\sigma_0^2\leftrightarrow H_1:\sigma^2>\sigma_0^2$ 的拒绝域为

$$C=\{\chi^2:\chi^2>\chi_\alpha^2(n)\}.$$

2. $\mu=\mu_0$ 未知，关于 σ^2 的检验

这时用 μ 的线性无偏估计中最有效的估计 $\bar{X}$ 代替式(8.2.3)中的 μ_0，从而选用检验统计量

$$\chi^2=\frac{\sum_{i=1}^{n}(X_i-\bar{X})^2}{\sigma_0^2}=\frac{(n-1)S^2}{\sigma_0^2}. \tag{8.2.4}$$

当 H_0 成立时，$\chi^2\sim\chi^2(n-1)$，此时，由于 $E\chi^2=n-1$，故 χ^2 既不应该偏小，又不应该偏大，否则就应该拒绝 H_0，所以拒绝域的形式应该为 $\chi^2<k_1$ 或 $\chi^2>k_2$．对于给定的水平 α，由于 $P\{\chi^2<\chi_{1-\frac{\alpha}{2}}^2(n-1)\}=P\{\chi^2>\chi_{\frac{\alpha}{2}}^2(n-1)\}=\dfrac{\alpha}{2}$，查自由度为 $n-1$ 的 χ^2 分布表，得临界值

$\chi^2_{1-\frac{\alpha}{2}}(n-1)$ 和 $\chi^2_{\frac{\alpha}{2}}(n-1)$，从而确定其拒绝域为 $C=\{\chi^2<\chi^2_{1-\frac{\alpha}{2}}(n-1)\}\cup\{\chi^2>\chi^2_{\frac{\alpha}{2}}(n-1)\}$，然后将样本观测值代入式(8.2.4)计算出 χ^2 的观测值，视其是否落入拒绝域而做出拒绝或接受 H_0 的判断.

同样，可以讨论 σ^2 在 $\mu=\mu_0$ 未知时的单侧假设检验问题. 如果要检验假设

$$H_0:\sigma^2\leqslant\sigma_0^2\leftrightarrow H_1:\sigma^2>\sigma_0^2,$$

当 H_0 成立时，$\sigma^2/\sigma_0^2\leqslant 1$，此时，$E\left[\dfrac{(n-1)S^2}{\sigma_0^2}\right]=\dfrac{(n-1)\sigma^2}{\sigma_0^2}\leqslant n-1$，故 $\dfrac{(n-1)S^2}{\sigma_0^2}$ 不应该偏大，假如它偏大，就应该拒绝 H_0，所以拒绝域的形式应该为 $\dfrac{(n-1)S^2}{\sigma_0^2}>k$. 由于 $\dfrac{(n-1)S^2}{\sigma^2}\sim\chi^2(n-1)$，在给定显著性水平 α 下，确定 $\chi^2(n-1)$ 的上 α 分位点 $\chi^2_\alpha(n-1)$，得

$$P\left\{\frac{(n-1)S^2}{\sigma^2}>\chi^2_\alpha(n-1)\right\}=\alpha .$$

但 $\dfrac{(n-1)S^2}{\sigma^2}$ 不能作为检验统计量，因为 σ^2 是未知的. 当 H_0 成立时，有

$$\frac{(n-1)S^2}{\sigma_0^2}\leqslant\frac{(n-1)S^2}{\sigma^2},$$

故

$$\left\{\frac{(n-1)S^2}{\sigma_0^2}>\chi^2_\alpha(n-1)\right\}\subseteq\left\{\frac{(n-1)S^2}{\sigma^2}>\chi^2_\alpha(n-1)\right\},$$

从而

$$P\left\{\frac{(n-1)S^2}{\sigma_0^2}>\chi^2_\alpha(n-1)\right\}\leqslant P\left\{\frac{(n-1)S^2}{\sigma^2}>\chi^2_\alpha(n-1)\right\}=\alpha,$$

因此可以取检验统计量 $\chi^2=\dfrac{(n-1)S^2}{\sigma_0^2}$，拒绝域为 $C=\{\chi^2:\chi^2>\chi^2_\alpha(n-1)\}$，其中 χ^2 为 $\chi^2=\dfrac{(n-1)S^2}{\sigma_0^2}$ 的观测值.

类似地，左侧检验 $H_0:\sigma^2\geqslant\sigma_0^2\leftrightarrow H_1:\sigma^2<\sigma_0^2$ 的拒绝域为

$$C=\{\chi^2:\chi^2<\chi^2_{1-\alpha}(n-1)\}.$$

因为在上述检验中采用的检验统计量服从 χ^2 分布，所以该检验法称为 **χ^2-检验法**.

例 8.2.3 车间生产的铜丝，其质量一向比较稳定，今从中任意抽取 10 根检查其折断力，得数据如下(单位: kg):

578, 572, 570, 568, 572, 570, 570, 572, 596, 584.

问: 可否相信该车间生产的铜丝折断力的方差不大于 70 ($\alpha=0.05$)?

解 设 X 表示铜丝的折断力，可认为 $X\sim N(\mu,\sigma^2)$. 我们的目的是根据样本观测值检验

假设 $H_0:\sigma^2 \leqslant 70 \leftrightarrow H_1:\sigma^2 > 70$，这是对总体方差的单侧假设检验问题，直接计算有 $n=10$, $s^2=75.733, \sigma_0^2=70, \chi^2=9.737$，对于 $\alpha=0.05$，查自由度为 $n-1=9$ 的 χ^2 分布表，可得临界值 $\chi_\alpha(9)=16.919$，因为 $\chi^2=9.737<16.919$，所以接受 $H_0:\sigma^2 \leqslant 70$，即认为该车间生产的铜丝折断力的方差不大于 70.

单个正态总体参数的假设检验方法汇总如表 8.2.1 所示.

表 8.2.1

参数	条件	原假设	统计量	分布	拒绝域
μ	$\sigma^2=\sigma_0^2$ 已知	$\mu=\mu_0$	$U=\dfrac{\overline{X}-\mu_0}{\sigma_0/\sqrt{n}}$	$N(0,1)$	$\|u\|>u_{\frac{\alpha}{2}}$
		$\mu\leqslant\mu_0$			$u>u_\alpha$
		$\mu\geqslant\mu_0$			$u<-u_\alpha$
μ	σ^2 未知	$\mu=\mu_0$	$T=\dfrac{\overline{X}-\mu_0}{S/\sqrt{n}}$	$t(n-1)$	$\|t\|>t_{\frac{\alpha}{2}}(n-1)$
		$\mu\leqslant\mu_0$			$t>t_\alpha(n-1)$
		$\mu\geqslant\mu_0$			$t<-t_\alpha(n-1)$
σ^2	μ 未知	$\sigma^2=\sigma_0^2$	$\chi^2=\dfrac{(n-1)S^2}{\sigma_0^2}$	$\chi^2(n-1)$	$\chi^2<\chi^2_{1-\frac{\alpha}{2}}(n-1)$ 或 $\chi^2>\chi^2_{\frac{\alpha}{2}}(n-1)$
		$\sigma^2\leqslant\sigma_0^2$			$\chi^2>\chi^2_\alpha(n-1)$
		$\sigma^2\geqslant\sigma_0^2$			$\chi^2<\chi^2_{1-\alpha}(n-1)$

8.3　两个正态总体参数的假设检验

在假设检验用于实际问题时，经常会遇到两个正态总体的比较问题，即均值的比较问题和方差的比较问题. 例如，欲比较甲、乙两厂生产的某种产品的质量，将两厂生产的产品的质量指标分别看作两个正态总体，比较它们的产品质量指标，就变为比较两个正态总体的均值的问题；而比较它们的产品质量是否稳定就变为比较两个正态总体方差的问题. 本节介绍两个正态总体均值差与方差比的假设检验问题.

8.3.1　两个正态总体均值差的检验

设 $X_1,X_2,\cdots,X_m$ 是取自正态总体 $N(\mu_1,\sigma_1^2)$ 的样本，$Y_1,Y_2,\cdots,Y_n$ 是取自正态总体 $N(\mu_2,\sigma_2^2)$ 的样本，且两样本相互独立，记

$$\overline{X}=\frac{1}{m}\sum_{i=1}^{m}X_i, \qquad \overline{Y}=\frac{1}{n}\sum_{j=1}^{n}Y_j,$$

$$S_1^2=\frac{1}{m-1}\sum_{i=1}^{m}(X_i-\overline{X})^2, \qquad S_2^2=\frac{1}{n-1}\sum_{j=1}^{n}(Y_j-\overline{Y})^2.$$

1. *方差 σ_1^2,σ_2^2 已知，关于均值差 $\mu_1-\mu_2$ 的检验*

设 σ_1^2,σ_2^2 已知，检验假设

$$H_0:\mu_1=\mu_2(\text{或 }\mu_1-\mu_2=0)\leftrightarrow H_1:\mu_1\neq\mu_2 .$$

由抽样分布定理知

$$U=\frac{(\bar{X}-\bar{Y})-(\mu_1-\mu_2)}{\sqrt{\dfrac{\sigma_1^2}{m}+\dfrac{\sigma_2^2}{n}}}\sim N(0,1),$$

当 H_0 成立时

$$U=\frac{\bar{X}-\bar{Y}}{\sqrt{\dfrac{\sigma_1^2}{m}+\dfrac{\sigma_2^2}{n}}}\sim N(0,1), \tag{8.3.1}$$

取 U 为检验统计量，对于给定的显著性水平 α，查标准正态分布表得临界值 $u_{\frac{\alpha}{2}}$，类似于前述 U-检验法确定拒绝域. 将样本观测值代入式(8.3.1)，得到 U 的观测值 u，当 $|u|>u_{\frac{\alpha}{2}}$ 时，拒绝 H_0，否则接受 H_0.

2. *方差 σ_1^2,σ_2^2 未知，但 $\sigma_1^2=\sigma_2^2=\sigma^2$，关于均值差 $\mu_1-\mu_2$ 的检验*

由于方差 σ_1^2,σ_2^2 未知，检验假设

$$H_0:\mu_1=\mu_2(\text{或 }\mu_1-\mu_2=0)\leftrightarrow H_1:\mu_1\neq\mu_2$$

时，

$$U=\frac{(\bar{X}-\bar{Y})-(\mu_1-\mu_2)}{\sqrt{\dfrac{\sigma_1^2}{m}+\dfrac{\sigma_2^2}{n}}}$$

不能作为检验统计量. 设 $S_{\mathrm{w}}^2=\dfrac{(m-1)S_1^2+(n-1)S_2^2}{m+n-2},S_{\mathrm{w}}=\sqrt{S_{\mathrm{w}}^2}$，可将

$$T=\frac{(\bar{X}-\bar{Y})-(\mu_1-\mu_2)}{S_{\mathrm{w}}\sqrt{\dfrac{1}{m}+\dfrac{1}{n}}} \tag{8.3.2}$$

作为检验统计量. 当 H_0 成立时，T 服从自由度为 $m+n-2$ 的 t 分布. 对给定的水平 α，类似前述 T-检验法确定拒绝域. 将样本观测值代入式(8.3.2)，得到 T 的观测值 t，当 $|t|>t_{\frac{\alpha}{2}}(m+n-2)$ 时，拒绝 H_0，否则接受 H_0.

例 8.3.1　为了研究一种化肥对种植小麦的效力，选用了 13 块条件相同、面积相等的土地进行试验，各块产量如下(单位: kg).

施肥的: 34, 35, 30, 33, 34, 32.

未施肥的: 29, 27, 32, 28, 32, 31, 31.

假设施肥与不施肥时小麦的产量均服从正态分布，它们的方差大体相同. 试问: 这种化肥对小麦产量是否有显著影响(取 $\alpha=0.05$)?

解　用 X 与 Y 分别表示在一块土地上施肥与不施肥两种情况下小麦的产量，设 $X\sim N(\mu_1,\sigma_1^2),Y\sim N(\mu_2,\sigma_2^2)$，且 $\sigma_1^2=\sigma_2^2$，需要检验

$$H_0:\mu_1=\mu_2 \leftrightarrow H_1:\mu_1\neq\mu_2 .$$

计算得 $\bar{x}=33,\bar{y}=30,s_1^2=3.2,s_2^2=4$，所以 $(m-1)s_1^2=16,(n-1)s_2^2=24$，于是

$$|t|=\frac{|\bar{x}-\bar{y}|}{s_{\mathrm{W}}\sqrt{\frac{1}{m}+\frac{1}{n}}}=\frac{|33-30|}{\sqrt{\frac{16+24}{6+7-2}\left(\frac{1}{6}+\frac{1}{7}\right)}}=2.8277 .$$

查 t 分布表得 $t_{\frac{\alpha}{2}}(m+n-2)=t_{0.025}(11)=2.2010$. 由于 $2.8277>2.2010$，故拒绝 H_0，即认为该种化肥对小麦产量的影响是显著的.

8.3.2　两个正态总体方差比的检验

前面介绍两独立总体均值差的 T- 检验法时，要求两总体方差相等. 要检验其方差是否相等，需用下面介绍的 F -检验法.

设 $X_1,X_2,\cdots,X_m$ 是取自正态总体 $N(\mu_1,\sigma_1^2)$ 的样本，$Y_1,Y_2,\cdots,Y_n$ 是取自正态总体 $N(\mu_2,\sigma_2^2)$ 的样本，且两样本相互独立，其样本方差分别为 S_1^2，S_2^2，且设 $\mu_1,\mu_2,\sigma_1^2,\sigma_2^2$ 均未知，需要检验

$$H_0:\sigma_1^2=\sigma_2^2 \leftrightarrow H_1:\sigma_1^2\neq\sigma_2^2 .$$

可选用检验统计量

$$F=S_1^2/S_2^2, \tag{8.3.3}$$

当 H_0 成立时，$F\sim F(m-1,n-1)$ 分布. 对给定的水平 α，根据

$$P\{F<F_{1-\frac{\alpha}{2}}(m-1,n-1)\}=P\{F>F_{\frac{\alpha}{2}}(m-1,n-1)\}=\frac{\alpha}{2},$$

查 $F(m-1,n-1)$ 分布表，得临界值 $F_{1-\frac{\alpha}{2}}(m-1,n-1)$，$F_{\frac{\alpha}{2}}(m-1,n-1)$，确定出拒绝域 $C=\{f<F_{1-\frac{\alpha}{2}}(m-1,n-1)\}\cup\{f>F_{\frac{\alpha}{2}}(m-1,n-1)\}$，将样本观测值代入式(8.3.3)中算出统计量 F 的观测值 f. 视 f 是否落入 C 而做出拒绝或接受 H_0 的判断. 若接受 H_0，则认为两总体方差相等. 两总体方差相等也称两总体具有**方差齐性**.

例 8.3.2　某高校从大二年级中各随机抽取若干学生施以两种数学教改试验，一段时间后统一测试结果如下.

试验甲: $m=25,\bar{x}=88,s_1^2=64$.

试验乙: $n=31,\bar{y}=82,s_2^2=81$.

在测试成绩均服从正态分布的条件下，问两种试验效果差异是否显著($\alpha=0.1$)?

解　设在两种试验条件下测试成绩分别为 X,Y，且

$$X\sim N(\mu_1,\sigma_1^2),\qquad Y\sim N(\mu_2,\sigma_2^2).$$

首先作方差齐性检验. 需要检验假设

$$H_0:\sigma_1^2=\sigma_2^2 \leftrightarrow H_1:\sigma_1^2\neq\sigma_2^2,$$

当H_0为真时，$F=S_1^2/S_2^2 \sim F(24,30)$，查表得

$$F_{\frac{\alpha}{2}}(24,30)=1.89, \qquad F_{1-\frac{\alpha}{2}}(24,30)=\frac{1}{F_{\frac{\alpha}{2}}(30,24)}=0.515,$$

于是拒绝域为$C=\{f<0.515\}\cup\{f>1.89\}$. 由于$0.515<f=0.790<1.89$，故接受$H_0$，即认为两样本取自方差没有显著差异的总体，具有方差齐性.

其次检验均值是否有显著差异. 因方差相等，选用T-检验法. 需要检验

$$H_0:\mu_1=\mu_2 \leftrightarrow H_1:\mu_1\neq\mu_2,$$

查标准正态分布表得$t_{0.025}(54)\approx u_{0.025}=1.96$. 由于

$$s_{\mathrm{w}}^2=\frac{(m-1)s_1^2+(n-1)s_2^2}{m+n-2}=73.44, \qquad s_{\mathrm{w}}=\sqrt{s_{\mathrm{w}}^2}=8.57,$$

$$|t|=\frac{|\overline{x}-\overline{y}|}{s_{\mathrm{w}}\sqrt{\frac{1}{m}+\frac{1}{n}}}=\frac{|88-82|}{8.57\sqrt{\frac{1}{25}+\frac{1}{31}}}=2.60>1.96,$$

故应拒绝H_0，即认为两种试验效果有显著差异.

两个正态总体的参数假设检验方法汇总如表 8.3.1 所示.

表 8.3.1　两个正态总体的参数假设检验方法

原假设	统计量	分布	拒绝域
$\mu_1=\mu_2$ $\mu_1\leqslant\mu_2$ $\mu_1\geqslant\mu_2$ (σ_1^2,σ_2^2已知)	$U=\frac{(\overline{X}-\overline{Y})-(\mu_1-\mu_2)}{\sqrt{\frac{\sigma_1^2}{m}+\frac{\sigma_2^2}{n}}}$	$N(0,1)$	$\lvert u\rvert>u_{\frac{\alpha}{2}}$ $u>u_\alpha$ $u<-u_\alpha$
$\mu_1=\mu_2$ $\mu_1\leqslant\mu_2$ $\mu_1\geqslant\mu_2$ ($\sigma_1^2=\sigma_2^2=\sigma^2$未知)	$T=\frac{(\overline{X}-\overline{Y})-(\mu_1-\mu_2)}{S_{\mathrm{w}}\sqrt{\frac{1}{m}+\frac{1}{n}}}$	$t(m+n-2)$	$\lvert t\rvert>t_{\frac{\alpha}{2}}(m+n-2)$ $t>t_\alpha(m+n-2)$ $t<-t_\alpha(m+n-2)$
$\sigma_1^2=\sigma_2^2$ $\sigma_1^2\leqslant\sigma_2^2$ $\sigma_1^2\geqslant\sigma_2^2$ (μ_1,μ_2未知)	$F=\frac{S_1^2}{S_2^2}$	$F(m-1,n-1)$	$f>F_{\frac{\alpha}{2}}(m-1,n-1)$或 $f<F_{1-\frac{\alpha}{2}}(m-1,n-1)$ $f>F_\alpha(m-1,n-1)$ $f<F_{1-\alpha}(m-1,n-1)$

*8.4　非正态总体参数的假设检验

8.1～8.3 节, 讨论了正态总体参数的假设检验, 但在实际中, 并非所有总体都服从正态分布, 本节介绍当样本容量很大($n \geqslant 50$)时, 非正态总体参数的假设检验.

设非正态总体 X 的均值为 μ, 方差为 σ^2, $X_1, X_2, \cdots, X_n$ 为来自 X 的一个样本, 样本均值为 $\bar{X}$, 样本方差为 S^2, 由中心极限定理, 当 n 充分大时,

$$U = \frac{\bar{X} - \mu}{\sigma / \sqrt{n}} \overset{\text{近似地}}{\sim} N(0,1),$$

所以对均值 μ 的假设检验可以用前面介绍的 U-检验法.

对于双侧假设检验

$$H_0: \mu = \mu_0 \leftrightarrow H_1: \mu \neq \mu_0, \tag{8.4.1}$$

在显著性水平 α 下, 可得近似拒绝域

$$|u| = \frac{|\bar{x} - \mu_0|}{\sigma / \sqrt{n}} \geqslant u_{\frac{\alpha}{2}}. \tag{8.4.2}$$

对于单侧假设检验

$$H_0: \mu \leqslant \mu_0 \leftrightarrow H_1: \mu > \mu_0, \tag{8.4.3}$$

在显著性水平 α 下, 可得近似拒绝域

$$u = \frac{\bar{x} - \mu_0}{\sigma / \sqrt{n}} \geqslant u_\alpha. \tag{8.4.4}$$

若 σ 未知, 可用样本标准差 S 代替 σ.

例 8.4.1　某厂的生产管理员认为该厂第一道工序加工完的产品送到第二道工序进行加工之前的平均等待时间超过 90 min. 现 100 件产品的随机抽样结果是平均等待时间为 96 min, 样本标准差为 30 min. 问抽样的结果是否支持该管理员的看法($\alpha = 0.05$)?

解　用 X 表示第一道工序加工完的产品送到第二道工序进行加工之前的等待时间, 总体均值为 μ. 是否支持管理员的看法, 也就是要检验是否拒绝 $\mu \leqslant 90$, 而接受 $\mu > 90$, 即

$$H_0: \mu \leqslant 90 \leftrightarrow H_1: \mu > 90,$$

由于 $n = 100$ 为大样本, 故用 U-检验法. 总体标准差 σ 未知, 用样本标准差 S 代替. 因此, 拒绝域为

$$u = \frac{\bar{x} - \mu_0}{s / \sqrt{n}} \geqslant u_\alpha.$$

对于 $\alpha = 0.05$, 查表得 $u_\alpha = u_{0.05} = 1.645$, 又 $\bar{x} = 96, s = 30$, 于是

$$u = \frac{96 - 90}{30 / \sqrt{100}} = 2 > 1.645,$$

故拒绝 H_0, 即抽样结果支持管理员的看法.

在应用中, 有时需要对(0-1)分布总体的参数 p 进行假设检验.

设总体 X 服从(0-1)分布, 其分布律为

$$f(x;p)=p^x(1-p)^{1-x} \quad (x=0,1),$$

其中, p 为未知参数, 且 $0<p<1$.

对于双侧假设检验, 待检假设为

$$H_0: p=p_0\ (\text{已知}) \leftrightarrow H_1: p\neq p_0, \tag{8.4.5}$$

因为 $EX=p, DX=p(1-p)$, 当 H_0 为真时, 由中心极限定理知

$$U=\frac{\overline{X}-p_0}{\sqrt{p_0(1-p_0)/n}} \overset{\text{近似地}}{\sim} N(0,1).$$

一般当 $np_0\geqslant 5$ 且 $n(1-p_0)\geqslant 5$ 时, 可用 U -检验法. 在显著性水平 α 下, 得近似拒绝域

$$|u|=\frac{|\overline{x}-p_0|}{\sqrt{p_0(1-p_0)/n}}\geqslant u_{\frac{\alpha}{2}}. \tag{8.4.6}$$

对于单侧假设检验, 如果假设为

$$H_0: p\leqslant p_0\ (\text{已知}) \leftrightarrow H_1: p>p_0, \tag{8.4.7}$$

则近似拒绝域为

$$u=\frac{\overline{x}-p_0}{\sqrt{p_0(1-p_0)/n}}\geqslant u_{\alpha}. \tag{8.4.8}$$

例 8.4.2 某厂有一批产品, 共 1 万件, 经检验后方可出厂. 按照规定标准, 次品率不得超过 10%. 今在其中随机地抽取 100 件产品进行检查, 发现有 12 件次品, 问这批产品能否出厂(取 $\alpha=0.05$)?

解 待检假设为

$$H_0: p\leqslant 0.1 \leftrightarrow H_1: p>0.1,$$

$$np_0=100\times 0.1=10>5, \qquad n(1-p_0)=90>5,$$

$$u=\frac{\overline{x}-p_0}{\sqrt{p_0(1-p_0)/n}}=\frac{12/100-0.1}{\sqrt{0.1\times 0.9/100}}=0.667.$$

对于 $\alpha=0.05$, 查表得 $u_\alpha=u_{0.05}=1.645$, 由于 $u=0.667<1.645$, 故接受 H_0, 即认为这批产品的次品率不超过 10%, 可以出厂.

8.5 分布拟合检验

前面讨论的总体分布中未知参数的检验都是在假定总体分布类型已知(如正态总体)的前提下进行的. 在实际应用中, 总体的分布往往未知, 首先应对总体分布类型进行推断. 如何对总体的分布进行推断呢? 可以先由样本得到经验分布函数, 通过其提示, 对总体分布类型作假设, 然后再对所提的假设进行检验. 由于所用的方法不依赖于总体分布的具体数学形式, 在数理统计中, 就把这种不依赖于分布的统计方法称为非参数统计法. 非参数统计的内容十分丰富, 在本节主要介绍分布拟合检验的一种常用非参数检验方法——**皮尔逊 χ^2 拟合检验法**.

下面介绍皮尔逊 χ^2 拟合检验法.

设总体 X 的分布函数为 $F(x)$，但 $F(x)$ 未知，从 X 抽取样本 $X_1,X_2,\cdots,X_n$，其观测值为 $x_1,x_2,\cdots,x_n$.现在，在显著性水平 α 下检验假设

$$H_0:F(x)=F_0(x)\leftrightarrow H_1:F(x)\neq F_0(x)\,, \tag{8.5.1}$$

其中，$F_0(x)$ 为某个已知的分布函数或者是某一已知类型中的分布函数.

将 X 的可能取值范围分成 k 个互不相交的区间：$A_1=(a_0,a_1],A_2=(a_1,a_2],\cdots,A_k=(a_{k-1},a_k]$ (这些区间不一定长度相等，且 a_0 可为 $-\infty$，a_k 可为 $+\infty$).以 n_i 表示样本观测值 $x_1,x_2,\cdots,x_n$ 中落入 A_i 的频数，称为**观测频数**，显然有 $\sum\limits_{i=1}^{k}n_i=n$.

当 H_0 为真时，总体 X 落入第 i 个小区间 $(a_{i-1},a_i]$ 的概率为

$$p_i=F_0(a_i)-F_0(a_{i-1})\quad(i=1,2,\cdots,k)\,, \tag{8.5.2}$$

于是容量为 n 的样本落入区间 A_i 的理论频数为 np_i，且有 $\sum\limits_{i=1}^{n}np_i=n\sum\limits_{i=1}^{n}p_i=n$，由大数定律知，$\dfrac{n_i}{n}\xrightarrow{P}p_i\ \ (n\to\infty)$.

因此，当 n 充分大时，n_i 与 np_i 的差异不应太大. 根据这个思想，皮尔逊构造出 H_0 的检验统计量为

$$\chi^2=\sum_{i=1}^{k}\frac{(n_i-np_i)^2}{np_i}, \tag{8.5.3}$$

并证明了如下结论.

定理 8.5.1 (皮尔逊定理) 当 H_0 为真时，对充分大的 n，式(8.5.3)所示的 χ^2 统计量

$$\chi^2=\sum_{i=1}^{k}\frac{(n_i-np_i)^2}{np_i}\overset{\text{近似地}}{\sim}\chi^2(k-1)\,.$$

对于给定的水平 α，由 $P\{\chi^2>\chi^2_\alpha(k-1)\}=\alpha$，查 χ^2 分布表得 $\chi^2_\alpha(k-1)$，确定出临界值，从而得 H_0 的拒绝域 $C=(\chi^2_\alpha(k-1),+\infty)$，将样本观测值代入式(8.5.3)所示的 χ^2 统计量中算出其观测值 χ^2，视其是否落入 C 而做出拒绝或接受 H_0 的判断.

例 8.5.1 (续例 8.1.2) 对例 8.1.2 中的假设做出检验.

解 计算 np_i，并将计算结果列表如下(表 8.5.1).

表 8.5.1

星期	一	二	三	四	五	六	日
i	1	2	3	4	5	6	7
n_i	36	23	29	31	34	60	25
np_i	$238\times\frac{1}{7}$	$238\times\frac{1}{7}$	$238\times\frac{1}{7}$	$238\times\frac{1}{7}$	$238\times\frac{1}{7}$	$238\times\frac{1}{7}$	$238\times\frac{1}{7}$
n_i-np_i	2	−11	−5	−3	0	26	−9

$\chi^2=\sum_{i=1}^{7}\frac{(n_i-np_i)^2}{np_i}=26.94$，而 $\chi^2_{0.05}(7-1)=\chi^2_{0.05}(6)=12.592$，由于 $\chi^2=26.94>12.592$，故拒绝 H_0，即认为交通事故的发生与星期几有关.

上面的检验法称为**皮尔逊 χ^2 拟合检验法**，它可以适用于下面更一般的情况.

设总体 $X\sim F(x)$，其中 $F(x)$ 未知，需检验假设

$$H_0:F(x)=F_0(x;\theta_1,\theta_2,\cdots,\theta_m),\tag{8.5.4}$$

其中，F_0 为已知类型的分布，但含有 m 个未知参数 $\theta_1,\theta_2,\cdots,\theta_m$. 上述皮尔逊定理不能作为此检验的理论依据，因为此时皮尔逊 χ^2 统计量中的 p_i 无法确定.

在这种情况，首先用 $\theta_1,\theta_2,\cdots,\theta_m$ 的最大似然估计 $\hat{\theta}_1,\hat{\theta}_2,\cdots,\hat{\theta}_m$ 代替 F_0 中的 $\theta_1,\theta_2,\cdots,\theta_m$，再按上述办法进行检验，但这时所用的 χ^2 统计量的渐近分布将是 $\chi^2(k-m-1)$. 费希尔证明的如下定理解决了含有未知参数情形的分布检验问题.

定理 8.5.2 (费希尔定理)　当 H_0 为真时，用 $\theta_1,\theta_2,\cdots,\theta_m$ 的最大似然估计 $\hat{\theta}_1,\hat{\theta}_2,\cdots,\hat{\theta}_m$ 代替 $F_0(x;\theta_1,\theta_2,\cdots,\theta_m)$ 中的未知参数 $\theta_1,\theta_2,\cdots,\theta_m$，

$$\hat{p}_i=F_0(a_i;\hat{\theta}_1,\hat{\theta}_2,\cdots,\hat{\theta}_m)-F_0(a_{i-1};\hat{\theta}_1,\hat{\theta}_2,\cdots,\hat{\theta}_m)$$

代替式(8.5.2)中的 p_i 所得的统计量为

$$\chi^2=\sum_{i=1}^{k}\frac{(n_i-n\hat{p}_i)^2}{n\hat{p}_i},\tag{8.5.5}$$

当 n 充分大时，有 $\chi^2\overset{\text{近似地}}{\sim}\chi^2(k-m-1)$.

在运用皮尔逊 χ^2 统计量作检验时，使用的是该统计量的极限分布，所以在应用时要求 n 较大(通常 $n\geqslant 50$)，并且在划分区间时，应该使各个 np_i (或 $n\hat{p}_i$)都不太小(通常都不小于 0.005). 如果初始划分的区间不满足后一条件，应该将相邻区间合并以满足此要求.

例 8.5.2 (续例 8.1.3)　检验例 8.1.3 中零件的质量 X 是否服从正态分布 $N(\mu,\sigma^2)$.

解　记 X 为零件的质量，检验假设

$$H_0:\ X\sim N(\mu,\sigma^2)\ (\mu,\sigma^2\text{未知})\leftrightarrow H_1:X\text{不服从正态分布}.$$

由于参数 μ,σ^2 未知，分别用它们的最大似然估计 $\hat{\mu}=\bar{x}$，$\hat{\sigma}^2=s^2$ 来代替，$\hat{\mu}=209$，$\hat{\sigma}^2=6.5$. 对于服从 $N(209,6.5^2)$ 的随机变量 Y，计算它落入表 8.1.3 中每个区间内的概率 $p_i(\hat{\theta})$. 例如，

$$p_1(\hat{\theta})=P\{Y\leqslant 198.5\}=\Phi\left(\frac{198.5-209}{6.5}\right)=0.553,$$

$$p_2(\hat{\theta})=P\{198.5<Y\leqslant 201.5\}=\Phi\left(\frac{201.5-209}{6.5}\right)-\Phi\left(\frac{198.5-209}{6.5}\right)=0.072,$$

等等. 并且计算 χ^2 统计量的值

$$\chi^2=\sum_{i=1}^{9}\frac{[n_i-np_i(\hat{\theta})]^2}{np_i(\hat{\theta})}=0.785.$$

对于 $\alpha=0.05$，查 χ^2 分布表，得 $\chi^2_{0.05}(9-2-1)=\chi^2_{0.05}(6)=12.592>0.785$，故接受 H_0，即认为该种零件的质量服从正态分布.

*8.6 秩和检验

秩和检验法是一种用样本秩代替样本值的检验方法，可以用来检验两个总体的分布是否相同. 此法在使用上较为直观简便，在缺乏分布信息的情况下不失为一种有用的方法. 下面来介绍这种方法.

设连续型总体 X, Y 的分布函数分别为 $F_1(x), F_2(x)$，需要检验假设

$$H_0: F_1(x)=F_2(x) \leftrightarrow H_1: F_1(x)\neq F_2(x).$$

为此，先引入秩的概念.

定义 8.6.1 设 $X_1, X_2, \cdots, X_n$ 为总体 X 的一个样本，将这个样本的观测值 $x_1, x_2, \cdots, x_n$ 按由小到大的次序排列并统一编号为 $x_{(1)}\leqslant x_{(2)}\leqslant\cdots\leqslant x_{(n)}$，规定每个数据在排列中所对应的序数 R_i 为该数的秩，即若 $x_i=x_{(k)}$，则记 $R_i=k\ (i\geqslant 1, k\leqslant n)$，称 R_i 为 X_i 的**秩**. 对于相同的数值，则用它们序数的平均值作为秩. 称 $(R_1, R_2, \cdots, R_n)$ 为 $(X_1, X_2, \cdots, X_n)$ 的**秩**.

从定义 8.6.1 可以看出，R_i 是一个随机变量($1\leqslant i\leqslant n$).

定义 8.6.2 设 $X_1, X_2, \cdots, X_{n_1}$ 和 $Y_1, Y_2, \cdots, Y_{n_2}$ 分别为两总体 X, Y 的样本，$x_1, x_2, \cdots, x_{n_1}$ 为 $X_1, X_2, \cdots, X_{n_1}$ 的一组观测值，$y_1, y_2, \cdots, y_{n_2}$ 为 $Y_1, Y_2, \cdots, Y_{n_2}$ 的一组观测值. 将两组样本的观测值混合后由小到大重新排列，记 T 为第一个样本中各 $X_i\ (1\leqslant i\leqslant n_1)$ 的秩之和，称 T 为样本 $X_1, X_2, \cdots, X_{n_1}$ 的**秩和**.

根据定义 8.6.2, 知

$$1+2+\cdots+n_1\leqslant T\leqslant (n_2+1)+(n_2+2)+\cdots+(n_1+n_2),$$

即

$$\frac{1}{2}n_1(n_1+1)\leqslant T\leqslant \frac{1}{2}n_1(n_1+2n_2+1). \tag{8.6.1}$$

如果 H_0 为真，那么两组样本的观测值在混合时应穿插得相当均匀，从而秩和 T 不应太大也不应太小，因此秩和 T 不会太靠近不等式(8.6.1)两端的值.

下面讨论 T 的分布律. 因为

$$P\{X_1, X_2, \cdots, X_{n_1}, Y_1, Y_2, \cdots, Y_{n_2}\text{ 中至少有两个相等}\}=0,$$

所以可设 $X_1, X_2, \cdots, X_{n_1}, Y_1, Y_2, \cdots, Y_{n_2}$ 的观测值两两互异. 记 $(X_1, X_2, \cdots, X_{n_1})$ 的秩的观测值为 $(r_1, r_2, \cdots, r_{n_1})$，则当 H_0 为真时，$r_1, r_2, \cdots, r_{n_1}$ 均匀地在 $1, 2, \cdots, n\ \ (n=n_1+n_2)$ 中取值，共有 $\mathrm{C}_n^{n_1}$ 种取法. 显然，$T=t$ 成立当且仅当不定方程

$$r_1+r_2+\cdots+r_{n_1}=t \tag{8.6.2}$$

有解 $(r_1, r_2, \cdots, r_{n_1})$，其中 $r_i\in\{1, 2, \cdots, n\}\ (i=1, 2, \cdots, n_1)$，且 $r_1, r_2, \cdots, r_{n_1}$ 两两互异.

设方程(8.6.2)的解的个数为 m_k，则 T 的分布律为

$$P\{T=t\}=\frac{m_k}{\mathrm{C}_n^{n_1}},\quad t=\frac{n_1(n_1+1)}{2},\frac{n_1(n_1+1)}{2}+1,\cdots,\frac{n_1(n_1+2n_2+1)}{2}. \tag{8.6.3}$$

明确了 T 的分布律后，对于给定的显著性水平 α，采用习惯的办法分别定出 t_1 和 t_2，使

$$P\{T\leqslant t_1\}=\frac{\alpha}{2},\qquad P\{T\geqslant t_2\}=\frac{\alpha}{2},$$

把这两个式子合并起来便得

$$P\{t_1<T<t_2\}=1-\alpha. \tag{8.6.4}$$

当 $t_1<T<t_2$ 时，接受原假设 H_0；当 $T\leqslant t_1$ 或 $T\geqslant t_2$ 时，拒绝原假设 H_0，接受备择假设 H_1.

在附表 7 中给出了秩和临界值表，它列出了不同的 n_1 和 n_2 的临界点 t_1,t_2.

在实际应用中，需要把两个样本容量中较小的一个记为 n_1，较大的一个记为 n_2.

例 8.6.1　设从两个不同的地区分别取得某种植物的样品 7 个和 8 个，测得植物中铁元素的含量(单位：$\mu g/g$)的数据如下.

地区 A: 9.0, 10.1, 19.2, 16.5, 14.0, 18.2, 11.4.

地区 B : 17.0, 19.5, 9.0, 18.0, 12.3, 19.0, 12.0, 9.7.

问两个地区这种植物中铁元素含量有无显著性差异 ($\alpha=0.05$)?

解　需检验假设

$$H_0:\text{两总体的分布相同}\leftrightarrow H_1:\text{两总体的分布不同}.$$

将两组样本值混合在一起从小到大排列，写出各数据的秩，列表如下(表 8.6.1).

表 8.6.1

编号	1	2	3	4	5	6	7	8	9	10	11	12	13	14	15
A	9.0			10.1	11.4			14.0	16.5			18.2		19.2	
B		9.0	9.7			12.0	12.3			17.0	18.0		19.0		19.5
秩	1.5	1.5	3	4	5	6	7	8	9	10	11	12	13	14	15

这里，$T=1.5+4+5+8+9+12+14=53.5, n_1=7, n_2=8$. 对于给定的显著性水平 $\alpha=0.05$，查秩和临界值表，得临界点 $t_1=41, t_2=71$，从而 $t_1<T<t_2$，故接受 H_0，即认为两个地区这种植物中铁元素含量没有显著性差异.

本例中，两总体均有观测值 9.0, 在排序中其序数分别为 1 和 2, 它们的秩取为序数的平均值：$\frac{1}{2}(1+2)=1.5$.

秩和临界值表只列出了 n_1 和 n_2 自 2 到 10 的 n_1,n_2 的各种组合的临界点，而当 $n_1,n_2\geqslant10$ 时，可用 T 的渐近分布来近似. 事实上，可以证明

$$ET=\frac{1}{2}n_1(n_1+n_2+1), \tag{8.6.5}$$

$$DT=\frac{n_1n_2(n_1+n_2+1)}{12}, \tag{8.6.6}$$

以及如下定理.

定理 8.6.1 (莱曼(Lehmann)定理)　当 $n_1,n_2\geqslant10$ 时，有

$$\frac{T-\frac{1}{2}n_1(n_1+n_2+1)}{\sqrt{\frac{n_1 n_2(n_1+n_2+1)}{12}}} \overset{\text{近似地}}{\sim} N(0,1). \tag{8.6.7}$$

*8.7　独立性检验

在许多实际问题中, 经常需要判断两个总体 X, Y 是否独立. 这就是说, 需要检验假设

$$H_0:\ X \text{与} Y \text{独立} \leftrightarrow H_1:\ X \text{与} Y \text{不独立}.$$

为此, 考察二维总体 (X,Y), 将 X 和 Y 这两个指标的取值范围分别分成 r 个和 s 个互不相交的小区间 $A_1, A_2, \cdots, A_r$ 和 $B_1, B_2, \cdots, B_s$. 从 (X,Y) 中抽取样本 $(X_1,Y_1),(X_2,Y_2),\cdots,(X_n,Y_n)$ ($(X_1,Y_1),(X_2,Y_2),\cdots,(X_n,Y_n)$ 相互独立且与 (X,Y) 有相同的分布).

对 $1\leqslant i\leqslant r, 1\leqslant j\leqslant s$, 将事件 $\{X\in A_i, Y\in B_j\}$ 的频数记为 n_{ij}, 又记

$$n_{i\cdot}=\sum_{j=1}^{s} n_{ij}, \qquad n_{\cdot j}=\sum_{i=1}^{r} n_{ij}, \tag{8.7.1}$$

显然

$$n=\sum_{i=1}^{r}\sum_{j=1}^{s} n_{ij}, \tag{8.7.2}$$

且事件 $\{X\in A_i\}$ 和 $\{Y\in B_j\}$ 的频数分别为 $n_{i\cdot}$ 和 $n_{\cdot j}$, 故事件 $\{X\in A_i\}$, $\{Y\in B_j\}$ 和 $\{X\in A_i, Y\in B_j\}$ 的频率分别为 $\frac{n_{i\cdot}}{n}$, $\frac{n_{\cdot j}}{n}$ 和 $\frac{n_{ij}}{n}$.

对 $1\leqslant i\leqslant r, 1\leqslant j\leqslant s$, 记

$$p_{ij}=P\{X\in A_i, Y\in B_j\} \tag{8.7.3}$$

和

$$p_{i\cdot}=\sum_{j=1}^{s} p_{ij}, \qquad p_{\cdot j}=\sum_{i=1}^{r} p_{ij}, \tag{8.7.4}$$

显然有

$$p_{i\cdot}=P\{X\in A_i\}, \qquad p_{\cdot j}=P\{Y\in B_j\}. \tag{8.7.5}$$

若 H_0 为真, 则

$$p_{ij}=p_{i\cdot}\cdot p_{\cdot j} \quad (1\leqslant i\leqslant r, 1\leqslant j\leqslant s), \tag{8.7.6}$$

由于 $\hat{p}_{ij}=\frac{n_{ij}}{n}, \hat{p}_{i\cdot}=\frac{n_{i\cdot}}{n}, \hat{p}_{\cdot j}=\frac{n_{\cdot j}}{n}$ 分别是 $p_{ij}, p_{i\cdot}, p_{\cdot j}$ 的相合估计, 故由式(8.7.6)知

$$(\hat{p}_{ij}-\hat{p}_{i\cdot}\cdot\hat{p}_{\cdot j})^2=\left(\frac{n_{ij}}{n}-\frac{n_{i\cdot}}{n}\cdot\frac{n_{\cdot j}}{n}\right)^2$$

不应该偏大.

根据上面的分析过程, 与式(8.5.5)类似, 可以建立假设检验统计量

$$\chi_n^2 = \sum_{i=1}^{r}\sum_{j=1}^{s}\frac{\left(n_{ij} - \frac{n_{i\cdot}n_{\cdot j}}{n}\right)^2}{\frac{n_{i\cdot}n_{\cdot j}}{n}} = n\sum_{i=1}^{r}\sum_{j=1}^{s}\frac{n_{ij}^2}{n_{i\cdot}n_{\cdot j}} - n. \tag{8.7.7}$$

可以证明, 当 H_0 为真时, 有

$$\chi_n^2 \overset{\text{近似地}}{\sim} \chi^2((r-1)(s-1)). \tag{8.7.8}$$

根据式(8.7.8), 对于给定的显著性水平 α, 查 $\chi^2((r-1)(s-1))$ 分布表, 得临界值 $\chi_\alpha^2((r-1)(s-1))$, 由此得 H_0 的拒绝域 $(\chi_\alpha^2((r-1)(s-1)),+\infty)$.

在实际应用中, 通过列联立表对 χ_n^2 进行计算(表 8.7.1).

表 8.7.1

区间	B_1	B_2	$\cdots$	B_s	$n_{i\cdot}$
A_1	n_{11}	n_{12}	$\cdots$	n_{1s}	$n_{1\cdot}$
A_2	n_{21}	n_{22}	$\cdots$	n_{2s}	$n_{2\cdot}$
$\vdots$	$\vdots$	$\vdots$		$\vdots$	$\vdots$
A_r	n_{r1}	n_{r2}	$\cdots$	n_{rs}	$n_{r\cdot}$
$n_{\cdot j}$	$n_{\cdot 1}$	$n_{\cdot 2}$	$\cdots$	$n_{\cdot s}$	n

例 8.7.1 调查 339 名 50 岁以上男子吸烟习惯与患慢性气管炎病的关系, 得如下数据(表 8.7.2). 试问吸烟者与不吸烟者慢性气管炎患病率是否有所不同($\alpha = 0.01$)?

表 8.7.2

是否抽烟	是否患病		合计
	患慢性气管炎者	未患慢性气管炎者	
抽烟	43	162	205
不抽烟	13	121	134
合计	56	283	339

解 令 $X=\begin{cases}1, & \text{某男子吸烟},\\ 0, & \text{其他},\end{cases}$ $Y=\begin{cases}1, & \text{某男子患慢性气管炎},\\ 0, & \text{其他},\end{cases}$ 依题意, 需检验假设 H_0: X 与 Y 独立 $\leftrightarrow H_1$: X 与 Y 不独立.

这里 $\alpha = 0.01, r = s = 2$, 查 χ^2 分布表, 得 $\chi_{0.01}^2(1) = 6.635$, 计算

$$\begin{aligned}\chi_n^2 &= n\sum_{i=1}^{r}\sum_{j=1}^{s}\frac{n_{ij}^2}{n_{i\cdot}n_{\cdot j}} - n\\ &= 339\left(\frac{43^2}{205\times 56} + \frac{162^2}{205\times 283} + \frac{13^2}{134\times 56} + \frac{121^2}{134\times 283}\right) - 339\end{aligned}$$

$$= 7.469 > 6.635 = \chi^2_{0.01}(1),$$

从而拒绝 H_0，即认为慢性气管炎的患病率与吸烟有关.

习　题　8

1. 机器罐装的牛奶每瓶标明为 355 mL, 设 X 为实际容量, 由过去的经验知道, 在正常生产情况下, $X \sim N(\mu,4)$，为检验罐装生产线的生产是否正常, 某日开工后抽查了 12 瓶, 其容量(单位: mL)为

350, 353, 354, 356, 351, 352, 354, 355, 357, 353, 354, 355.

问: 由这些样本能否认为该日的生产是正常的($\alpha = 0.05$)?

2. 有一种元件, 要求其使用寿命不得低于 1000 h, 现从这批元件中随机抽取 25 件, 测得其寿命平均值为 950 h, 已知该种元件寿命服从 $N(\mu,100^2)$，试在显著性水平 $\alpha = 0.05$ 下确定这批元件是否合格.

3. 某种化工原料的含脂率服从正态分布 $N(0.27,0.16)$，对经处理后的这种原料取样分析, 测得含脂率如下:

0.19, 0.24, 1.04, 0.08, 0.20, 0.12, 0.31, 0.29, 0.13, 0.07.

已知处理前后方差不变, 问处理后的原料含脂率的均值有无显著变化($\alpha = 0.05$)?

4. 糖厂用打包机装糖入包，当打包机正常工作时，打包机装糖的包重服从正态分布 $N(100,2^2)$．每天开工后，需要检验打包机是否工常工作，即要检验所装糖包的总体均值是否合乎标准(100 kg). 某天开工后，测得 9 包糖重(单位: kg) 如下:

99.3, 98.7, 100.5, 101.2, 98.3, 99.7, 99.5, 102.1, 100.5.

(1) 若已知总体方差保持不变, 该天打包机是否正常工作($\alpha = 0.05$)?

(2) 若不能确定总体方差是否不变, 该天打包机是否正常工作($\alpha = 0.05$)?

5. 假设某产品的重量服从正态分布，现在从一批产品中随机抽取 25 件, 测得平均重量为 620 g, 标准差为 50 g, 试以显著性水平 $\alpha = 0.05$ 检验这批产品的平均重量是否是 600 g.

6. 某厂家生产一批冰箱, 规定冰箱无故障时间为 11 000 h, 改进措施后, 从新批量冰箱中抽取 10 台, 测得无故障时间(单位: h)如下:

10 111, 12 100, 10 280, 11 462, 11 468, 11 382, 10 222, 11 099, 11 115, 10 183.

设冰箱无故障时间服从正态分布, 能否判断该冰箱无故障时间有显著增加($\alpha = 0.05$)?

7. 某工厂生产的一批钢材, 已知这种钢材强度 X 服从正态分布, 今从中抽取 6 件, 测得数据(单位: kg/cm^2)为

48.5, 49.0, 53.5, 49.5, 56.0, 52.5,

问能否认为这批钢材的平均强度为 52 kg/cm^2 ($\alpha = 0.05$)?

8. 用一仪器间接测量温度(单位: ℃)5 次: 1 250,1 265,1 245,1 260,1 275, 而用另一精密仪器测得该温度为1 277(℃) (可看作真值), 问用此仪器测温度有无系统偏差(测量的温度服从正态分布)?

9. 某厂生产一种灯管, 其寿命(单位: h) $X \sim N(\mu, 200^2)$, 从过去经验看 $\mu \leqslant 1500$. 今采用新工艺进行生产后, 再从产品中随机抽 25 只进行测试, 得到寿命的平均值为 1 675. 问采用新工艺后, 灯管质量是否有显著提高($\alpha = 0.05$)?

10. 从正态总体中抽取样本观察值: 3.80, 4.10, 4.20, 4.35, 4.40, 4.50, 4.65, 4.71, 4.80, 5.10, 在显著性水平 $\alpha = 0.1$ 下可否认为总体的方差 $\sigma^2 = 0.25$?

11. 某种导线的电阻服从正态分布, 要求电阻的标准差不得超过 0.004 Ω. 今从某厂生产的一批导线中任意抽取 10 根, 测得其电阻标准差为 0.006 Ω. 能否认为这批导线的标准差显著偏大($\alpha = 0.05$)?

12. 两家食品厂生产同一种罐头, 现各从两厂随机抽取 10 瓶和 9 瓶罐头, 测得重量如下.

甲厂: 311, 308, 312, 291, 290, 297, 316, 317, 292, 295.

乙厂: 304, 310, 294, 298, 307, 300, 301, 315, 320.

假设这两个样本相互独立, 且都来自正态总体(方差相同), 比较两厂生产的罐头重量是否有明显差异($\alpha = 0.05$)?

13. 机床厂某日从两台机器所加工的同一种零件中, 分别抽出样品若干个进行测量, 尺寸(单位: cm)如下.

第一台: 6.2, 5.7, 6.5, 6.0, 6.3, 5.8, 5.7, 6.0, 5.8, 6.0, 6.0.

第二台: 5.6, 5.9, 5.6, 5.7, 5.8, 6.0, 5.5, 5.7, 5.5.

设零件尺寸近似服从正态分布, 且方差不变. 问这两台机器加工这种零件的精度是否有显著差异($\alpha = 0.05$)?

14. 对两种羊毛织品的强度进行试验, 所得结果如下.

第一种: 138, 127, 134, 125.

第二种: 134, 137, 135, 140, 130, 134.

设两种羊毛织品的强度服从方差相同的正态分布, 问是否一种羊毛织品较另一种好($\alpha = 0.05$)?

15. 某香烟厂生产两种香烟, 独立地随机抽取容量大小相同的烟叶标本测其尼古丁的含量(单位: mg), 实验室分别做了 6 次测定, 数据记录如下.

甲: 25, 28, 23, 26, 29, 22.

乙: 28, 23, 30, 25, 21, 27.

试问这两种香烟的尼古丁含量有无显著差异(取 $\alpha = 0.05$, 假定含量服从正态分布)?

16. 某厂使用两种原料 A, B 生产同一类型产品, 各在一周的产品中取样进行分析比较. 取使用原料 A 生产的样品 220 件, 测得平均重量为 2.46 kg, 样本标准差为 0.57 kg; 取使用原料 B 生产的样品 205 件, 测得平均重量为 2.55 kg, 样本标准差为 0.48 kg. 设这两个样本独立, 问在水平 $\alpha = 0.05$ 下能否认为使用原料 B 的产品平均重量较使用原料 A 的大?

17. 某化工原料在处理前后进行取样分析, 测得其含脂率(单位: %)如下.

处理前: 19, 18, 21, 30, 66, 42, 8, 12, 30, 27.

处理后: 19, 24, 4, 8, 20, 12, 31, 29, 13, 7.

设处理前后的含脂率都服从正态分布, 且两样本相互独立.

(1) 若已知处理前后方差保持不变, 问处理前后平均含脂率有无显著变化 ($\alpha = 0.05$)?

(2) 若不能确定处理前后方差是否变化, 问处理前后平均含脂率有无显著变化

($\alpha=0.05$)?

18. 为了比较新旧两种肥料对某种农作物产量的影响，以便决定是否采用新肥料，研究者选择了面积相等、土壤等条件相同的 20 块田地，分别施用新旧两种肥料，得到的产量数据如下表所示.

旧肥料	78.1	72.4	76.2	74.3	77.4	77.3	76.7	75.5	76.0	78.4
新肥料	79.1	81.0	77.3	79.1	80.0	82.1	80.2	77.3	79.1	79.1

假定农作物产量在两种施肥条件下均服从正态分布，问题是新肥料获得的平均产量是否显著地高于旧肥料的平均产量($\alpha=0.01$)?

19. 两台机床加工同一种零件，分别取 6 个和 9 个零件，量其长度得样本方差 $s_1^2=0.345$, $s_2^2=0.357$，假定零件长度服从正态分布，问是否可以认为两台机床加工的零件长度的方差无显著差异($\alpha=0.05$)?

20. 两个机器生产同一种钢管，随机抽取机器 A 生产的钢管 20 只，测得样本方差为 0.44 mm, 抽取机器 B 生产的钢管 25 只，测得样本方差为 0.46 mm.设两总体分别服从正态分布，试问两个机器生产的钢管的方差有显著差异吗($\alpha=0.05$)?

21. 按孟德尔的遗传定律，让开粉红花的豌豆随机交配，子代可区分为红花、粉红花和白花三类，其比例为 1∶2∶1. 为了检验这个理论，特别安排了一个试验，其结果是，100 株豌豆中开红花 30 株，开粉红花 48 株，开白花 22 株. 问这些数据与孟德尔遗传定律是否一致($\alpha=0.05$)?

22. 有一正四面体，将它的四面分别涂上红、黄、蓝、白四种颜色. 现做如下抛掷试验：任意抛掷该四面体，直到白色一面与地面接触为止，记录抛掷的次数. 做如此试验 200 次，其结果如下表所示.

抛掷次数	1	2	3	4
频数	56	48	32	28

问：该四面体是否均匀($\alpha=0.05$)?

23. 为考察某公路上通过汽车车辆的规律，记录每 15s 内通过汽车的辆数，统计工作持续 50 min，得频数如下表所示.

车辆数	0	1	2	3	4	⩾5
频数	92	68	28	11	1	0

试问：15s 内通过的车辆数是否服从泊松分布($\alpha=0.05$)?

第 9 章　方差分析与回归分析

方差分析与回归分析是数理统计中应用很广泛的两个分支，它们都用来研究变量之间的关系. 这些变量可以是随机的，也可以是非随机的，但不能全部是非随机的. 它们的不同之处在于: 回归分析着重于寻求变量之间近似的函数关系，方差分析着重于考虑一个或多个变量对某一特定变量的影响程度. 本章仅介绍它们的最基本的内容，包括单、双因素方差分析，一元线性回归，可化为一元线性回归的非线性回归，多元线性回归.

9.1　单因素试验的方差分析

方差分析是英国统计学家费希尔在 20 世纪 20 年代创立的. 他在进行田间试验时，为了分析试验结果，发明了方差分析法. 这种方法随后被广泛应用于农业、工业、医学、生物、经济等其他领域，成为统计推断中最实用有效的分析方法之一.

在科学试验或生产实践中，任何事物总是受到很多因素的影响. 例如，农业中研究土壤、肥料、日照时间等因素对农作物产量的影响；医学界研究几种药物对某种疾病的疗效；等等. 探讨不同试验条件或处理方法对试验结果的影响是科学研究中的一个重要课题，通常需要比较不同试验条件下样本均值间的差异. 方差分析正是用来检验两个或多个样本均值间差异是否具有统计意义的一种方法，它利用试验数据来分析各个因素对该事物的影响是否显著.

9.1.1　方差分析的术语及基本概念

在方差分析中常常用到一些术语，首先介绍几个最基本的术语.

1. 因素与水平

在试验中，所考察的指标称为**试验指标**，或称为**因变量**. **因素**就是指影响因变量变化的客观条件. 影响因变量变化的人为条件常称为**处理**，也可以通称为**因素**或**因子**. 注意方差分析中所说的因素是从对试验产生影响的众多因素中挑选出来的可通过不同的方式加以考察的因素，即可控制的因素，不包括观测不到数值的影响因素和试验中不可控制或难以控制的因素. 通常用大写字母 A,B,C 等来表示因素. 因素在试验中所处的状态，称为该**因素的水平**，水平的个数称为该因素的**水平数**. 为了分析某一因素 A 对所考察因变量的影响，可以在试验时，让其他因素保持不变，而只让因素 A 改变，这样的试验称为**单因素试验**，A 所处的状态就是 A 的水平. 研究的因素个数大于 1 的试验称为**双因素试验**或**多因素试验**.

2. 重复与重复数

在相同的条件下进行两次及两次以上的试验，称为**重复试验**或**有重复试验**. 重复是解决试验的随机误差的基本手段. 在条件允许的情况下，尽可能采取重复试验，使样本容量足够大，以保证试验与分析的可靠性.

相同条件下重复试验的次数简称**重复数**. 在试验各因素各水平组合下均做同样多次重复试验称为**重复数相等的试验**; 否则, 称为**重复数不等的试验**.

3. 条件误差与试验误差

由试验条件不同所造成的差异, 称为**条件误差**. 条件误差属于**系统误差**.

试验中各种偶然(随机)的原因对试验结果产生的影响, 称为**试验误差**. 在不至于引起混淆的场合, 通常所说的误差均是指试验误差. 误差给试验结果带来的影响是方差分析中必定要考察的.

例 9.1.1 为了考察 3 种催化剂对某一化工产品收率的影响, 在其他条件不变的情况下, 每种催化剂重复试验 4 次, 所得收率的数据如表 9.1.1 所示.

表 9.1.1

催化剂	次数				平均收率
	1	2	3	4	
甲	35.2	33.1	35.5	36.4	35.05
乙	31.5	36.6	34.2	34.8	34.80
丙	34.9	36.8	36.3	35.8	35.95

这是一个单因素的试验, 因素为催化剂, 有甲、乙、丙 3 个水平, 并且是重复数相等的试验, 重复数为 4.

例 9.1.2 在某农业试验中, 为了考察小麦种子及化肥对小麦产量的效应, 选取 4 种小麦品种和 3 种化肥做试验. 现对所有可能的搭配在相同条件下试验两次, 产量结果如表 9.1.2 所示.

表 9.1.2　　(单位: kg/亩)

种类		小麦品种(A)			
		A_1	A_2	A_3	A_4
化肥(B)	B_1	293　292	308　310	325　320	370　368
	B_2	316　320	318　322	318　310	365　360
	B_3	325　330	317　320	310　315	330　334

注: 1 亩≈666.67m^2.

这是一个双因素的重复数相等的试验. 小麦品种、化肥种类是试验的两个因素, 分别有 4 个、3 个水平. 由于对两因素的各种水平搭配均进行了试验, 故称其为**全面试验**, 对之进行的方差分析称为全面试验的方差分析.

9.1.2 单因素试验的方差分析原理

从例 9.1.1 的数据表可以看出, 不同催化剂的平均收率有差异, 同一催化剂的 4 次试验结果之间也有差异. 需要解决的问题是从这组试验数据中确定:

(1) 不同的催化剂的收率究竟是否有显著的差异?

(2) 不同催化剂收率的这种差异是由催化剂的不同水平引起的, 还是由试验中各种偶然因素的干扰引起的?

如果把 3 种水平的催化剂的收率均值两两比较, 使用 T-检验法来解决, 将会导致犯第一类错误的概率增大而失真. 若对两两均值比较的检验正确, 接受零假设的概率是 $1-\alpha=0.95$, 假定这些检验是相互独立的, 三个检验全部正确, 接受零假设的概率也只有 $(0.95)^3\approx 85.7\%$, 这样犯第一类错误的概率较大. 当因素的水平数较大时, 弃真错误发生的概率更大. 可见用两两配对通过多次用 T- 检验法来检验若干个均值相等的方法是错误的.

方差分析能够较好地解决多个总体均值是否相等的检验问题. 实现这一目的的手段是样本方差的比较. 样本观测值之间存在着的差异可以看作由两个方面的原因产生:

(1) 因素中的不同水平, 即试验条件不同;

(2) 不可控因素及其他随机性因素.

方差分析法利用观测值总离差(度量所有样本值之间的差异的量)的可分解性, 将不同条件所引起的离差与试验误差分解开来, 按照一定的规则进行比较, 以确定不同条件的影响程度及其相对大小. 当已确认某几种因素对试验指标有影响, 即各总体均值相等的假设被拒绝时, 还可应用多重比较方法确定因素哪个水平对试验指标的影响最为显著, 估计各因素水平的影响程度.

1. 数学模型

设因素 A 有 $A_1,A_2,\cdots,A_p$ 共 p 个水平, 假定各水平 A_i 对应的总体 X_i 服从正态分布 $N(\mu_i,\sigma^2)$ $(i=1,2,\cdots,p)$. 这里各总体的均值 μ_i 可能不同, 但假定各总体的方差相同, 称为具有**方差齐性**, 并且假定各个总体是相互独立的. 这些假定是进行方差分析的前提, 其中正态分布的要求并不是很严格, 但对于方差相等的要求是比较严格的. 因此, 进行方差分析时必须对方差分析的前提进行检验. 一般至少要近似地符合上述要求. 在水平 A_i 下进行 n_i $(i=1,2,\cdots,p)$ 次试验, 设所有的试验都是相互独立的, 得到的样本观测值 X_{ij} $(i=1,2,\cdots,p,j=1,2,\cdots,n_i)$ 如表 9.1.3 所示.

表 9.1.3

因素水平	次数				水平平均
	1	2	…	n_i	
A_1	X_{11}	X_{12}	…	X_{1n_1}	$\bar{X}_{1\cdot}=\frac{1}{n_1}\sum_{j=1}^{n_1}X_{1j}$
A_2	X_{21}	X_{22}	…	X_{2n_2}	$\bar{X}_{2\cdot}=\frac{1}{n_2}\sum_{j=1}^{n_2}X_{2j}$
⋮	⋮	⋮		⋮	⋮
A_p	X_{p1}	X_{p2}	…	X_{pn_p}	$\bar{X}_{p\cdot}=\frac{1}{n_p}\sum_{j=1}^{n_p}X_{pj}$

设 ε_{ij} 表示水平 A_i 的总体 $N(\mu_i,\sigma^2)$ $(i=1,2,\cdots,p)$ 下 X_{ij} 的随机误差, $\varepsilon_{ij}\sim N(0,\sigma^2)$, 则有

$$\begin{cases} X_{ij} = \mu_i + \varepsilon_{ij}, & i=1,2,\cdots,p, j=1,2,\cdots,n_i, \\ \varepsilon_{ij} \sim N(0,\sigma^2), & \text{各}\varepsilon_{ij}\text{相互独立}, \end{cases} \tag{9.1.1}$$

其中，μ_i 和 σ^2 为未知参数，分别表示水平 A_i 的理论均值和理论方差. 式(9.1.1)就是单因素方差分析的数学模型. 注意到模型(9.1.1)中

$$X_{ij} = \mu_i + \varepsilon_{ij} \quad (i=1,2,\cdots,p, j=1,2,\cdots,n_i)$$

可改写为

$$X_{ij} = \mu + \delta_i + \varepsilon_{ij} \quad (i=1,2,\cdots,p, j=1,2,\cdots,n_i),$$

其中，$\mu = \frac{1}{n}\sum_{i=1}^{p} n_i\mu_i, n = \sum_{i=1}^{p} n_i$，即 μ 为所有 μ_i 的加权平均，称为**理论总平均**. $\delta_i = \mu_i - \mu$，它反映了水平 A_i 对试验结果的影响，称为**水平 A_i 的(主)效应**. 易证

$$\sum_{i=1}^{p} n_i\delta_i = 0,$$

即诸效应的加权和等于零. 在上述记号下，模型(9.1.1)可写为

$$\begin{cases} X_{ij} = \mu + \delta_i + \varepsilon_{ij}, & i=1,2,\cdots,p, j=1,2,\cdots,n_i, \\ \sum_{i=1}^{p} n_i\delta_i = 0, & \\ \varepsilon_{ij} \sim N(0,\sigma^2), & \text{各}\varepsilon_{ij}\text{相互独立}. \end{cases} \tag{9.1.1$'$}$$

模型(9.1.1)′是单因素方差分析数学模型的另一形式.

2. 平方和分解

我们的任务是根据样本观测值来检验因素 A 对试验结果的影响是否显著. 因素 A 的各水平的效应 $\mu_i\ (i=1,2,\cdots,p)$ 是否相等是因素 A 对试验指标有无影响的体现，而影响是否“显著”就看诸 μ_i 之间的差异是否大到一定的程度，这种比较是与随机误差相比而言的. 因此，考察因素 A 对试验指标的影响问题只需要考虑如下检验问题：

$$H_0: \mu_1 = \mu_2 = \cdots = \mu_p \leftrightarrow H_1: \mu_1, \mu_2, \cdots, \mu_p\text{不全相等}, \tag{9.1.2}$$

或等价的检验假设

$$H_0: \delta_1 = \delta_2 = \cdots = \delta_p = 0 \leftrightarrow H_1: \delta_1, \delta_2, \cdots, \delta_p\text{不全相等}. \tag{9.1.2$'$}$$

方差分析问题实质上是一个假设检验问题. 对于方差分析模型，初等统计大多采用如下分析方法：将数据总离差平方和按其来源(各种因子和随机误差)进行分解，得到各因子平方和及误差平方和，所进行的统计分析是基于各因子平方和与误差平方和大小的比较，这种方法叫作**平方和分解法**. 另一种方法是把方差分析模型作为一般线性模型统一处理. 本章采用前一种分析方法. 为了检验假设(9.1.2)，可作如下考虑：为什么 X_{ij} 诸值之间会有差异？从模型 (9.1.1)来看不外乎两个方面的原因：一是各总体均值确实有差异. 样本来自不同的总体，不同的试验条件、不同的处理造成了此差异，这种差异称为**组间差异**. 二是随机误差的存在，即随机因素、不可控因素造成的差异. 对于全部 $n_1 + n_2 + \cdots + n_p \triangleq n$ 个样本观测值 X_{ij}，可找一个衡量 X_{ij} 之间差异的量

$$S_{\mathrm{T}}=\sum_{i=1}^{p}\sum_{j=1}^{n_i}(X_{ij}-\overline{X})^2,$$

其中，$\overline{X}=\frac{1}{n}\sum_{i=1}^{p}\sum_{j=1}^{n_i}X_{ij}$，称 S_{T} 为**总离差平方和**. S_{T} 值越大，说明 X_{ij} 之间的差异越大. 再引入一个衡量各水平间(组间)观测值差异的量

$$S_A=\sum_{i=1}^{p}\sum_{j=1}^{n_i}(\overline{X}_{i\cdot}-\overline{X})^2=\sum_{i=1}^{p}n_i(\overline{X}_{i\cdot}-\overline{X})^2,$$

其中，$\overline{X}_{i\cdot}=\frac{1}{n_i}\sum_{j=1}^{n_i}X_{ij}$. S_A 是指标变量在各组的样本均值与总样本均值之偏差的总平方和，S_A 越大，说明因子 A 各水平间的观测值有较大的差异. S_A 可以理解为各水平理论均值 μ_i 间的不同产生的影响，它所表现的是组间差异，称 S_A 为**组间(或因子)平方和**. 同理可引入一个衡量随机误差影响大小的量

$$S_e=\sum_{i=1}^{p}\sum_{j=1}^{n_i}(X_{ij}-\overline{X}_{i\cdot})^2,$$

S_e 是指标变量在各组的均值与该组内变量值之偏差平方和的总和，与因子 A 各水平无关，S_e 实质上反映了各组内随机因素带来的差异影响. 称 S_e 为**误差平方和或组内平方和**. 因为

$$\sum_{j=1}^{n_i}[(X_{ij}-\overline{X}_{i\cdot})(\overline{X}_{i\cdot}-\overline{X})]=(\overline{X}_{i\cdot}-\overline{X})\sum_{j=1}^{n_i}(X_{ij}-\overline{X}_{i\cdot})=0,$$

易证

$$S_{\mathrm{T}}=S_A+S_e. \tag{9.1.3}$$

称式(9.1.3)为总离差 S_{T} 的**平方和分解式**.

3. 检验假设

由于 $X_{ij}\sim N(\mu_i,\sigma^2)$ $(i=1,2,\cdots,p;\ j=1,2,\cdots,n_i)$ 相互独立，可以证明在模型(9.1.1)下有如下结论:

(1) S_A 与 S_e 相互独立;

(2) $\frac{S_e}{\sigma^2}\sim\chi^2(n-p)$;

(3) 当 H_0 成立时,

$$\frac{S_A}{\sigma^2}\sim\chi^2(p-1),\qquad \frac{S_{\mathrm{T}}}{\sigma^2}\sim\chi^2(n-1);$$

(4) 记 $\mathrm{MS}_A=\frac{S_A}{p-1},\mathrm{MS}_e=\frac{S_e}{n-p}$，则当 H_0 成立时,

$$\frac{\mathrm{MS}_A}{\mathrm{MS}_e}\sim F(p-1,n-p).$$

上述结论中，$p-1,n-p$ 和 $n-1$ 分别称为 S_A，S_e 和 S_{T} 的**自由度**，可以理解为“平方和”中自由变化的变量的个数. 例如，S_A 中虽然有 p 个变量 $\overline{X}_{i\cdot}-\overline{X}\ (i=1,2,\cdots,p)$ 作平方和，但

$\sum_{i=1}^{p}(\overline{X}_{i.}-\overline{X})=0$，有此限制实际上只有 $p-1$ 个变量自由变化. 另外两个自由度可同样理解. 易见

$$S_T\text{的自由度}=S_A\text{的自由度}+S_e\text{的自由度}. \tag{9.1.4}$$

称式(9.1.4)为**总离差平方和自由度的分解**. MS_A 表示因子 A 的离差平方和除以自由度 $p-1$ 得到的平方和, 称为**因子 A 的均方**. 同理, MS_e 称为**误差均方**.

对于假设检验问题:

$$H_0:\mu_1=\mu_2=\cdots=\mu_p \leftrightarrow H_1:\mu_1,\mu_2,\cdots,\mu_p\text{不全相等},$$

构造检验统计量

$$F=\frac{MS_A}{MS_e}=\frac{S_A}{p-1}\Big/\frac{S_e}{n-p}, \tag{9.1.5}$$

当 H_0 为真时，$F\sim F(p-1,n-p)$.

F 统计量(9.1.5)的直观意义是明显的. 分子中 S_A 为因子 A 的组间平方和, 它反映了因子 A 各水平对观测值差异影响的大小. 分母中的 S_e 为误差平方和, 它度量了随机误差对观测值差异影响的大小. 当 H_0 成立时, 各水平的理论均值相等, 各组观测值来自同一总体, 比值 F 不会太大, F 统计量的值较小时, 则倾向于接受原假设 H_0；反之, 当 F 值过大时, 就可以认为 H_0 不真, 拒绝原假设 H_0,认为因子 A 的各水平效应有显著差异. 因此, 当 $F<F_\alpha(p-1, n-p)$ 时, 接受 H_0；否则, 就拒绝 H_0. 本检验称为模型(9.1.2)的 F 检验, 其中 $F_\alpha(p-1,n-p)$ 是 $F(p-1,n-p)$ 分布的上 α 分位点. α 是事先给定的显著性水平.

在统计应用上常将上述假设检验结果以表格的形式表示出来, 称为**方差分析表**, 如表 9.1.4 所示.

表 9.1.4

方差来源	平方和	自由度	均方	F 值	显著性
因素(组间)	S_A	$p-1$	$MS_A=\frac{S_A}{p-1}$	$F=\frac{MS_A}{MS_e}$	*,** 或无
误差(组内)	S_e	$n-p$	$MS_e=\frac{S_e}{n-p}$		
总和	S_T	$n-1$			

对于检验假设 H_0，其拒绝域与给定的显著性水平 α 有关. 通常分别取 $\alpha=0.05$ 或 0.01, 按 F 所满足的不同条件做出不同的判断:

(1) $F<F_{0.05}(p-1,n-p)$，认为不显著(用无表示);

(2) $F_{0.05}(p-1,n-p)<F\leqslant F_{0.01}(p-1,n-p)$，称为显著(用*表示);

(3) $F>F_{0.01}(p-1,n-p)$，称为高度显著(用**表示).

应用时也可根据实际问题的特定需要改用其他 α 值.

另外, 实际问题进行方差分析时运算量往往很大, 手工计算很难胜任, 一般都需借助于一定的统计分析软件, 如 SAS, SPSS, R, MATLAB, Excel 等来完成. 为了节省篇幅, 这里没有介绍有关计算方面的简化公式和运算技巧, 以后所有相关例题都采用计算机来完成计算, 解答以 SPSS 软件的输出结果为准. 在计算机技术十分发达的今天, 包括方差分析在内的许多统

计分析的计算已经变得相当简单. 利用现成的软件包, 只要将有关数据输入计算机, 通过简单的操作(编程)立即就能获得计算结果. 因此, 对于从事应用研究的人们来说, 更为重要的是要能够理解输入和输出之间的对应关系, 以及能够对计算机输出的结果做出正确的解释.

若用计算机软件, 如 SPSS 进行单因素方差分析, 在输出方差分析表中有一项 P 值(sig.)是我们得出结论的最重要的依据. 任何假设检验的结论都是在给定的显著性水平下做出的, 在不同的显著性水平下, 对同一检验问题所下的结论可能完全相反. 给定显著性水平, 对于相同的样本容量和分布, 临界值是固定的, 拒绝域也就固定了. 但不同样本得出的检验统计量的值不同, 即使都落在相同的区域, 所下的结论相同, 但检验的把握程度实际上是不同的. P 值法较好地解决了这个问题. 在进行单因素方差分析时, 先由观测数据计算出检验统计量 F 的取值 F_0, 则当 H_0 为真时, F- 检验法的 P 值为

$$P\text{值}=P\{F>F_0\},$$

即检验统计量 F 大于样本统计值 F_0 的概率. 在统计分析软件中, 几乎都给出了上述检验的 P 值, 只需将给定的显著性水平 α 与 P 值进行比较就可做出结论:

(1) 若 $\alpha>P$ 值, 则在显著性水平 α 下拒绝原假设 H_0;

(2) 若 $\alpha\leqslant P$ 值,则在显著性水平 α 下接受原假设 H_0.

同时, P 值也为更为灵活地做出统计决策提供了可能, 所以 P 值法也是假设检验中最常用的一种方法.

例 9.1.3　考虑例 9.1.1 中催化剂对化工产品的收率的影响. 为了简化计算, 可把全部观测值 X_{ij} 减去同一个常数 35, 这样并不影响计算结果. 例 9.1.1 中的收率数据表 9.1.1 简化为表 9.1.5.

表 9.1.5

催化剂	次数			
	1	2	3	4
甲	0.2	–0.19	0.5	1.4
乙	–3.5	1.6	–0.8	–0.2
丙	–0.1	1.8	1.3	0.8

这种简化对于手工计算是有必要的, 可以减少运算量. 若利用计算机软件计算实无必要. 利用方差分析法, 设 3 种催化剂为因素的 3 个水平, 3 个总体的均值分别记为 μ_1,μ_2,μ_3, 要检验的原假设为

$$H_0:\mu_1=\mu_2=\mu_3\,.$$

利用 SPSS 统计软件计算得方差分析表, 如表 9.1.6 所示.

表 9.1.6

方差来源	平方和	自由度	均方	F 值	P 值
因素(组间)	$S_A=5.967$	2	2.983	1.605	0.253
误差(组内)	$S_e=16.732$	9	1.859		
总和	$S_T=22.698$	11			

由表 9.1.6 知, 取显著性水平 $\alpha=0.05<P$ 值 $=0.253$, 不能拒绝原假设 H_0, 可认为 3 种催化剂对化工产品的收率影响没有显著性差异.

4. 参数估计与均值的简单比较

关于模型(9.1.1)中的未知参数 $\sigma^2,\mu_i\ \ (i=1,2,\cdots,p)$ 及 $\mu=\frac{1}{n}\sum_{i=1}^{p}n_i\mu_i$,, 其中 $n=\sum_{i=1}^{p}n_i$, 不难证明如下结论:

(1) 无论 H_0 是否为真, $\hat{\sigma}^2=\frac{S_e}{n-p}$ 是 σ^2 的无偏估计.

(2) 根据 $X_{ij}\ \ (i=1,2,\cdots,p;\ j=1,2,\cdots,n_i)$ 的正态性及独立性假定, 有

$$E(\bar{X})=\mu,\qquad E(\bar{X}_{i\cdot})=\mu_i\quad (i=1,2,\cdots,p),$$

故 $\hat{\mu}=\bar{X},\hat{\mu}_i=\bar{X}_{i\cdot}$ 分别是 μ,μ_i 的无偏估计.

(3) 如果经方差分析的 F-检验法, 假设 H_0 被拒绝, 因子 A 的各个水平对应的总体均值不全相等, 可以给出其中任意两总体 $N(\mu_i,\sigma^2)$ 和 $N(\mu_j,\sigma^2)\ \ (i\neq j)$ 的均值差 $\mu_i-\mu_j$ 的区间估计. 事实上,

$$\bar{X}_{i\cdot}-\bar{X}_{j\cdot}\sim N\left(\mu_i-\mu_j,\left(\frac{1}{n_i}+\frac{1}{n_j}\right)\sigma^2\right),$$

于是

$$\frac{\sqrt{\frac{n_in_j}{n_i+n_j}}[(\bar{X}_{i\cdot}-\bar{X}_{j\cdot})-(\mu_i-\mu_j)]}{\sigma\sim N(0,1)},$$

以 $\hat{\sigma}$ 代替 σ, 可证

$$\frac{\sqrt{\frac{n_in_j}{n_i+n_j}}[(\bar{X}_{i\cdot}-\bar{X}_{j\cdot})-(\mu_i-\mu_j)]}{\hat{\sigma}\sim t(n-p)}.$$

可以得出 $\mu_i-\mu_j$ 的置信度为 $1-\alpha$ 的置信区间为

$$\left(\bar{X}_{i\cdot}-\bar{X}_{j\cdot}\pm t_{\frac{\alpha}{2}}(n-p)\hat{\sigma}\sqrt{\frac{1}{n_i}+\frac{1}{n_j}}\right),$$

其中, $t_{\frac{\alpha}{2}}(n-p)$ 是 $t(n-p)$ 分布的上 $\frac{\alpha}{2}$ 分位点. 这里要注意的是对误差方差 σ^2 的估计用到了全部样本, 而不仅仅是 μ_i,μ_j 所涉及的两组样本 $X_{i1},X_{i2},\cdots,X_{in_i}$ 和 $X_{j1},X_{j2},\cdots,X_{jn_j}$.

以上所求置信区间的置信度 $1-\alpha$ 是对固定的 i,j 而言的, 但这些区间(每个区间的概率为 $1-\alpha$)同时成立的概率是小于 $1-\alpha$ 的. 欲使所有这些区间估计同时包含所估参数的概率达到 $1-\alpha$, 在统计学中引进了“多重比较法”. 1953 年 Scheffè 提出了著名的求**同时置信区间**的方法, 称为**多重比较的 S 法**. 另外, 还有 Bonferroni 的 T 区间法、Tukey 法等求同时置信区间的方法. 如果方差分析检验结果为拒绝原假设, 表明进行检验的几个总体均值不全相等, 这时

会想知道哪一个或哪几个均值与其他均值不等, 以及因素哪一水平的影响最为显著, 多重比较法可以对之作进一步的统计分析.

两效应 $\mu_i,\mu_j\ (i\neq j)$ 之差 $\mu_i-\mu_j\ (i,j=1,2,\cdots,p,i\neq j)$ 的同时置信区间都可在 SPSS 软件中通过方差分析计算得到, 直接给出如下结果.

(1) Bonferroni 同时置信区间. 对 m 个形如 $\mu_i-\mu_j$ 的均值差的置信度为 $1-\alpha$ 的 Bonferroni 同时置信区间为

$$\left(\bar{X}_{i\cdot}-\bar{X}_{j\cdot}\pm t_{\frac{\alpha}{2m}}(n-p)\hat{\sigma}\sqrt{\frac{1}{n_i}+\frac{1}{n_j}}\right).$$

(2) Scheffè 同时置信区间. 全部 C_p^2 个 $\mu_i-\mu_j$ 的置信度为 $1-\alpha$ 的 Scheffè 同时置信区间为

$$\left(\bar{X}_{i\cdot}-\bar{X}_{j\cdot}\pm\hat{\sigma}\sqrt{(p-1)F_\alpha(p-1,n-p)\left(\frac{1}{n_i}+\frac{1}{n_j}\right)}\right).$$

(3) Tukey 区间. 现在给出 Tukey 法中涉及的一个分布的定义.

定义 9.1.1　设 $X_1,X_2,\cdots,X_n\sim N(0,1)$, $mY^2\sim\chi^2(m)$, 且所有这些随机变量都相互独立, 则称随机变量

$$q(n,m)=\frac{\max\limits_{1\leqslant i\leqslant n}X_i-\min\limits_{1\leqslant i\leqslant n}X_i}{Y}$$

所服从的分布是参数为 n,m 的**学生化极差分布**. 它的上 α 分位点记为 $q_\alpha(n,m)$, 即

$$P\{q(n,m)>q_\alpha(n,m)\}=\alpha.$$

有专门的 $q_\alpha(n,m)$ 表以供查值.

对于单因素的方差分析模型, 当在各个水平下进行重复数相等的试验, 即 $n_1=n_2=\cdots=n_p\triangleq n_0$ 时, 可得对一切 $\mu_i,\mu_j\ (i\neq j)$ 的置信度为 $1-\alpha$ 的同时置信区间为

$$\left(\bar{X}_{i\cdot}-\bar{X}_{j\cdot}\pm q_\alpha(p,n-p)\frac{\hat{\sigma}}{\sqrt{n_0}}\right),$$

这就是 **Tukey 区间**. Tukey 法的使用是有条件限制的, 即因子各水平上的试验数必须都相等, 即 $n_i=n_0\ (i=1,2,\cdots,p)$, 否则不能应用 Tukey 法构造同时置信区间.

例 9.1.4　设有三台机器, 用来生产规格相同的铝合金薄板. 取样测量薄板的厚度, 精确至千分之一厘米, 得结果(单位: cm)如表 9.1.7 所示.

表 9.1.7

机器 1	机器 2	机器 3
0.263	0.257	0.258
0.238	0.253	0.264
0.248	0.255	0.259
0.245	0.254	0.267
0.243	0.261	0.262

试问这三台机器生产的薄板的厚度有无显著的差异($\alpha = 0.05$)?

解　设三台机器生产的薄板的厚度的均值为 μ_1, μ_2, μ_3，则需检验假设

$$H_0: \mu_1 = \mu_2 = \mu_3 \leftrightarrow H_1: \mu_1, \mu_2, \mu_3 \text{不全相等}.$$

经过 SPSS 软件计算得方差分析表, 如表 9.1.8 所示.

表 9.1.8

方差来源	平方和	自由度	均方	F 值	P 值
因素(组间)	$S_A = 0.000\,538\,53$	2	0.000 269 266 6	7.161 348	0.008 976 46
误差(组内)	$S_e = 0.000\,451\,2$	12	0.000 037 6		
总和	$S_T = 0.000\,989\,73$	14			

由于 P 值 $= 0.008\,976\,46 < 0.05$, 故在水平 0.05 下拒绝 H_0，认为各台机器生产的薄板厚度有显著差异.

下面进一步给出三台机器均值之差 $\mu_1 - \mu_2, \mu_1 - \mu_3, \mu_2 - \mu_3$ 的三种方法下的置信度为 95% 的同时置信区间.

(1) Tukey 区间:

$$\mu_1 - \mu_2 \text{为}(-0.018\,946\,4, 0.001\,746\,4),$$
$$\mu_1 - \mu_3 \text{为}(-0.024\,946\,4, -0.004\,253\,6),$$
$$\mu_2 - \mu_3 \text{为}(-0.016\,346\,4, 0.004\,346\,4).$$

(2) Scheffè 同时置信区间:

$$\mu_1 - \mu_2 \text{为}(-0.019\,410\,6, 0.002\,210\,6),$$
$$\mu_1 - \mu_3 \text{为}(-0.025\,410\,6, -0.003\,789\,4),$$
$$\mu_2 - \mu_3 \text{为}(-0.016\,806, 0.004\,810\,6).$$

(3) Bonferroni 同时置信区间:

$$\mu_1 - \mu_2 \text{为}(-0.019\,379\,3, 0.002\,179\,2),$$
$$\mu_1 - \mu_3 \text{为}(-0.025\,379\,2, -0.003\,820\,8),$$
$$\mu_2 - \mu_3 \text{为}(-0.016\,779\,2, 0.004\,779\,2).$$

凡置信区间不包含 0 的, 这两个均值的差异就是显著的. 从三种方法的置信区间所得出的结论是一致的, 即 μ_1 与 μ_3 差异显著, μ_1 与 μ_2 及 μ_2 与 μ_3 差异不显著. 所以单从统计分析的角度看, 第一台机器生产的产品平均厚度比第三台机器薄, 第一台与第二台、第二台与第三台之间没有显著差异.

9.2　双因素试验的方差分析

如果同时考虑两个因素 A 和 B 对一个试验指标的影响(如 A 为种子, B 为肥料, 试验指标为粮食产量), 就属于双因素试验的方差分析.

设因素 A 有 $A_1, A_2, \cdots, A_p$ 共 p 个不同水平, 因素 B 有 $B_1, B_2, \cdots, B_q$ 共 q 个不同的水平, 令 X_{ijk} 是 A_i 与 B_j 的水平搭配下的第 k 次试验的观察值, 其中 $i=1,2,\cdots,p,\ j=1,2,\cdots,q,\ k=1,2,\cdots,n_{ij}$, 当 $n_{ij}=1\ (i=1,2,\cdots,p,\ j=1,2,\cdots,q)$ 时, 称为**无重复试验**, 即因素 A 和 B 的各种水平搭配下只做一次试验; 当 n_{ij} 至少有一个大于 1 时, 称为**有重复试验**; 当 $n_{ij}=r>1$ 时, 称为**等重复试验**.

假定 $X_{ijk} \sim N(\mu_{ij}, \sigma^2)$, 即 X_{ijk} 服从具有相同方差的正态分布, 但各正态总体的均值 μ_{ij} 可能不同, 并且所有进行的试验都相互独立. 注意这些假设中如果某一条不满足的话, 方差分析的结果就可能不可靠, 甚至会导致错误的结论. 进行试验后得到具有如下特征的数据表 (表 9.2.1).

表 9.2.1

因素 A	因素 B			
	B_1	B_2	$\cdots$	B_q
A_1	$X_{111}, X_{112}, \cdots, X_{11n_{11}}$	$X_{121}, X_{122}, \cdots, X_{12n_{12}}$	$\cdots$	$X_{1q1}, X_{1q2}, \cdots, X_{1qn_{1q}}$
A_2	$X_{211}, X_{212}, \cdots, X_{21n_{21}}$	$X_{221}, X_{222}, \cdots, X_{22n_{22}}$	$\cdots$	$X_{2q1}, X_{2q2}, \cdots, X_{2qn_{2q}}$
$\vdots$	$\vdots$	$\vdots$		$\vdots$
A_p	$X_{p11}, X_{p12}, \cdots, X_{p1n_{p1}}$	$X_{p21}, X_{p22}, \cdots, X_{p2n_{p2}}$	$\cdots$	$X_{pq1}, X_{pq2}, \cdots, X_{pqn_{pq}}$

以下只考虑等重复试验或无重复试验的方差分析.

9.2.1 双因素等重复试验的方差分析

1. 数学模型

仍同前述假设, $X_{ijk} \sim N(\mu_{ij}, \sigma^2)\ (i=1,2,\cdots,p;\ j=1,2,\cdots,q;\ k=1,2,\cdots,r\ (r>1))$, 各 X_{ijk} 相互独立, 这里 μ_{ij}, σ^2 均为未知参数. 易见

$$E(X_{ijk})=\mu_{ij} \quad (k=1,2,\cdots,r),$$

其中, $E(\cdot)$ 表示求数学期望. 从而可得如下模型:

$$\begin{cases} X_{ijk}=\mu_{ij}+\varepsilon_{ijk}, \\ \varepsilon_{ijk} \sim N(0,\sigma^2), \\ \text{各}\varepsilon_{ijk}\text{独立}, \quad i=1,2,\cdots,p;\ j=1,2,\cdots,q;\ k=1,2,\cdots,r. \end{cases} \tag{9.2.1}$$

引入如下记号:

$$\mu=\frac{1}{pq}\sum_{i=1}^{p}\sum_{j=1}^{q}\mu_{ij}, \qquad \mu_{i\cdot}=\frac{1}{q}\sum_{j=1}^{q}\mu_{ij} \quad (i=1,2,\cdots,p), \qquad \mu_{\cdot j}=\frac{1}{p}\sum_{i=1}^{p}\mu_{ij} \quad (j=1,2,\cdots,q),$$

$$\alpha_i=\mu_{i\cdot}-\mu \quad (i=1,2,\cdots,p), \qquad \beta_j=\mu_{\cdot j}-\mu \quad (j=1,2,\cdots,q),$$

并称 μ 为**总均值**, α_i 为水平 A_i 的**主效应**, β_j 为水平 B_j 的**主效应**, 其中 α_i 反映了 A_i 对试验指标的影响, β_j 反映了 B_j 对试验指标的影响. 显然,

$$\sum_{i=1}^{p}\alpha_i=0, \qquad \sum_{j=1}^{q}\beta_j=0.$$

若记

$$\gamma_{ij}=\mu_{ij}-\mu_{i\cdot}-\mu_{\cdot j}+\mu \quad (i=1,2,\cdots,p;\ j=1,2,\cdots,q),$$

则有

$$\mu_{ij}=\mu+\alpha_i+\beta_j+\gamma_{ij},$$

称 γ_{ij} 为 A_i 与 B_j 的**交互效应**. 注意到 $\gamma_{ij}=(\mu_{ij}-\mu)-\alpha_i-\beta_j$, 反映的是 $A_i\times B_j$ 这种搭配对试验指标的影响 $\mu_{ij}-\mu$ 中扣除 A_i 的主效应 α_i 和 B_j 的主效应 β_j 之后的剩余部分, 是 $A_i\times B_j$ 搭配对试验指标联合作用的表现. 易见,

$$\sum_{i=1}^{p}\gamma_{ij}=0 \quad (j=1,2,\cdots,q), \qquad \sum_{j=1}^{q}\gamma_{ij}=0 \quad (i=1,2,\cdots,p).$$

以 $\mu,\alpha_i,\beta_j,\gamma_{ij}$ 及 σ^2 为未知参数, 重新参数化后的模型为

$$\begin{cases} X_{ijk}=\mu+\alpha_i+\beta_j+\gamma_{ij}+\varepsilon_{ijk}, \\ \varepsilon_{ijk}\sim N(0,\sigma^2), \\ \varepsilon_{ijk}\text{相互独立}, \quad i=1,2,\cdots,p,\ j=1,2,\cdots,q,\ k=1,2,\cdots,r, \\ \sum_{i=1}^{p}\alpha_i=0,\sum_{j=1}^{q}\beta_j=0,\sum_{i=1}^{p}\gamma_{ij}=0,\sum_{j=1}^{q}\gamma_{ij}=0. \end{cases} \tag{9.2.1$'$}$$

2. 平方和及自由度的分解

双因素等重复试验方差分析的目的是考察试验中两个因素及它们的交互作用对试验指标有无显著影响. 对于模型(9.2.1)′, 这相当于检验原假设:

$$H_{01}:\alpha_1=\alpha_2=\cdots=\alpha_p=0,$$

$$H_{02}:\beta_1=\beta_2=\cdots=\beta_q=0,$$

$$H_{03}:\gamma_{11}=\gamma_{12}=\cdots=\gamma_{1q}=\gamma_{21}=\cdots=\gamma_{pq}=0.$$

类似于单因素的方差分析, 仍用平方和分解的思想来给出检验统计量.

首先引入记号

$$\bar{X}=\frac{1}{pqr}\sum_{i=1}^{p}\sum_{j=1}^{q}\sum_{k=1}^{r}X_{ijk}, \qquad \bar{X}_{ij\cdot}=\frac{1}{r}\sum_{k=1}^{r}X_{ijk},$$

$$\bar{X}_{i\cdot\cdot}=\frac{1}{qr}\sum_{j=1}^{q}\sum_{k=1}^{r}X_{ijk}, \qquad \bar{X}_{\cdot j\cdot}=\frac{1}{pr}\sum_{i=1}^{p}\sum_{k=1}^{r}X_{ijk},$$

设总离差平方和为

$$S_{\mathrm{T}}=\sum_{i=1}^{p}\sum_{j=1}^{q}\sum_{k=1}^{r}(X_{ijk}-\bar{X})^2.$$

将 S_{T} 作如下分解, 注意到展开式中的六个交叉乘积项均为零, 有

$$
\begin{aligned}
S_{\mathrm{T}} &= \sum_{i=1}^{p}\sum_{j=1}^{q}\sum_{k=1}^{r}(X_{ijk}-\bar{X})^2 \\
&= \sum_{i=1}^{p}\sum_{j=1}^{q}\sum_{k=1}^{r}\left[(X_{ijk}-\bar{X}_{ij\cdot})+(\bar{X}_{ij\cdot}-\bar{X}_{i\cdot\cdot}-\bar{X}_{\cdot j\cdot}+\bar{X})+(\bar{X}_{i\cdot\cdot}-\bar{X})+(\bar{X}_{\cdot j\cdot}-\bar{X})\right]^2 \\
&= \sum_{i=1}^{p}\sum_{j=1}^{q}\sum_{k=1}^{r}(X_{ijk}-\bar{X}_{ij\cdot})^2+\sum_{i=1}^{p}\sum_{j=1}^{q}\sum_{k=1}^{r}(\bar{X}_{ij\cdot}-\bar{X}_{i\cdot\cdot}-\bar{X}_{\cdot j\cdot}+\bar{X})^2 \\
&\quad +\sum_{i=1}^{p}\sum_{j=1}^{q}\sum_{k=1}^{r}(\bar{X}_{i\cdot\cdot}-\bar{X})^2+\sum_{i=1}^{p}\sum_{j=1}^{q}\sum_{k=1}^{r}(\bar{X}_{\cdot j\cdot}-\bar{X})^2,
\end{aligned}
$$

记

$$S_A=\sum_{i=1}^{p}\sum_{j=1}^{q}\sum_{k=1}^{r}(\bar{X}_{i\cdot\cdot}-\bar{X})^2 \quad \text{(称为因素 } A \text{ 的离差平方和)},$$

$$S_B=\sum_{i=1}^{p}\sum_{j=1}^{q}\sum_{k=1}^{r}(\bar{X}_{\cdot j\cdot}-\bar{X})^2 \quad \text{(称为因素 } B \text{ 的离差平方和)},$$

$$S_{A\times B}=\sum_{i=1}^{p}\sum_{j=1}^{q}\sum_{k=1}^{r}(\bar{X}_{ij\cdot}-\bar{X}_{i\cdot\cdot}-\bar{X}_{\cdot j\cdot}+\bar{X})^2 \quad \text{(称为 } A,B \text{ 交互作用的离差平方和)},$$

$$S_e=\sum_{i=1}^{p}\sum_{j=1}^{q}\sum_{k=1}^{r}(X_{ijk}-\bar{X}_{ij\cdot})^2 \quad \text{(称为误差平方和)},$$

则有总离差平方和分解式

$$S_{\mathrm{T}}=S_A+S_B+S_{A\times B}+S_e.$$

显然 S_A 和 S_B 分别反映了因素 A 和 B 的不同水平所引起的差异，$S_{A\times B}$ 反映了因素 A 和 B 不同水平搭配所引起的差异，S_e 则反映了各种随机因素引起的试验误差的差异.

从 $S_{\mathrm{T}},S_A,S_B,S_{A\times B},S_e$ 的定义式，可得出它们的自由度分别为 $pqr-1$，$p-1$，$q-1$，$(p-1)(q-1)$，$pq(r-1)$，也有类似于单因素方差分析的总离差平方和自由度分解公式.

类似可定义因素 A，B，交互作用 $A\times B$，误差 e 的平均平方和(简称均方)如下:

$$\mathrm{MS}_A=\frac{S_A}{p-1}, \qquad \mathrm{MB}_B=\frac{S_B}{q-1},$$

$$\mathrm{MS}_{A\times B}=\frac{S_{A\times B}}{(p-1)(q-1)}, \qquad \mathrm{MS}_e=\frac{S_e}{pq(r-1)}.$$

3. 检验统计量及检验拒绝域

考察统计量

$$F_A=\frac{\mathrm{MS}_A}{\mathrm{MS}_e}, \qquad F_B=\frac{\mathrm{MS}_B}{\mathrm{MS}_e}, \qquad F_{A\times B}=\frac{\mathrm{MS}_{A\times B}}{\mathrm{MS}_e}.$$

可以证明:

当 H_{01} 成立时，$F_A=\dfrac{\mathrm{MS}_A}{\mathrm{MS}_e}\sim F(p-1,pq(r-1))$，故 H_{01} 的显著性水平为 α 的拒绝域为

$$F_A>F_\alpha(p-1,pq(r-1)).$$

当 H_{02} 成立时，$F_B=\dfrac{\mathrm{MS}_B}{\mathrm{MS}_e}\sim F(q-1,pq(r-1))$，故 H_{02} 的显著性水平为 α 的拒绝域为

$$F_B>F_\alpha(q-1,pq(r-1)).$$

当 H_{03} 成立时，$F_{A\times B}=\dfrac{\mathrm{MS}_{A\times B}}{\mathrm{MS}_e}\sim F((p-1)(q-1),pq(r-1))$，故 H_{03} 的显著性水平为 α 的拒绝域为

$$F_{A\times B}>F_\alpha((p-1)(q-1),pq(r-1)).$$

根据试验数据计算 $F_A,F_B,F_{A\times B}$ 的值，若落在相应的拒绝域内，则可认为因素 A，B 或交互作用 $A\times B$ 对试验指标有显著影响，否则反之.

4. *方差分析表*

通常可以用如表 9.2.2 所示的方差分析表进行双因素试验的方差分析.

表 9.2.2

方差来源	平方和	自由度	均方	F 值	显著性(P 值)
因素 A	S_A	$p-1$	MS_A	$F_A=\dfrac{\mathrm{MS}_A}{\mathrm{MS}_e}$	*,** 或无(P 值)
因素 B	S_B	$q-1$	MS_B	$F_B=\dfrac{\mathrm{MS}_B}{\mathrm{MS}_e}$	
交互作用 $A\times B$	$S_{A\times B}$	$(p-1)(q-1)$	$\mathrm{MS}_{A\times B}$	$F_{A\times B}=\dfrac{\mathrm{MS}_{A\times B}}{\mathrm{MS}_e}$	
误差 e	S_e	$pq(r-1)$	MS_e		
总和	S_T	$pqr-1$			

例 9.2.1　考虑例 9.1.2 中小麦种子类型和化肥类型对小麦产量的影响，借助于 SPSS 软件的方差分析过程，输入例 9.1.2 中的产量数据，计算得方差分析表，如表 9.2.3 所示.

表 9.2.3

方差来源	平方和	自由度	均方	F 值	显著性(P 值)
因素 A	7 088.333	3	2 362.778	246.551	9231×10^{-11}
因素 B	174.083	2	87.042	9.083	0.003 96
交互作用 $A\times B$	2 955.917	6	492.653	51.407	5974×10^{-8}
误差 e	115.000	12	9.583		
总和	10 333.333	23			

若给定显著性水平 $\alpha=0.05$，小麦品种和化肥的主效应是显著的，而且小麦品种与化肥之间也存在显著的交互作用，这说明小麦产量不仅与小麦品种、化肥类型有关，而且与它们之间的不同搭配有关.

在双因素方差分析模型中，当交互效应存在时，α_i 并不能反映因子水平 A_i 的优劣，因为

因子水平 A_i 的优劣还与因子 B 的水平有关. 这时往往是对因子 B 的诸水平求平均的意义下, 对因子 A_i 的优劣进行比较. 有关内容在此就不作介绍了.

9.2.2　双因素无重复试验的方差分析

双因素试验中只有两个变化因素, 设这两个变化因素为 A,B,各有 p,q 个不同水平, 记之为 $A_1,A_2,\cdots,A_p$ 和 $B_1,B_2,\cdots,B_q$. 在两个因素的所有不同水平搭配方式下各进行一次试验($r=1$), 称为双因素全面无重复试验.

双因素试验中两个因素可能存在交互效应, 但在无重复试验条件下, 即使存在交互作用的影响, 也无法将交互作用与试验误差区分开来, 故对双因素无重复试验只好将交互作用与试验误差合在一起当作误差考虑. 如果已经知道两因素的交互作用不存在或交互作用对试验指标影响很小, 可以不予以考虑, 双因素全面无重复试验就只需对因素 A,B 的主效应进行分析.

双因素全面无重复试验的数据表如表 9.2.4 所示.

表 9.2.4

因素 A	因素 B			
	B_1	B_2	$\cdots$	B_q
A_1	X_{11}	X_{12}	$\cdots$	X_{1q}
A_2	X_{21}	X_{22}	$\cdots$	X_{2q}
$\vdots$	$\vdots$	$\vdots$		$\vdots$
A_p	X_{p1}	X_{p2}	$\cdots$	X_{pq}

1. 数学模型

假设 $X_{ij}\sim N(\mu_{ij},\sigma^2)$, 其中 X_{ij} $(i=1,2,\cdots,p;\ j=1,2,\cdots,q)$ 相互独立. μ_{ij},σ^2 为未知参数, 得到模型:

$$\begin{cases} X_{ij}=\mu_{ij}+\varepsilon_{ij}, & i=1,2,\cdots,p;\ j=1,2,\cdots,q, \\ \varepsilon_{ij}\sim N(0,\sigma^2), & \text{各}\varepsilon_{ij}\text{相互独立}. \end{cases} \tag{9.2.2}$$

类似于前面对模型(9.2.1)的重新参数化, 注意到 $\gamma_{ij}=0$ $(i=1,2,\cdots,p;\ j=1,2,\cdots,q)$, 模型(9.2.2)可化为

$$\begin{cases} X_{ij}=\mu+\alpha_i+\beta_j+\varepsilon_{ij}, \quad i=1,2,\cdots,p;\ j=1,2,\cdots,q, \\ \varepsilon_{ij}\sim N(0,\sigma^2), \\ \sum\limits_{i=1}^{p}\alpha_i=0,\sum\limits_{j=1}^{q}\beta_j=0. \end{cases} \tag{9.2.2$'$}$$

这就是无交互作用的方差分析模型. 对这个模型所要检验的原假设为

$$H_{01}:\alpha_1=\alpha_2=\cdots=\alpha_p=0,$$

$$H_{02}:\beta_1=\beta_2=\cdots=\beta_q=0.$$

若检验结果为拒绝 $H_{01}(H_{02})$,则认为因素 $A(B)$ 的不同水平对试验指标有显著影响, 若两者均接受, 则说明因素 A,B 的不同水平对试验指标无显著影响.

2. 模型(9.2.2)的方差分析

类似于双因素有重复试验的方差分析中平方和分解的思想, 可以给出上述检验的检验统计量. 记

$$\bar{X}=\frac{1}{pq}\sum_{i=1}^{p}\sum_{j=1}^{q}X_{ij},\qquad \bar{X}_{i\cdot}=\frac{1}{q}\sum_{j=1}^{q}X_{ij}\quad (i=1,2,\cdots,p),$$

$$\bar{X}_{\cdot j}=\frac{1}{p}\sum_{i=1}^{p}X_{ij}\quad (j=1,2,\cdots,q),$$

总离差平方和为

$$\begin{aligned}S_{\mathrm{T}}&=\sum_{i=1}^{p}\sum_{j=1}^{q}(X_{ij}-\bar{X})^2\\&=\sum_{i=1}^{p}\sum_{j=1}^{q}[(X_{ij}-\bar{X}_{i\cdot}-\bar{X}_{\cdot j}+\bar{X})+(\bar{X}_{i\cdot}-\bar{X})+(\bar{X}_{\cdot j}-\bar{X})]^2\\&=\sum_{i=1}^{p}\sum_{j=1}^{q}(X_{ij}-\bar{X}_{i\cdot}-\bar{X}_{\cdot j}+\bar{X})^2+\sum_{i=1}^{p}\sum_{j=1}^{q}(\bar{X}_{i\cdot}-\bar{X})^2+\sum_{i=1}^{p}\sum_{j=1}^{q}(\bar{X}_{\cdot j}-\bar{X})^2.\end{aligned}$$

注意　上式用了交互乘积项和为零的结果. 若记

$$S_e=\sum_{i=1}^{p}\sum_{j=1}^{q}(X_{ij}-\bar{X}_{i\cdot}-\bar{X}_{\cdot j}+\bar{X})^2,\qquad S_A=\sum_{i=1}^{p}\sum_{j=1}^{q}(\bar{X}_{i\cdot}-\bar{X})^2,$$

$$S_B=\sum_{i=1}^{p}\sum_{j=1}^{q}(\bar{X}_{\cdot j}-\bar{X})^2,$$

则有总离差平方和分解公式

$$S_{\mathrm{T}}=S_A+S_B+S_e,$$

其中, S_A, S_B 分别反映了 A 和 B 的不同水平引起的差异, 分别称为 **A,B 的离差平方和**; S_e 反映了各种随机因素引起的试验误差, 称为**误差平方和**.

$S_{\mathrm{T}},S_A,S_B,S_e$ 各自的自由度分别为 $pq-1,p-1,q-1,(p-1)(q-1)$, 即总离差平方和的自由度为全部观测值数目 pq 减去 1, S_A,S_B 的自由度分别为各自水平数减去 1, 误差平方和的自由度为 $(pq-1)-(p-1)-(q-1)=(p-1)(q-1)$, 可见也有自由度分解式成立. S_A,S_B,S_e 的均方就是它们各自的平方和除以相应的自由度, 即有

$$\mathrm{MS}_A=\frac{S_A}{p-1},\qquad \mathrm{MS}_B=\frac{S_B}{q-1},\qquad \mathrm{MS}_e=\frac{S_e}{(p-1)(q-1)}.$$

根据模型(9.2.2)的假定, 可以证明:

在 H_{01} 为真时, $F_A=\dfrac{\mathrm{MS}_A}{\mathrm{MS}_e}\sim F(p-1,(p-1)(q-1))$,

在 H_{02} 为真时，$F_B=\dfrac{\mathrm{MS}_B}{\mathrm{MS}_e}\sim F(q-1,(p-1)(q-1))$.

F_A,F_B 分别是检验假设 H_{01} 和 H_{02} 的检验统计量. 给定显著性水平 α，当

$$F_A>F_\alpha(p-1,\ \ (p-1)(q-1))$$

时，拒绝 H_{01}；当

$$F_B>F_\alpha(q-1,(p-1)(q-1))$$

时，拒绝 H_{02}.

一般仍将以上所得结果列成如表 9.2.5 所示的方差分析表.

表 9.2.5

方差来源	平方和	自由度	均方	F 值	显著性(P 值)
因素 A	S_A	$p-1$	MS_A	$F_A=\dfrac{\mathrm{MS}_A}{\mathrm{MS}_e}$	*,** 或无(P 值)
因素 B	S_B	$q-1$	MS_B	$F_B=\dfrac{\mathrm{MS}_B}{\mathrm{MS}_e}$	
误差 e	S_e	$(p-1)(q-1)$	MS_e		
总和	S_T	$pq-1$			

例 9.2.2 在某化工生产中为了提高收率，需要考虑浓度、温度两种因素的影响，为此选了 3 种浓度、4 种温度进行试验. 已知温度与浓度的组合下交互作用的影响甚微，在同一浓度与温度的组合下各做了一次试验，其收率数据如表 9.2.6 所示，试在 $\alpha=0.05$ 显著性水平下检验不同浓度、不同温度对收率有无显著影响.

表 9.2.6

浓度 A	温度 B			
	B_1	B_2	B_3	B_4
A_1	99	86	88	85
A_2	84	85	82	81
A_3	80	88	87	89

解 考虑无交互作用的方差分析模型，将数据输入，用 SPSS 软件计算得方差分析表，如表 9.2.7 所示.

表 9.2.7

方差来源	平方和	自由度	均方	F 值	P 值
浓度(因素 A)	84.667	2	42.333	1.465	0.303
温度(因素 B)	11.667	3	3.889	0.135	0.936
误差(e)	173.333	6	28.889		
总和	269.667	11			

由表 9.2.7 可知, 浓度和温度对收率的影响差异均未达到显著的程度.

对于有重复的两因素方差分析试验, 如果两因素之间的交互作用不显著, 也可以用模型(9.2.1)进行统计分析, 方法也完全相同.

例 9.2.3 在某橡胶配方中, 考虑了 3 种促进剂和 4 种氧化锌, 每种配方下做两次试验, 测得的 300%定强值如表 9.2.8 所示, 试分析氧化锌、促进剂及它们的交互作用对定强有无显著的影响.

表 9.2.8

促进剂 A	氧化锌 B			
	B_1	B_2	B_3	B_4
A_1	33, 33	36, 34	36, 35	38, 39
A_2	34, 33	36, 37	39, 37	38, 41
A_3	35, 37	38, 37	39, 40	44, 42

解 这是一个双因素等重复试验. 首先考虑有交互效应的双因素方差分析模型, 计算可得方差分析表, 如表 9.2.9 所示.

表 9.2.9

方差来源	平方和	自由度	均方	F 值	P 值
因素 A	49.750	2	24.875	19.258	0.000 18
因素 B	119.792	3	39.931	30.914	0.000 006
交互作用 $A\times B$	5.583	6	0.931	0.720	0.641
误差 e	15.500	12	1.292		
总和(修正后)	190.625	23			

由表 9.2.9 知, 可以认为没有交互作用, 从而考虑没有交互作用的方差分析模型. 经计算可得方差分析表, 如表 9.2.10 所示.

表 9.2.10

方差来源	平方和	自由度	均方	F 值	P 值
因素 A	49.750	2	24.875	21.237	0.000 018
因素 B	119.792	3	39.931	34.091	$1.234\,7\times10^{-7}$
误差 e	21.083	18	1.171		
总和(修正后)	190.625	23			

由表 9.2.10 的 P 值可知, 因素 A 与因素 B 各自的主效应非常显著, 即氧化锌与促进剂各自独立地对定强有显著的影响. 氧化锌与促进剂对定强的效应可以叠加, 并且两因素各自水平优劣的比较与另一方的哪个水平无关. 类似于单因素方差分析的多重比较方法, 可构造均值差的同时置信区间, 进一步比较因素 A,B 的各水平效应间的差异. Tukey 区间、Bonferroni 同时置信区间及 Scheffè 同时置信区间都可以由统计软件直接给出, 在此就不一一写出了.

9.3　一元线性回归分析

客观事物总是普遍联系和相互依存的，它们之间的数量联系一般分为两种类型：一类是确定性关系，即函数关系；另一类是不确定的关系，称为相关关系. 第一类关系在许多学科已进行了大量研究. 第二类关系在生活实践中也大量存在，如身高与体重、播种面积与总产量、劳动生产率与工资水平等关系. 这些变量之间有一些联系，但没有确切到可以严格确定的程度，即前一个量不能唯一确定后一个量的值. 例如，城市生活用电量 y 与气温 x 有很大的关系，在夏天气温很高或冬天气温很低时，由于空调、冰箱等家用电器的使用，用电量就高. 相反，在春秋季节气温不高也不低时，用电量就相对少. 但不能由气温 x 这一个量准确地决定用电量 y. 回归分析就是研究相关关系的一种统计方法，它着重于寻找变量之间近似的函数关系.

9.3.1　回归分析的基本概念

回归分析作为一种统计方法，研究两个或两个以上变量之间的关系，由一个或几个变量来表示另一个变量. 被表示的这个变量往往是研究的一个指标变量，常称为**因变量**或**响应变量**，记为 y. 与之有关的另一些变量可记为 $x_1,x_2,\cdots,x_p$，称为**自变量**或**预报变量**. 由 $x_1,x_2,\cdots,x_p$ 可以部分地决定 y 的值，但这种决定不是很确切，这种关系就是"相关关系". 可以设想 y 的值由两部分组成：一部分是由 $x_1,x_2,\cdots,x_p$ 能够决定的部分，它是 $x_1,x_2,\cdots,x_p$ 的函数，记为 $f(x_1,x_2,\cdots,x_p)$；而另一部分则是由包括随机因素在内的其他众多未加考虑的因素所产生的影响，这一部分的诸多因素不再区别，所造成的对 y 的影响一起被称为**随机误差**，记为 ε. 于是得到如下模型:

$$y=f(x_1,x_2,\cdots,x_p)+\varepsilon,$$

其中，ε 是随机变量，一般要求满足某些假定，如 $E\varepsilon=0$；函数 $f(x_1,x_2,\cdots,x_p)$ 称为**理论回归函数**，它描述了 y 随自变量 $x_1,x_2,\cdots,x_p$ 变化的平均情况.

$$Ey=f(x_1,x_2,\cdots,x_p)$$

称为**回归方程**. 这种确定的函数关系可用来近似代替复杂的相关关系. 回归分析的任务就在于根据 $x_1,x_2,\cdots,x_p$ 和 y 的观察值去估计理论回归函数，并讨论与之有关的种种统计推断问题，如假设检验问题和估计问题. 回归分析所用方法在相当大的程度上取决于模型的假定.

(1) 若理论回归函数 $f(x_1,x_2,\cdots,x_p)$ 的数学形式并无特殊假定，称为**非参数回归**.

(2) 假定 $f(x_1,x_2,\cdots,x_p)$ 的数学形式已知，只是其中若干个参数未知，需要通过观测值去估计，称为**参数回归**. 应用上最重要、理论上发展得最完善的是 $f(x_1,x_2,\cdots,x_p)$ 为线性函数的情形，即

$$f(x_1,x_2,\cdots,x_p)=\beta_0+\beta_1x_1+\cdots+\beta_px_p, \tag{9.3.1}$$

称为"**线性回归**". 若 $p=1$，则称为**一元线性回归**.

若根据观测值已估计了 $\beta_0,\beta_1,\cdots,\beta_p$，设为 $\hat{\beta}_0,\hat{\beta}_1,\cdots,\hat{\beta}_p$，称

$$y=\hat{\beta}_0+\hat{\beta}_1x_1+\cdots+\hat{\beta}_px_p$$

为**经验回归方程**. 这里“经验”两字表示这个回归方程是由特定的观测值得到的.

回归分析的应用, 简单地可归纳为以下几个方面:

(1) 估计回归函数 f. 如考虑亩产量 y 与播种量 x_1 和施肥量 x_2 的相关关系, 需求出 y 对 x_1,x_2 的回归函数 $f(x_1,x_2)$, 当给定播种量 $x_1=x_{10}$, 施肥量 $x_2=x_{20}$ 时, $f(x_{10},x_{20})$ 就是平均亩产量的值.

(2) 预测. 自变量 $\boldsymbol{x}=(x_1,x_2,\cdots,x_p)^{\mathrm{T}}$ 在取定的情况下, 比如 $\boldsymbol{x}_0=(x_{10},x_{20},\cdots,x_{p0})^{\mathrm{T}}$, 去预测因变量 y 将取的值 y_0. y 的预测值往往就取回归函数在 $(x_{10},x_{20},\cdots,x_{p0})^{\mathrm{T}}$ 处的估计 $\hat{f}(x_{10},x_{20},\cdots,x_{p0})$.

(3) 控制. 在这类应用中, 不妨把自变量解释为输入值, 因变量解释为输出值, 通过估计出的经验回归方程 $y=\hat{f}(x_1,x_2,\cdots,x_p)$ 以调节 $x_1,x_2,\cdots,x_p$ 的值, 达到把输出值 y 控制在给定的水平 y_0 的目的.

最后简单介绍一下“回归”这一名称的由来. 这个术语是英国生物学家兼统计学家高尔顿(F. Galton)在 1886 年左右提出来的. 他在研究子代的身高与父母的身高的关系时, 收集了 1 078 对父母及其成年儿子的身高数据. 高尔顿以父母之平均身高 x 作为自变量, 以成年儿子的身高 y 作为因变量, 将 (x,y) 值标在直角坐标系内, 发现两者有近乎直线的关系, 总的趋势是 x 增加时 y 倾向于增加, 这与人们的常识是一致的. 用他的数据可以计算出儿子身高 y 与父母平均身高 x 的经验关系:

$$y=35+0.5x. \tag{9.3.2}$$

高尔顿算出 1 078 个 x 值的算术平均值 $\bar{x}$ 为 68 in(1 in = 2.54 cm), 1 078 个 y 值的算术平均值为 69 in, 子代身高平均增加了 1 in. 按常理推想, 当父母的平均身高为 x in, 子代的平均身高也要增加 1 in, 即变为 $(x+1)$ in, 但事实上不然. 按式(9.3.2)计算, 父母身高平均为 72 in(注意比平均身高 68 in 要高), 子代平均身高为 71 in, 而并非 73 in, 与父母相比有变矮的倾向. 父母身高平均为 64 in(注意比平均身高 68 in 要矮), 子代平均身高为 67 in, 比预计的 64+1 = 65(in)要多, 与父母相比有增高的趋势. 这种现象不是个别的, 它反映了一般规律. 高尔顿对这个结论的解释是, 大自然有一种约束力, 使人类身高的分布在一定时期内相对稳定而不产生两极分化, 这就是回归效应, 人的身高因约束力而“回归于中心”.

正是通过这个例子, 高尔顿引入了“回归”一词. 人们把式(9.3.2)所表示的直线称为回归直线. 其实两变量间有回归效应的现象并非普遍现象, 更多的相关关系不具有这一特征, 特别是涉及多个自变量的情况时, 回归效应不复存在. 因此, “线性回归模型”“经验回归方程”等概念中的“回归”一词并非总有特定意义, 只是一种习惯说法而已.

9.3.2　一元线性回归模型

考虑因变量 y 和一个自变量 x 的一元线性回归, 假设回归模型为

$$y=\beta_0+\beta_1x+\varepsilon,\qquad E\varepsilon=0,\qquad 0<D\varepsilon=\sigma^2<+\infty, \tag{9.3.3}$$

其中, ε 为随机误差, 其均值为 0, 方差为 σ^2, y 是随机变量, x 是非随机变量(除非特别声明, 考虑的回归分析中一律把自变量视为非随机的), β_0, β_1 和 σ^2 都是未知参数, β_0 称为常

数项或截距，β_1 称为**回归系数**. 式(9.3.3)称为**理论模型**.

现设对模型(9.3.3)中的变量 x,y 进行了 n 次独立观察，得到样本值 $(x_1,y_1),(x_2,y_2),\cdots,(x_n,y_n)$，从而

$$y_i=\beta_0+\beta_1 x_i+\varepsilon_i \quad (i=1,2,\cdots,n), \tag{9.3.4}$$

其中，ε_i 是第 i 次观察随机误差 ε 所取之值，它是不能观察到的. 对 ε_i $(i=1,2,\cdots,n)$ 最常用的假定如下.

(1) 误差项的均值为零，即 $E\varepsilon_i=0$ $(i=1,2,\cdots,n)$；

(2) 误差项具有等方差，即 $D\varepsilon_i=\sigma^2$ $(i=1,2,\cdots,n)$；　(9.3.5)

(3) 误差项彼此不相关，即 $\operatorname{cov}(\varepsilon_i,\varepsilon_j)=0$ $(i\neq j;i,j=1,2,\cdots,n)$.

通常称假定(9.3.5)为**高斯–马尔可夫(Gauss-Markov)假定**. 在这三条假定中，(1)表明误差项不包含任何系统的影响因素，观测值 y_i 在均值 Ey_i 的上下波动完全是随机的. (2)要求 ε_i 等方差，即要求在不同次的观测中 y_i 在其均值附近的波动程度的大小是一样的. (3)则等价于要求不同次的观测是不相关的. 统计学中把式(9.3.4)及假设(9.3.5)合在一起称为**一元线性回归模型**，它给出了样本观测值 (x_i,y_i) $(i=1,2,\cdots,n)$ 的概率性质，并可以对理论模型(9.3.3)进行统计推断. 可见，理论模型(9.3.3)只起了一个背景的作用.

对 ε_i 的进一步假定是

$$\varepsilon_i\sim N(0,\sigma^2) \quad (i=1,2,\cdots,n), \tag{9.3.6}$$

这是一个比高斯–马尔可夫假定更强的假定，指明了误差项所服从的分布. 由式(9.3.4)有

$$y_i=\beta_0+\beta_1 x_i+\varepsilon_i\sim N(\beta_0+\beta_1 x_i,\sigma^2) \quad (i=1,2,\cdots,n),$$

且 $y_1,y_2,\cdots,y_n$ 相互独立. 本章只讨论如下一元线性回归模型:

$$\begin{cases} y_i=\beta_0+\beta_1 x_i+\varepsilon_i, \\ \varepsilon_i\sim N(0,\sigma^2)\text{且}\varepsilon_i\ (i=1,2,\cdots,n)\text{相互独立}. \end{cases} \tag{9.3.7}$$

在多数应用问题中，在选择 x 与 y 之间的线性回归形式时很难有充分根据，在很大的程度上要依靠数据本身. 将独立试验的几个观测值 (x_i,y_i) $(i=1,2,\cdots,n)$ 在直角坐标系中描出相应的点，所得图形称为散点图，如图 9.3.1 所示. 散点图中的点虽杂乱无章，但当它们大体呈现出一种直线走向的趋势时，选取线性回归函数是比较合理的. 否则，应选取适当形式的曲线来拟合这些点，用曲线方程反映 x,y 之间的相关关系才更精确些.

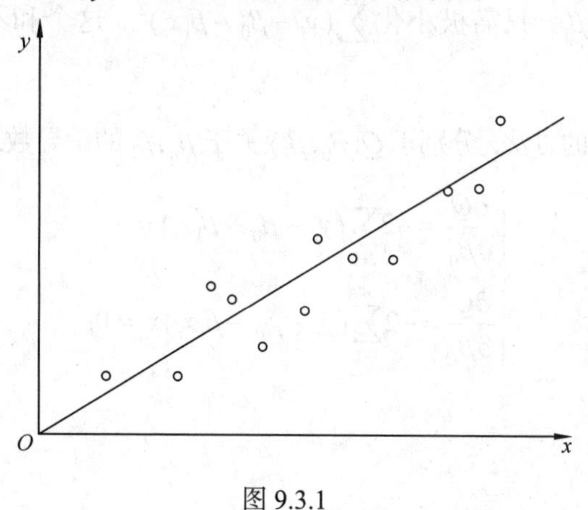

图 9.3.1

考虑模型(9.3.7), 如果由样本 (x_i, y_i) $(i=1,2,\cdots,n)$ 得到参数 β_0, β_1 的估计 $\hat{\beta}_0, \hat{\beta}_1$，则称方程

$$\hat{y} = \hat{\beta}_0 + \hat{\beta}_1 x$$

为 y 关于 x 的线性回归方程或回归方程, 其图形称为回归直线.

对于模型(9.3.7)将从下列各方面逐一研究.

1. 未知参数 β_0, β_1 及 σ^2 的估计

1) β_0, β_1 的估计——最小二乘法

回归分析的主要任务就是要建立能够近似反映 x, y 的相关关系的经验回归函数. 这里“经验”是指回归函数是由当前的样本观测值得出的, 也就是根据数据 (x_i, y_i) $(i=1,2,\cdots,n)$ 由模型(9.3.7)去估计 β_0, β_1. 怎样给出的估计才是合理的呢?要定出一个准则, 以衡量由此导致的偏差, 希望偏差越小越好. 以 $\hat{\beta}_0, \hat{\beta}_1$ 作为 β_0, β_1 的估计时, 偏差 $y_i - (\hat{\beta}_0 + \hat{\beta}_1 x_i)$ $(i=1,2,\cdots,n)$ 的绝对值越小, 说明用 $\hat{\beta}_0 + \hat{\beta}_1 x_i$ 代替 y_i 时误差越小. 考虑到数学处理上的方便, 衡量这些偏差大小的一个合理的指标为它们的平方和(通过平方去掉差值正负符号的影响). 记

$$Q(\beta_0, \beta_1) = \sum_{i=1}^{n} (y_i - \beta_0 - \beta_1 x_i)^2, \tag{9.3.8}$$

则 $Q(\beta_0, \beta_1)$ 反映了 n 次观察中总的偏差程度, 称为**残差平方和**. $\hat{\beta}_0, \hat{\beta}_1$ 使 $Q(\hat{\beta}_0, \hat{\beta}_1)$ 越小, 则模型拟合数据越好, 因此只需极小化 $Q(\beta_0, \beta_1)$，以所得的 $\hat{\beta}_0, \hat{\beta}_1$ 作为 β_0, β_1 的相应估计. **最小二乘法**就是按照这一思路, 通过使残差平方和达到最小来估计回归系数的一种方法. 这一重要方法一般归功于德国数学家高斯在 1799～1809 年的工作. 用最小二乘法导出的估计有一些良好性质, 因而该法在数理统计中有广泛的应用.

对于模型(9.3.7), 最小二乘法与常用的最大似然估计法所得到的结果是一致的. 因为 $y_1, y_2, \cdots, y_n$ 的联合概率密度函数为

$$\begin{aligned} L &= \prod_{i=1}^{n} \frac{1}{\sqrt{2\pi}\sigma} \exp\left[-\frac{1}{2\sigma^2}(y_i - \beta_0 - \beta_1 x_i)^2\right] \\ &= \left(\frac{1}{\sqrt{2\pi}\sigma}\right)^n \exp\left[-\frac{1}{2\sigma^2}\sum_{i=1}^{n}(y_i - \beta_0 - \beta_1 x_i)^2\right], \end{aligned}$$

求使 L 达到极大值的 β_0, β_1，只需极小化 $\sum_{i=1}^{n}(y_i - \beta_0 - \beta_1 x_i)^2$，这个和不是别的, 正是上述残差平方和 $Q(\beta_0, \beta_1)$.

利用多元函数求极值的方法, 分别求 $Q(\beta_0, \beta_1)$ 关于 β_0, β_1 的偏导数, 并令它们分别等于零:

$$\begin{cases} \dfrac{\partial Q}{\partial \beta_0} = -2\sum_{i=1}^{n}(y_i - \beta_0 - \beta_1 x_i) = 0, \\ \dfrac{\partial Q}{\partial \beta_1} = -2\sum_{i=1}^{n}(y_i - \beta_0 - \beta_1 x_i)x_i = 0, \end{cases} \tag{9.3.9}$$

整理得

$$\begin{cases} n\beta_0 + n\overline{x}\beta_1 = n\overline{y}, \\ n\overline{x}\beta_0 + \left(\sum_{i=1}^{n} x_i^2\right)\beta_1 = \sum_{i=1}^{n} x_i y_i, \end{cases} \tag{9.3.10}$$

其中，$\overline{x} = \frac{1}{n}\sum_{i=1}^{n} x_i, \overline{y} = \frac{1}{n}\sum_{i=1}^{n} y_i$.

方程组(9.3.10)称为**正规方程组**. 由于一般要求 x_i 不全相同, 即试验点的选取不能只集中在一点, 则方程(9.3.10)的系数行列式

$$\begin{vmatrix} n & n\overline{x} \\ n\overline{x} & \sum_{i=1}^{n} x_i^2 \end{vmatrix} = n\left(\sum_{i=1}^{n} x_i^2 - n\overline{x}^2\right) = n\sum_{i=1}^{n}(x_i - \overline{x})^2 \neq 0,$$

从而正规方程组(9.3.10)的唯一解为

$$\begin{cases} \hat{\beta}_1 = \dfrac{\sum_{i=1}^{n}(x_i - \overline{x})(y_i - \overline{y})}{\sum_{i=1}^{n}(x_i - \overline{x})^2} = \dfrac{\sum_{i=1}^{n}(x_i - \overline{x})y_i}{\sum_{i=1}^{n}(x_i - \overline{x})^2}, \\ \hat{\beta}_0 = \overline{y} - \hat{\beta}_1\overline{x}. \end{cases} \tag{9.3.11}$$

式(9.3.11)中的 $\hat{\beta}_0, \hat{\beta}_1$ 分别称为 β_0, β_1 的最小二乘估计, 于是所求的线性回归方程为

$$\hat{y} = \hat{\beta}_0 + \hat{\beta}_1 x. \tag{9.3.12}$$

若将 $\hat{\beta}_0 = \overline{y} - \hat{\beta}_1\overline{x}$ 代入式(9.3.12), 则得线性回归方程

$$\hat{y} = \overline{y} + \hat{\beta}_1(x - \overline{x}). \tag{9.3.13}$$

可见, 回归直线总通过点 $(\overline{x}, \overline{y})$. $(\overline{x}, \overline{y})$ 称为样本数据的**几何中心**.

根据模型(9.3.7)中的假定, 很容易推出最小二乘估计 $\hat{\beta}_0$ 和 $\hat{\beta}_1$ 的一些性质.

(1) $\hat{\beta}_0, \hat{\beta}_1$ 和 $\hat{\beta}_0 + \hat{\beta}_1 x$ 分别是 β_0, β_1 和 $\beta_0 + \beta_1 x$ 的线性无偏估计.

事实上, 线性显然. 由 $Ey_i = \beta_0 + \beta_1 x_i$, 得

$$\begin{aligned} E\hat{\beta}_1 &= E\left[\frac{\sum_{i=1}^{n}(x_i - \overline{x})y_i}{\sum_{i=1}^{n}(x_i - \overline{x})^2}\right] \\ &= \frac{1}{\sum_{i=1}^{n}(x_i - \overline{x})^2}\left[\sum_{i=1}^{n}(x_i - \overline{x})Ey_i\right] \\ &= \frac{1}{\sum_{i=1}^{n}(x_i - \overline{x})^2}\left[\sum_{i=1}^{n}(x_i - \overline{x})(\beta_0 + \beta_1 x_i)\right] \end{aligned}$$

$$=\frac{1}{\sum_{i=1}^{n}(x_i-\bar{x})^2}\left[\sum_{i=1}^{n}(x_i-\bar{x})x_i\beta_1\right]$$
$$=\beta_1;$$

$$E\hat{\beta}_0=E(\bar{y}-\hat{\beta}_1\bar{x})=\frac{1}{n}\sum_{i=1}^{n}Ey_i-\beta_1\bar{x}$$
$$=\beta_0+\beta_1\frac{1}{n}\sum_{i=1}^{n}x_i-\beta_1\bar{x}=\beta_0;$$
$$E(\hat{\beta}_0+\hat{\beta}_1x)=E(\hat{\beta}_0)+E(\hat{\beta}_1x)=\beta_0+\beta_1x.$$

(2) $\hat{\beta}_0,\hat{\beta}_1$ 和 $\hat{\beta}_0+\hat{\beta}_1x$ 的方差分别为

$$D\hat{\beta}_0=\frac{\sigma^2\sum_{i=1}^{n}x_i^2}{n\sum_{i=1}^{n}(x_i-\bar{x})^2},$$
$$D\hat{\beta}_1=\frac{\sigma^2}{\sum_{i=1}^{n}(x_i-\bar{x})^2},$$
$$D(\hat{\beta}_0+\hat{\beta}_1x)=\sigma^2\left[\frac{1}{n}+\frac{(x-\bar{x})^2}{\sum_{i=1}^{n}(x_i-\bar{x})^2}\right].$$

根据 $y_1,y_2,\cdots,y_n$ 的正态性和独立性, 可得 $\hat{\beta}_0,\hat{\beta}_1$ 和 $\hat{\beta}_0+\hat{\beta}_1x$ 的分布为

$$\hat{\beta}_0\sim N\left(\beta_0,\frac{\sigma^2\sum_{i=1}^{n}x_i^2}{n\sum_{i=1}^{n}(x_i-\bar{x})^2}\right),\tag{9.3.14}$$
$$\hat{\beta}_1\sim N\left(\beta_1,\frac{\sigma^2}{\sum_{i=1}^{n}(x_i-\bar{x})^2}\right),\tag{9.3.15}$$
$$\hat{\beta}_0+\hat{\beta}_1x\sim N\left(\beta_0+\beta_1x,\sigma^2\left[\frac{1}{n}+\frac{(x-\bar{x})^2}{\sum_{i=1}^{n}(x_i-\bar{x})^2}\right]\right).\tag{9.3.16}$$

这些分布性质在以后的检验和区间估计中有很重要的作用.

另外, 从 $\hat{\beta}_1$ 的方差表示式中可以看出: 随着 $\sum_{i=1}^{n}(x_i-\bar{x})^2$ 的增大, $\hat{\beta}_1$ 的方差逐渐减小. 这

意味着当 x_i 的取值可以由我们选定时，在一定程度上应使诸 x_i 的取值尽量散开些，以提高 $\hat{\beta}_1$ 的估计精度. 数学上还可以进一步证明，在所有的线性无偏估计量，甚至所有的无偏估计量中，β_1 的最小二乘估计量的方差最小(此结论可由著名的 高斯–马尔可夫定理得到，这里不作介绍). 另外，随着样本容量的增大，$\hat{\beta}_1$ 的方差也会不断减小.

2) 参数 σ^2 的估计

设 $\hat{\beta}_0,\hat{\beta}_1$ 是 β_0,β_1 的最小二乘估计，可用 $\hat{y}_i=\hat{\beta}_0+\hat{\beta}_1 x_i$ 作为因变量 y_i 的估计，而 y 的实际观察值为 y_i，两者之差

$$e_i = y_i - \hat{y}_i \quad (i=1,2,\cdots,n)$$

称为**残差**. 记

$$Q_e=\sum_{i=1}^{n} e_i^2,$$

称 Q_e 为**残差平方和**.

不加证明地指出 Q_e 的性质如下.

(1) $\dfrac{Q_e}{\sigma^2}\sim\chi^2(n-2)$; (9.3.17)

(2) $\bar{y},\hat{\beta}_1,Q_e$ 三者相互独立. (9.3.18)

利用性质(9.3.17)及 χ^2 分布的性质，有

$$E\left(\frac{Q_e}{\sigma^2}\right)=n-2,$$

从而有

$$E\left(\frac{Q_e}{n-2}\right)=\sigma^2.$$

若记

$$S^2=\frac{Q_e}{n-2}=\frac{1}{n-2}\sum_{i=1}^{n} e_i^2,$$

则 S^2 是 σ^2 的一个无偏估计. S^2 的正平方根 S 又称为**回归估计的标准误差**. S 越小，表明实际观测值与所拟合的经验回归直线的偏离程度越小，即回归直线具有较强的代表性；反之，则回归直线的代表性较差.

在回归分析中残差具有重要作用. 首先，利用残差给出了 σ^2 的一个估计，需注意，对于模型(9.3.7)，$\dfrac{Q_e}{\sigma^2}$ 服从自由度为 $n-2$ 的 χ^2 分布，其自由度 $n-2$ 比样本容量 n 少 2，可以这样理解：因为 Q_e 中有两个未知参数 β_0,β_1 需要估计，用掉了两个自由度. 另外，通过对残差进行分析可以考察假定的回归模型是否正确，称为**回归诊断**. 它已发展成为回归分析的一个分支. 当模型正确时，残差应是误差的一个反映，因为误差 $\varepsilon_1,\varepsilon_2,\cdots,\varepsilon_n$ 是独立同分布的，具有“杂乱无章”的性质，即不应呈现任何规律性，所以残差 $e_1,e_2,\cdots,e_n$ 也应如此. 若残差 $e_1,e_2,\cdots,e_n$ 呈现出某种规律性，则可能是模型中某方面假定与事实不符的征兆，就可以怀疑模型假定有问题.

许多统计分析软件都可以画出残差图，残差图的分析是回归诊断的一个重要工具.

例 9.3.1 在动物学研究中，有时需要找出某种动物的体积与重量的关系，因为重量相对容易测量，而测量体积比较困难，可以利用重量预测体积的值. 某种动物的 18 个随机样本的体重 x(单位：kg)与体积 y (单位：10^{-3}m^3) 的数据如表 9.3.1 所示.

表 9.3.1

x	17.1	10.5	13.8	15.7	11.9	10.4	15.0	16.0	17.8
y	16.7	10.4	13.5	15.7	11.6	10.2	14.5	15.8	17.6
x	15.8	15.1	12.1	18.4	17.1	16.7	16.5	15.1	15.1
y	15.2	14.8	11.9	18.3	16.7	16.6	15.9	15.1	14.5

求动物体积 y 与体重 x 的回归方程.

解 把 x,y 的数据输入，建立 SPSS 数据文件，以 y 为因变量，x 为自变量，调用线性回归分析过程，经计算得

$$\hat{\beta}_0=-0.104,\qquad \hat{\beta}_1=0.988,$$

所以 y 与 x 的回归方程为

$$y=-0.104+0.988x.$$

该回归方程反映了当动物体重为 x 时，体积取值的平均情况. x 的系数 $\hat{\beta}_1=0.988$ 可解释为动物体重每增加 1kg 时，动物体积平均增加 $0.988\times10^{-3}\ \text{m}^3$；但是 $\hat{\beta}_0=-0.104$ 却显然不能解释为动物体重为 0 时动物的体积，因为此模型在 $x=0$ 附近可能早已经不成立了. 因此，在回归分析模型中系数意义的解释必须特别谨慎. 首先自变量之值必须处在一个合理的范围内，另外所作分析必须与实际问题紧密结合，否则就会得出错误结论.

2. 模型的检验

在回归分析中，当模型中的未知参数估计出来后，还必须利用抽样理论来检验所得回归方程的可靠性，具体可分为对回归方程拟合程度进行显著性检验和对回归系数进行显著性检验.

在一元线性回归模型中，由于用最小二乘法求回归方程时，并不需要预先假定两个变量 y 与 x 一定存在线性关系，即使是平面上一些杂乱无章的散点 (x_i,y_i) $(i=1,2,\cdots,n)$ 也可以用前面的公式给它配一条直线，但这也许毫无意义，所以检验 y 与 x 之间是否存在线性关系是很有必要的.

1) 回归方程拟合程度评价指标——判定系数 R^2

拟合程度是指样本观测值聚集在回归直线周围的紧密程度. 判断回归模型拟合程度优劣的最常用的数量指标是判定系数 R^2. 该指标是建立在对总离差平方和进行分解的基础之上的.

因变量的实际观测值与其样本均值的离差 $y_i-\overline{y}$ 可以分解为两部分：一部分是因变量的理论回归值与其样本均值的离差 $\hat{y}_i-\overline{y}$，它可以看成离差 $y_i-\overline{y}$ 中能够由回归直线解释的部分，称为**可解释离差**；另一部分是实际观测值与理论回归值的离差 $y_i-\hat{y}_i$，它是不能由回归直

线加以解释的残差, 如图 9.3.2 所示.

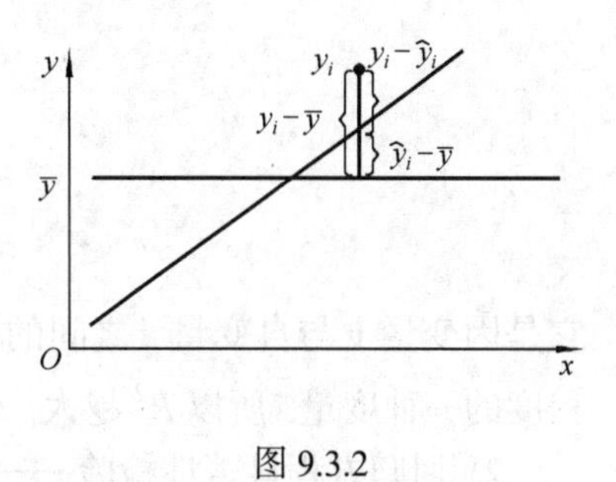

图 9.3.2

记

$$S_{\mathrm{T}}=\sum_{i=1}^{n}(y_i-\bar{y})^2,\qquad S_R=\sum_{i=1}^{n}(\hat{y}_i-\bar{y})^2,\qquad S_e=\sum_{i=1}^{n}(y_i-\hat{y}_i)^2,$$

由式(9.3.9), 得

$$\sum_{i=1}^{n}(y_i-\hat{y}_i)=0,\qquad \sum_{i=1}^{n}(y_i-\hat{y}_i)x_i=0,$$

从而, 由 $\hat{y}_i=\hat{\beta}_0+\hat{\beta}_1x_i$ 得

$$\sum_{i=1}^{n}(\hat{y}_i-\bar{y})(y_i-\hat{y}_i)=0,$$

故由 $y_i-\bar{y}=(\hat{y}_i-\bar{y})+(y_i-\hat{y}_i)$,有

$$\sum_{i=1}^{n}(y_i-\bar{y})^2=\sum_{i=1}^{n}(\hat{y}_i-\bar{y})^2+\sum_{i=1}^{n}(y_i-\hat{y}_i)^2,$$

即

$$S_{\mathrm{T}}=S_R+S_e.\tag{9.3.19}$$

式(9.3.19)中 S_{T} 称为**总的离差平方和**; S_R 是可用回归直线解释的那一部分离差平方和, 称为**回归平方和**; S_e 是用回归直线无法解释的离差平方和, 称为**剩余残差平方和, 即残差平方和**.

在式(9.3.19)两边同除以 S_{T}, 得

$$1=\frac{S_R}{S_{\mathrm{T}}}+\frac{S_e}{S_{\mathrm{T}}}.$$

可见, 各个样本观测值与样本回归直线靠得越紧, S_R 在 S_{T} 中所占比例就越大. 令

$$R^2=\frac{S_R}{S_{\mathrm{T}}}=1-\frac{S_e}{S_{\mathrm{T}}},$$

称 R^2 为判定系数. 判定系数是对回归模型拟合程度的综合度量, 判定系数越大, 模型拟合程度越高; 判定系数越小, 模型对样本的拟合程度越差. 显然, $0\leqslant R^2\leqslant 1$. 当 $R^2=1$ 时, 总离差完全由所估计的经验回归直线来解释; 当 $R^2=0$ 时, 经验回归直线没有解释任何离差, 模型中自变量 x 与因变量 y 完全无关, y 的 总离差全部归于残差平方和.

为了进一步理解判定系数 R^2 的统计意义, 考察一元线性回归模型回归平方和. 由式 (9.3.13)及式(9.3.11), 有

$$S_R=\sum_{i=1}^{n}(\hat{y}_i-\bar{y})^2=\sum_{i=1}^{n}[\hat{\beta}_1(x_i-\bar{x})]^2=\hat{\beta}_1\left[\hat{\beta}_1\sum_{i=1}^{n}(x_i-\bar{x})^2\right]$$

$$=\hat{\beta}_1\sum_{i=1}^{n}(x_i-\bar{x})(y_i-\bar{y})=\frac{\left[\sum_{i=1}^{n}(y_i-\bar{y})(x_i-\bar{x})\right]^2}{\sum_{i=1}^{n}(x_i-\bar{x})^2},$$

于是

$$R^2=\frac{\left[\sum_{i=1}^{n}(y_i-\overline{y})(x_i-\overline{x})\right]^2}{\sum_{i=1}^{n}(y_i-\overline{y})^2\sum_{i=1}^{n}(x_i-\overline{x})^2}.$$

它是因变量 y 与自变量 x 之间的样本相关系数的平方. 因为相关系数是两个量之间线性相关程度的一种度量, 所以 R^2 越大, 就表示回归方程与样本数据拟合得越好.

2) 回归方程显著性检验——F-检验

在一元回归分析中, 整个回归方程是否适用, 需要对 y 与 x 之间的线性关系进行检验. 若 y 与 x 联系很小或根本没有线性关系, 则 β_1 就会很小并接近于零, 因此对回归方程进行检验, 即检验假设

$$H_0:\beta_1=0\leftrightarrow H_1:\beta_1\neq 0.$$

本检验可以根据总离差平方和的分解来构造检验统计量, 用方差分析的方法进行 F-检验.

式(9.3.19)中的三项, S_{T} 是样本观测值总离差, S_R 反映了回归值 $\hat{y}_1,\hat{y}_2,\cdots,\hat{y}_n$ 对其平均值 $\overline{y}$ 的离散程度, S_e 反映了观测值 $(x_i,y_i)\ (i=1,2,\cdots,n)$ 与回归直线的偏离程度, 反映了扣除因素 x 的影响后其他因素包括随机因素在内对 y 的影响. 可以证明, 当 H_0 成立时,

$$\frac{S_R}{\sigma^2}\sim\chi^2(1),\qquad \frac{S_e}{\sigma^2}\sim\chi^2(n-2),$$

且 S_R 与 S_e 相互独立, 其中 σ^2 是随机误差. 因此, 当 H_0 成立时,

$$F=\frac{S_R}{S_e/(n-2)}\sim F(1,n-2).$$

当 x 与 y 之间真正存在线性相关关系时, y 的离差平方和应该主要是由自变量 x 的变化影响所致, 回归平方和 S_R 理应较大, F 值倾向于取较大值. 相反, 若 x 与 y 之间没有线性相关关系, x 与 y 的真正关系实际上被纳入误差的范畴, 则 S_e 应该较大, 从而比值 F 较小. 因此, 对于给定显著性水平 α, 若 $F>F_\alpha(1,n-2)$, 则拒绝 H_0, 认为 y 与 x 之间存在线性相关关系; 否则, 不拒绝 H_0. 这种检验称为 F-检验法或回归方程的方差分析.

F-检验的过程通常是用方差分析表来进行的, 如表 9.3.2 所示.

表 9.3.2

方差来源	平方和	自由度	均方	F 值	显著性(P 值)
回归	S_R	1	S_R	$F=\dfrac{S_R}{S_e/(n-2)}$	*,** 或无(P值)
残差	S_e	$n-2$	$\dfrac{S_e}{n-2}$		
总和	S_{T}	$n-1$			

3) 回归系数的显著性检验——T-检验

回归分析中的显著性检验包括两个方面: 一方面是对整个回归方程的显著性检验, 可以用方差分析的思想方法予以解决. 它着眼于整个回归方程, 特别对于多个自变量的情形看得

更清楚, 如因变量 y 与自变量 $x_1,x_2,\cdots,x_p$ 的回归方程

$$y=\hat{\beta}_0+\hat{\beta}_1x_1+\hat{\beta}_2x_2+\cdots+\hat{\beta}_px_p,$$

要考察整个方程是否适用, 可用 F- 检验法进行判别. 但整个方程检验适用并不意味着方程包含的各个自变量 x_i $(i=1,2,\cdots,p)$ 分别都对因变量 y 有解释作用. 因此, 回归分析中另一方面的显著性检验就是对回归方程中各回归系数的显著性检验, 即

$$H_0:\beta_i=0\leftrightarrow H_1:\beta_i\neq 0\quad (i=1,2,\cdots,p).$$

如果检验时 H_0 被接受, 则自变量 x_i 实际上可以从方程中去掉; 否则, 可认为自变量 x_i 确实对因变量 y 有解释作用. 可见, 各回归系数的显著性检验有别于对整个回归方程的显著性检验, 它通常采用 T-检验法来进行.

在一元线性回归模型中, 由于只有一个自变量 x, 对 $\beta_1=0$ 的 T-检验与对整个方程的 F- 检验是等价的. 在多元线性回归模型中, 两个检验的不同作用就突显出来了.

考虑模型(9.3.7), 若自变量 x 与因变量 y 之间不存在线性关系, 则 β_1 就很小并接近于零. 因此, 检验 y 与 x 之间是否具有线性相关关系也是检验假设

$$H_0:\beta_1=0\leftrightarrow H_1:\beta_1\neq 0.$$

由式(9.3.15), 并记

$$\delta_{\hat{\beta}_1}^2=\frac{\sigma^2}{\sum_{i=1}^{n}(x_i-\overline{x})^2},$$

则 $\hat{\beta}_1\sim N(\beta_1,\delta_{\hat{\beta}_1}^2)$. 在方差 σ^2 已知的情况下, 可用前面所学的 U- 检验法对上述假设进行检验. 一般情况下, σ^2 是未知的, 要用无偏估计量 $S^2=\dfrac{Q_e}{n-2}$ 代替, 记

$$S_{\hat{\beta}_1}^2=\frac{S^2}{\sum_{i=1}^{n}(x_i-\overline{x})^2},$$

则

$$t_{\hat{\beta}_1}=\frac{\hat{\beta}_1-\beta_1}{S_{\hat{\beta}_1}}\sim t(n-2),\tag{9.3.20}$$

式(9.3.20)中, n 为样本容量, $n-2$ 为 t 分布的自由度.

当确定显著性水平 α 后, 根据样本观测值可计算出 $t_{\hat{\beta}_1}=\dfrac{\hat{\beta}_1}{S_{\hat{\beta}_1}}$. 当 H_0 成立时, 因 $\beta_1=0$, 有

$t_{\hat{\beta}_1}=\dfrac{\hat{\beta}_1}{S_{\hat{\beta}_1}}\sim t(n-2)$, 从而可确定 H_0 的拒绝域为

$$|t_{\hat{\beta}_1}|=\frac{|\hat{\beta}_1|}{S_{\hat{\beta}_1}}>t_{\frac{\alpha}{2}}(n-2)\quad (双侧\ T\text{- 检验}).$$

如果$t_{\hat{\beta}_1}$的绝对值大于临界值$t_{\frac{\alpha}{2}}(n-2)$，就拒绝原假设，接受备择假设；反之，则接受原假设. 在用统计软件进行计算时，在计算机输出结果中往往给出回归系数β_1的T-检验的伴随概率，即P值. 当P值小于给定的显著性水平α时，拒绝原假设H_0，否则接受H_0.

若经检验，接受原假设H_0，则说明回归效果不明显，表明自变量x对因变量y线性影响程度不大，可能影响y的因素除x变量外，还有其他不可忽视的因素，因而选择一元回归根本不适合；或者y与x的关系根本不是线性的，需要作曲线回归；或者自变量x对因变量y根本无影响. 总之，此时模型不适合用来作诸如内插(在自变量数据的范围之内使用回归方程)、外推(在建立回归方程时所用的自变量数据的范围之外去使用回归方程)等形式的统计推断.

3. 回归系数的置信区间

由式(9.3.20)可以作β_1的区间估计，β_1的置信度为$1-\alpha$的置信区间为

$$\left(\hat{\beta}_1 \pm t_{\frac{\alpha}{2}}(n-2)S_{\hat{\beta}_1}\right),$$

其中，$S_{\hat{\beta}_1}=\dfrac{S}{\sqrt{\sum\limits_{i=1}^{n}(x_i-\overline{x})^2}}, S^2=\dfrac{Q_e}{n-2}$.

例 9.3.2 (续例 9.3.1) 试对例 9.3.1 求得的回归方程及回归系数β_1进行显著性检验. 若显著，求出β_1的置信度为95%的置信区间.

解 因为一元回归分析中对回归方程的拟合检验与回归系数的显著性检验等价，所以给出F-检验和T-检验两种方法. 用SPSS统计软件的回归方程，计算判定系数$R^2=0.993$，可见此拟合程度较大，模型比较适合. 回归方程的方差分析表如表 9.3.3 所示.

表 9.3.3

模型	平方和	自由度	均方	F 值	显著性(P 值)
回归	94.100	1	94.100	2 311.985	9.8103×10^{-19}
残差	0.651	16	0.041		
总和	94.751	17			

由表 9.3.3 知，反映显著性的P值远远小于0.05，说明所求回归方程$y=-0.104+0.988x$还是比较合适的. 对β_1作显著性检验，假设为

$$H_0:\beta_1=0 \leftrightarrow H_1:\beta_1\neq 0.$$

计算得$t_{\hat{\beta}_1}=48.028$，P值为9.8103×10^{-19}，应拒绝原假设H_0，说明相对于误差而言，自变量x对因变量y的线性影响是重要的. 求得β_1的置信度为 95%的置信区间为(0.944, 1.032). 它不包含 0 值，也能说明$\beta_1\neq0$且取正值，可见随着体重的增加，动物的体积平均值也是逐渐增大的.

由本例可以看出，从各个不同的方面进行统计分析得出的结论是一致的，回归方程 $y=-0.104+0.988x$ 较好地反映了 y 与 x 的线性相关关系.

4. 预测与控制

回归分析的一个重要应用是用来进行预测和控制. 如果所拟合的经验回归方程经过了检验，并且回归方程有较高的拟合程度，就可以利用其来预测已知 x 取值 x_0 时 y 的取值范围(区间预测)或 y 的取值(点预测)，或者是欲将 y 的取值限制在某个范围，确定应当如何控制 x 的取值.

1) 预测问题

预测分点预测和区间预测.

点预测的简单回归预测的基本公式为

$$\hat{y}_0=\hat{\beta}_0+\hat{\beta}_1 x_0, \tag{9.3.21}$$

其中，x_0 是给定的自变量 x 的某一取值，$\hat{y}_0$ 是 x_0 给定时因变量 y 的预测值，$\hat{\beta}_0,\hat{\beta}_1$ 是用前述方法已估计出的回归系数值. 当给出的 x_0 属于样本内的数值时，由式(9.3.21)得出的点预测 $\hat{y}_0$ 称为内插或事后预测；而当给出的 x_0 在样本之外时，利用式(9.3.21)计算出的 $\hat{y}_0$ 称为外推或事前预测. 实际上，这里 y 在 x_0 处的预测值就取为回归函数 $\hat{\beta}_0+\hat{\beta}_1 x$ 在 $x=x_0$ 处的估计 $\hat{\beta}_0+\hat{\beta}_1 x_0$.

但是预测问题与估计回归函数问题是有实质区别的，并且由下面计算的预测误差可以看出，预测的精度要比估计回归函数的精度差.

设 $x=x_0$ 给定时，y 的真值为 y_0，则

$$y_0=\beta_0+\beta_1 x_0+\varepsilon_0 .$$

设 e 为预测的残差，即 $e=y_0-\hat{y}_0$，其中 $\hat{y}_0=\hat{\beta}_0+\hat{\beta}_1 x_0$. 注意此处的 y_0 并不是一个未知的参数，其本身也具有随机性，是一个随机变量，即被预测量是一个随机变量. 由于 (x_0,y_0) 是将要进行的一次独立试验，有理由假定 y_0 与前述模型(9.3.7)中诸 $y_i\ (i=1,2,\cdots,n)$ 独立同分布，即 $y_0,y_1,\cdots,y_n$ 相互独立同分布. 而 $\hat{y}_0$ 是 $y_1,y_2,\cdots,y_n$ 的线性组合，因此 y_0 与 $\hat{y}_0$ 独立，于是

$$\begin{aligned}
De=Dy_0+D\hat{y}_0&=\sigma^2+\sigma^2\left[\frac{1}{n}+\frac{(x_0-\bar{x})^2}{\sum\limits_{i=1}^{n}(x_i-\bar{x})^2}\right]\\
&=\sigma^2\left[1+\frac{1}{n}+\frac{(x_0-\bar{x})^2}{\sum\limits_{i=1}^{n}(x_i-\bar{x})^2}\right]>D\hat{y}_0=D(\hat{\beta}_0+\hat{\beta}_1 x_0),
\end{aligned}$$

其中，$\bar{x}=\frac{1}{n}\sum\limits_{i=1}^{n}x_i$. 由此可见估计 $\beta_0+\beta_1 x_0$ 与预测 y_0 的区别.

类似于点估计与区间估计的差别，为了能给出预测的精度及说明预测的把握程度，在应用上，有时因变量的区间预测更被人们所关注. 区间预测就是找一个区间，使得被预测量的可能取值落在这个区间内的概率达到预先给定的值.

与点预测中对 $y_0,y_1,\cdots,y_n$ 的假定一样，易知

$$y_0-\hat{y}_0 \sim N\left(0,\sigma^2\left[1+\frac{1}{n}+\frac{(x_0-\overline{x})^2}{\sum\limits_{i=1}^{n}(x_i-\overline{x})^2}\right]\right).$$

由于σ^2是未知的，用其无偏估计S^2来代替，则预测标准误差的估计为

$$S\sqrt{1+\frac{1}{n}+\frac{(x_0-\overline{x})^2}{\sum\limits_{i=1}^{n}(x_i-\overline{x})^2}}.$$

利用抽样分布定理易证

$$\frac{y_0-\hat{y}_0}{S\sqrt{1+\frac{1}{n}+\frac{(x_0-\overline{x})^2}{\sum\limits_{i=1}^{n}(x_i-\overline{x})^2}}}=\frac{\dfrac{y_0-\hat{y}_0}{\sigma\sqrt{1+\frac{1}{n}+\frac{(x_0-\overline{x})^2}{\sum\limits_{i=1}^{n}(x_i-\overline{x})^2}}}}{\sqrt{\dfrac{(n-2)S^2}{\sigma^2(n-2)}}}\sim t(n-2),$$

因而对给定的α，有

$$P\left\{\frac{|y_0-\hat{y}_0|}{S\sqrt{1+\frac{1}{n}+\frac{(x_0-\overline{x})^2}{\sum\limits_{i=1}^{n}(x_i-\overline{x})^2}}}\leqslant t_{\frac{\alpha}{2}}(n-2)\right\}=1-\alpha,$$

于是得到置信度为$1-\alpha$的y_0的预测区间为

$$\left(\hat{y}_0 \pm t_{\frac{\alpha}{2}}(n-2)S\sqrt{1+\frac{1}{n}+\frac{(x_0-\overline{x})^2}{\sum\limits_{i=1}^{n}(x_i-\overline{x})^2}}\right),$$

这里的区间预测是对一个随机变量而言的，它有别于 7.3 节中未知参数的区间估计.

y_0的预测区间的长度为

$$d=\left[\left[\hat{y}_0+t_{\frac{\alpha}{2}}(n-2)S\sqrt{1+\frac{1}{n}+\frac{(x_0-\overline{x})^2}{\sum\limits_{i=1}^{n}(x_i-\overline{x})^2}}\right]\right.$$

$$-\left[\hat{y}_0 - t_{\frac{\alpha}{2}}(n-2)S\sqrt{1+\frac{1}{n}+\frac{(x_0-\overline{x})^2}{\sum_{i=1}^{n}(x_i-\overline{x})^2}}\right] \tag{9.3.22}$$

$$=2t_{\frac{\alpha}{2}}(n-2)S\sqrt{1+\frac{1}{n}+\frac{(x_0-\overline{x})^2}{\sum_{i=1}^{n}(x_i-\overline{x})^2}}.$$

由式(9.3.22)可知:

(1) 对于给定的样本观测值和置信度, 用回归方程来预测 y_0 时, 其精度与 x_0 有关. x_0 越靠近 $\overline{x}$, 预测区间的长度越短, 预测的精度越高.

如图 9.3.3 所示, l 为由样本点配出的经验回归直线, c_1,c_2 分别是 y_0 的预测区间上、下端点随 x_0 变化时画出的曲线. 在 $\overline{x}$ 的附近平行于 y 轴的直线被 c_1,c_2 截得的线段较短, 远离 $\overline{x}$ 所作平行于 y 轴的直线被 c_1,c_2 截得的线段较长, c_1,c_2 所夹区域呈中间小两头大的喇叭形. 而所截线段的长度正是预测精度的常用衡量指标, 这就清楚地说明了上述结论. 因此, 在用回归模型进行预测时, x_0 的取值不宜离开 $\overline{x}$ 太远, 否则预测精度将会大大降低, 使预测失效. 更重要的是利用线性回归方程进行预测时, 若不在原来的试验范围内进行, 随意扩大范围, 线性模型本身的假定可能早已不存在了, 从而这种预测已无任何意义.

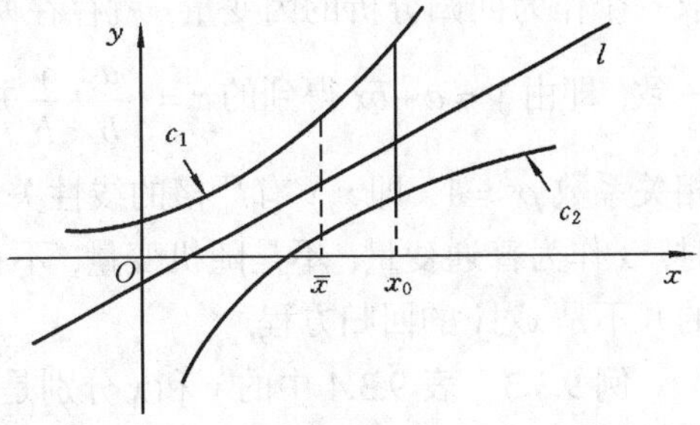

图 9.3.3

(2) 当样本容量 n 很大时, 若 x_0 在 $\overline{x}$ 的附近, 只要试验观测点 $x_1,x_2,\cdots,x_n$ 不过分集中于一处, 可以证明 $\sum_{i=1}^{n}(x_i-\overline{x})^2\to+\infty$, 从而有

$$\frac{(x_0-\overline{x})^2}{\sum_{i=1}^{n}(x_i-\overline{x})^2}\to 0,$$

故式(9.3.22)中根号下的值近似于 1, 而 $t_{\frac{\alpha}{2}}(n-2)$ 接近于标准正态分布 $N(0, 1)$的上 $\frac{\alpha}{2}$ 分位点 $u_{\frac{\alpha}{2}}$, 于是预测区间近似为

$$\left(\hat{y}_0 - Su_{\frac{\alpha}{2}}, \hat{y}_0 + Su_{\frac{\alpha}{2}}\right). \tag{9.3.23}$$

无论样本容量取多大, y_0 的预测区间长度不小于 $2Su_{\frac{\alpha}{2}}$, 即区间预测的精度总有一个界限. 究其原因是预测问题中总是包含了一个无法克服的随机误差项.

2) 控制问题

预测问题的逆问题是控制问题, 回归方程可以用来解决控制问题. 假定因变量 y 与自变量 x 之间的线性回归方程 $\hat{y}=\hat{\beta}_0+\hat{\beta}_1 x$ 已经求得, 现要求 y 的取值必须在范围 (y_1,y_2) 内, 这里

y_2, y_1 分别是变量 y 的上、下限. 问应控制 x 在什么范围内才能以概率 $1-\alpha$ 来保证这一要求的实现.

只考虑 n 充分大的简单情况, 令

$$y_1 = \hat{y} - Su_{\frac{\alpha}{2}} = \hat{\beta}_0 + \hat{\beta}_1 x - Su_{\frac{\alpha}{2}},$$

$$y_2 = \hat{y} + Su_{\frac{\alpha}{2}} = \hat{\beta}_0 + \hat{\beta}_1 x + Su_{\frac{\alpha}{2}},$$

并分别求解出 x 来作为 x 的上、下限. 显然, 为了实现控制, 区间 (y_1, y_2) 的长度 $y_2 - y_1$ 必须大于 $2Su_{\frac{\alpha}{2}}$, 即

$$y_2 - y_1 > 2Su_{\frac{\alpha}{2}}.$$

这一要求是合理的, 因为控制的精度总有一个界限, 在控制问题中随机误差项的影响是不可能消除的.

在此值得提醒的是, 回归方程不可逆转使用. 在自变量 x 和因变量 y 都是随机的场合, 任取一个作为回归分析的因变量, 就存在两个回归方程: $y = a + bx, x = c + dy$, 这两个方程并不一致, 即由 $y = a + bx$ 得到的 $x = -\frac{a}{b} + \frac{y}{b}$ 并不一定就是第二个方程 $x = c + dy$. 除非 x, y 之间的相关系数 $\rho^2 = 1$, 即 x, y 有严格的线性关系时才成立. 在控制问题中, 自变量的值能由人选择时, x 作为普通变量, 不是随机变量, 不存在 x对y 的回归问题. 因此, 由 y 的取值控制 x 时用的并不是 x对y 的回归方程.

例 9.3.3 表 9.3.4 中的 y 和 x 分别是 15 个居民家庭中的人均食品支出与人均月收入水平的数值(单位: 元).

表 9.3.4

编号	1	2	3	4	5	6	7	8	9	10	11	12	13	14	15
x	102	96	97	102	91	158	54	83	123	106	129	138	81	92	64
y	27	26	25	28	27	36	19	26	31	31	34	38	27	28	20

(1) 假定在商品价格不变的条件下, 实际的食品支出与实际的收入水平之间的关系可以用一元线性回归模型来反映, 试求以 x 为自变量, x 与 y 之间的回归方程, 并求出回归估计标准差;

(2) 假定某地居民家庭的人均月收入为 200 元, 利用(1)中的结论, 计算置信度为 95%的人均食品支出的预测区间.

解 (1) 将 x 和 y 的数据输入计算机, 调用 SPSS 软件的线性回归分析过程, 计算得回归方程为

$$\hat{y} = 9.987 + 0.1802x,$$

计算得判定系数 $R^2 = 0.886$. 对回归方程的拟合检验的方差分析表如表 9.3.5 所示.

表 9.3.5

模型	平方和	自由度	均方	F 值	P 值
回归	338.932	1	338.932	101.364	1.6631×10^{-7}
残差	43.469	13	3.344		
总和	382.400				

由于 P 值 $=1.6631\times10^{-7}$，远远小于 0.05，故所求回归方程 $\hat{y}=9.987+0.1802x$ 较好地拟合了给定的数据.

计算输出回归估计标准差为

$$S=\sqrt{S^2}=1.829.$$

(2) 将有关数据代入拟合好的样本回归方程，可得相应预测值为

$$\hat{y}_0=9.987+0.1802\times200=46.027\ (元).$$

查 t 分布表，得 $t_{0.025}(13)=2.1604$，因此当人均月收入为 200 元时，置信度为 95%的人均食品支出的预测区间为(40.44, 51.62).

5. 可化为一元线性回归的非线性回归

两个变量之间是否具有线性关系，往往可以借助某些理论或散点图来进行分析. 如果两变量之间不是线性相关关系，用线性回归模型强行作拟合，则效果会很差，甚至没有意义. 对于某些非线性的回归函数，可以通过适当变量替换转化为线性回归函数，然后再利用线性回归分析的方法进行估计和检验.

表 9.3.6 列出了几种特殊曲线的线性化变量代换方法.

表 9.3.6

非线性方程	变换公式	变换后的线性方程
$\frac{1}{y}=a+\frac{b}{x}$	$\begin{cases}x'=\frac{1}{x},\\ y'=\frac{1}{y}\end{cases}$	$y'=a+bx'$
$y=ax^b$	$\begin{cases}x'=\ln x,\\ y'=\ln y\end{cases}$	$y'=a'+bx'\quad(a'=\ln a)$
$y=a+b\ln x$	$\begin{cases}x'=\ln x,\\ y'=y\end{cases}$	$y'=a+bx'$
$y=a\mathrm{e}^{\frac{b}{x}}$	$\begin{cases}y'=\ln y,\\ x'=\frac{1}{x}\end{cases}$	$y'=a'+bx'\quad(a'=\ln a)$
$y=\frac{1}{a+b\mathrm{e}^{-x}}$	$\begin{cases}y'=\frac{1}{y},\\ x'=\mathrm{e}^{-x}\end{cases}$	$y'=a+bx'$
$y=a+bx^{k_0}$　(k_0 已知)	$\begin{cases}y'=y,\\ x'=x^{k_0}\end{cases}$	$y'=a+bx'$

原曲线回归方程经过变量代换线性化以后，将原始数据经过变换后作为样本，即可对变换后的方程作回归分析，进行统计推断. 注意最后的变量要还原为原变量，得到的是曲线回归方程 $y=f(x)$.

在实际应用时要注意以下几个问题：

(1) 对于较复杂的非线性方程，常常要综合利用上述方法作变换，这些方法并不是相互孤立的.

(2) 在作变量代换时，所有新变量中都不允许包含未知的参数，否则就不可能根据原变量的样本观测值，对关于新变量的线性回归方程进行统计推断. 例如，$y=a+bx^{k_0}$，k_0 未知时所作变换就不可行.

(3) 并非所有的非线性回归方程都可以通过变换得到与原方程完全等价的线性回归方程.

例 9.3.4 1957 年美国旧轿车价格的调查资料如表 9.3.7 所示.

表 9.3.7

使用年限 x	1	2	3	4	5	6	7	8	9	10
平均价格 y	2 651	1 943	1 494	1 087	765	538	484	290	226	204

现用 x 表示轿车的使用年限，y 表示相应的平均价格，求 y 关于 x 的回归方程.

解 先作散点图，如图 9.3.4 所示，可见点沿指数曲线变化，故可假定回归函数为

$$y=ae^{bx}.$$

两边取对数，令 $y'=\ln y, a'=\ln a$，则有

$$y'=a'+bx,$$

由原始数据得表 9.3.8.

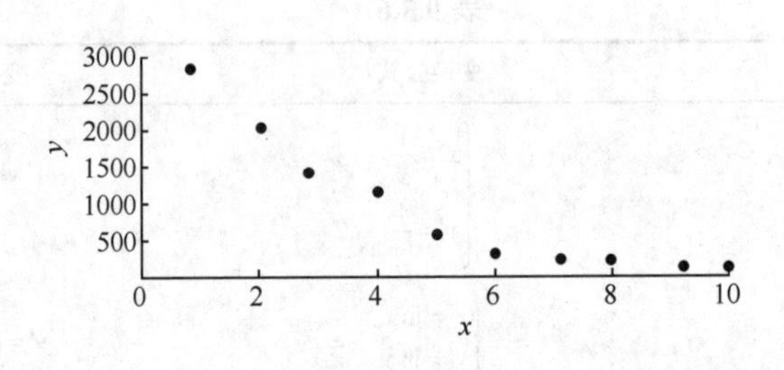

图 9.3.4

表 9.3.8

x	1	2	3	4	5	6	7	8	9	10
y'	7.88	7.57	7.31	6.99	6.64	6.29	6.18	5.67	5.42	5.32

调用 SPSS 回归分析过程，计算得回归直线方程为

$$y'=8.163-0.297x.$$

此回归方程的方差分析表如表 9.3.9 所示.

表 9.3.9

模型	平方和	自由度	均方	F 值	P 值
回归	7.311	1	7.311	1 048.194	0.000
残差	0.056	8	0.007		
总和	7.366	9			

对常数项 β_0 和回归系数 β_1 作显著性 T- 检验都显示高度显著, 计算判定系数为 0.992. 这说明此模型拟合较好, 从而可得原变量 y 与 x 的回归方程为

$$y = 3\,508.70\mathrm{e}^{-0.297x}.$$

*9.4　多元线性回归模型简介

在许多实际问题中, 还会遇到一个随机变量 y 与多个普通变量 $x_1, x_2, \cdots, x_p\ (p \geqslant 2)$ 的相关关系问题. 在作回归分析时, 人们根据问题本身的专业理论及有关经验, 常常需要把各种与因变量有关或可能有关的自变量考虑并引进回归模型. 例如, 一个工业企业利润额的大小除了与总产值多少有关外, 还与成本、价格等有关; 一种农作物的亩产量可能与播种量、施肥量、浇水量、管理工时数等有关. 这种情况下, 仅仅考虑将单个变量作为自变量是不够的, 它不能对因变量进行恰当的描述, 其他多个关键自变量也以不同的方式影响着因变量. 如果根据只含有一个自变量的回归模型来对因变量进行预测, 就会发现所作预测粗糙得简直毫无用处. 采用包含其他自变量的更复杂的模型则可以提供足够精确的因变量预测.

研究在线性相关条件下, 两个或两个以上自变量对一个因变量的数量变化关系, 称为**多元线性回归分析**, 表现这一数量关系的数学公式, 称为**多元线性回归模型**. 多元线性回归分析是一元线性回归分析的推广, 基本原理与一元线性回归分析相似, 但计算上更为复杂, 并且多元线性回归分析有其特有的研究问题, 如选择回归自变量的问题. 在某一研究中, 与因变量 y 有关的因素看来很多, 而在回归方程中却只宜选取部分与因变量关系最密切的因素, 选多了貌似很全面, 实则效果很差. 回归自变量的选择问题是多元线性回归分析中的一个重要课题, 在应用回归分析解决实际问题时, 往往需要从与因变量保持线性关系的自变量集合中选择一个“最优”的自变量子集. 再如, 如果若干个自变量之间存在着高度的线性关系, 在统计上称为“**复共线性**”, 复共线性的存在将影响并破坏多元回归分析的效果. 如何避免复共线性是多元回归分析特有的研究问题. 因此, 多元线性回归分析内容更为丰富, 是极有实用价值的统计分析方法.

在此仅简单介绍多元线性回归分析的模型、回归参数的估计、假设检验和预测. 其他如区间估计、自变量的筛选、多元非线性回归转化为多元线性回归等更加深入的问题请参阅有关文献.

9.4.1　多元线性回归模型

类似于一元线性回归模型, 下面考虑多元线性回归模型:

$$y = \beta_0 + \beta_1 x_1 + \beta_2 x_2 + \cdots + \beta_p x_p + \varepsilon, \quad \varepsilon \sim N(0, \sigma^2), \tag{9.4.1}$$

式中: $\beta_0,\beta_1,\cdots,\beta_p$ 及 σ^2 为未知参数; y 为随机变量; $x_1,x_2,\cdots,x_p$ 为与 y 有关的普通变量; ε 为随机误差, 它反映了其他未考虑的因素及随机因素对 y 的影响.

9.4.2 未知参数的估计——最小二乘估计

设 $(x_{i1},x_{i2},\cdots,x_{ip},y_i)$ $(i=1,2,\cdots,n)$ 是一个样本, 则有

$$y_i=\beta_0+\beta_1 x_{i1}+\cdots+\beta_p x_{ip}+\varepsilon_i \quad (i=1,2,\cdots,n), \tag{9.4.2}$$

其中, $\varepsilon_1,\varepsilon_2,\cdots,\varepsilon_n$ 相互独立且都服从 $N(0,\sigma^2)$ 分布.

记

$$\boldsymbol{X}=\begin{pmatrix}1 & x_{11} & \cdots & x_{1p}\\ 1 & x_{21} & \cdots & x_{2p}\\ \vdots & \vdots & & \vdots\\ 1 & x_{n1} & \cdots & x_{np}\end{pmatrix}_{n\times(p+1)}, \qquad \boldsymbol{y}=(y_1,y_2,\cdots,y_n)^{\mathrm{T}},$$

$$\boldsymbol{\beta}=(\beta_0,\beta_1,\cdots,\beta_p)^{\mathrm{T}}, \qquad \boldsymbol{\varepsilon}=(\varepsilon_1,\varepsilon_2,\cdots,\varepsilon_n)^{\mathrm{T}},$$

则式(9.4.2)可写成矩阵形式:

$$\begin{cases}\boldsymbol{y}=\boldsymbol{X\beta}+\boldsymbol{\varepsilon},\\ \boldsymbol{\varepsilon}\sim N(\boldsymbol{0},\sigma^2\boldsymbol{E}_n),\end{cases} \tag{9.4.3}$$

其中, $\boldsymbol{E}_n$ 为 n 阶单位矩阵.

类似一元的情形, 定义残差平方和

$$Q=\boldsymbol{\varepsilon}^{\mathrm{T}}\boldsymbol{\varepsilon}=\|\boldsymbol{y}-\boldsymbol{X\beta}\|^2=\sum_{i=1}^{n}(y_i-\beta_0-\beta_1 x_{i1}-\cdots-\beta_p x_{ip})^2,$$

并关于 $\beta_0,\beta_1,\cdots,\beta_p$ 极小化 Q, 即令

$$\frac{\partial Q}{\partial\beta_0}=0,\quad \frac{\partial Q}{\partial\beta_1}=0,\quad \cdots,\quad \frac{\partial Q}{\partial\beta_p}=0,$$

加以简单整理, 可得如下正规方程组的矩阵形式:

$$\boldsymbol{X}^{\mathrm{T}}\boldsymbol{X\beta}=\boldsymbol{X}^{\mathrm{T}}\boldsymbol{y}, \tag{9.4.4}$$

当 $(\boldsymbol{X}^{\mathrm{T}}\boldsymbol{X})^{-1}$ 存在, 即 $R(\boldsymbol{X}^{\mathrm{T}}\boldsymbol{X})=R(\boldsymbol{X})=p+1$ 时, 正规方程(9.4.4)的解为

$$\hat{\boldsymbol{\beta}}=(\boldsymbol{X}^{\mathrm{T}}\boldsymbol{X})^{-1}\boldsymbol{X}^{\mathrm{T}}\boldsymbol{y}, \tag{9.4.5}$$

其中, $\hat{\boldsymbol{\beta}}=(\hat\beta_0,\hat\beta_1,\cdots,\hat\beta_p)^{\mathrm{T}}$. 式(9.4.5)称为未知参数向量 $\boldsymbol{\beta}$ 的最小二乘估计, 实际上也是未知参数向量 $\boldsymbol{\beta}$ 在模型(9.4.3)下的最大似然估计. 相应回归方程为

$$\hat{y}=\hat\beta_0+\hat\beta_1 x_1+\hat\beta_2 x_2+\cdots+\hat\beta_p x_p. \tag{9.4.6}$$

9.4.3 相关性检验

与一元回归情况相似, 首先建立待检假设

$$H_0:\beta_1=\beta_2=\cdots=\beta_p=0.$$

若检验结果为拒绝 H_0，则 y 与 p 个变量 $x_1,x_2,\cdots,x_p$ 之间存在线性相关关系.

记

$$\overline{y}=\frac{1}{n}\sum_{i=1}^{n}y_i,\qquad S_{yy}=\sum_{i=1}^{n}(y_i-\overline{y})^2,\qquad U=S_{yy}-Q, \tag{9.4.7}$$

选取统计量

$$F=\frac{U/p}{Q/(n-p-1)}, \tag{9.4.8}$$

在 H_0 成立的条件下，$F\sim F(p,n-p-1)$．然后根据 $P\{F>F_\alpha(p,n-p-1)\}=\alpha$ 下结论：如果 $F>F_\alpha(p,n-p-1)$，拒绝 H_0，即 y 与 p 个变量 $x_1,x_2,\cdots,x_p$ 之间存在线性关系；否则，接受 H_0，即 y 与 p 个变量 $x_1,x_2,\cdots,x_p$ 之间不存在线性关系.

在多元线性回归模型中，拒绝假设 H_0，即回归方程显著. 然而变量 $x_1,x_2,\cdots,x_p$ 对 y 的影响并不都是十分重要的，人们还关心 y 对 $x_1,x_2,\cdots,x_p$ 的回归中哪些因素更重要些，哪些因素不重要. 要剔除不重要的，需要采用偏 F-检验法，即检验假设

$$H_k:\beta_k=0\quad(k=1,2,\cdots,p).$$

通常选取统计量

$$F_k=\frac{\hat{\beta}_k^2/a_{kk}}{Q/(n-p-1)}, \tag{9.4.9}$$

其中，a_{kk} 是矩阵 $(\boldsymbol{X}^{\mathrm{T}}\boldsymbol{X})^{-1}$ 的主对角线上第 $k+1$ 个元素.

在 H_k 成立的条件下，$F_k\sim F(1,n-p-1)$．然后根据 $P\{F_k>F_\alpha(1,n-p-1)\}=\alpha$ 下结论：如果 $F_k>F_\alpha(1,n-p-1)$，拒绝 H_k，即 x_k 对 y 的影响显著；否则，接受 H_k，即 x_k 对 y 的影响不显著.

9.4.4　预测问题

如何根据样本提供的信息来预测当变量 $(x_1,x_2,\cdots,x_p)=(x_{10},x_{20},\cdots,x_{p0})$ 时随机变量 y 的值？一个自然的想法是用预测量

$$\hat{y}_0=\hat{\beta}_0+\hat{\beta}_1x_{10}+\hat{\beta}_2x_{20}+\cdots+\hat{\beta}_px_{p0}$$

来代替. 预测量 $\hat{y}_0$ 的优劣取决于 $|\hat{y}_0-y|$ 的大小. 记

$$k\ \overline{x}_j=\frac{1}{n}\sum_{i=1}^{n}x_{ij},\qquad l_{ij}=\sum_{k=1}^{n}(x_{ki}-\overline{x}_i)(x_{kj}-\overline{x}_j)\quad(i,j=1,2,\cdots,p),$$

$$\boldsymbol{L}=\begin{pmatrix}l_{11}&\cdots&l_{1p}\\ \vdots&&\vdots\\ l_{p1}&\cdots&l_{pp}\end{pmatrix},\qquad \boldsymbol{L}^{-1}=\begin{pmatrix}l'_{11}&\cdots&l'_{1p}\\ \vdots&&\vdots\\ l'_{p1}&\cdots&l'_{pp}\end{pmatrix}.$$

$$d^2=1+\frac{1}{n}+\sum_{i=1}^{p}\sum_{j=1}^{p}l'_{ij}(x_{i0}-\overline{x}_i)(x_{j0}-\overline{x}_j),\qquad \hat{\sigma}^2=\frac{Q}{n-p-1},$$

可以证明: 当 y 与 $y_1, y_2, \cdots, y_n$ 相互独立时,

$$\frac{y-\hat{y}_0}{d\hat{\sigma}} \sim t(n-p-1).$$

这样在显著性水平 α 下可得到 y 的预测区间为

$$[\hat{y}_0 - t_{\frac{\alpha}{2}}(n-p-1)d\hat{\sigma}, \hat{y}_0 + t_{\frac{\alpha}{2}}(n-p-1)d\hat{\sigma}]. \tag{9.4.10}$$

对于主要关心应用多元线性回归分析解决实际问题者来说, 计算公式的推导过程没有多大的实际意义. 有关未知参数的计算中所涉及的运算早已编入统计软件包, 运用 SPSS、SAS 等诸多统计软件都可以很容易得到计算结果. 最关键的问题是要能读懂输出结果, 特别是要弄清这些结果的统计意义和实际解释意义.

例 9.4.1 设已知统计资料如表 9.4.1 所示, 试根据资料, 以每个居民的人均收入和 A 商品的价格为自变量, 拟合 A 商品的线性需求函数.

表 9.4.1

年次	1	2	3	4	5	6	7	8	9	10
销售量 y /(100 件)	10	10	15	13	14	20	18	24	19	23
居民人均收入 x_1 /(100 元)	5	7	8	9	9	10	10	12	13	15
单价 x_2 /(10 元)	2	3	2	5	4	3	4	3	5	4

解 假定 A 商品的销售量取决于社会对该商品的需求, 即销售量可以代表需求量, 调用 SPSS 统计软件多元线性回归分析过程, 以销售量 y 为因变量, x_1, x_2 为自变量(即要求所有变量入选为自变量), 除系统默认选项外, 还要求输出回归系数置信区间和判定系数 R^2. 得到的模型评价表、方差分析表、模型系数表分别如表 9.4.2～表 9.4.4 所示.

表 9.4.2

模型	R	R^2	估计标准误差
1	0.938	0.879	1.967

表 9.4.3

模型	平方和	自由度	均方	F 值	显著性(P 值)
回归	197.321	2	98.660	25.504	0.001
残差	27.079	7	3.868		
总和	224.400	9			

表 9.4.4

模型	未标准化系数 β	t	P 值	β 的置信度为 95%的置信区间	
				下限	上限
常数项	4.588	1.820	0.111	−1.371	10.546
x_1	1.868	6.930	0.000 225	1.231	2.506
x_2	−1.800	−2.455	0.0438	−3.533	−0.066

由表 9.4.4 得到 A 商品需求函数的经验回归方程为

$$\hat{y} = 4.588 + 1.868x_1 - 1.800x_2.$$

计算得到判定系数 $R^2 = 0.879$，并且对模型拟合作方差分析，F 值 $= 25.504$，P 值 $= 0.001$，远小于 0.05，说明模型拟合较好，回归系数作 T- 检验，在显著性水平 $\alpha = 0.05$ 下，拒绝回归系数为零的假设，并且表 9.4.4 给出了回归系数的置信度为 95%的置信区间.

习　题　9

以下假定各个习题均符合涉及的方差分析模型或回归分析模型所要求的条件.

1. 某商店采用 4 种方式推销商品. 为检验不同方式推销商品的效果是否有显著差异，随机抽取样本，得到数据如下表所示.

方式 I	方式 II	方式 III	方式 IV
77	95	72	80
86	92	77	84
80	82	68	79
88	91	82	70
84	89	75	82

试在显著性水平 0.05 下检验 4 种推销方式推销数量之间是否有显著差异.

2. 某课程结束后，学生对该授课教师的教学质量进行评估，评估结果分为优、良、中、差四等. 教师对学生考试成绩的评判和学生对教师的评估是分开进行的，他们互相都不知道对方给自己的打分. 有一种说法，认为给教师评为优秀的这组学生的考试分数可能会显著地高于那些认为教师工作仅是良、中或差的学生的分数. 同时认为，对教师工作评价差的学生，其考试的平均分数可能最低. 为对这种说法进行检验，从对评估的每一个等级组中随机抽取共 26 名学生，其课程分数如下表所示.

学生对教师评估等级	学生成绩									
优	85	77	79	84	92	90	73			
良	80	78	94	73	79	86	91	75	81	64
中	73	80	92	76	65					
差	76	72	70	85						

试检验各组学生的成绩是否有显著差别($\alpha = 0.05$).

3. 用 4 种安眠药在某种动物身上进行试验，检验其药性，选了 28 只该种动物，随机地分为 4 组，每组各服用一种安眠药，安眠时间(单位: h)如下表所示.

安眠药	安眠时间						
A_1	6.1	6.0	5.8	6.4	6.4	6.0	5.8
A_2	6.7	6.5	6.6	6.4	6.3	6.8	6.2
A_3	7.1	6.8	6.9	6.6	6.1	7.2	6.5
A_4	6.2	5.7	6.1	6.8	7.1	5.6	5.7

在显著性水平$\alpha=0.05$下对其进行单因素方差分析，可以得到什么结论?

4. 一位经济学家收集了生产人工智能设备的企业一年内生产力提高指数(用0到100内的数表示)的情况，并按过去 5 年间在科研和开发上的平均使用经费情况分为三类：A_1经费少，A_2经费中等，A_3经费多. 生产力提高的指数如下表所示.

经费情况	生产力提高指数								
A_1	7.1	6.8	7.8	6.3	6.7	8.0	7.8	6.0	9.4
A_2	6.5	8.5	7.6	6.4	6.9	8.8	7.2		
A_3	8.1	10.8	9.3	9.6	8.1	9.2	9.5	7.8	6.9

试进行方差分析，检验经费使用多少对生产力提高指数有无显著影响，若有则进行多重比较.

5. 某新产品制造企业欲研究不同的包装和不同类型商店对该产品的销售影响，选取了三类商店：副食品店、食品店、超市. 每包产品的包装不同，但价格和数量相同，其他因素可以认为大致相同. 若以A表示商店，B表示包装，调查某4天的每天不同包装产品在不同商店的销售额如下表所示. 试分析不同包装和商店类型对该产品销售是否有显著影响，交互作用的效应是否显著.

商店	包装			
	B_1	B_2	B_3	B_4
A_1	29　29 29　30	30　30 29　29	29　28 29　30	29　30 30　31
A_2	32　31 31　31	33　35 34　34	29　31 29　29	32　32 32　31
A_3	31　31 33　32	35　35 36　34	30　30 29　30	33　32 32　31

6. 下表给出某种化工过程在3种浓度、4种温度水平下两次试验得率的数据. 试在水平$\alpha=0.05$下检验：在不同浓度下得率的均值有无显著差异；在不同温度下得率的均值是否有显著差异；交互作用的效应是否显著.

浓度/%	温度/℃			
	10	24	38	52
2	14, 15	11, 11	13, 9	10, 12
4	9, 7	10, 8	7, 11	6, 10
6	5, 11	13, 14	12, 13	14, 10

7. 发电机的寿命与制造材料及使用地点的温度有关. 今选取 3 种材料及 2 个温度做试验, 对于每一个水平组合各进行 3 次试验, 所得试验数据如下表所示.

材料	温度	
	B_1	B_2
A_1	136　150　176	50　54　64
A_2	150　162　171	76　88　91
A_3	138　109　140	68　62　77

试问: 材料、温度及它们的交互作用对发电机的寿命是否有显著影响($\alpha = 0.05$)?

8. 某农科所在水溶液中种植西红柿, 采用了 3 种施肥方式和 4 种水温. 3 种施肥方式是: 一开始就给予全部可溶性的肥料; 每两个月给予 1/2 的溶液; 每月给予 1/4 的溶液. 水温分别为 4℃, 10℃, 16℃, 20℃. 试验结果的产量如下表所示.

水温	施肥方式		
	一次施肥	二次施肥	四次施肥
冷(4℃)	20	19	21
凉(10℃)	16	15	14
温(16℃)	9	10	11
热(20℃)	8	7	6

问施肥方式和水温对产量的影响各自是否显著?交互作用的效应是否显著($\alpha = 0.05$)?

9. 设 4 名工人 W_i $(i = 1,2,3,4)$ 分别操作机床 A_1, A_2, A_3 各一天, 生产同种产品, 其日产量(单位: 件)如下表所示.

机床	工人			
	W_1	W_2	W_3	W_4
A_1	50	47	47	53
A_2	63	54	57	58
A_3	52	42	41	48

试在显著性水平 $\alpha = 0.05$ 下检验 4 名工人和 3 台机床分别对日产量有无显著差异?

10. 随机抽取 12 个城市居民家庭关于收入与食品支出的样本, 数据(单位: 元)如下表所示, 试判断食品支出与家庭收入是否存在线性相关关系, 求出食品支出 y 与家庭收入 x 之间的回归直线方程($\alpha = 0.05$).

家庭收入 x	82	93	105	130	144	145	158	180	200	270	300	400
食品支出 y	75	85	92	105	120	120	129	145	156	200	200	240

11. 设由 (x_i, y_i) $(i = 1, 2, \cdots, n)$ 可建立一元线性回归方程, $\hat{y}_i$ 是由回归方程得到的拟合值, 证明: 样本相关系数 r 满足关系

$$r^2 = \frac{\sum_{i=1}^{n}(\hat{y}_i - \overline{y})^2}{\sum_{i=1}^{n}(y_i - \overline{y})^2},$$

上式也称为回归方程的决定系数.

12. 在钢线碳含量对于电阻的效应的研究中, 得到数据如下表所示. 试求:

碳含量 x/%	0.10	0.30	0.4	0.55	0.70	0.8	0.95
电阻 y/μΩ (20℃)	15	18	19	21	22.6	23.8	26

(1) 画出散点图;

(2) 求线性回归方程 $y = \alpha + \hat{b}x$;

(3) 求随机误差 ε 的方差 σ^2 的无偏估计;

(4) 检验假设 $H_0: b = 0 \leftrightarrow H_1: b \neq 0$;

(5) 若回归效果显著, 求 b 的置信度为 0.95 的置信区间;

(6) 求 $x = 0.5$ 处观察值 y 的置信水平为 0.95 的预测区间.

13. 下表是教育学家测试的 19 个儿童的记录, 其中 x 是儿童的年龄(单位: 月), y 表示某种智力指标.

x	15	26	10	9	15	20	18	11	8	20	7	9	10	11	11	10	12	11	10
y	95	71	83	91	102	87	93	100	104	94	113	96	83	84	102	100	105	86	100

试求 y 关于 x 的线性回归方程, 并对回归方程的拟合程度进行检验($\alpha = 0.05$).

14.设曲线函数形式为 $y = \dfrac{1}{\alpha + \beta \mathrm{e}^{-x}}$, 试问能否找到一个变换将它化为一元线性回归的形式, 若能, 请给出; 若不能, 说明理由.

15. 在彩色显像中, 根据以往的经验,形成染料光学密度 y 与析出银的光学密度 x 之间有

如下类型的关系式: $y = a\mathrm{e}^{-\frac{x}{b}}$ $(b>0)$. 现对 y 及 x 同时做 11 次观测(或试验), 获得数据如下表所示.

i	1	2	3	4	5	6	7	8	9	10	11
x_i	0.05	0.06	0.07	0.10	0.14	0.20	0.25	0.31	0.38	0.43	0.47
y_i	0.10	0.14	0.23	0.37	0.59	0.79	1.00	1.12	1.19	1.25	1.29

试求未知参数 a,b 的估计值, 并写出 y 关于 x 的经验回归曲线方程.

*第 10 章　SPSS 统计软件介绍与统计模型应用

SPSS 原名为“社会科学统计软件包”(statictics package for social science), 现在英文全称已更改为“statistics product and service solutions”, 意为“统计产品与服务解决方案”, 缩写仍为 SPSS. 2009 年 7 月 IBM 公司用 12 亿美元收购分析软件提供商 SPSS, 更名为 IBM SPSS Statistics. SPSS 是目前世界上最优秀的分析软件之一, 常与 SAS、STATA 一起被称为三大权威统计软件, 广泛应用于经济管理、金融、证券投资、生物学、医疗卫生、体育等各个领域. 本章介绍的 IBM SPSS 25.0 是其较新版本, 它的统计分析功能更为强大(在高级统计模块中增加了贝叶斯统计), 界面更为友好, 更加方便用户操作. 只要掌握一定的 Windows 操作技能, 了解统计分析原理, 就可以使用 SPSS 软件进行统计分析. 该软件易学易用, 只需要进行简单的菜单操作, 使用对话框及工具栏中按钮等即可使统计分析在不编写程序的情形下完成. 又由于它具有强大的图形功能, 使用该软件不仅可以得到分析的数据结果, 而且可以得到直观、清晰的统计图和灵活的表格分析报告, 输出结果的易读性大大增强. 目前 SPSS 软件已成为众多领域数据分析的强有力工具, 与软件 Python、R 有很紧密的关联性, 是当今世界上最流行、最受欢迎的统计软件之一.

10.1　IBM SPSS 25.0 概述

SPSS 起源于 20 世纪 60 年代的美国斯坦福大学, 1971 年经美国 SPSS 软件公司商业化, 迄今为止经过数次版本的更新, IBM SPSS 25.0 是目前 SPSS 软件适合 Windows 操作系统的较新版本, 它继续沿承 SPSS 产品功能强大, 简单易用的传统. 除了保持已有的特性外, SPSS 25.0 可以使用变量名进行复制和粘贴, 新增功能使得图表可以更好地用于 Microsoft Office, 以惊人的速度创建美观的图表, 可以同时编辑多行并沿着行向下粘贴数据. 可以将数据批量装入数据库, 可以使用 Python 语言、R 语言, 更方便地访问远程服务器, 生成 Web 表等, 为用户提供了更强大的统计技术, 分析功能强大, 操作上突出个性化, 适应了广大用户数据分析的要求. 这里只介绍 SPSS 软件最基础的内容.

SPSS 具有以下特点:

(1) 具有和其他 Windows 应用软件相同的特点, 如窗口、菜单、对话框、鼠标操作, 很容易学;

(2) 具有强大的数据操作功能, 支持全屏幕的变量定义、数据输入、数据编辑、数据变换和整理;

(3) 具有完善的数据转换接口, 可以方便地和 Windows 其他应用程序进行数据共享和交换, 可以读取数据库文件、电子表格文件等十几种其他软件生成的数据文件类型;

(4) 用户界面友好, 大部分的统计分析过程是通过菜单、按钮、对话框的操作完成的, 不需要用户记忆大量的操作命令, 菜单分类合理, 并且可以灵活编辑菜单, 以及设置工具栏;

(5) 具有强大的统计图绘制和编辑功能, 具有三维统计图的绘制功能, 图形美观大方, 输出报告形式灵活，编辑方便；

(6) 详细的在线帮助功能是不同层次的用户学习 SPSS 的助手，为用户学习、掌握软件的使用方法提供了更多的方便，用户还可以直接连接到 SPSS Internet 主页，查询有关该软件的最新信息.

10.1.1　SPSS 25.0 的安装、启动和退出

1. 安装

SPSS 软件安装过程中涉及计算机重启，请首先关闭其他应用程序. IBM SPSS Statistics 25.0 安装的操作系统可以是 Windows 7 及更高版本，如 Windows 10 等，具有和其他软件基本相同的安装步骤，用户可以根据安装向导的操作体系逐步进行安装. 基本步骤概括如下：

(1) 在软件安装文件夹内，选择 setup 或 IBM SPSS Statistics 25.exe 文件，双击图标后，系统立即启动安装程序.

(2) 根据安装向导界面的提示，用户选择所需要的安装程序项直至安装完成.

2. 启动

正确完成安装步骤后，就可以启动 SPSS 软件了. 双击 SPSS 图标启动 SPSS，会弹出 IBM SPSS Statistics 欢迎对话框，该对话框提供了进入 SPSS 的各种方式. 若选择复选框"以后不再显示此对话框"，下次启动 SPSS 时将不再显示该对话框，而直接显示数据编辑窗口，如图 10.1.1 所示，称为主画面.

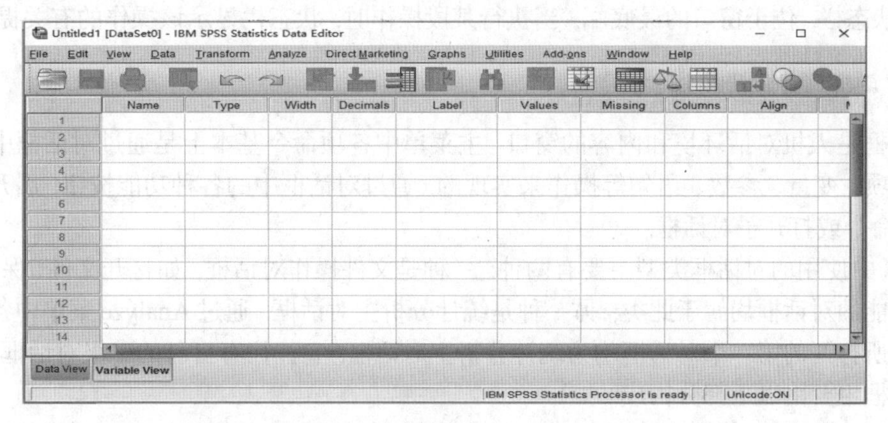

图 10.1.1

当进入空的数据编辑窗口时，可输入原始数据.

3. 退出

要退出 SPSS for Windows，可采用下列方法之一完成.

(1) 双击主画面左上角的窗口控制菜单图标，或单击该图标，在展开的小菜单中选择"关闭"菜单项.

(2) 选择主菜单的 File 菜单项，在展开的文件菜单中选择 Exit 退出 SPSS.

(3) 单击数据编辑窗口的叉子图标.

(4) 使用快捷键 Alt + F4.

10.1.2　IBM SPSS Statistics 系统环境

IBM SPSS Statistics 软件包与其他 Windows 的应用程序(如 Word, Excel)一样, 工作环境是由窗口、菜单、对话框等组成的.

1. 窗口及基本结构

SPSS 有几种类型的窗口, 分别提供不同的操作环境和界面. 常用的有 Data Editor(数据编辑窗口), Viewer(结果输出窗口), Draft Viewer(草稿输出窗口), Pivot Table Editor(表格编辑窗口), Chart Editor(统计图编辑窗口), Text Output Editor(文本编辑窗口), Syntax Editor(命令语句编辑窗口), Script Editor(程序编辑窗口).

每个窗口的结构基本相同, 均由六部分组成, 以数据编辑窗口为例, 如图 10.1.1 所示.

(1) 标题栏, 显示当前工作文件名称, 位于窗口的顶端.

(2) 主菜单栏, 位于标题栏的下端, 由若干个菜单组成, 每个菜单又包含若干个子菜单.

(3) 工具栏, 排列系统默认的标准工具图标按钮, 用户只需单击某个按钮就可以执行相应的命令, 是一种快捷的操作方式. 此栏的图标按钮可以通过 View 菜单的 Toolbars 命令选择隐藏、显示或更改.

(4) 滚动条, 分为水平滚动条和垂直滚动条, 分别位于窗口的底部和右侧.

(5) 工作区, 窗口中间的部分就是用户工作区. 在不同类型的窗口有不同的工作区, 可分别在工作区建立数据文件, 定义变量, 编辑图标, 编写程序, 书写 SPSS 语句等. 例如, 用户可以在数据编辑窗口录入、编辑要分析的数据.

(6) 状态栏, 位于窗口的最底端, 当执行某段操作时, 状态栏显示该操作的有关提示信息.

2. 对话框及其使用方法

对话框是人机对话环境和内容的窗口. 主菜单中各项命令基本上是通过对话框中的单选项、复选项、变量、参数、语句等操作来实现的. 通过对话框中的各种功能按钮, 展开下拉菜单, 执行命令或打开子对话框.

SPSS 中使用的对话框类型主要有两种: 一种是文件操作对话框, 如打开文件、保存文件、打印等功能的对话框均属于此类; 另一种是统计分析主对话框, 通过 Analyze 菜单中各类统计分析命令所打开的第一个对话框均为统计分析主对话框, 它往往有自己的二级对话框.

对话框主要由以下部分构成:

(1) 按钮, 其主要功能是激活选择项, 包括移动变量按钮、打开下一级对话框的按钮、执行功能按钮等类型. 在对话框中单击灰色按钮时系统不做任何反应.

(2) 单选项, 这类选项左边有一个圆圈“○”标记, 单击此标记, “⊙”表示已选择. 并列的若干项中必须选择其中的一项, 而且只能选择一项. 如果只有一项, 无与之并列的项, 选择与否均可.

(3) 复选项, 这类选项左边有小方框“□”标记, 单击此标记, “☑”表示已选择.

另外, 还有对话框标签、文本框、变量列表栏、分析变量栏、对话框控制栏(对话框的标题栏, 单击并拖动鼠标可移动对话框的位置)等, 如图 10.1.2 所示.

表 10.1.1 是对话框中几个功能执行按钮作用的列表.

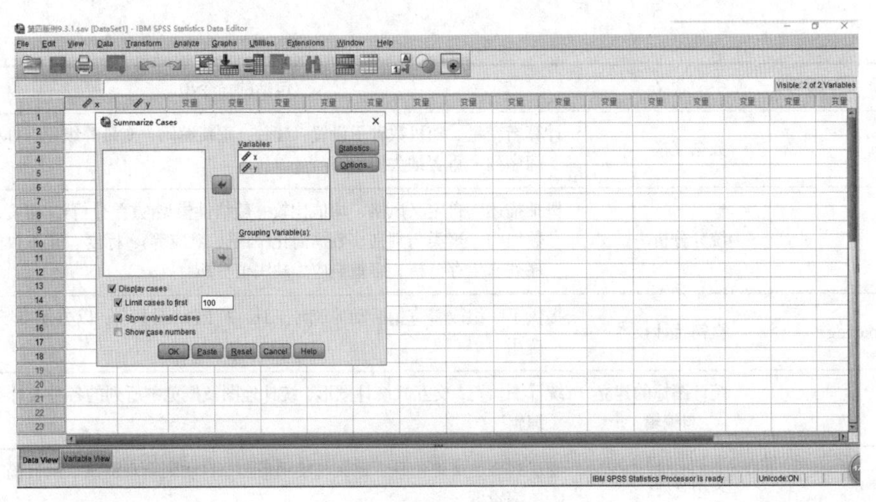

图 10.1.2

表 10.1.1

按钮	功能及操作
OK	单击此按钮，把经过主菜单、子菜单、对话框直到子对话框等选择的带有参数的命令过程语句提交系统执行，执行结构显示到输出窗中
Paste	单击此按钮，把通过对话框的各种操作组成的带有指定参数的过程命令语句显示到主语句窗中
Reset	清除单击该按钮之前在对话框中进行的一切选择和设置，准备接受新的设置
Cancel	作废本次打开对话框的操作，返回到上一级对话框或菜单
Help	打开帮助窗口，显示与当前对话框及其各项有关的帮助信息
Continue	一般是二级对话框的按钮，单击该按钮表明确认在二级对话框中的选择，返回上一级对话框

10.1.3　IBM SPSS Statistics 中的两个基本窗口

1. SPSS 的数据编辑窗口

正常启动 IBM SPSS Statistics 25.0 后，屏幕显示如图 10.1.1 所示的数据编辑窗口. 窗口标题为 Data Editor，是 SPSS 25.0 的主程序窗口，它是对分析对象——SPSS 数据文件进行录入、修改、管理等基本操作的窗口，主要功能是建立新数据文件，编辑和显示已有的数据文件.

数据编辑窗口的主菜单中排列着 SPSS 的所有菜单命令，有 File, Edit, View 等共 12 个菜单项. 表 10.1.2 是主要菜单项的功能列表.

表 10.1.2

菜单项	中文含义	包括的命令项
File	文件操作	新建五种窗口，文件的打开、保存、另存，读取数据库数据、ASCII 数据，显示数据文件信息，打印等功能
Edit	文件编辑	撤销/恢复、剪切、粘贴、消除、查找及定义系统参数
View	窗口外观控制	定义日期，插入变量、观测值，装置，对观测值定位、排序，对数据文件拆分、合并、汇总，选择观测量，对观测量加权，进行与显示正交试验设计等

续表

菜单项	中文含义	包括的命令项
Transform	数据交换	计算新变量、随机数种子设置、计数、重新编码、变量等级化、排秩、建立时间序列、重置缺失值
Analyze	统计分析	概括描述、自定义风格、均值比较一般线性模型(方差分析)、相关、回归、对数回归、聚类与判别、数据简化(因子、对应等)、标度、非参数检验、时间序列、生存分析、多重响应、缺失值分析
Direct Marketing	直销统计技术	提供了一组改善直销活动的统计工具, 如 RFM 分析等, 以方便市场分析人员应用
Graphs	统计图标的建立与编辑	统计图概览, 交互式统计图形、统计地图及概览中所列的各种统计图的建立与编辑
Utilities	实用程序	变量列表、文件信息、定义与使用集合、自动到新观测量、运行稿本文件、菜单编辑器
Window	窗口控制	所有窗口最小化、各窗口切换
Help	帮助	帮助主题、SPSS 论坛、命令语法参考、培训、SPSS 主页、语句指南、统计学向导、关于本软件协议

数据编辑窗口有以下特点:

(1) 在 SPSS 25.0 运行中可能打开多个数据编辑窗口, 但带“+”号的数据编辑窗口是正在使用的数据编辑窗口.

(2) SPSS 的各种统计分析功能都是针对带“+”号的数据编辑窗口中的数据进行的.

(3) 关闭最后一个数据编辑窗口意味着退出并关闭 SPSS 软件系统.

在数据编辑区, 用户按照电子表格的形式录入、修改、编辑和管理待分析的数据, 通过 View 主菜单下的 Grid Lines 选项可以将数据编辑区中的表格线设置成显示或不显示两种状态.

2. SPSS 的输出窗口

SPSS 的输出窗口 Viewer 是显示和管理 SPSS 统计分析结果、报表及图形的窗口, 如图 10.1.3 所示.

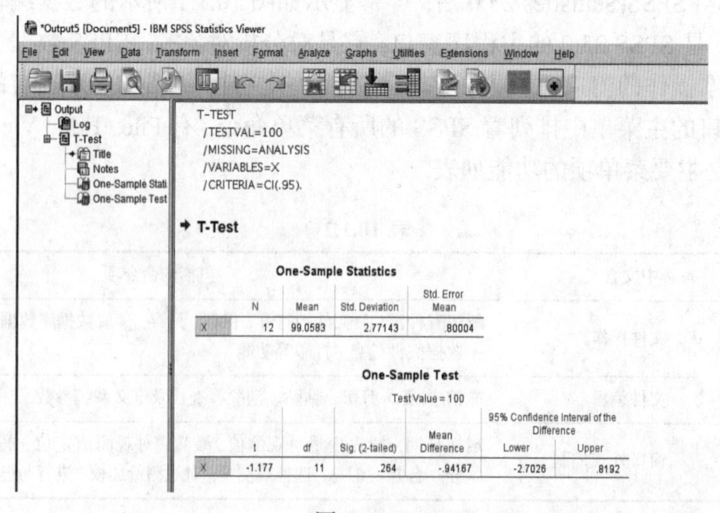

图 10.1.3

使用以下方法可以使输出窗口激活并显示在屏幕画面上.

(1) 当使用了 Analyze 菜单中的统计分析功能处理数据窗口中的数据产生输出信息时, 输出窗口自动激活, 显示在屏幕画面上. 若处理成功, 则显示分析结果; 若处理过程无法运行或发生错误, 则在该窗口中显示系统给出的错误信息. 出现在输出窗口中的内容均以*.spo 作为文件扩展名存储在磁盘上.

(2) 在 File 菜单中选择 New 选项, 在二级菜单中选择 Output 选项, 则一个输出窗口显示在屏幕画面上. 可以同时打开几个输出窗口, 标题栏中的窗口名称按打开顺序标有 Output1, Output2, ⋯.

(3) 执行 File→Open→Output 命令, 打开一个事先保存好的输出文件.

输出窗口包括主菜单、分析结果显示区、状态栏等几部分.

1) 主菜单

主菜单的菜单项中, 有的功能项与数据编辑窗口中的功能相同, 有的虽重名, 但功能却随不同的当前窗口而不同. SPSS 的其他窗口也有此现象, 应引起注意.

File 菜单项比数据编辑窗口增加了关闭本窗口、保存时设置密码、输出页面设置、打印预览、发送邮件等命令项. Edit 菜单项比数据编辑窗口增加了选择、全选、特殊粘贴、在××× 后粘贴等命令项. View 菜单项包括显示/隐藏的切换、表格特有的隐藏/显示功能及字体设置等功能的命令项. Insert 菜单项包括插入/删除分页符、图标编辑功能的命令项及添加新标题、表头、文字等功能的命令项. Format 菜单项包括对齐功能、行列转置及页、行、列装置和调整表格各元素尺寸等功能的命令项.

2) 分析结果显示区

分析结果显示区是显示统计分析结果的地方. 区域分成左右两个部分, 分别称为输出导航窗口和输出文本窗口. 输出导航窗口是浏览输出信息的导航器, 它以树形结构给出输出信息的提纲. 输出文本窗口则显示分析结果的详细内容. 用户可以对该区域的内容进行增、删、改等编辑管理操作.

3) 状态栏

输出窗的最下面一行是状态栏, 分为五个区, 其中有“+”的指定状态显示区, 指定窗口是否为主输出窗口. 而其他的输出窗口的状态栏没有此标记. 如果用户希望将以后的统计分析结果输出到某个输出窗口中, 需要单击工具栏上的“+”功能图标按钮来指定其输出窗口为主输出窗口.

另外, SPSS 还有一个名为 Draft Viewer 的输出窗口, 它可以通过 File→New→Draft View 的菜单选项来创建. 该窗口功能与上面介绍的输出窗口的功能完全相同, 只是出现在 Draft Viewer 输出窗口中的内容以* .rtf(rich text format)为文件扩展名存储在磁盘上, 它可以被 Word 等其他软件直接读取和编辑. 其他窗口就不一一介绍了.

10.1.4　SPSS for Windows 的运行方式

SPSS 主要有三种运行方式.

1) 完全窗口菜单方式

这种方式通过选择窗口菜单和对话框完成各种操作. 用户无须学会编程, 简单易用. 如果用户不清楚某些统计选项的意义, 可以右击相应的选项, 在屏幕上就会出现相应的解释说明, 从而有助于用户理解统计选项的意义. 本章中各种统计功能都是用这种方式实现的.

2) 程序运行方式

这是在 Syntax(语句)窗口中直接运行编写好的程序的允许方式. 这种方式很适合熟悉 SPSS 程序编写的用户进行特殊的统计分析. 语句窗中 SPSS 命令程序均以*.sps 为文件扩展名存放在磁盘上.

3) 混合运行方式

混合运行方式是以上两种方式的结合. 首先在数据窗中输入数据或利用 File 菜单项打开已经存在的数据文件, 然后按照菜单运行方式选择统计分析的菜单和参数. 选择完成后, 并不马上单击 OK 按钮提交系统执行, 而是单击 Paste 按钮将选择的过程及参数转化成相应的命令语句, 置于 Syntax 窗口中, 用户再按照程序运行的方式对显示在语句窗口中的 SPSS 命令进行必要的修改, 可以在该语句窗口中增加对话框中没有包括的语句和参数, 再将程序提交系统执行. 分析结果仍然显示在输出窗口中. 混合运行方式既能简化操作, 又可以弥补完全窗口菜单方式的不足.

10.2 数据文件的建立和整理

建立数据文件的目的是对数据文件中反映的研究对象从数量方面进行分析, 进而揭示其内在的数量变换规律. 数据资料是统计分析的基础. 如何将收集到的统计数据输入计算机, 建立正确的 SPSS 数据文件, 并对原始数据文件进行整理和变换, 是使用 SPSS 软件包进行统计分析的第一步.

10.2.1 SPSS 文件的建立

启动 SPSS 25.0 后, 出现 SPSS 数据编辑窗口, 见图 10.1.1, 得到一个没有输入数据的空文件. SPSS 数据文件的建立可以在此主窗口下完成.

1. 数据文件的变量定义

SPSS 对数据的处理是以变量为前提的, 输入数据前首先要定义变量. 单击数据编辑窗口左下方的 Variable View 标签, 进入如图 10.2.1 所示的变量定义窗口, 在此窗口中即可定义变量.

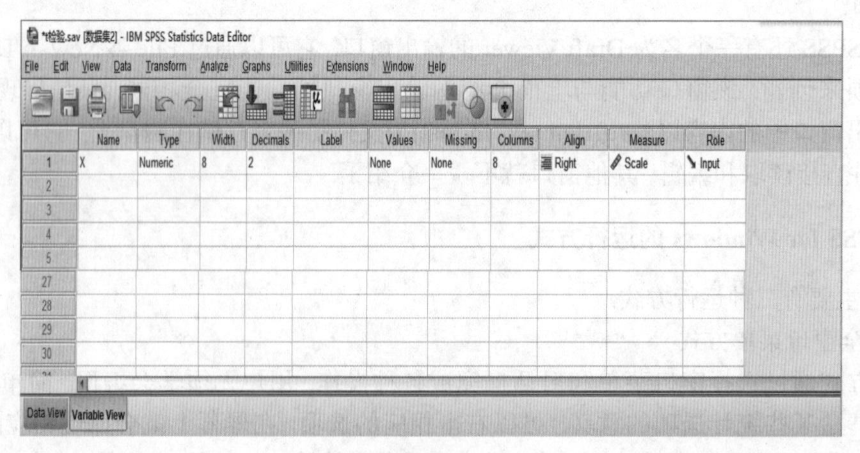

图 10.2.1

在变量定义窗口中每一行表示一个变量的定义信息. 定义变量即要定义变量名(Name)、变量类型(Type)、变量长度(Width)、小数位数(Decimals)、变量标签(Label)、变量值标签(Values)、变量缺失值(Missing)、变量的显示宽度(Columns)、变量的对齐方式(Align)、变量的测量尺度(Measure)和角色(Role)等.

1) 变量名

变量名是观察对象的特征名或指标名称. SPSS 默认的变量名为 Var00001, Var00002 等, 用户也可根据自己的需要将变量名与数据含义相对应, 以便于记忆. 定义变量名的规则如下: 必须以字母、汉字或字符@开头, 其他字符可以是任何字母、数字或“—”“@”“#”“$”等符号; 不能以圆点结尾; 不能使用空格或其他特殊字符(如“!”“?”“_”“*”等); SPSS 的内部具有特定含义的保留字符如 ALL, AND, WITH, OR, EQ, GE, GT, LE, LT, NE, NOT 等, 不能作为变量的名称; 变量名不区分大小写字母; 允许汉字作为变量名. SPSS 定义变量名不再限于 8 个字符, 支持更长的变量名, 最长不能超过 64 个字符(32 个汉字). 长变量名将在结果输出时被分为多行显示.

2) 变量类型

SPSS 中有三种基本的变量类型, 它们分别是数值型、字符型和日期型. 每种变量类型的数据在数据编辑窗口中都有其默认的显示宽度和样式. 单击 Type 相应单元中的按钮, 在弹出的对话框中选择合适的变量类型并单击 OK 按钮, 即可定义变量类型.

SPSS 有如下主要变量类型: ①Numeric, 标准数值型, 是系统默认的数据类型; ②Comma, 逗号数值型; ③Dot, 圆点数值型; ④Scientific Notation, 科学计数法表示型; ⑤Dollar, 美元数值型, 主要用来表示货币数据, 在数据前附加美元符号“$”; ⑥Custom Currency, 用户自定义型; ⑦Data, 日期型, 其显示格式很多, 如 dd-mmm-yyyy, dd 表示 2 个字符位的日期, -为分隔符, mmm 表示英文月的缩写, yyyy 表示 4 个字符位的年份; ⑧String, 字符型, 该数据类型由一个字符串组成, 默认显示宽度为 8 个字符位.字符型变量不能用于数字计算. 在输入字符型变量值时, 系统区分大小写字母, 也支持文字数字混排.

3) 变量标签

变量标签是对变量名的进一步详细描述, 以对变量的意义作进一步解释和说明. 变量标签可长达 256 个字符. 给变量加了标签以后, 在数据编辑窗口工作时, 当鼠标箭头指向一个变量时, 变量名下立即显示出它的标签.

4) 变量值标签

变量值标签是对变量的每一个可能取值的进一步描述. 当变量是定性或定序变量时, 需对其取值指定值标签, 从而可以一目了然地了解变量值的意义. 其设置通过选择 Values 相应单元, 在出现的对话框中完成.

5) 变量缺失值

统计中把那些没有观测到或者没有记录到或者记录结果有明显错误的数值称为缺失值. SPSS 提供了处理这些缺失值的功能, 以便在统计分析中排除它们.

6) 变量的显示宽度

可以输入变量的显示宽度, 系统默认值为 8.

7) 变量的对齐方式

一般情况下, 对数值型变量默认的对齐方式为右对齐, 字符型变量默认的对齐方式为左对齐, 用户可以自己确定下列三种对齐方式之一: Left(左对齐), Right(右对齐), Center(居中对齐).

8) 变量的测量尺度

变量按测度精度可以分为定性变量、定序变量、定距变量和定比变量几种. 在定义变量的窗口中, 单击最后一项 Measure 按钮, 变量名和该列的对应方框变黑, 同时出现一个按钮, 单击该按钮, 出现一个下拉的选项, 提供了三种可供选择的度量方式:

(1) Scale 方式, 这是一种定量测量方式, 包括定距变量(Interval)和定比变量(Ratio), 它以实际的测量值为变量的观测值. Scale 方式的数据只能是数值型变量. 系统默认该测量方式.

(2) Ordinal 方式, 这是一种定序测量方式, 使用测量值的序数、等级、排名等作为变量的观测值. 其信息量比 Scale 方式要少, 其数据既可为数值型, 也可为字符型.

(3) Nominal 方式, 这是一种定性测量方式, 它是最粗略、最低层次的测量尺度. 它是按照事物的某种属性对其进行平行的分类或分组. 其数据只是给不同类型以一个代码, 没有大小或顺序的意义, 不能进行任何数学运算. 其数据既可以是数值型, 也可以是字符型. 例如, 男、女性别分别用 0, 1 表示等. 通过计数, 可以得到常用来综合定性数据的统计量如频数、比率、百分比等.

2. 数据的输入、保存和编辑

1) 数据的输入

定义了所有变量后, 单击 Data View 标签, 即可在数据编辑窗口中输入数据, 操作方法多种多样.

数据编辑窗口(也称数据编辑器)的二维表格的上面一行是定义的变量名, 左侧标有观测量序号. 一个变量名和一个观测量序号就指定了唯一的一个单元格, 如果鼠标光标移动至此单元格, 单击该单元格, 该单元格边框加黑, 它被激活. 在表格上方的左边有一个格子, 该格子中显示出该单元格的所属变量和观测量序号. 数据在黑框所在的单元格中录入, 用键盘输入的单元格中的数据此时将显示在表格上方的右边格子中. 因此, 在录入数据时, 用户应首先将黑框移至要输入数据的单元格上.

输入数据时可以按变量逐列输入, 将黑框单元格定位于该变量与第一个观测量的交叉点单元格, 输入变量的第一个值, 按回车或向下光标移动键, 黑框自动移至同列的下一行上. 也可以按观测量输入数据, 并按 Tab 键将黑框移动至同行的下一个变量列上, 按 Shift + Tab 键可激活左边一个单元格. 使用光标移动键也可以激活邻近的单元格.

2) 输入带有变量值标签的数据

对于分类变量往往定义其值的标签. 如果对一个变量的值定义了标签, 那么输入该变量的值时既可以显示输入值, 也可以显示输入值的标签. 方法是, 选择主菜单的 View 菜单项, 选择下拉菜单的最下面一栏中的中间一项 Value Labels. 它是一个开关选项, 如果它前面已经有对钩符号, 则表示该开关已经打开, 变量值标签将显示在相应的数据编辑窗口中.

3) 数据文件的保存

在录入数据中, 应及时保存数据, 防止数据不慎丢失. 保存有两种形式: 一种是直接保存为 SPSS for Windows 数据文件; 另一种是保存为其他格式的数据文件, 以便其他软件使用.

保存数据文件可以选择 File 菜单中的 Save 和 Save as 命令. 选择 File 菜单的 Save 命令, 可直接保存为 SPSS 默认的数据文件格式, 均以.Sav 为文件扩展名将 SPSS 数据文件存储在磁盘上. 选择 File 菜单的 Save as 命令, 会弹出 Save Data as 对话框, 用户需确定盘符、路径、文件名及文件格式, 即可保存为值的类型的数据文件.

数据保存为 SPSS 数据文件格式的优点是, 它不仅可以被 SPSS 软件直接读取, 更重要的是它还将变量的其他属性, 如变量类型、变量标签、变量值标签等信息也都保存下来. 缺点是无法被其他软件读取. 保存为其他格式的数据文件, 如 Excel 工作表格式文件等, 虽然数据可以被相应的软件直接读取, 但保存的仅是 SPSS 数据编辑窗口中的变量值数据, 有关变量的属性内容则丢失了.

4) 数据文件的编辑

SPSS 数据文件的编辑注意包括对数据编辑窗口中的分析数据进行必要的增加、删改、修改、复制等操作.

(1) 单元值的修改. 可用光标移动键或鼠标将黑框移动到要修改的单元后输入新值.

(2) 增加或删改一个观测量. 如果要在某一行前增加或插入一个观测量, 可以在 Data View 窗口中使用下述步骤完成: 首先将光标置于要插入观测量的一行的任意单元格中, 单击该单元格, 然后执行 Data→Insert Case 命令. 结果为在选择的一行上增加了一个空行, 可以在此行上输入新增观测量的各变量值.

要删除其一行对应的观测量, 可先单击该行的行头, 这时整行被选择(呈黑底白字状), 然后按 Delete 键或选择 Edit 菜单的 Clear 命令, 该行删除.

(3) 增加或删除一个变量. 若要在现存的变量的右边界增加一个变量, 只要把光标定位于最右边一个变量的右边一列上, 右击该列, 弹出一个菜单, 选择 Insert Variable. 如果要将定义的变量放在已经存在的变量之间, 即要插入一个变量, 把光标定位于新变量要占据的那一列的任意行上, 单击该列, 然后选择 Data 菜单项, 在下拉菜单中选择 Insert Variable 即可.

要删除某一列对应的变量, 可先单击该行的列头, 这时整列被选择(呈黑底白字状), 然后按 Delete 键或选择 Edit 菜单的 Clear 命令, 该列即被删除.

变量和观测量的复制、移动等其他操作与一般的应用程序相同, 在此不再赘述.

10.2.2　SPSS 数据文件的整理

数据文件的整理是统计分析的一个非常重要的环节, 直接关系到统计分析的结果. 一般情况下, 刚刚建立的数据文件并不能立即供统计分析使用, 需要进行进一步的加工和整理, 使之更加科学、系统、合理.

下面介绍几种常用的数据整理方法及在 SPSS 软件中的实现过程. 限于篇幅, 不作举例说明.

1. 观测量的排序整理

观测量的排序整理是指将观测量按照统计分析的具体要求进行合理的分类整理, 特别是对观测量按指定的变量或者变量组升序或者降序排序. 指定的变量或变量组称为排序变量. 其操作步骤如下:

(1) 选择 Data→Sort Cases 命令, 打开 Sort Cases 对话框, 如图 10.2.2 所示.

(2) 从源变量列表框中选择一个或几个分类变量进入 Sort by 文本框中. 要注意多重排序时, 指定变量的次序很关键, 先指定的变量在排序时优于后指定的变量.

(3) 在 Sort Order 选项卡中选择一种排序方式. 如对某变量选择 Ascending(升序), 则在 Sort by 文本框里该变量名之后用连线连接 Ascending. 选择 Descending(降序), 该变量名连接 Descending.

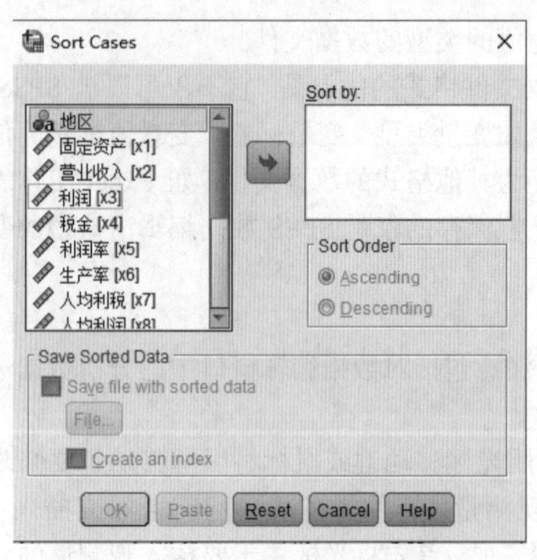

图 10.2.2　Sort Cases 对话框

(4) 以上选择确定后，单击 OK 按钮，返回数据编辑窗口，分类排序结构降序显示于数据编辑窗口内.

注意　排序后，原来数据的排列次序将被打乱. 如果需要原观测量的顺序关系，要预先复制原数据以备用.

2. 数据文件的转置

数据文件的转置就是将数据编辑窗口中的数据行列互换，即将观测量转变为变量，而将变量转变为观测量，重新显示在数据编辑窗口. 其操作步骤如下:

(1) 执行 Data→Transpose 命令，打开 Transpose 对话框，如图 10.2.3 所示.

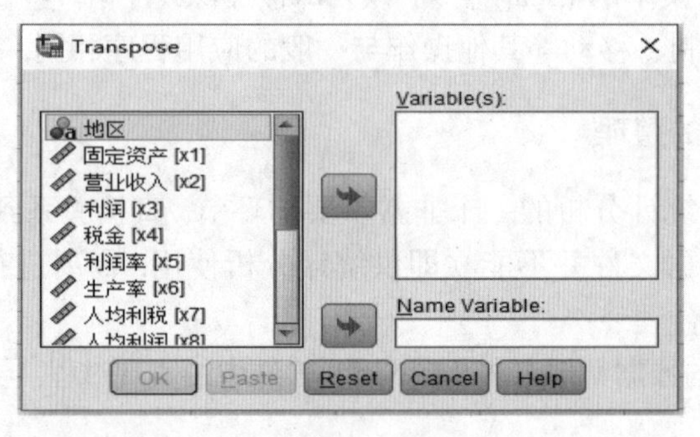

图 10.2.3

(2) 选择转置变量进入 Variable(s)文本框中.

(3) 选择命名变量，将其选入 Name Variable 文本框中，即将该变量的值和字符 V 相连接，作为新变量名.

(4) 单击 OK 按钮提交系统运行，得到原数据文件转置后的数据.

3. 根据已存在的变量建立新变量

在进行数据的分析处理时，往往仅根据原始测量的变量值是不够用的，常常需要根据已经存在的变量建立新变量. 对 SPSS for Windows 来说，一个直观的方法是通过 Compute Variable 对话框来完成. 选择 Tranform 菜单的 Compute 项，打开如图 10.2.4 所示 Compute

Variable(计算变量)对话框.

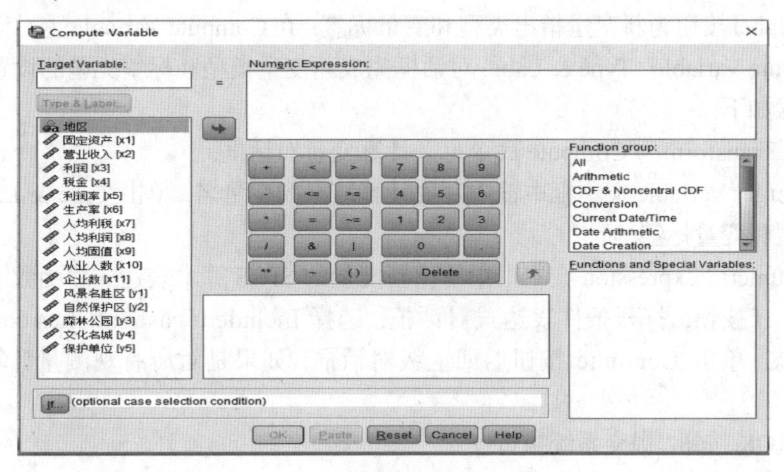

图 10.2.4

在该对话框中的 Target Variable(目标变量)文本框中输入符合变量命名规则的变量名. 目标变量可以是现存变量或新变量.

Numeric Expression(数值表达式)文本框用于输入计算变量值的表达式. 表达式中能够使用左下框中列出的现存变量名、计算器板列出的算术运算符、常数.

Function group(函数)下拉列表框显示各种函数. 函数表中共有约 180 个内部函数, 其中包括数学函数、逻辑函数、缺失值函数、字符串函数、日期函数等.

计算器板包括数字、算术运算符、关系运算符和逻辑运算符, 可以像使用计算器一样使用它们.

计算器板下面有一个 If 按钮, 单击该按钮打开条件表达式对话框, 如图 10.2.5 所示. 在本对话框中可以利用条件表达式对观测量进行选择.

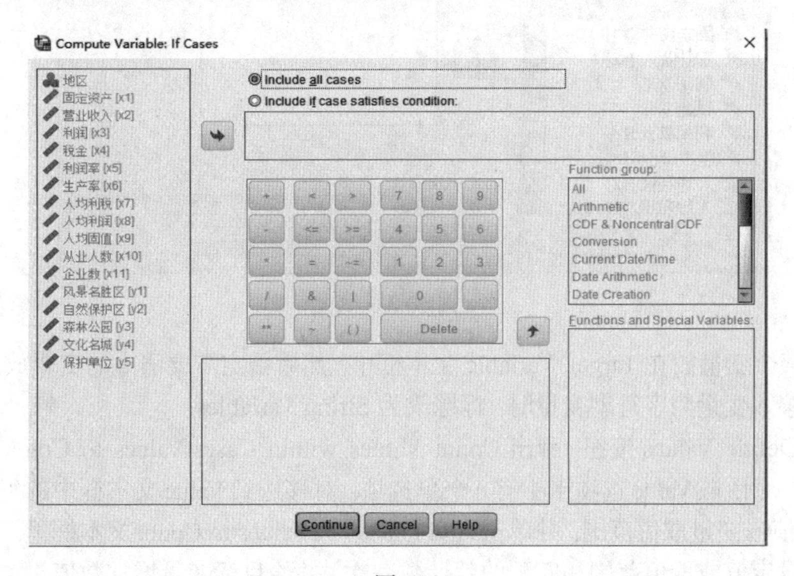

图 10.2.5

对使条件表达式为真的观测量使用 Compute Variable 对话框中确定的表达式计算新变量的值. 对那些使条件表达式为假或缺失的观测量, 不会计算新变量的值. 这些观测量中的新变量的值或为缺失值或保持不变.

Type & Label按钮为新变量指出类型和变量标签. 在Compute Variable主对话框中单击之, 可打开 Compute Variable : Type & Label 对话框完成新变量类型和标签类型的设置.

操作步骤如下:

(1) 执行 Transform→Compute 命令打开计算变量对话框.

(2) 在 Target Variable 文本框中输入存放计算结果的变量名, 单击 Type & Label 按钮对新变量指出类型和变量标签.

(3) 在 Numeric Expression 文本框中给出新变量的 SPSS 算术表达式和函数.

(4) 单击 If 按钮, 打开条件表达式对话框, 选择 Include if case satisfies condition, 并输入条件表达式. 单击 Continue 按钮返回上级对话框. 如果是对所有观测量计算新变量, 本步省略.

(5) 单击 OK 按钮, 提交系统执行.

4. 产生计数变量

在统计过程中, 常常需要计算一些变量在同一个观测量中满足特定要求的变量值出现的次数. SPSS 计数功能将产生一个新变量, 保存计数的结果.

其操作步骤如下:

(1) 选择 Transform→Count Values within Cases 命令, 打开如图 10.2.6 所示的 Count Occurrences of Values within Cases 对话框.

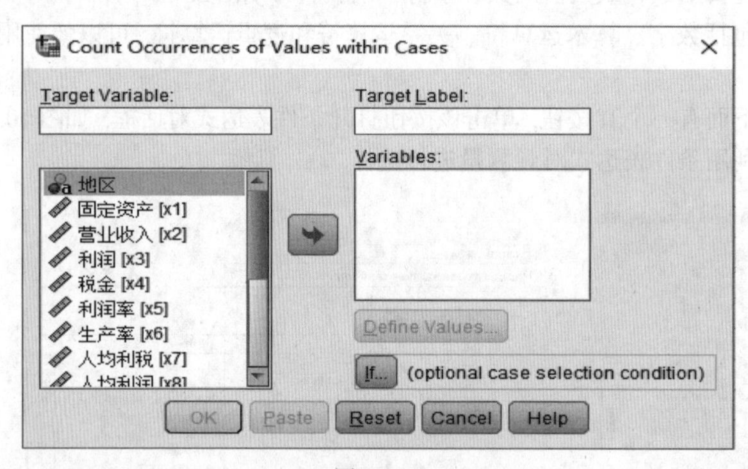

图 10.2.6

(2) 指定某个变量放在 Target Variable 文本框中, 然后指定需要清点的变量放入 Variables 文本框中. 当移入变量为字符型变量时, 标题改为 String Variables.

(3) 单击 Define Values 按钮, 弹出 Count Values within Cases:Values to Count 对话框, 如图 10.2.7 所示. 对话框 Value 选项卡中有 6 个单选项, 对移送到 Value 文本框中的每个变量, 确定计数的变量值或变量取值范围, 并单击 Add 按钮移入 Values to Count 文本框里. 系统将按照设定, 凡是与设定值或取值范围相匹配的就计数一次, 并给目标变量增加数值 1.

(4) 如果要按照指定的条件来计数, 单击 If 按钮, 在打开的条件对话框中设置计数条件. 单击 Continue 返回上级主对话框.

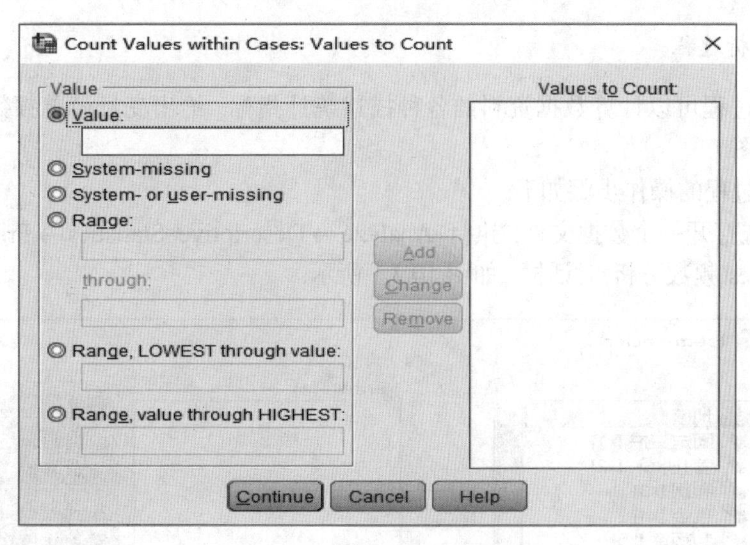

图 10.2.7

(5) 单击 OK 执行计数.

5. 变量重新赋值

在统计分析中经常会遇到为变量重新赋值或重新编码的问题. 打开需对变量重新赋值的数据文件, SPSS 的变量重新赋值功能可以将原有变量的旧值换为新值, 或者产生新的变量来记录为原变量赋的新值. 其操作步骤如下:

(1) 执行 Transform→Recode→Into Same Variables(重新赋值给同一个变量)或者 Into Different Variables(重新赋值给不同的变量)命令, 可以打开 Recode 对话框.

(2) 对展开的对话框进行设置, 当赋值给不同变量时, 可以确定新输出变量名、标签.

(3) 单击 If 按钮, 确定赋值条件.

(4) 单击 Old and New Values 按钮, 打开新旧变量对话框进行设置, 然后单击 Continue 返回上一级对话框.

(5) 单击 OK 提交系统执行.

其他诸如产生分组变量、对观测量加权处理、缺失值的替代、变量集的定义和使用、数据文件的合并和拆分、变量求秩、产生随机数等数据整理方法就不在此一一介绍了.

10.3　SPSS 在描述统计与推断统计中的应用

10.3.1　SPSS 在描述统计中的应用

描述统计是指对所收集的数据资料进行加工整理、综合概括, 通过图示、列表和计数对资料进行分析和描述. 描述性统计分析是统计分析的基础步骤, 做好这一步是进行正确统计推断的先决条件. 但是它只能对统计数据的结构和总体情况进行描述, 并不能深入了解统计数据的内部规律. SPSS 的许多模块均可完成描述性分析, 但专门为该目的而设计的几个模块则集中在主菜单 Analyze 中的 Descriptive Statistics 子菜单中. 在此只介绍 Frequencies(频数分析)过程和 Descriptive(描述统计)过程.

1. 频数分析过程

频数分析过程可以计算数据资料的各种描述统计指标, 给出变量简单频数分布表, 绘制几种变量分布图.

频数分析过程的操作步骤如下:

(1) 建立或打开一个数据文件, 执行 Analyze→Descriptive Statistics→Frequencies 命令, 打开 Frequencies(频数分析)对话框, 如图 10.3.1 所示.

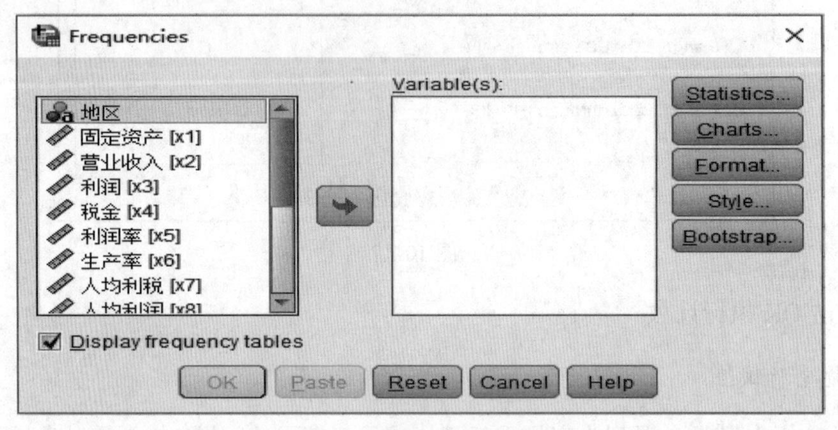

图 10.3.1

(2) 选择分析变量. 从左侧源变量框中选择一个或多个待分析的变量将它们移至右边的 Variable(s)分析变量文本框中. 另外, 源变量框下面的复选项 Display frequency tables 确定是否输出频数分布表.

(3) 单击 Statistics 按钮, 打开统计量对话框, 如图 10.3.2 所示.

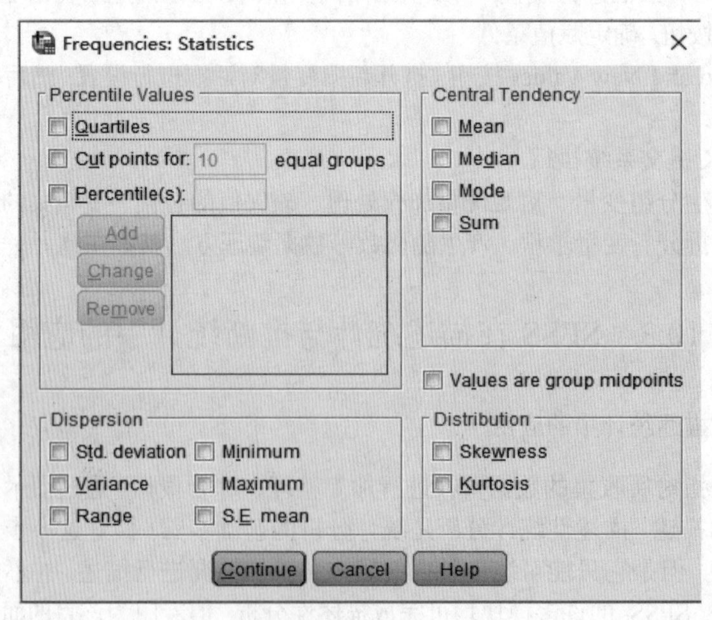

图 10.3.2

此对话框中包括:

第一, Percentile Values 选项卡, 指定输出所选变量的百分位值.

□Quartiles: 显示 25%、50%、75%的四分位数值.

□Cut points for equal groups: 输入数 k 时, 将所选变量的数值范围 k 等分, 输出各等分点处的变量值.

□Percentile(s) : 由用户定义的百分位数. 右边文本框中可键入 0～100 的数, 用 Add 可重复操作, 用 Change 和 Remove 按钮可修改或删除文本框的数值.

第二, Dispersion(离差)选项卡, 指定输出反映变量离散程度的统计量.

□Std. deviation: 标准差.　　□Minimum: 最小值.

□Variance: 方差.　　□Maximum: 最大值.

□Range: 极差(全距).　　□S. E. mean: 均数的标准误差.

第三, Central Tendency(集中趋势)选项卡, 用于指定输出反映变量值集中趋势的统计量.

□Mean: 均值, 即算术平均数.　　□Median: 中位数.

□Mode: 众数.　　□Sum: 总和.

第四, Distribution(分布特征)选项卡, 用于指定输出描述分布形状和特征的统计量.

□Skewness: 偏度.　　□Kurtosis: 峰度.

选择这两项将连同它们的标准误差一同显示出来, 如果它们的数值都接近于 0, 表明变量分布接近于正态分布. 如果 Skewness 的值大于 0, 表明变量分布为正偏态的, 分布具有一个较长的右尾; 如果 Skewness 的值大于 1, 就可以肯定数据的分布不呈正态分布. 如果 Kurtosis 的值大于 0, 变量分布要比标准正态分布曲线峰更尖峭; 如果 Kurtosis 的值小于 0, 变量分布曲线比标准正态分布曲线峰要平缓.

第五, Values are group midpoints(组中值)选项. 只有当变量数据事前已经经过分组, 且变量值确定为组中值时, 方可选择此项.

以上各项选择完毕, 单击 Continue 返回主对话框.

(4) 单击 Charts 按钮, 出现如图 10.3.3 所示的统计图对话框, 对图形类型及坐标轴等进行设置.

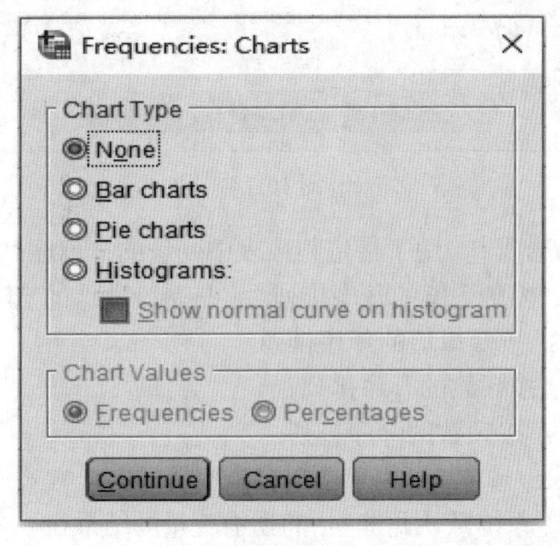

图 10.3.3

第一, Chart Type(图形类型)选项卡, 包括 4 个单选项:

- None, 不输出图形, 它是系统默认选项.
- Bar charts, 输出条形图, 各条高度代表变量各分类的观测量数, 频数为 0 的分类不显示在此图中.
- Pie charts, 输出饼状图.
- Histograms, 直方图, 此选项仅适用于连续的数值型变量. 如果选择了直方图, 还可以选择 Show normal curve on histogram 复选项, 即直方图中带有正态曲线, 它有助于判断数据是否呈正态分布.

第二, Chart Values 选项卡, 只有选择了条形图和饼状图的选项时才有效.

- Frequencies, 条形图中的纵坐标代表频数, 饼状图中的扇形分割片表示频数.
- Percentages, 条形图中的纵坐标表示百分比, 饼状图中的扇形分割片表示频率, 即表示该组观测量数占总数的百分比.

各选项确定后, 单击 Continue 按钮, 返回主对话框.

由于统计图结果往往比数据结果更为直观和生动, 利用统计图对分析问题来说是相当重要的. SPSS 具有很强的制图功能, 除了可由各种统计分析过程产生统计图外, 也可以由菜单 Graphs 中的图形菜单产生统计图形. 常用的统计图形主要有条形图、面积图、饼状图、箱图、直方图、散点图、时间序列图、质量控制图、*P-P* 概率图、*Q-Q* 概率图等, 这些图都可由 SPSS 绘制完成.

(5) 单击 Format 按钮, 打开如图 10.3.4 所示的频数分布表格式对话框, 对频数表的输出格式进行设置.

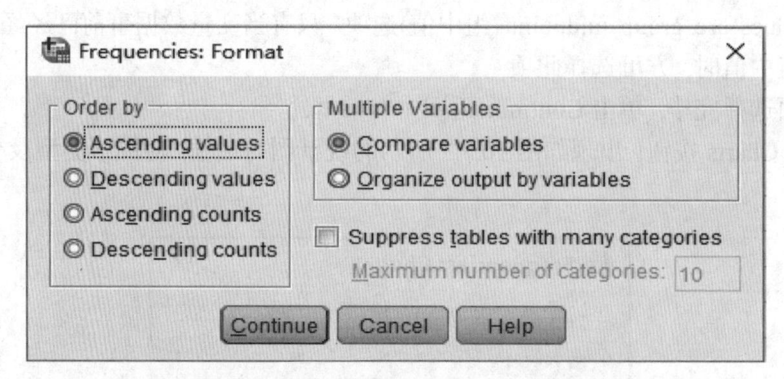

图 10.3.4

第一, Order by(排序)选项卡, 用于指定频数表中变量的排列序列.

- Ascending values, 按变量值的升序排列, 它是系统默认的选项.
- Descending values, 按变量值的降序排列.
- Ascending counts, 按频数的升序排列.
- Descending counts, 按频数的降序排列.

第二, Multiple Variables 选项卡, 用于指定多个变量的安排方式.

- Compare variables, 系统默认此选项, 将所有变量的结果在一个图形中输出, 以便比较.
- Organize output by variables, 为每个变量单独输出一个图形.

第三, 复选项 Suppress tables with many categories, 用于控制频数表输出的分类数, 默认值为 10.此时, 当变量分类多于 10 时, 可以不输出数组大于 10 的表格, 避免产生巨型表格.

(6) 在主对话框中单击 OK 按钮, 提交系统运行, 频数分析结果在输出窗口中显示出来.

2. 描述统计过程

描述统计过程的统计分析指标与频数分析过程基本相同, 区别在于描述统计过程操作较简单, 只计算几个主要的指标描述, 不同时输出频数分布表.

描述统计过程的基本操作如下:

(1) 建立或打开一个数据文件, 执行 Analyze→Descriptive Statistics→Descriptives 命令, 打开如图 10.3.5 所示的对话框.

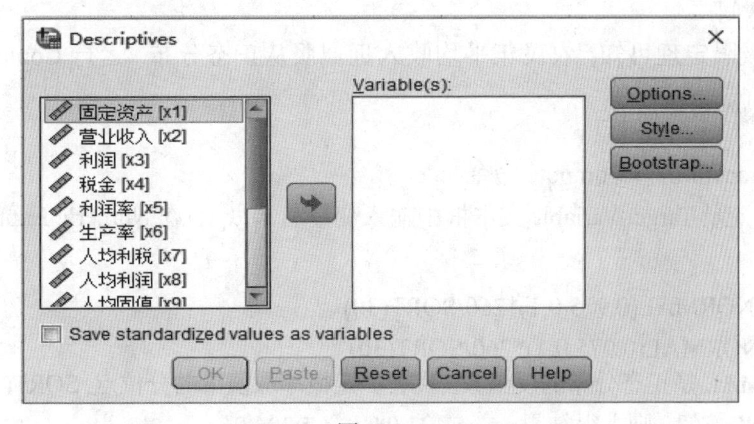

图 10.3.5

(2) 从源变量栏中选择一个或多个待分析变量移至 Variable(s)文本框中. 若选择对话框中左下方复选项 Save standardized valves as variables, 则将原变量标准化后保存并作为新变量. 新变量名在原变量名前加前缀 Z, 标准化一般公式为

$$Z=\frac{x_i-\overline{x}}{S},$$

式中: x_i 为原变量的第 i 个观测值; $\overline{x}$ 为该变量所有观测值的平均数; S 为标准差.

(3) 单击 Options 按钮, 打开如图 10.3.6 所示的对话框. 对话框中各统计指标与频数分析相应选项内容相同, 设置完毕后单击 Continue 按钮返回主对话框.

(4) 在描述统计量主对话框中, 单击 OK 按钮, 提交系统运行.

在描述统计分析中, 反映数据的集中趋势和离散趋势的指标, 如算术平均数、标准差等是主要的描述统计指标, 它们是进一步分析的基础, 要予以注意.

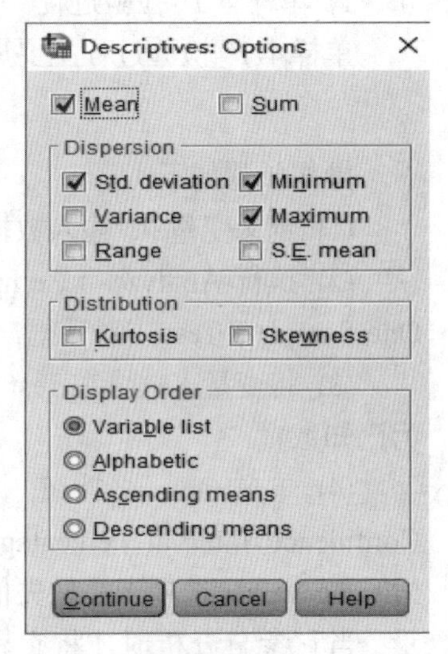

图 10.3.6

10.3.2　SPSS 在推断统计中的应用

统计推断, 即用样本推断总体, 包括参数估计和假设检验. SPSS 在统计推断中有广泛的应用, 这里只介绍如何利用 SPSS

实现本书涉及的有关内容，主要包括参数估计、假设检验、方差分析、相关分析和线性回归分析.

1. 参数估计

参数估计的方法有点估计和区间估计两种. 利用 SPSS 软件来估计参数值，主要包含在各种模型分析之中，比如通过 Analyze 中的 Compare Means 过程、Regression 过程可求一些未知参数的估计值或置信区间. 另外，利用 Transform 菜单中的 Compute 过程也可以估计参数值.

下面举一例说明如何利用 Compute 过程来求未知参数的区间估计问题.

为了解某村 1 300 户农民的年收入状况，不重复抽取一个由 30 户组成的样本进行调查，得出每户农民平均年收入为 4 500 元，标准差为 260 元. 试求该村每户农民年平均收入置信度为 95%的置信区间.

根据中心极限定理可知，农民年平均收入近似服从正态分布. 运行 Compute 过程计算 $\overline{x}\pm\frac{\sigma}{\sqrt{n}}u_{0.975}$，操作步骤如下:

(1) 执行 Transform $\rightarrow$ Compute 命令.

(2) 在目标变量 Target Variable 文本框中输入变量名 $x_2(x_1)$，在 Numeric Expression 中输入数值表达式:

4 500+IDF.NORMAL(0.975,0,1)*260/SQRT(30)

4 500-IDF.NORMAL(0.975,0,1)*260/SQRT(30)

其中, IDF.NORMAL 是正态分布的反函数，代表一定概率取值下的分位点, SQRT(·)为平方根.

(3) 单击 OK 按钮，则求得结果 $x_1=5\,493.04, x_2=5\,306.96$.

因此，该村每户农民年平均收入的置信度为 95%的置信区间为(5 306.96, 5 493.04).

2. 假设检验

均值比较问题是最常见的统计分析问题，如独立样本 T-检验法就是对两个独立样本的均值进行比较. 假设检验的应用十分广泛，下面说明用 SPSS 完成某些假设检验的过程.

1) 单样本 T -检验过程

单样本 T -检验过程主要用于对单个总体均值的假设检验，假设为

$$H_0:\mu=\mu_0 \leftrightarrow H_1:\mu\neq\mu_0.$$

操作步骤如下:

(1) 定义变量 X，输入数据.

(2) 执行 Analyze $\rightarrow$ Compare Means $\rightarrow$ One-Sample T Test 命令，出现如图 10.3.7 所示的 One-Sample T Test 主对话框.

(3) 将变量 X 放置在 Test Variable(s)文本框中，并在 Test Value 文本框中输入检验值 μ_0 (μ_0 为已知数).

(4) 单击 Options 按钮，指定输出内容和关于缺失值的处理方法，如图 10.3.8 所示. 其中，Confidence Interval Percentage 表示默认输出 95%的均值置信区间(其置信水平可重新设定); Missing Values 选项卡是缺失值处理, Exclude cases analysis by analysis 表示带有缺失值的观测量，当它参与分析时才将它剔除, Exclude cases listwise 表示剔除主对话框中的检验变量矩

形框中列出的带有缺失值的观测量后再进行分析. 以上选项确定后单击 Continue 返回主对话框.

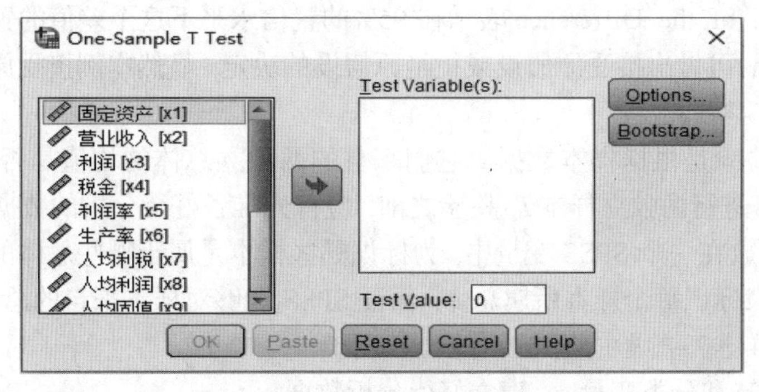

图 10.3.7

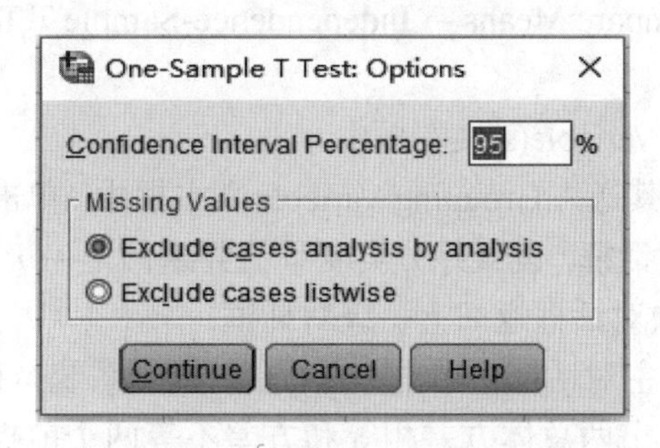

图 10.3.8

(5) 单击 OK 按钮提交运行.

输出结果说明如下: 运行后会输出两个表(原始分析数据此处略去检验值 $\mu_0 = 100$), 如图 10.3.9、图 10.3.10 所示.

T-Test

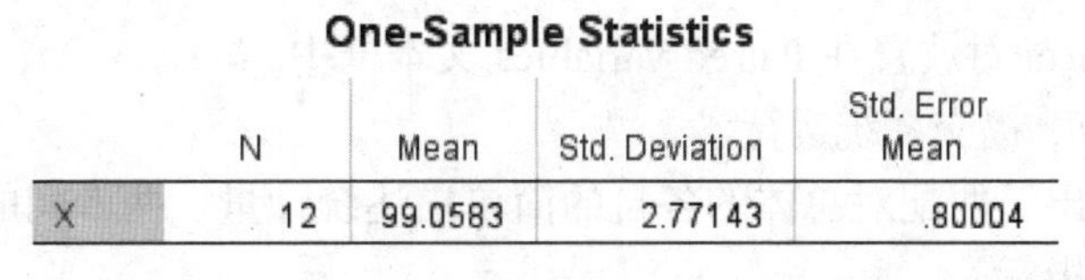

One-Sample Statistics

	N	Mean	Std. Deviation	Std. Error Mean
X	12	99.0583	2.77143	.80004

图 10.3.9

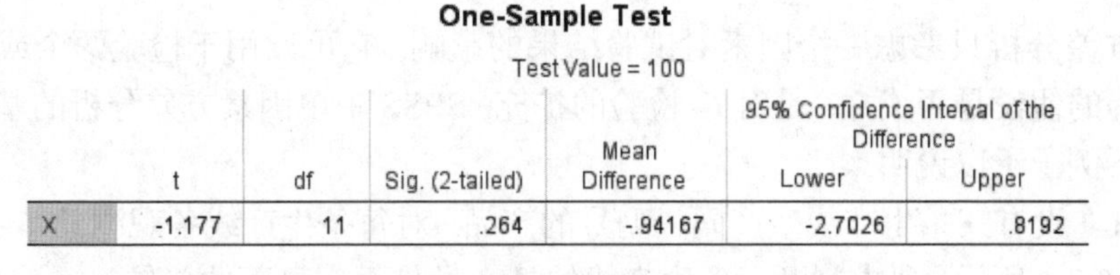

One-Sample Test

	Test Value = 100					
	t	df	Sig. (2-tailed)	Mean Difference	95% Confidence Interval of the Difference Lower	Upper
X	-1.177	11	.264	-.94167	-2.7026	.8192

图 10.3.10

图 10.3.9 是单样本统计表, 表中 N 表示样本数, Mean 表示样本的均值; Std.Deviation 表示标准差 S ; Std. Error. Mean 为均值标准误差 $S/\sqrt{N}$, 其中 S 表示样本方差 S^2 的正的平方根.

图 10.3.10 是单样本检验表, 表中 t 表示 T- 检验的 t 值; df 表示自由度; Sig(2-tailed)表示双尾 T- 检验概率, 即统计学中的 P 值; Mean Difference 表示样本均值与检验值之差, 95% Confidence Interval of the Difference 表示在 95%的置信水平下这个差值的置信区间. 根据 P 值> 0.05(0.01)与否, 可做出接受原假设或拒绝原假设的决定. 显然本例接受原假设 H_0.

2) 独立样本 T- 检验过程

独立样本 T- 检验是根据样本数据对它们来自的两独立总体的均值是否有显著差异进行推断. 在利用SPSS进行两独立样本 T- 检验之前, 应首先准备好待分析的数据. SPSS要求两独立样本数据必须存放在一个 SPSS 变量中, 为标识哪些样本是属于哪些总体的, 应另外再定义一个 SPSS 变量, 来标识每个样本所属总体, 保证 SPSS 能够对样本来自的总体加以区分.

SPSS 两独立样本 T- 检验的基本操作步骤如下.

(1) 定义变量 X 和分类变量 g, 建立好待分析数据.

(2) 执行 Analyze → Compare Means → Independence-Sample T Test 命令, 打开独立样本 T- 检验对话框(图略).

(3) 将变量 X 放入 Test Variable(s)文本框中.

(4) 选择分类变量 g, 将其送入 Grouping Variable 文本框中, 单击 Define Groups 按钮, 打开 Define Groups 确定分类的对话框, 设置好分类变量值并返回上一级对话框.

(5) 设置 Options 选择项对话框返回上一级对话框.

(6) 在独立样本 T- 检验主对话框中单击 OK 按钮, 提交系统运行.

在输出结果中会分别给出两总体方差相等和方差不等两个前提下的统计指标. 输出结果的解释基本上与单样本 T- 检验相同.

3) 配对样本 T- 检验过程

配对样本 T- 检验是运用配对样本资料对样本来自的两配对总体的均值是否有显著差异进行的假设检验. 基本操作步骤如下:

(1) 定义变量并分别输入数据.

(2) 执行 Analyze → Compare Means → Paired-Sample T Test 命令, 打开配对样本 T- 检验对话框(图略).

(3) 将待分析变量配对放置在 Paired Variables 文本框中.

(4) 单击 OK 按钮, 提交系统运行.

在输出结果中给出了两配对总体的各自的简单描述统计量、两者间的相关关系和两总体均值差值的有关统计指标.

3. 方差分析

单因素方差分析只考虑一个因素对试验结果的影响, 它可以用于检验两个或两个以上的总体均值相等的假设是否成立, 是对 T- 检验的扩充, SPSS 中单因素方差分析的基本操作步骤可以通过以下例子予以说明.

例 10.3.1 设有三条生产线生产同一型号的产品, 对每条生产线各观测其 6 天的日产量, 其数据如表 10.3.1 所示, 要求判断三条生产线的日产量是否有显著的差异($\alpha = 0.05$).

表 10.3.1

观测次数	1	2	3	4	5	6
生产线 1	56	43	46	41	49	47
生产线 2	65	68	63	64	62	54
生产线 3	48	46	59	48	51	60

第一步: 建立 SPSS 数据文件. 定义变量 product, 表示三条生产线的产量, 所有产量数据放在同一列中. 再定义变量 group, 取值 1, 2, 3 分别表示三条生产线.

注意 这里定义变量的方式与独立样本 T- 检验定义变量的方式是一致的.

第二步: 执行 Analyze → Compare Means → One-Way ANOVA 命令, 打开 One-Way ANOVA 主对话框, 如图 10.3.11 所示.

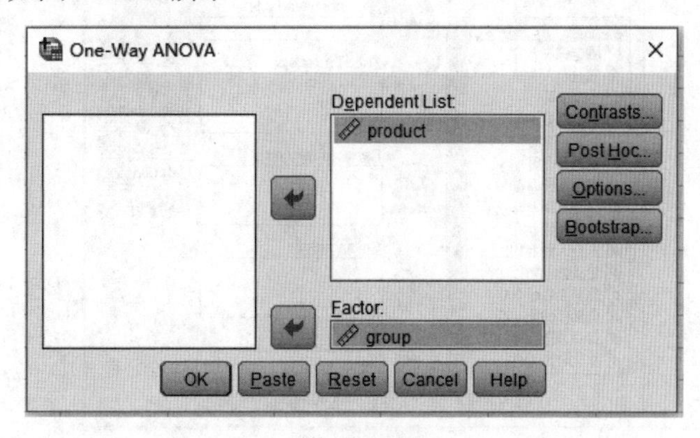

图 10.3.11

第三步: 选择左边矩形框中的变量 product 进入因变量文本框(Dependent List), 选择 group 使之进入 Factor 文本框.

第四步: 依次设置三个按钮 Contrasts, Post Hoc 和 Options 中的内容并返回, 也可使用系统默认项.

第五步: 单击 OK 按钮, 提交系统运行.

注意 在方差分析中一般要求进行方差齐次性检验, 因此 Options 中的复选项 Homogeneity of Variance Test 往往要选择.

主要输出结果见表 10.3.2 和表 10.3.3.

表 10.3.2 单因素方差分析齐次性检验结果

Levene 统计	第一自由度	第二自由度	P 值
0.581	2	15	0.571

表 10.3.3 单因素方差分析结果

方差来源	平方和	自由度	均方	F 值	P 值
组间	768.444	2	384.222	13.362	0.000 465
组内	431.333	15	28.756		
总和	1 199.777	17			

由表 10.3.2 可知，$P = 0.571 > 0.05$，通过方差齐次性检验，说明可认为三条生产线的方差相等. 由表 10.3.3 的 P 值 0.000 465 小于 0.05 知，拒绝原假设，说明三条生产线的日产量有显著差异.

单变量多因素方差分析是分析多个因素在其他条件不变的情况下对试验结果是否存在显著影响. 在 SPSS 中可由执行 Analyze → General Linear Model → Univariate(单变量多因素分析)命令打开的 Univariate 主对话框完成. 基本操作步骤如下:

(1) 建立适合 SPSS 分析的 SPSS 数据文件.

(2) 执行 Analyze → General Linear Model → Univariate 命令，打开 Univariate 主对话框，如图 10.3.12 所示.

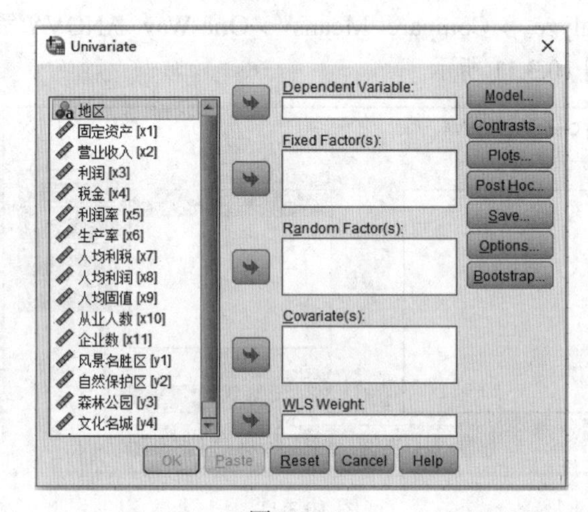

图 10.3.12

(3) 在因变量(Dependent Variable)文本框中放入因变量，在固定因素(Fixed Factor(s))文本框中放入定义好的分类变量.

(4) 单击 Model 按钮，打开设置模型子对话框，如图 10.3.13 所示，设置后返回.

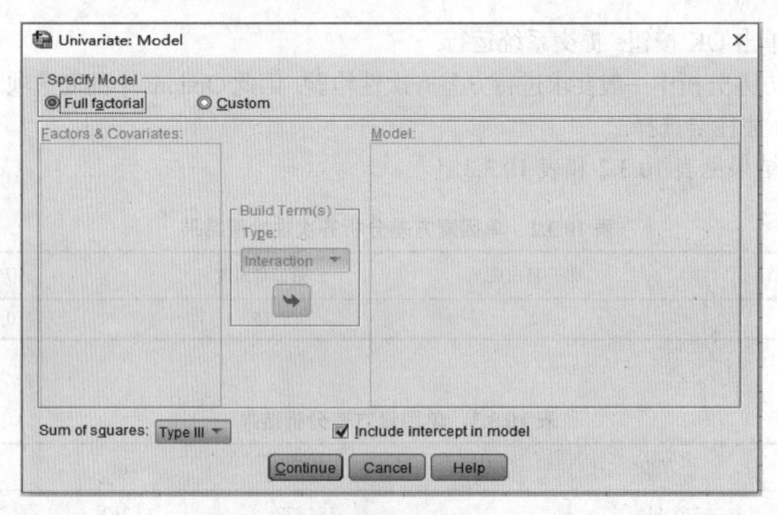

图 10.3.13

- Full factorial 选项为系统默认的模型，选择该项建立全模型.

- Custom 选项, 建立自定义的模型.

(5) 依次设置 Contrasts, Plots, Post Hoc, Save, Options 选项中的内容并返回, 也可使用系统默认选项.

(6) 单击 OK 按钮, 提交系统运行.

4. 相关分析

相关分析是研究变量间密切程度的一种常用统计方法. 线性相关分析研究两个变量间线性关系的程度. 相关系数是描述这种线性关系程度和方向的统计量. 利用 SPSS 按下列步骤可计算相关系数:

(1) 建立 SPSS 数据文件.

(2) 执行 Analyze → Correlate → Bivariate 命令, 打开二元变量相关分析主对话框, 如图 10.3.14 所示.

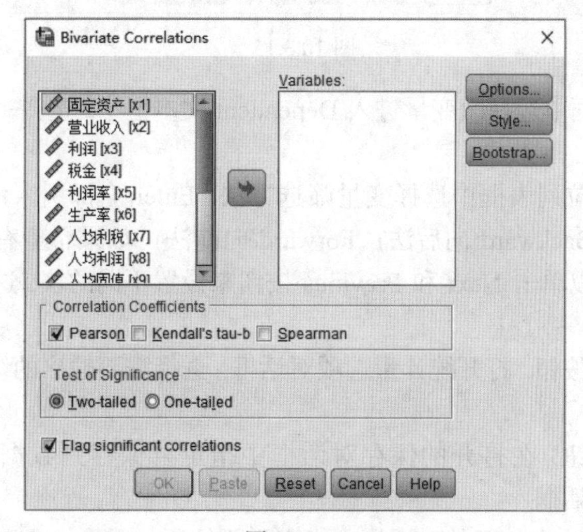

图 10.3.14

(3) 在主对话框左边的变量表中选择变量进入 Variables 文本框, 并且在 Correlation Coefficients 选项卡中确定相关系数的类型; 在 Test of Significance 选项卡中确定相关系数显著性检验是双尾 T- 检验(事先不知道正相关还是负相关选此项)还是单尾 T- 检验(事先知道相关方向可以选择此项); 复选项 Flag significant correlations 要求在输出结果中, 对在显著性水平 0.05 下显著相关的相关系数用“*”加以标记, 对在显著性水平 0.01 下显著相关的相关系数用“**”加以标记. 显然, “**”比“*”的检验更加精确.

(4) 单击 Options 按钮, 在出现的对话框中确定输出统计量及缺失值处理方法.

(5) 单击 OK 按钮, 提交系统运行.

5. 线性回归分析

SPSS 的线性回归过程, 可以给出所求回归方程的回归系数估计值(即回归系数参数估计和区间估计)、协方差矩阵、判定系数、因变量的最佳预测值、方差分析表等, 还可以输出变量值的散点图等.

SPSS 线性回归分析的基本操作步骤如下.

(1) 建立 SPSS 数据文件.

(2) 执行 Analyze→Regression→Linear 命令后，打开线性回归分析过程主对话框，如图 10.3.15 所示.

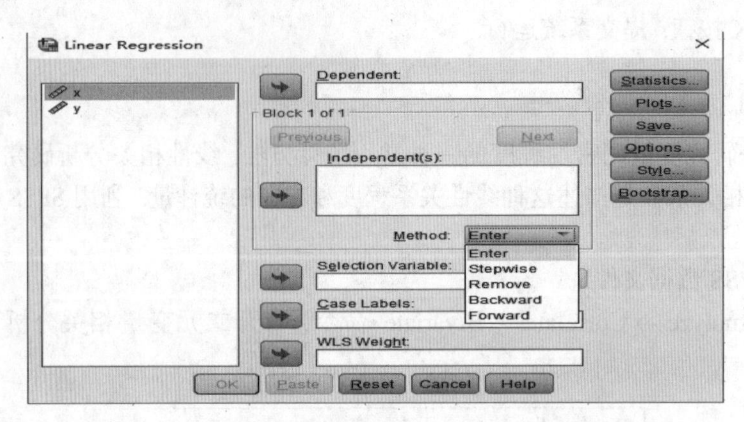

图 10.3.15

(3) 从左边源变量框中选择因变量进入 Dependent 文本框中，选择一个或多个自变量进入 Independent(s)文本框中.

(4) 在 Method 下拉列表框中选择变量筛选方法: Enter(全部引入法), Stepwise(逐步法), Remove(强迫剔除法), Backward(向后法), Forward(向前法). 如果希望有多组自变量和对应的多种变量筛选方法, 可以单击 Next 和 Previous 按钮来设置不同的块, 这种设置可以方便地进行探索性的回归分析.

(5) 单击 Statistics 按钮，打开统计量选项对话框，选择需要输出的统计量，单击 Continue 返回上一级对话框.

(6) 单击 Save 按钮，在打开的保存对话框中指定要保存到数据窗口的新变量，单击 Continue 返回上一级对话框.

(7) 单击 Plots 按钮，在打开的对话框中指定需要绘制的图形，如选择 Normal probability plot 复选项，可输出 *P-P* 图，即标准化残差分布与正态分布概率比较图，该图可检查残差的正态性. 设置好选项后也单击 Continue 返回.

(8) 其余选项可按默认项执行，单击 OK，提交系统运行.

根据输出结果，可以由各项统计指标确定回归方程的拟合程度、回归系数的显著性检验，从而确定合适的回归方程，并可利用回归方程及 SPSS 的 Compute 命令来进行预测.

10.4　数据、模型与统计应用

自高斯为研究天文观测中的误差分布规律提出正态分布，并将最小二乘法作为一种估计方法至今，现代数理统计的发展已有近 200 年的历史. 统计学在分析数据、探索数据规律性、研究现实问题中已形成各具特色的思想与方法.

从研究问题的角度看，现代统计分析方法大致可划分为四大类: 分类分析方法、结构简化方法、相关分析方法、预测决策方法. 图 10.4.1 所示的树形图即现代统计分析方法分类图. 从应用的角度看，现代统计分析的步骤及流程可用图 10.4.2 表示.

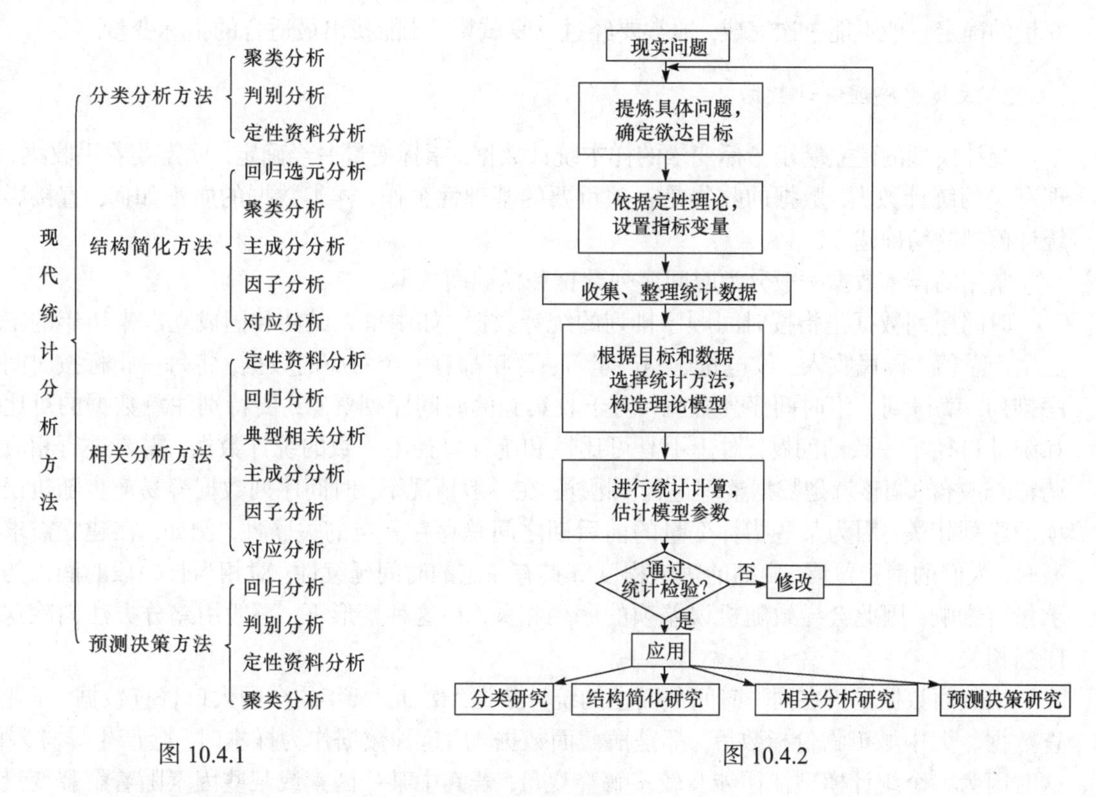

图 10.4.1　　图 10.4.2

下面对现代统计分析方法的应用步骤进行系统概述.

1. 提炼具体问题，确定欲达目标

人文社会科学、经济管理及自然科学等领域存在着大量需要深入探讨的问题，它们往往表现为一个立体网络体系，各种变量之间的关系复杂多样，受已有知识、能力和条件等的局限，不可能对这些现实问题研究得面面俱到. 因此，在对实际问题的研究过程中，集中精力抓主要矛盾，提炼问题，确定切实可行的目标，就成为首要步骤.

2. 根据定性理论，设置指标变量

面对具体的实际问题，依据定性理论进行分析研究，设置指标变量是统计方法研究实际问题的重要一环. 例如，回归分析方法主要是揭示事物间变量联系的因果关系. 在研究某一具体问题时，必须依据具体问题的研究目的，利用该具体问题所依赖的具体理论，从定性角度来确定该问题中各因素之间的因果关系. 当把某一变量作为“果”之后，更为重要的是要正确选择作为“因”的变量. 前者通常称为“内生变量”或“被解释变量”，后者称为“外生变量”或“解释变量”. 变量的选择，关键在于能否正确把握研究对象的具体内涵，这就要求研究者对所研究的具体问题及其背景有全面的了解. 在选择变量时要注意与一些专门领域的专家合作，这样他们可以帮助确定模型变量. 此外，模型所涉及的解释变量并不是越多越好. 在选择设置模型变量时，既不能遗漏影响模型应用效果的主要变量，也不能将一些完全没有必要的次要变量纳入模型，以免增加模型的复杂性，降低模型的精确度. 而有些变量的相关性很强，所反映的信息可能有较严重的重叠，会导致共线性问题，对此，也必须做出相应的分析. 总之，指标变量的确定是一个非常重要的问题，是运用统计模型的最基本的工作，对指标变量的确定一般不能一次完成, 通常要经过反复试算, 才能找出最适合的指标变量.

3. 收集、整理统计数据

统计模型的建立基于指标变量的样本统计数据. 指标变量一经确定, 就需要着手收集、整理有关的统计数据. 数据的收集是一项重要的基础性工作, 样本数据的质量如何, 直接影响统计模型的精确建立.

常用的样本数据一般分为时间序列数据和横截面数据.

时间序列数据是指按时间顺序排列的统计数据, 如中华人民共和国成立以来历年的工农业生产总值、国民收入、发电量、钢产量等, 每年都有一个对应的数据, 将每一指标按时间顺序排列, 就得到一组时间序列数据. 对于收集到的时间序列资料, 要特别注意数据的可比性和统计口径不一致的问题. 对于不具可比性和统计口径不一致的统计数据, 需要进行相应的调整, 这样的调整就是数据整理过程. 此外, 在一般情况下, 时间序列数据容易产生随机误差项的序列相关, 因为某些指标变量的前后期之间总存在一定的关联性. 例如, 在建立需求模型时, 人们的消费习惯、商品的短缺程度等具有一定的时间延续性, 对相当长一段时间内的需求量有影响, 因此会导致随机误差项的序列相关. 在这种情形下, 一般用差分方法消除这种序列相关.

横截面数据是指在同一时间截面上的统计数据. 例如, 某年的全国人口普查数据、工业普查数据、大中城市物价指数等, 都是横截面数据. 用这种数据作为样本时, 会产生异方差性. 这时因为一个统计模型往往涉及较多解释变量, 若其中某一因素或某些因素随着解释变量观测值的变化而对被解释变量产生不同影响, 就会产生异方差性. 例如, 在研究城镇居民的收入与消费支出之间的关系时, 建立如下回归模型:

$$y_i = \beta_0 + \beta_1 x_i + \mu_i ,$$

式中: y_i 为第 i 户居民的消费支出; x_i 为第 i 户居民的收入; μ_i 为第 i 户居民的消费支出的随机误差.

一般地, 对于低收入家庭来说, 由于这样的家庭在消费时总是考虑购买生活必需品, 其支出差异较小; 而对于中高收入家庭而言, 由于其购买行为差异较大, 能选择消费的商品价格差异就较大, 其支出的差异就大. 因此, 用这样的数据建立回归模型时, 它的随机误差项就会有异方差性. 为消除异方差性, 常与模型参数的估计方法(如广义最小二乘估计法)结合考虑.

无论是时间序列数据, 还是横截面数据的收集, 样本容量的多少一般要与模型设置的解释变量个数相匹配. 通常为了使模型的参数估计更有效, 要求样本容量大于解释变量个数. 样本容量少于解释变量数目时, 普通的最小二乘估计失效. 这两者一般应该有一个怎样的比例呢? 英国统计学家肯德尔(M. Kendall)在其所著《多元分析》中指出, 样本容量与解释变量之比应该是 10 : 1. 当后者较多时, 前者就应更大. 这就要求收集数据时应尽可能多地收集样本数据.

在收集、整理统计数据时, 不仅要把一些数据进行折算、差分, 甚至还需要将数据对数化、标准化等, 有时还需剔除个别极大或极小的“奇异值”, 有时还需利用插值方法将空缺的数据补齐.

4. 选择统计方法, 构造理论模型

统计数据收集、整理完后, 就要确定恰当的数学形式来描述这些变量之间的关系. 描散点图是选择数学形式的一种简单直观的方法. 一般地, 将数据对应点在平面直角坐标系中描出之后, 观察散点图的分布状况. 如果样本点大致分布在某条直线的两侧, 则可考虑用线性回归模型去拟合. 如果样本点大致分布在某条指数曲线的周围, 则可选择指数形式的理论回归模型加以描述. 有时, 根据所得信息无法确定模型形式. 尽管模型中待估的未知参数要等到参数估计、检验之后才能确定, 但在很多情况下, 可根据所研究的具体问题的性质, 对位置参数的符号、大小范围等事先予以确定.

5. 进行统计计算, 估计模型参数

理论模型已经确定, 就要运用所收集、整理后的统计数据进行统计计算. 基本的统计计算包括均值、方差、相关矩阵、特征根与特征向量等的计算. 在聚类分析、主成分分析、因子分析、对应分析等方法中, 经常需要进行这样的统计计算. 当变量和样本数据很多时, 统计计算的工作量会很大, 只有依靠计算机才能得到可靠、精确的计算结果. 这方面有 TSP, SAS, SPSS 等统计软件可供选用.

模型参数的估计是统计分析过程中非常重要的一环. 常用的参数估计有最小二乘估计、岭估计、特征根估计、主成分估计等. 至于需要何种方法进行参数估计, 需要具体情况具体分析, 有时甚至可以多个方法同时使用, 再对结果作最优比较选择.

6. 模型的检验与修改

当模型的未知参数估计出来后, 就初步建立了一个统计模型. 如果立即用它去做预测、控制和分析, 显然是不够慎重的. 因为这个模型是否真正揭示了变量与变量之间的真实关系, 还需经过对模型的检验方能确定.

统计检验通常包括回归方程和回归系数的检验、拟合优度检验、随机误差项的序列相关检验、异方差经验、解释变量的多重共线性检验等.

如果一个模型没有通过某种统计检验, 或者即使通过了统计检验, 但是没有合理的具体意义, 这时, 就需要对模型进行修改. 一般地, 可考虑设置指标变量是否合理, 是否遗漏了某些重要的变量, 变量间是否具有很强的依赖性, 样本容量是否太少, 理论模型是否合适等. 在建立一个具体的实际问题的模型时, 往往需要对模型进行多次修改, 才能得到一个真正理想的模型.

7. 统计模型的应用

当一个具体问题的统计模型通过了各种统计检验, 且具有合理的现实意义时, 就可以运用这个模型作进一步的研究. 在对统计模型作具体应用时, 必须强调定量分析和定性分析的有机结合. 因为统计方法只是从事物外在的数量关系上去研究问题, 并没有涉及事物本质的规律性. 单纯表面上的数量关系能否反映事物间的本质联系, 还得依靠专门学科的研究才能下结论. 因此, 在具体问题的研究中, 不能仅凭样本数据得出的结果轻易下结论, 必须把参数估计结果和具体问题及现实情况紧密结合, 才能得到真正有实用价值的结论, 才可以为预测、控制、分析提供强有力的依据.

10.5　统计模型实例

本节以我国人均消费水平模型为例，介绍统计模型的具体建模过程.

表 10.5.1 收集了我国 1981～1993 年共 13 年的人均国民收入与人均消费金额的相关数据，试构建两者之间的关系模型.

表 10.5.1

年份	人均国民收入/元	人均消费金额/元	年份	人均国民收入/元	人均消费金额/元
1981	393.80	249	1988	1 068.80	643
1982	419.14	267	1989	1 169.20	699
1983	469.86	289	1990	1 250.70	713
1984	544.11	329	1991	1 429.50	803
1985	668.29	406	1992	1 725.90	947
1986	737.73	451	1993	2 099.50	1148
1987	859.97	518			

第一步：依据表中数据描散点图，如图 10.5.1 所示.

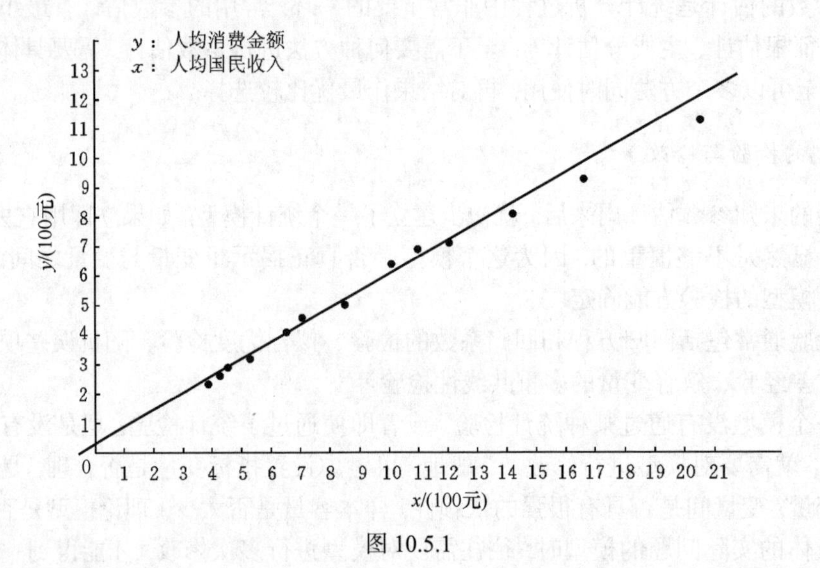

图 10.5.1

第二步：构建理论模型. 由图 10.5.1 可知，13 个样本数据大致分布在某直线周围，故构造线性回归模型

$$y = \beta_0 + \beta_1 x + \varepsilon. \tag{10.5.1}$$

每一个样本点 (x_i, y_i) 满足

$$y_i = \beta_0 + \beta_1 x_i + \varepsilon_i \quad (i = 1, 2, \cdots, 13), \tag{10.5.2}$$

其中，$E\varepsilon_i = 0, D\varepsilon_i = \sigma^2, \varepsilon_i \sim N(0, \sigma^2), \operatorname{cov}(\varepsilon_i, \varepsilon_j) = 0\ (i \neq j; i, j = 1, 2, \cdots, 13)$.

第三步：运用普通最小二乘估计(ordinary least square estimation, OLSE)法估计模型中的未知参数. 有关计算结果如下.

$$\overline{x}=\frac{1}{13}\sum_{i=1}^{13}x_i=987.4231,\qquad \overline{y}=\frac{1}{13}\sum_{i=1}^{13}y_i=574,$$

$$\hat{\beta}_1=\frac{L_{xy}}{L_{xx}}=0.526\,889\,2,\qquad \hat{\beta}_0=\overline{y}-\hat{\beta}_1\overline{x}=53.737\,46,$$

从而回归方程为

$$\hat{y}=0.526\,889\,2x+53.737\,46. \tag{10.5.3}$$

它就是图 10.5.1 中的直线方程.

第四步: 计算相关系数和判定系数.

相关系数为

$$r=\frac{L_{xy}}{\sqrt{L_{xx}L_{yy}}}=0.998\,607\,1,$$

判定系数为

$$r^2=\frac{L_{xy}^2}{L_{xx}L_{yy}}=0.997\,216\,1,$$

其中,

$$L_{xx}=\sum_{i=1}^{13}(x_i-\overline{x})^2=\sum_{i=1}^{13}x_i^2-\frac{1}{13}\left(\sum_{i=1}^{13}x_i\right)^2,$$

$$L_{xy}=\sum_{i=1}^{13}(x_i-\overline{x})(y_i-\overline{y})=\sum_{i=1}^{13}x_iy_i-\frac{1}{13}\left(\sum_{i=1}^{13}x_i\right)\left(\sum_{i=1}^{13}y_i\right),$$

$$L_{yy}=\sum_{i=1}^{13}(y_i-\overline{y})^2=\sum_{i=1}^{13}y_i^2-\frac{1}{13}\left(\sum_{i=1}^{13}y_i\right)^2.$$

查相关系数检验表, $\alpha=5\%$ ($n-2=11$)相应的值为 0.553, $\alpha=1\%$ 相应的值为 0.684, $r=0.998\,607\,1>0.684$. 它表明 x 与 y 之间存在十分显著的线性依赖关系. 同时由相关系数也可看出, 人均国民收入与人均消费金额之间高度相关, 是符合实际意义的. 判定系数高达 0.997 2161 说明, y 与 $\overline{y}$ 的偏离的平方和中有 99.74% 可通过人均国民收入来解释. 这进一步说明两者之间的高度线性相关关系.

第五步: 方差分析, 进行方程的显著性检验. 方差分析结果如表 10.5.2 所示.

表 10.5.2

方差来源	平方和	自由度	均方	F 值	显著性
回归	945 725.959	1	945 725.959	3 940.464	**
残差	2 640.041	11	240.004		
总和	948 366.000	12			

给定显著性水平 $\alpha=0.05$, 查得 $F_{0.05}(1,11)=4.84$, 从而

$$F=3\,940.464>F_{0.05}(1,11)=4.84.$$

这说明 x 与 y 之间有着十分显著的线性关系，即回归方程显著，与第四步决定系数的检验效果相同.

第六步：估计 σ^2，构造 β_0,β_1 的置信区间. 因为 $S^2=\frac{S_{残}^2}{n-2}$ 是 σ^2 的无偏估计，其中 $S_{残}^2$ 表示方差分析中的残差平方和，即 $S_{残}^2$=2 640.041，所以

$$S^2=\frac{2\,640.041}{11}=240.004,$$

$$S=\sqrt{240.004}=15.492\,1,$$

$$\hat{\sigma}_{\hat{\beta}_0}=\sqrt{\frac{1}{n}+\frac{\bar{x}^2}{L_{xx}}}S=9.335\,55,$$

$$\hat{\sigma}_{\hat{\beta}_1}=\frac{S}{\sqrt{L_{xx}}}=0.008\,394,$$

$$t_{\frac{\alpha}{2}}(n-2)\cdot\hat{\sigma}_{\hat{\beta}_0}=2.201\times 9.335\,55=20.547\,41,$$

$$t_{\frac{\alpha}{2}}(n-2)\cdot\hat{\sigma}_{\hat{\beta}_1}=2.201\times 0.008\,394=0.018\,474,$$

β_0 的置信度为 95% 的置信区间为

$$(53.737\,46-20.547\,41,53.737\,46+20.547\,41)=(33.190\,05,74.284\,87),$$

β_1 的置信度为 95% 的置信区间为

$$(0.526\,889\,2-0.018\,474,0.526\,889\,2+0.018\,474)=(0.508\,415,0.545\,363).$$

第七步：作残差分析. 残差值如表 10.5.3 所示.

表 10.5.3

y_i	249	267	289	329	406	451	513
$\hat{y}$	261.226 4	274.577 8	301.301 6	340.423 1	405.852 2	442.439 4	506.846 4
e_i	−12.226 4	−7.577 8	−12.301 6	−11.423 1	0.147 8	8.560 6	11.153 6
y_i	643	699	713	803	947	1148	
$\hat{y}$	616.876 6	669.776 3	712.717 8	806.925 5	963.095 5	1159.941 3	
e_i	26.123 4	29.223 7	0.282 2	−3.925 5	−16.095 5	−11.941 3	

残差图见图 10.5.2.

因为 $\hat{\sigma}=15.4921$，所以由

$$\begin{cases}y-\hat{y}=-2\hat{\sigma},\\ y-\hat{y}=2\hat{\sigma}\end{cases}\tag{10.5.4}$$

可求得残差置信带为 $(-30.984\,2,30.984\,2)$. 由残差图图 10.5.2 可看到所求的残差点都落在置信带内，即可认为样本数据基本正常，残差点围绕 $e=0$ 随机波动，因此，可认为上述理论模型的基本假定是合适的.

注意　式(10.5.4)的实际意义在于它可用于检验所有的残差是否都落在置信带内. 若有残

差值位于置信带外, 就要对数据进行检查, 看是否是异常数据, 若是, 就要进行适当处理或剔除.

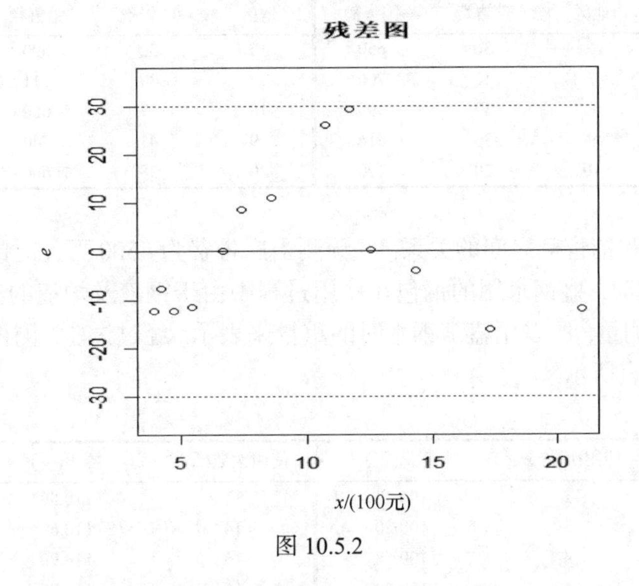

图 10.5.2

第八步: 模型应用. 当模型通过所有检验后, 即可结合实际问题进行应用. 最常用的应用之一便是因素分析.

由式(10.5.3)知, 当人均国民收入增长 1 元时, 大约会有 0.5 元用于消费, 人均国民收入的增长与人均消费金额的增长呈正相关关系, 大致符合客观现实. 这个结果可为国家制定宏观调控政策提供量化依据.

从残差值表可看出, 样本回归值 $\hat{y}_i$ ($i=1,2,\cdots,13$)拟合 y_i 的效果不错, 相对误差不超过 5%. 如果在国民收入涨幅($|x_i-\bar{x}|$)不太大时, 用式(10.5.3)的回归方程去作预测也是比较可靠的. 例如, 当人均国民收入为 2 300 元时, 由式(10.5.3)可计算得到人均消费金额为

$$\hat{y}=0.526\,889\,2\times 2\,300+53.737\,46=1\,265.583\,(\text{元}).$$

在应用回归分析方法时, 要特别注意定性分析与定量分析相结合. 当实际情况与建模所用数据资料的背景发生较大变化时, 不能机械地套用公式, 应对模型进行修改. 修改包括重新收集数据, 尽可能用近期数据, 还包括是否要增加新的自变量, 因为影响某种现象的因素可能发生了变化, 可能还有一些重要的因素需要考虑.

习　题　10

1. 某企业的营业部为了分析广告对产品的促销效果, 在 20 个地区作了调查. 其产品的广告费(单位: 100 万元)和销售额(单位: 100 万元)调查资料如下表所示.

地区	广告费	销售额	地区	广告费	销售额
1	23	425	11	20	320
2	21	370	12	21	350
3	16	200	13	23	400
4	34	580	14	21	518
5	32	620	15	30	545

续表

地区	广告费	销售额	地区	广告费	销售额
6	36	650	16	32	590
7	40	700	17	39	711
8	37	490	18	37	650
9	35	610	19	41	740
10	20	290	20	38	660

试确定广告费和销售额之间的关系, 并预测当广告费为 4500 万元时的平均销售额.

2. 炼钢厂出钢时, 盛钢水用的钢包在使用过程中由于钢液及炉渣的侵蚀, 其容积不断扩大, 因为容积不便测量, 所以用盛满钢水时的重量来表示. 经过试验, 测得钢包容积与使用次数的有关数据如下表所示.

使用次数(x)	容积(y)	使用次数(x)	容积(y)
2	106.42	11	110.59
3	108.20	14	110.60
4	109.58	15	110.90
5	109.50	16	110.76
7	110.00	18	111.00
8	109.90	19	111.20
10	110.49		

试根据上述数据确定钢包容积与其使用次数间的关系.

*3.为研究中小企业的破产模型, 现选定如下 4 个经济指标.

X_1: 企业的总负债率, 是指企业的现金收益和总负债之比, 用以反映企业的流动资金情况.

X_2: 企业的收益率, 是指企业的纯收入和总财产之比, 用以反映企业的经济效益.

X_3: 企业的短期支付能力, 是指企业的流动资产和流动负债之比.

X_4: 企业的生产效率, 是指企业的流动资产和纯销售额之比.

对 17 个已破产企业和 21 个正常运行企业做了调查, 得到企业的财务资料如下表所示.

序号	X_1	X_2	X_3	X_4	Y	序号	X_1	X_2	X_3	X_4	Y
1	−0.45	−0.41	1.09	0.45	0	20	0.38	0.11	3.27	0.35	1
2	−0.56	−0.31	1.51	0.16	0	21	0.19	0.05	2.25	0.33	1
3	0.06	0.02	1.01	0.40	0	22	0.32	0.07	4.24	0.63	1
4	−0.07	−0.09	1.45	0.26	0	23	0.31	0.05	4.45	0.69	1
5	−0.10	−0.09	1.56	0.67	0	24	0.12	0.05	2.52	0.69	1
6	−0.14	−0.07	0.71	0.28	0	25	−0.02	0.02	2.05	0.35	1
7	−0.23	−0.30	0.22	0.18	0	26	0.22	0.08	2.35	0.40	1
8	0.07	0.02	1.31	0.25	0	27	0.17	0.07	1.80	0.52	1
9	0.01	0.00	2.15	0.70	0	28	0.15	0.05	2.17	0.55	1
10	−0.28	−0.23	1.19	0.66	0	29	−0.10	−0.01	2.50	0.58	1
11	−0.15	0.05	1.88	0.27	0	30	0.14	−0.03	0.46	0.26	1
12	0.37	0.11	1.99	0.38	0	31	0.14	0.07	2.61	0.52	1

续表

序号	X_1	X_2	X_3	X_4	Y	序号	X_1	X_2	X_3	X_4	Y
13	−0.08	−0.08	1.51	0.42	0	32	−0.33	−0.09	3.01	0.47	1
14	0.05	0.03	1.68	0.95	0	33	0.48	0.09	1.24	0.18	1
15	0.01	0.00	1.26	0.60	0	34	0.56	0.11	4.29	0.45	1
16	0.12	0.11	1.14	0.17	0	35	0.20	0.08	1.99	0.30	1
17	−0.28	−0.27	1.27	0.51	0	36	0.47	0.14	2.92	0.45	1
18	0.51	0.10	2.49	0.54	1	37	0.17	0.04	2.45	0.14	1
19	0.08	0.02	2.01	0.53	1	38	0.58	0.04	5.06	0.13	1

注: $Y=0$ 表示已破产企业; $Y=1$ 表示正常运行企业.

试根据以上数据:

(1) 建立线性判别函数模型, 并解释其分类结果;

(2) 建立二次判别函数模型, 并解释其分类结果;

(3) 现有 8 个企业的财务资料(下表), 试分析这 8 个企业分别归属以上两类企业中的哪一类.

序号	X_1	X_2	X_3	X_4	Y	序号	X_1	X_2	X_3	X_4	Y
1	0.04	0.01	1.50	0.71	0	5	0.15	0.06	2.23	0.56	1
2	−0.06	−0.06	1.37	0.40	0	6	0.16	0.05	2.31	0.20	1
3	0.07	−0.01	1.37	0.34	0	7	0.29	0.06	1.84	0.38	1
4	−0.13	−0.14	1.42	0.44	0	8	0.54	0.11	2.33	0.48	1

部分参考答案

习 题 1

1. (1) $S=\{(正),(反,正),(反,反,正),\cdots\}$;

(2) $S=\left\{\frac{i}{n}\middle| i=0,1,\cdots,100n\right\}$ (n为小班人数);

(3) $S=\left\{(x,y)\middle| x^2+y^2<1\right\}$.

2. (1) $A\subseteq B$; (2) $A\supseteq B$.

3. (1) $\overline{A}=\{$抛两枚硬币,至少有一个正面$\}$;

(2) $\overline{B}=\{$加工40个零件,全部为合格品$\}$.

4. 0.6.

5. $\frac{5}{8}$.

6. (1) $P(AB)=P(A)$时, $P(AB)$达到最大值 0.6;

(2) $P(A\cup B)=1$时, $P(AB)$达到最小值 0.3.

7. $\frac{\mathrm{C}_k^1\mathrm{C}_{n-k}^1}{\mathrm{C}_n^2}$.

8. $\frac{41}{90}$.

9. (1) $\frac{25}{91}$; (2) $\frac{6}{91}$.

10. $\frac{1}{15}$.

11. (1) $\frac{1}{15}$; (2) $\frac{1}{210}$; (3) $\frac{2}{21}$.

12. $\frac{8}{15}$.

13. $\frac{k^n-(k-1)^n}{N^n}$.

14. 当$n=2$时, 为 1; 当$n>2$时, 为$\frac{2}{n-1}$.

15. $\frac{1}{2}$.

16. 若n为偶数, $p=\frac{n-2}{2(n-1)}$; 若n为奇数, $p=\frac{n-1}{2n}$.

17. $\frac{3}{8}$, $\frac{9}{16}$, $\frac{1}{16}$.

18. $\frac{1}{3}$.

20. $\frac{1}{8}$.

21. 0.5.

22. $\frac{3}{5}$.

23. (1) $\frac{a(n+1)+bn}{(a+b)(n+m+1)}$; (2) $\frac{a(a-1)(n+2)+2ab(n+1)+b(b-1)n}{(a+b)(a+b-1)(n+m+2)}$.

24. 0.089.

25. (1) $\frac{3}{2}p-\frac{1}{2}p^2$; (2) $\frac{2p}{p+1}$.

26. $\frac{31}{72}$.

27. $\frac{25}{69}$, $\frac{28}{69}$, $\frac{16}{69}$.

28. $\frac{m}{m+k}$.

29. 0.862 9.

30. $p_n=\frac{1}{r}\left[1+(-1)^n\frac{1}{(r-1)^{n-1}}\right]$.

31. (1) 0.8; (2) 0.5.

32. $\frac{3}{5}$.

33. (1) 0.56; (2) 0.94; (3) 0.38.

34. $\frac{\alpha^2}{1-2\alpha\beta}$, $\frac{\beta^2}{1-2\alpha\beta}$.

35. 0.2.

37. $\frac{51}{64}$.

39. (1) $\alpha=npq^{n-1}$; (2) $\beta=(1-p)^n+np(1-p)^{n-1}$; (3) $\gamma=1-(1-p)^n$.

习 题 2

1. (1) 不是; (2) 是.

2.

X	0	1	2
p_k	$\frac{1}{10}$	$\frac{6}{10}$	$\frac{3}{10}$

$$F(x)=\begin{cases}0, & x<0,\\ \dfrac{1}{10}, & 0\leqslant x<1,\\ \dfrac{7}{10}, & 1\leqslant x<2,\\ 1, & x\geqslant 2.\end{cases}$$

3.

X	1	2	3
p_k	$\frac{6}{16}$	$\frac{9}{16}$	$\frac{1}{16}$

4.

X	0	1	2
p_k	0.3	0.3	0.4

5. $\dfrac{65}{81}$.

6. 0.632 2.

7. 5 条.

8. (1) 0.191 2; (2) 0.403 3.

9. 0.090 2.

10. $P\{X=k\}=\left(\dfrac{2}{9}\right)^{k-1}\cdot\dfrac{7}{9}\ (k=1,2,\cdots)$.

11. $P\{X=k\}=\dfrac{C_{10}^{k}C_{40}^{5-k}}{C_{50}^{5}}\ (k=0,1,2,3,4,5)$, 0.258 1.

12. (1) $\dfrac{1}{2}$; (2) $\dfrac{\sqrt{2}}{4}$; (3) $F(x)=\begin{cases}0, & x<-\dfrac{\pi}{2},\\ \dfrac{1}{2}\sin x+\dfrac{1}{2}, & -\dfrac{\pi}{2}\leqslant x<\dfrac{\pi}{2},\\ 1, & x\geqslant\dfrac{\pi}{2}.\end{cases}$

13. $a=0, b=1, c=-1, d=1$.

14. (1) $\dfrac{2}{3}$; (2) $\dfrac{8}{27}$; (3) $\dfrac{26}{27}$.

15. $\dfrac{1}{4}$.

16. (1) 0.864 7, 0.049 79; (2) $f(x)=\begin{cases}e^{-x}, & x>0,\\ 0, & x\leqslant 0.\end{cases}$

17. $P\{X=k\}=\mathrm{C}_5^k\mathrm{e}^{-2k}(1-\mathrm{e}^{-2})^{5-k}\ (k=0,1,2,3,4,5)$, 0.516 7.

18. 2.275%.

19. 0.24.

20. 4 099 kg.

21. 0.876.

22.

$2X+1$	-1	1	3	5
p_k	0.1	0.2	0.3	0.4

X^2	0	1	4
p_k	0.2	0.4	0.4

23. 0.953.

24. $f_Y(y)=\begin{cases} f\left(\dfrac{y-1}{2}\right)\cdot\dfrac{1}{2}=\dfrac{1}{2}\mathrm{e}^{-\frac{y-1}{2}}, & y\geqslant 1, \\ 0, & y<1. \end{cases}$

25. $f_Y(y)=\dfrac{2\mathrm{e}^y}{\pi(1+\mathrm{e}^{2y})}\ (-\infty<y<+\infty)$.

26. $f_Y(y)=\begin{cases} \sqrt{\dfrac{2}{\pi}}\mathrm{e}^{-\frac{y^2}{2}}, & y>0, \\ 0, & y\leqslant 0. \end{cases}$

27.

Y	-1	1
p_k	$\frac{1}{2}$	$\frac{1}{2}$

29. $P\{X=i,Y=j\}=\begin{cases} \dfrac{1}{4i}, & i\geqslant j, \\ 0, & i<j, \end{cases}\quad i,j=1,2,3,4$.

30. 0.

31. (1) 6; (2) $(1-\mathrm{e}^{-2})(1-\mathrm{e}^{-6})$;

(3) $F(x,y)=\begin{cases} (1-\mathrm{e}^{-2x})(1-\mathrm{e}^{-3y}), & x>0,y>0, \\ 0, & \text{其他}. \end{cases}$

32. $f_X(x)=\begin{cases} 3x^2, & 0<x<1, \\ 0, & \text{其他}; \end{cases}\quad f_Y(y)=\begin{cases} \dfrac{3}{4}(1-y^2), & -1<y<1, \\ 0, & \text{其他}. \end{cases}$

33. (1) 0.154 8; (2) 0;

(3) $f_X(x)=\begin{cases} e^{-x}, & x>0, \\ 0, & x\leqslant 0, \end{cases}$ $f_Y(y)=\begin{cases} ye^{-y}, & y>0, \\ 0, & y\leqslant 0. \end{cases}$

34. $\frac{2}{9}$.

35. $\frac{1}{2}$.

36.

X \ Y	0	1	2
0	0.16	0.32	0.16
1	0.08	0.16	0.08
2	0.01	0.02	0.01

37. (1) $\frac{1}{\pi^2}$; (2) $\frac{1}{16}$;

(3) $f_X(x)=\frac{1}{\pi(1+x^2)}\ (-\infty<x<+\infty), f_Y(y)=\frac{1}{\pi(1+y^2)}\ (-\infty<y<+\infty)$;

(4) 独立.

38. $f(x,y)=f_X(x)\cdot f_Y(y)=\begin{cases} \frac{1}{2}e^{-\frac{y}{2}}, & 0<x<1, y>0, \\ 0, & \text{其他}. \end{cases}$

39. (1) $f(x,y)=\begin{cases} \frac{ye^{-\frac{y^2}{2}}}{\pi\sqrt{1-x^2}}, & |x|<1, y>0, \\ 0, & \text{其他}; \end{cases}$ (2) $\frac{1}{3}\left(1-\frac{1}{\sqrt{e}}\right)$.

40. (1) $f_{Y|X}(y|x)=\frac{f(x,y)}{f_X(x)}=\begin{cases} \frac{1}{x}, & 0<y<x, \\ 0, & \text{其他}; \end{cases}$; (2) $\frac{e-2}{e-1}$.

41. (1)

U	1	2	3
p_k	$\frac{1}{6}$	$\frac{2}{3}$	$\frac{1}{6}$

(2)

V	1	2
p_k	$\frac{2}{3}$	$\frac{1}{3}$

(3)

Z	2	3	4	5
p_k	$\frac{1}{6}$	$\frac{4}{9}$	$\frac{5}{18}$	$\frac{1}{9}$

42. (1) $f_Z(z)=\begin{cases}4z\mathrm{e}^{-2z}, & z>0,\\ 0, & z\leqslant 0;\end{cases}$

(2) $f_U(u)=\begin{cases}2(\mathrm{e}^{-u}-\mathrm{e}^{-2u}), & u>0,\\ 0, & u\leqslant 0,\end{cases}$ $f_V(v)=\begin{cases}2\mathrm{e}^{-2v}, & v>0,\\ 0, & v\leqslant 0.\end{cases}$

43. (1) $f_Y(y)=\dfrac{1}{6\sqrt{2\pi}}\mathrm{e}^{-\frac{y^2}{72}}$; (2) 0.341 3.

44. $f_Z(z)=\begin{cases}z^2, & 0<z<1,\\ 2z-z^2, & 1\leqslant z<2,\\ 0, & \text{其他}.\end{cases}$

45. (1) $\dfrac{4}{9}$; (2) $f_Z(z)=\begin{cases}z, & z\geqslant 3,\\ z-2, & 0\leqslant z<1,\\ 0, & \text{其他}.\end{cases}$

47. (1) $f_U(u)=\begin{cases}\dfrac{1}{6}u^3\mathrm{e}^{-u}, & u>0,\\ 0, & u\leqslant 0;\end{cases}$

(2) $f_V(v)=\begin{cases}\dfrac{1}{120}v^5\mathrm{e}^{-v}, & v>0,\\ 0, & v\leqslant 0.\end{cases}$

习　题　3

1. 0.8.
2. 1.
3. $a=\dfrac{1}{2},b=\dfrac{1}{\pi}$.
4. −0.1, 3.2.
5. 44.64.
6. (1) $\dfrac{n+1}{2}$; (2) n.
7. (1) 33.33 min; (2) 27.22 min.
8. $6\mathrm{e}^{-0.9}-2$.
9. 5, $\dfrac{1}{4}$.

10. $\frac{2}{\pi},\frac{\pi^2}{3}$.

11. $\frac{\ln 2}{\pi}+\frac{1}{2}$.

12. 3 500 t.

13. 150.

14. $n+1$.

15. $\frac{4}{5},\frac{3}{5},\frac{1}{2}$.

16. $\frac{2}{45}$.

17. $\mu+\frac{\sigma}{\sqrt{\pi}}$.

18. 1.

19. 乙厂较好.

20. 0.5, 1.05.

21. 0, $\frac{\pi^2}{12}-\frac{1}{2}$.

22. 0, $\frac{1}{2}$.

23. $f_Y(y)=\begin{cases}\frac{1}{\sqrt{6}}-\frac{1}{6}|y|, & -\sqrt{6}<y<\sqrt{6},\\ 0, & \text{其他}.\end{cases}$

24. 270, 225.

25. (1) 1 200, 1 225; (2) 1 282 kg.

26. 8.784.

27. $\frac{(n+1)r}{2}$, $\frac{(n^2-1)r}{12}$.

28. $\frac{8}{9}$.

29. $3\sigma^4$.

30. $\sqrt{\frac{2}{\pi}}$.

31. 0, 不独立, 不相关.

32. (1) $-\frac{1}{2}$; (2) $\frac{1}{6}$.

33. (1) $\frac{1}{3}$, 3; (2) 0.

34. $\frac{n-m}{n}$.

习　题　4

1. 1.
2. 0.180 2.
3. 0.006 2.
4. 0.001 3.
5. (1) 0.841 3; (2) 0.457 2.
6. 0.105 6.
7. 0.863 8.
8. 0.868 6.
9. 0.999 2.
10. 0.927.
11. 0.876 4.
12. 切比雪夫不等式为 250; 中心极限定理为 68.

习　题　5

略

习　题　6

1. C.
2. 7, $\dfrac{20}{9}$.
3. $P\left\{\bar{X}=\dfrac{k}{n}\right\}=\mathrm{C}_n^k p^k(1-p)^{n-k}\quad(k=0,1,\cdots,n)$.
4. 1.96.
5. B.
6. $a=\dfrac{1}{20}$, $b=\dfrac{1}{100}$.
7. $a=\dfrac{1}{8},b=\dfrac{1}{12},c=\dfrac{1}{16},n=3$.
8. 0.1.
9. $t(16)$.
10. $F(1,n)$.
11. C.
12. $F(5,n-5)$.
13. D.

14. $a=25, b=-1$.

15. 5.43.

16. 35.

17. $\chi^2(n-1)$.

18. $t(n-1)$.

19. 26.105.

20. $n\sigma^2$，$2n\sigma^4$，$(n-1)\sigma^2$，$2(n-1)\sigma^4$.

21. 13.

22. $(0.025, 0.05)$.

习　题　7

1. $\hat{\theta}=\overline{X}$.

2. (1) $\hat{\theta}=2\overline{X}$; (2) $D\hat{\theta}=\dfrac{1}{5n}\theta^2$.

3. $\hat{N}=\left[\dfrac{rn}{k}\right]$.

4. (1) $\hat{\beta}=\dfrac{\overline{X}}{\overline{X}-1}$; (2) $\hat{\beta}=\dfrac{n}{\sum\limits_{i=1}^{n}\ln X_i}$.

5. 矩估计 $\hat{\mu}=\dfrac{4}{3}\ln\overline{X}-\ln A_2$，$\hat{\sigma}^2=\dfrac{2}{3}(\ln A_2-\ln\overline{X})$，$A_2=\dfrac{1}{n}\sum\limits_{i=1}^{n}X_i^2$；

最大似然估计 $\hat{\mu}=\dfrac{1}{n}\sum\limits_{i=1}^{n}\ln X_i$，$\hat{\sigma}^2=\dfrac{1}{n}\sum\limits_{i=1}^{n}(\ln X_i-\dfrac{1}{n}\sum\limits_{i=1}^{n}\ln X_i)^2$.

6. $\hat{\theta}=\dfrac{1}{n}N(X_1,X_2,\cdots,X_n)$.

7. $\hat{\theta}=\min\limits_{1\leqslant i\leqslant n}x_i$.

8. (1) $\hat{P}\{X<t\}=\Phi\left(\dfrac{t-\hat{\mu}}{\hat{\sigma}}\right)$; (2) 0.007 6.

9. $\dfrac{n+1}{n}X_n^*$.

10. -1.

11. $C=\dfrac{1}{2(n-1)}$.

12. (2) $\dfrac{2}{n(n-1)}$.

15. (1) $EX=\dfrac{\sqrt{\pi\theta}}{2}$，$EX^2=\theta$; (2) $\hat{\theta}_n=\dfrac{1}{n}\sum\limits_{i=1}^{n}X_i^2$; (3) $a=\theta$.

16. A.

17. D.

18. $n \geqslant 15.37\dfrac{\sigma^2}{l^2}$.

19. (1.51, 2.49).

20. (4.269, 4.459).

21. (1) (0.5024, 0.5154); (2) (0.5005, 0.5173).

22. (4.683, 6.477).

23. (0.206, 0.886).

24. (0.569 3, 0.629 9).

25. 0.6～2.8 kg.

26. (65.453, 134.547).

27. (0.28, 2.84).

28. 1 064.9.

习　题　8

1. 不能认为该日的生产是正常的.
2. 不合格.
3. 无显著变化.
4. (1) 正常; (2) 正常.
5. 是.
6. 无显著增加.
7. 能.
8. 此仪器测温度有系统偏差.
9. 有显著提高.
10. 可以.
11. 能.
12. 无明显差异.
13. 有显著差异.
14. 否.
15. 没有显著差异.
16. 能.
17. (1) 无显著变化; (2) 无显著变化.
18. 新肥料的平均产量显著地高于旧肥料的平均产量.
19. 无显著差异.
20. 无显著差异.
21. 一致.
22. 可认为该四面体不是均匀的.
23. 可认为是服从泊松分布的.

习　题　9

1. 不同推销方式对推销数量有显著影响差异.

2. 各组学生的成绩没有显著差异.

3. 不同种类的安眠药的安眠效果差异显著.

4. 不同经费使用对生产力提高指数有显著的影响, 经费多相比前两种情况差异显著, 而前两种情况差异不显著.

5. 包装类型、商店类型和它们的交互效应都对产品销售有显著影响.

6. 浓度有显著差异; 温度无显著差异; 交互作用的效应不显著.

7. 材料及温度对发电机的寿命有显著影响, 但交互作用的影响不显著.

8. 施肥方式、水温及交互作用的影响都显著.

9. 工人、机床对日产量的影响均有显著差异.

10. $\hat{y}=40.616+0.534x$.

12. (2) $\hat{y}=14.032+12.191x$; (3) $\hat{\sigma}^2=0.2115$; (4) 回归效应显著;
(5) $(10.608,13.773)$; (6) $(19.66,20.81)$.

13. $\hat{y}=107.585-1.05x$, F-检验显著, $R^2=0.27$.

14. 能, $x'=\mathrm{e}^{-x}, y'=\dfrac{1}{y}$.

15. $\hat{a}=1.73, \hat{b}=0.146, \hat{y}=1.73\mathrm{e}^{-\frac{x}{0.146}}$.

参 考 文 献

陈文灯, 黄先开, 2014. 考研数学复习指南(数学一). 北京: 北京理工大学出版社
陈希孺, 2007. 数理统计引论. 北京: 科学出版社
范培华, 尤承业, 李正元, 2017. 数学历年试题解析(数学三). 北京: 中国政法大学出版社
华东师范大学数学系, 1982. 概率论与数理统计习题集. 北京: 人民教育出版社
姜炳麟, 贾玉心, 1993. 数理统计疑问解析. 武汉: 华中理工大学出版社
姜启源, 2018. 数学模型. 5 版. 北京: 高等教育出版社
肯德尔, 1983. 多元分析. 北京. 科学出版社
李贤平, 2010. 概率论基础. 3 版. 北京: 高等教育出版社
梁之舜, 邓集贤, 杨维权, 2005. 概率论及数理统计. 3 版. 北京: 高等教育出版社
刘吉定, 罗进, 杨向辉, 2014. 概率论与数理统计学习指南. 北京: 科学出版社
刘吉定, 张志军, 严国义, 2009. 概率论与数理统计及其应用(经管类). 北京: 科学出版社
茆诗松, 程依明, 濮晓龙, 2019. 概率论与数理统计教程. 3 版. 北京: 高等教育出版社
盛骤, 谢式千, 潘承毅, 2008. 概率论与数理统计. 4 版. 北京: 高等教育出版社
王梓坤, 2018. 概率论基础及其应用. 北京: 北京师范大学出版社
张尧庭, 方开泰, 2019. 多元统计分析引论. 北京: 科学出版社
FISZ M, 1964. 概率论及数理统计. 王福保, 译. 上海: 上海科技出版社
FELLER W, 2006. 概率论及其应用. 胡迪鹤, 译. 北京: 人民邮电出版社

附　表

附表 1　几种常用的概率分布

分布	参数	分布律或概率密度函数	数学期望	方差
(0-1)分布	$0<p<1$	$P\{X=k\}=p^k(1-p)^{1-k}$ $(k=0,1)$	p	$p(1-p)$
二项分布	$n\geqslant 1$, $0<p<1$	$P\{X=k\}=\mathrm{C}_n^k p^k(1-p)^{n-k}$ $(k=0,1,\cdots,n)$	np	$np(1-p)$
负二项分布	$r\geqslant 1$, $0<p<1$	$P\{X=k\}=\mathrm{C}_{k-1}^{r-1}p^r(1-p)^{k-r}$ $(k=r,r+1,\cdots)$	$\dfrac{r}{p}$	$\dfrac{r(1-p)}{p^2}$
几何分布	$0<p<1$	$P\{X=k\}=p(1-p)^{k-1}$ $(k=1,2,\cdots)$	$\dfrac{1}{p}$	$\dfrac{1-p}{p^2}$
超几何分布	N,M,n, $n\leqslant M$	$P\{X=k\}=\dfrac{\mathrm{C}_M^k\mathrm{C}_{N-M}^{n-k}}{\mathrm{C}_N^n}$ $(k=0,1,\cdots,n)$	$\dfrac{nM}{N}$	$\dfrac{nM}{N}\left(1-\dfrac{M}{N}\right)\dfrac{N-n}{N-1}$
泊松分布	$\lambda>0$	$P\{X=k\}=\dfrac{\lambda^k}{k!}\mathrm{e}^{-\lambda}$ $(k=0,1,\cdots)$	λ	λ
均匀分布	$a<b$	$f(x)=\begin{cases}\dfrac{1}{b-a}, & a<x<b,\\ 0, & \text{其他}\end{cases}$	$\dfrac{a+b}{2}$	$\dfrac{(b-a)^2}{12}$
正态分布	μ, $\sigma>0$	$f(x)=\dfrac{1}{\sqrt{2\pi}\sigma}\mathrm{e}^{-\frac{(x-\mu)^2}{2\sigma^2}}$	μ	σ^2
Γ 分布	$\alpha>0$, $\beta>0$	$f(x)=\begin{cases}\dfrac{1}{\beta^\alpha\Gamma(\alpha)}x^{\alpha-1}\mathrm{e}^{-\frac{x}{\beta}}, & x>0,\\ 0, & \text{其他}\end{cases}$	$\alpha\beta$	$\alpha\beta^2$
指数分布	$\lambda>0$	$f(x)=\begin{cases}\lambda\mathrm{e}^{-\lambda x}, & x>0,\\ 0, & \text{其他}\end{cases}$	$\dfrac{1}{\lambda}$	$\dfrac{1}{\lambda^2}$
χ^2 分布	$n\geqslant 1$	$f(x)=\begin{cases}\dfrac{1}{2^{n/2}\Gamma(n/2)}x^{n/2-1}\mathrm{e}^{-x/2}, & x>0,\\ 0, & \text{其他}\end{cases}$	n	$2n$
韦布尔分布	$\eta>0$, $\beta>0$	$f(x)=\begin{cases}\dfrac{\beta}{\eta}\left(\dfrac{x}{\eta}\right)^{\beta-1}\mathrm{e}^{-\left(\frac{x}{\eta}\right)^\beta}, & x>0,\\ 0, & \text{其他}\end{cases}$	$\eta\Gamma\left(\dfrac{1}{\beta}+1\right)$	$\eta^2\left\{\Gamma\left(\dfrac{2}{\beta}+1\right)-\left[\Gamma\left(\dfrac{1}{\beta}+1\right)\right]^2\right\}$

续表

分布	参数	分布律或概率密度函数	数学期望	方差
瑞利分布	$\sigma>0$	$f(x)=\begin{cases}\dfrac{x}{\sigma^2}e^{-\frac{x^2}{2\sigma^2}}, & x>0,\\ 0, & 其他\end{cases}$	$\sqrt{\dfrac{\pi}{2}}\sigma$	$\dfrac{4-\pi}{2}\sigma^2$
β 分布	$\alpha>0$，$\beta>0$	$f(x)=\begin{cases}\dfrac{\Gamma(\alpha+\beta)}{\Gamma(\alpha)\Gamma(\beta)}x^{\alpha-1}(1-x)^{\beta-1}, & 0<x<1,\\ 0, & 其他\end{cases}$	$\dfrac{\alpha}{\alpha+\beta}$	$\dfrac{\alpha\beta}{(\alpha+\beta)^2(\alpha+\beta+1)}$
对数正态分布	μ,α，$\sigma>0$	$f(x)=\begin{cases}\dfrac{1}{\sqrt{2\pi}\sigma x}e^{-\frac{(\ln x-\mu)^2}{2\sigma^2}}, & x>0,\\ 0, & 其他\end{cases}$	$e^{\mu+\frac{\sigma^2}{2}}$	$e^{2\mu+\sigma^2}(e^{\sigma^2}-1)$
柯西分布	α，$\lambda>0$	$f(x)=\dfrac{\lambda}{\pi}\cdot\dfrac{1}{\lambda^2+(x-\alpha)^2}$	不存在	不存在
t 分布	$n\geqslant1$	$f(x)=\dfrac{\Gamma\left(\dfrac{n+1}{2}\right)}{\sqrt{n\pi}\Gamma(n/2)}\left(1+\dfrac{x^2}{n}\right)^{-\frac{n+1}{2}}$	0	$\dfrac{n}{n-2}\ (n>2)$
F 分布	n_1,n_2	$f(x)=\begin{cases}\dfrac{\Gamma[(n_1+n_2)/2]}{\Gamma(n_1/2)\Gamma(n_2/2)}\left(\dfrac{n_1}{n_2}\right)\left(\dfrac{n_1}{n_2}x\right)^{-\frac{n_1+n_2}{2}}\\ \cdot\left(1+\dfrac{n_1}{n_2}x\right)^{-\frac{n_1+n_2}{2}}, & x>0,\\ 0, & 其他\end{cases}$	$\dfrac{n_2}{n_2-2}$ $(n_2>2)$	$\dfrac{2n_2^2(n_1+n_2-2)}{n_1(n_2-2)^2(n_2-4)}$ $(n_2>4)$

附表 2　标准正态分布表

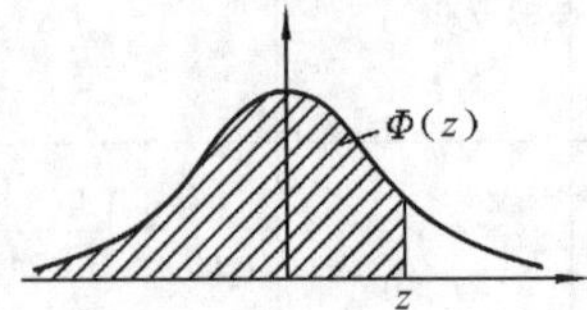

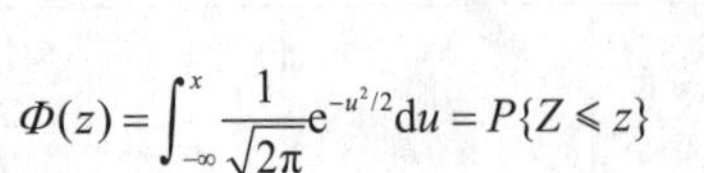

$$\Phi(z)=\int_{-\infty}^{x}\frac{1}{\sqrt{2\pi}}e^{-u^2/2}du=P\{Z\leqslant z\}$$

z	0	1	2	3	4	5	6	7	8	9
0.0	0.500 0	0.504 0	0.508 0	0.512 0	0.516 0	0.519 9	0.523 9	0.527 9	0.531 9	0.535 9
0.1	0.539 8	0.543 8	0.547 8	0.551 7	0.555 7	0.559 6	0.563 6	0.567 5	0.571 4	0.575 3
0.2	0.579 3	0.583 2	0.587 1	0.591 0	0.594 8	0.598 7	0.602 6	0.606 4	0.610 3	0.614 1
0.3	0.617 9	0.621 7	0.625 5	0.629 3	0.633 1	0.636 8	0.640 6	0.644 3	0.648 0	0.651 7
0.4	0.655 4	0.659 1	0.662 8	0.666 4	0.670 0	0.673 6	0.677 2	0.680 8	0.684 4	0.687 9
0.5	0.691 5	0.695 0	0.698 5	0.701 9	0.705 4	0.708 8	0.712 3	0.715 7	0.719 0	0.722 4
0.6	0.725 7	0.729 1	0.732 4	0.735 7	0.738 9	0.742 2	0.745 4	0.748 6	0.751 7	0.754 9
0.7	0.758 0	0.761 1	0.764 2	0.767 3	0.770 3	0.773 4	0.776 4	0.779 4	0.782 3	0.785 2
0.8	0.788 1	0.791 0	0.793 9	0.796 7	0.799 5	0.802 3	0.805 1	0.807 8	0.810 6	0.813 3
0.9	0.815 9	0.818 6	0.821 2	0.823 8	0.826 4	0.828 9	0.831 5	0.834 0	0.836 5	0.838 9
1.0	0.841 3	0.843 8	0.846 1	0.848 5	0.850 8	0.853 1	0.855 4	0.857 7	0.859 9	0.862 1
1.1	0.864 3	0.866 5	0.868 6	0.870 8	0.872 9	0.874 9	0.877 0	0.879 0	0.881 0	0.883 0
1.2	0.884 9	0.886 9	0.888 8	0.890 7	0.892 5	0.894 4	0.896 2	0.898 0	0.899 7	0.901 5
1.3	0.903 2	0.904 9	0.906 6	0.908 2	0.909 9	0.911 5	0.913 1	0.914 7	0.916 2	0.917 7
1.4	0.919 2	0.920 7	0.922 2	0.923 6	0.925 1	0.926 5	0.927 8	0.929 2	0.930 6	0.931 9
1.5	0.933 2	0.934 5	0.935 7	0.937 0	0.938 2	0.939 4	0.940 6	0.941 8	0.943 0	0.944 1
1.6	0.945 2	0.946 3	0.947 4	0.948 4	0.949 5	0.950 5	0.951 5	0.952 5	0.953 5	0.954 5
1.7	0.955 4	0.956 4	0.957 3	0.958 2	0.959 1	0.959 9	0.960 8	0.961 6	0.962 5	0.963 3
1.8	0.964 1	0.964 8	0.965 6	0.966 4	0.967 1	0.967 8	0.968 6	0.969 3	0.970 0	0.970 6
1.9	0.971 3	0.971 9	0.972 6	0.973 2	0.973 8	0.974 4	0.975 0	0.975 6	0.976 2	0.976 7
2.0	0.977 2	0.977 8	0.978 3	0.978 8	0.979 3	0.979 8	0.980 3	0.980 8	0.981 2	0.981 7
2.1	0.982 1	0.982 6	0.983 0	0.983 4	0.983 8	0.984 2	0.984 6	0.985 0	0.985 4	0.985 7
2.2	0.986 1	0.986 4	0.986 8	0.987 1	0.987 4	0.987 8	0.988 1	0.988 4	0.988 7	0.989 0
2.3	0.989 3	0.989 6	0.989 8	0.990 1	0.990 4	0.990 6	0.990 9	0.991 1	0.991 3	0.991 6
2.4	0.991 8	0.992 0	0.992 2	0.992 5	0.992 7	0.992 9	0.993 1	0.993 2	0.993 4	0.993 6
2.5	0.993 8	0.994 0	0.994 1	0.994 3	0.994 5	0.994 6	0.994 8	0.994 9	0.995 1	0.995 2
2.6	0.995 3	0.995 5	0.995 6	0.995 7	0.995 9	0.996 0	0.996 1	0.996 2	0.9963	0.996 4
2.7	0.996 5	0.996 6	0.996 7	0.996 8	0.996 9	0.997 0	0.997 1	0.997 2	0.9973	0.997 4
2.8	0.997 4	0.997 5	0.997 6	0.997 7	0.997 7	0.997 8	0.997 9	0.997 9	0.9980	0.998 1
2.9	0.998 1	0.998 2	0.998 2	0.998 3	0.998 4	0.998 4	0.998 5	0.998 5	0.9986	0.998 6
3.0	0.998 7	0.999 0	0.999 3	0.999 5	0.999 7	0.999 8	0.999 8	0.999 9	0.9999	1.000 0

注：表中末行系函数值 $\Phi(3.0)$, $\Phi(3.1)$, …, $\Phi(3.9)$.

附表 3　泊松分布表

$$1-F(x-1)=\sum_{z=x}^{\infty}\frac{e^{-\lambda}\lambda^{r}}{r!}$$

x	λ=0.2	λ=0.3	λ=0.4	λ=0.5	λ=0.6
0	1.000 000 0	1.000 000 0	1.000 000 0	1.000 000 0	1.000 000 0
1	0.181 269 2	0.259 181 8	0.329 680 0	0.323 469	0.451 188
2	0.017 523 1	0.086 936 3	0.061 551 9	0.090 204	0.121 901
3	0.001 148 5	0.003 599 5	0.007 926 3	0.014 388	0.023 115
4	0.000 056 8	0.000 265 8	0.000 776 3	0.001 752	0.003 358
5	0.000 002 3	0.000 015 8	0.000 061 2	0.000 172	0.000 394
6	0.000 000 1	0.000 000 8	0.000 004 0	0.000 014	0.000 039
7			0.000 000 2	0.000 001	0.000 003

x	λ=0.7	λ=0.8	λ=0.9	λ=1.0	λ=1.2
0	1.000 000 0	1.000 000 0	1.000 000 0	1.000 000 0	1.000 000 0
1	0.503 415	0.550 671	0.593 430	0.632 121	0.698 806
2	0.155 805	0.191 208	0.227 518	0.264 241	0.337 373
3	0.034 142	0.047 423	0.062 875	0.080 301	0.120 513
4	0.005 753	0.009 080	0.013 459	0.018 988	0.033 769
5	0.000 786	0.001 411	0.002 344	0.003 660	0.007 746
6	0.000 090	0.000 184	0.000 343	0.000 594	0.001 500
7	0.000 009	0.000 021	0.000 043	0.000 083	0.000 251
8	0.000 001	0.000 002	0.000 005	0.000 010	0.000 037
9				0.000 001	0.000 005
10					0.000 000 1

x	λ=1.4	λ=1.6	λ=1.8		
0	1.000 000	1.000 000	1.000 000		
1	0.753 403	0.789 103	0.834 701		
2	0.408 167	0.475 069	0.537 163		
3	0.166 502	0.216 642	0.269 379		
4	0.053 725	0.078 813	0.108 708		
5	0.014 253	0.023 682	0.036 407		
6	0.003 201	0.006 040	0.010 378		
7	0.000 622	0.001 336	0.002 569		
8	0.000 107	0.000 260	0.000 562		
9	0.000 016	0.000 045	0.000 110		
10	0.000 002	0.000 007	0.000 019		
11		0.000 001	0.000 003		

x	λ=2.5	λ=3.0	λ=3.5	λ=4.0	λ=4.5	λ=5.0
0	1.000 000	1.000 000	1.000 000	1.000 000	1.000 000	1.000 000
1	0.917 915	0.950 213	0.969 803	0.981 684	0.988 891	0.993 262
2	0.712 703	0.800 852	0.864 112	0.908 422	0.938 901	0.959 572
3	0.456 187	0.576 810	0.679 153	0.761 897	0.826 422	0.875 348
4	0.242 424	0.352 768	0.463 367	0.566 530	0.657 704	0.734 974
5	0.108 822	0.184 737	0.274 555	0.371 163	0.467 896	0.559 507
6	0.042 021	0.083 918	0.142 386	0.214 870	0.297 070	0.384 039
7	0.014 187	0.033 509	0.065 288	0.110 674	0.168 949	0.237 817
8	0.004 247	0.011 905	0.026 739	0.051 134	0.086 586	0.133 372
9	0.001 140	0.003 803	0.009 874	0.021 363	0.040 257	0.068 094
10	0.000 277	0.001 102	0.003 315	0.008 132	0.017 093	0.031 828
11	0.000 062	0.000 292	0.001 019	0.002 840	0.006 669	0.013 695
12	0.000 013	0.000 071	0.000 289	0.000 915	0.002 404	0.005 453
13	0.000 002	0.000 016	0.000 076	0.000 274	0.000 805	0.002 019
14		0.000 003	0.000 019	0.000 076	0.000 252	0.000 698
15		0.000 001	0.000 004	0.000 020	0.000 074	0.000 226
16			0.000 001	0.000 005	0.000 020	0.000 069
17				0.000 001	0.000 005	0.000 020
18					0.000 001	0.000 005
19						0.000 001

附表 4　t 分布表

$P\{t(n)>t_\alpha(n)\}=\alpha$

n	α=0.25	0.10	0.05	0.025	0.01	0.005
1	1.000 0	3.077 7	6.313 8	12.706 2	31.820 7	63.657 4
2	0.816 5	1.885 6	2.920 0	4.302 7	6.964 6	9.924 8
3	0.764 9	1.637 7	2.353 4	3.182 4	4.540 7	5.840 9
4	0.740 7	1.533 2	2.131 8	2.776 4	3.746 9	4.604 1
5	0.726 7	1.475 9	2.015 0	2.570 6	3.364 9	4.032 2
6	0.717 6	1.439 8	1.943 2	2.446 9	3.142 7	3.707 4
7	0.711 1	1.414 9	1.894 6	2.364 6	2.998 0	3.499 5
8	0.706 4	1.396 8	1.859 5	2.306 0	2.896 5	3.355 4
9	0.702 7	1.383 0	1.833 1	2.262 2	2.821 4	3.249 8
10	0.699 8	1.372 2	1.812 5	2.228 1	2.763 8	3.169 3
11	0.697 4	1.363 4	1.795 9	2.201 0	2.718 1	3.105 8
12	0.695 5	1.356 2	1.782 3	2.178 8	2.681 0	3.054 5
13	0.693 8	1.350 2	1.770 9	2.160 4	2.650 3	3.012 3
14	0.692 4	1.345 0	1.761 3	2.144 8	2.624 5	2.976 8
15	0.691 2	1.340 6	1.753 1	2.131 5	2.602 5	2.946 7
16	0.690 1	1.336 8	1.745 9	2.119 9	2.583 5	2.920 8
17	0.689 2	1.333 4	1.739 6	2.109 8	2.566 9	2.898 2
18	0.688 4	1.330 4	1.734 1	2.100 9	2.552 4	2.878 4
19	0.687 6	1.327 7	1.729 1	2.093 0	2.539 5	2.860 9
20	0.687 0	1.325 3	1.724 7	2.086 0	2.528 0	2.845 3
21	0.686 4	1.323 2	1.720 7	2.079 6	2.517 7	2.831 4
22	0.685 8	1.321 2	1.717 1	2.073 9	2.508 3	2.818 8
23	0.685 3	1.319 5	1.713 9	2.068 7	2.499 9	2.807 3
24	0.684 8	1.317 8	1.710 9	2.063 9	2.492 2	2.796 9
25	0.684 4	1.316 3	1.708 1	2.059 5	2.485 1	2.787 4
26	0.684 0	1.315 0	1.705 6	2.055 5	2.478 6	2.778 7
27	0.683 7	1.313 7	1.703 3	2.051 8	2.472 7	2.770 7
28	0.683 4	1.312 5	1.701 1	2.048 4	2.467 1	2.763 3

续表

n	α=0.25	0.10	0.05	0.025	0.01	0.005
29	0.683 0	1.311 4	1.699 1	2.045 2	2.462 0	2.756 4
30	0.682 8	1.310 4	1.697 3	2.042 3	2.457 3	2.750 0
31	0.682 5	1.309 5	1.695 5	2.039 5	2.452 8	2.744 0
32	0.682 2	1.308 6	1.693 9	2.036 9	2.448 7	2.738 5
33	0.682 0	1.307 7	1.692 4	2.034 5	2.444 8	2.733 3
34	0.681 8	1.307 0	1.690 9	2.032 2	2.441 1	2.728 4
35	0.681 6	1.306 2	1.689 6	2.030 1	2.437 7	2.723 8
36	0.681 4	1.305 5	1.688 3	2.028 1	2.434 5	2.719 5
37	0.681 2	1.304 9	1.687 1	2.026 2	2.431 4	2.715 4
38	0.681 0	1.304 2	1.686 0	2.024 4	2.428 6	2.711 6
39	0.680 8	1.303 6	1.684 9	2.022 7	2.425 8	2.707 9
40	0.680 7	1.303 1	1.683 9	2.201 1	2.423 3	2.704 5
41	0.680 5	1.302 5	1.682 9	2.019 5	2.420 8	2.701 2
42	0.680 4	1.302 0	1.682 0	2.018 1	2.418 5	2.698 1
43	0.680 2	1.301 6	1.681 1	2.016 7	2.416 3	2.695 1
44	0.680 1	1.301 1	1.680 2	2.015 4	2.414 1	2.692 3
45	0.680 0	1.300 6	1.679 4	2.014 1	2.412 1	2.689 6

附表 5　χ^2 分布表

$P\{\chi^2(n)>\chi^2_\alpha(n)\}=\alpha$

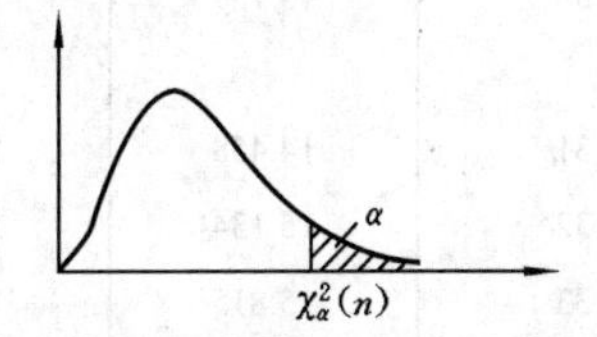

n	α=0.995	0.99	0.975	0.95	0.90	0.75
1	—	—	0.001	0.004	0.016	0.102
2	0.010	0.020	0.051	0.103	0.211	0.575
3	0.072	0.115	0.216	0.352	0.584	1.213
4	0.207	0.297	0.484	0.711	1.064	1.923
5	0.412	0.554	0.831	1.145	1.610	2.675
6	0.676	0.872	1.237	1.635	2.204	3.455
7	0.989	1.239	1.690	2.167	2.833	4.255
8	1.344	1.646	2.180	2.733	3.490	5.071
9	1.735	2.088	2.700	3.325	4.168	5.899
10	2.156	2.558	3.247	3.940	4.865	6.737
11	2.603	3.053	3.816	4.575	5.578	7.584
12	3.074	3.571	4.404	5.226	6.304	8.438
13	3.565	4.107	5.009	5.892	7.042	9.299
14	4.075	4.660	5.629	6.571	7.790	10.165
15	4.601	5.229	6.262	7.261	8.547	11.037
16	5.142	5.812	6.908	7.962	9.312	11.912
17	5.697	6.408	7.564	9.672	10.085	12.792
18	6.265	7.015	8.231	9.390	10.865	13.675
19	6.844	7.633	8.907	10.117	11.651	14.562
20	7.434	8.260	9.591	10.851	12.443	15.452
21	8.034	8.897	10.283	11.591	13.240	16.344
22	8.643	9.542	10.982	12.338	14.042	17.240
23	9.260	10.196	11.689	13.091	14.848	18.137
24	9.886	10.856	12.401	13.848	15.659	19.037
25	10.520	11.524	13.120	14.611	16.473	19.939
26	11.160	12.198	13.844	15.379	17.292	20.843
27	11.808	12.879	14.573	16.151	18.114	21.749
28	12.461	13.565	15.308	16.928	18.939	22.657

续表

n	α=0.995	0.99	0.975	0.95	0.90	0.75
29	13.121	14.257	16.047	17.708	19.768	23.567
30	13.787	14.954	16.791	18.493	20.599	24.478
31	14.458	15.655	17.539	19.281	21.434	25.390
32	15.134	16.362	18.291	20.072	22.271	26.304
33	15.815	17.074	19.047	20.867	23.110	27.219
34	16.501	17.789	19.806	21.664	23.952	28.136
35	17.192	18.509	20.569	22.465	24.797	29.054
36	17.887	19.233	21.336	23.269	25.643	29.973
37	18.586	19.960	22.106	24.075	16.492	30.893
38	19.289	20.691	22.878	24.884	27.343	31.815
39	19.996	21.426	23.654	25.695	28.196	32.737
40	20.707	22.164	24.433	26.509	29.051	33.660
41	21.421	22.906	25.215	27.326	29.907	34.585
42	22.138	23.650	25.999	28.144	30.765	35.510
43	22.859	24.398	26.785	28.965	31.625	36.436
44	23.584	25.148	27.575	29.787	32.487	37.363
45	24.311	25.901	28.366	30.612	33.350	38.291

n	α=0.25	0.10	0.05	0.025	0.01	0.005
1	1.323	2.706	3.841	5.024	6.635	7.879
2	2.773	4.605	5.991	7.378	9.210	10.597
3	4.108	6.251	7.815	9.348	11.345	12.838
4	5.385	7.779	9.488	11.143	13.277	14.860
5	6.626	9.236	11.071	12.833	15.086	16.750
6	7.841	10.645	12.592	14.449	16.812	18.548
7	9.037	12.017	14.067	16.013	18.475	20.278
8	10.219	13.362	15.507	17.535	20.090	21.955
9	11.389	14.684	16.919	19.023	21.666	23.589
10	12.549	15.987	18.307	20.483	23.209	25.188
11	13.701	17.275	19.675	21.920	24.725	26.757
12	14.845	18.549	21.026	23.337	26.217	28.299
13	15.984	19.812	22.362	24.736	27.688	29.819
14	17.117	21.064	23.685	26.119	29.141	31.319
15	18.245	22.307	24.996	27.488	30.578	32.801
16	19.369	23.542	26.296	28.845	32.000	34.267
17	20.489	24.769	27.587	30.191	33.409	35.718
18	21.605	25.989	28.869	31.526	34.805	37.156
19	22.718	27.204	30.144	32.852	36.191	38.582
20	23.828	28.412	31.410	34.170	37.566	39.997
21	24.935	39.615	32.671	35.479	38.932	41.401

续表

n	α=0.25	0.10	0.05	0.025	0.01	0.005
22	26.039	30.813	33.924	36.781	40.289	42.796
23	27.141	32.007	35.172	38.076	41.638	44.181
24	28.241	33.196	36.415	39.364	42.980	45.559
25	29.339	34.382	37.652	40.646	44.314	46.928
26	30.435	35.563	38.885	41.923	45.642	48.290
27	31.528	36.741	40.113	43.194	46.963	49.645
28	32.620	37.916	41.337	44.461	48.278	50.993
29	33.711	39.087	42.557	45.722	49.588	52.336
30	34.800	40.256	43.773	46.979	50.892	53.672
31	35.887	41.422	44.985	48.232	52.191	55.003
32	36.973	42.585	46.194	49.480	53.486	56.328
33	38.058	43.745	47.400	50.725	54.776	57.648
34	39.141	44.903	48.602	51.966	56.061	58.964
35	40.223	46.059	49.802	53.203	57.342	60.275
36	41.304	47.212	50.998	54.437	58.619	61.581
37	42.383	48.363	52.192	55.668	59.892	62.883
38	43.462	49.513	53.384	56.896	61.162	64.181
39	44.539	50.660	54.572	58.120	62.428	65.476
40	45.616	51.805	55.758	59.342	63.691	66.766
41	46.692	52.949	56.942	60.561	64.950	68.053
42	47.766	54.090	58.124	61.777	66.206	69.336
43	48.840	55.230	59.304	62.990	67.459	70.616
44	49.913	56.369	60.481	64.201	68.710	71.893
45	50.985	57.505	61.656	65.410	69.957	73.166

附表 6　F 分布表

$P\{F(n_1,n_2)>F_\alpha(n_1,n_2)\}=\alpha$

$\alpha=0.10$

n_2 \ n_1	1	2	3	4	5	6	7	8	9	10	12	15	20	24	30	40	60	120	∞
1	39.86	49.50	53.59	55.83	57.24	58.20	58.91	59.44	59.86	60.19	60.71	61.22	61.74	62.00	62.26	62.53	62.79	63.06	63.33
2	8.53	9.00	9.16	9.24	9.29	9.33	9.35	9.37	9.38	9.39	9.41	9.42	9.44	9.45	9.46	9.47	9.47	9.48	9.49
3	5.54	5.46	5.39	5.34	5.31	5.28	5.27	5.25	5.24	5.23	5.22	5.20	5.18	5.18	5.17	5.16	5.15	5.14	5.13
4	4.54	4.32	4.19	4.11	4.05	4.01	3.98	3.95	3.94	3.92	3.90	3.87	3.84	3.83	3.82	3.80	3.79	3.78	4.76
5	4.06	3.78	3.62	3.52	3.45	3.40	3.37	3.34	3.32	3.30	3.27	3.24	3.21	3.19	3.17	3.16	3.14	3.12	3.10
6	3.78	3.46	3.29	3.18	3.11	3.05	3.01	2.98	2.96	2.94	2.90	2.87	2.84	2.82	2.80	2.78	2.76	2.74	2.72
7	3.59	3.26	3.07	2.96	2.88	2.83	2.78	2.75	2.72	2.70	2.67	2.63	2.59	2.58	2.56	2.54	2.51	2.49	2.47
8	3.46	3.11	2.92	2.81	2.73	2.67	2.62	2.59	2.56	2.54	2.50	2.46	2.42	2.40	2.38	2.36	2.34	2.32	2.29
9	3.36	3.01	2.81	2.69	2.61	2.55	2.51	2.47	2.44	2.42	2.38	2.34	2.30	2.28	2.25	2.23	2.21	2.18	2.16
10	3.29	2.92	2.73	2.61	2.52	2.46	2.41	2.38	2.35	2.32	2.28	2.24	2.20	2.18	2.16	2.13	2.11	2.08	2.06
11	3.23	2.86	2.66	2.54	2.45	2.39	2.34	2.30	2.27	2.25	2.21	2.17	2.12	2.10	2.08	2.05	2.03	2.00	1.97
12	3.18	2.81	2.61	2.48	2.39	2.33	2.28	2.24	2.21	2.19	2.15	2.10	2.06	2.04	2.01	1.99	1.96	1.93	1.90
13	3.14	2.76	2.56	2.43	2.35	2.28	2.23	2.20	2.16	2.14	2.10	2.05	2.01	1.98	1.96	1.93	1.90	1.88	1.85
14	3.10	2.73	2.52	2.39	2.31	2.24	2.19	2.15	2.12	2.10	2.05	2.01	1.96	1.94	1.91	1.89	1.86	1.83	1.80
15	3.07	2.70	2.49	2.36	2.27	2.21	2.16	2.12	2.09	2.06	2.02	1.97	1.92	1.90	1.87	1.85	1.82	1.79	1.76
16	3.05	2.67	2.46	2.33	2.24	2.18	2.13	2.09	2.06	2.03	1.99	1.94	1.89	1.87	1.84	1.81	1.78	1.75	1.72
17	3.03	2.64	2.44	2.31	2.22	2.15	2.10	2.06	2.03	2.00	1.96	1.91	1.86	1.84	1.81	1.78	1.75	1.72	1.69
18	3.01	0.62	2.42	2.29	2.20	2.13	2.08	2.04	2.00	1.98	1.93	1.89	1.84	1.81	1.78	1.75	1.72	1.69	1.66
19	2.99	2.61	2.40	2.27	2.18	2.11	2.06	2.02	1.98	1.96	1.91	1.86	1.81	1.79	1.76	1.73	1.70	1.67	1.63
20	2.97	2.59	2.38	2.25	2.16	2.09	2.04	2.00	1.96	1.94	1.89	1.84	1.79	1.77	1.74	1.71	1.68	1.64	1.61
21	2.96	2.57	2.36	2.23	2.14	2.08	2.02	1.98	1.95	1.92	1.87	1.83	1.78	1.75	1.72	1.69	1.66	1.62	1.59
22	2.95	2.56	2.35	2.22	2.13	2.06	2.01	1.97	1.93	1.90	1.86	1.81	1.76	1.73	1.70	1.67	1.64	1.60	1.57
23	2.94	2.55	2.34	2.21	2.11	1.05	1.99	1.95	1.92	1.89	1.84	1.80	1.74	1.72	1.69	1.66	1.62	1.59	1.55
24	2.93	2.54	2.33	2.19	2.10	2.04	1.98	1.94	1.91	1.88	1.83	1.78	1.73	1.70	1.67	1.64	1.61	1.57	1.53
25	2.92	2.53	2.32	2.18	2.09	2.02	1.97	1.93	1.89	1.87	1.82	1.77	1.72	1.69	1.66	1.63	1.59	1.56	1.52
26	2.91	2.52	2.31	2.17	2.08	2.01	1.96	1.92	1.88	1.86	1.81	1.76	1.71	1.68	1.65	1.61	1.58	1.54	1.50
27	2.90	2.51	2.30	2.17	2.07	2.00	1.95	1.91	1.87	1.85	1.80	1.75	1.70	1.67	1.64	1.60	1.57	1.53	1.49
28	2.89	2.50	2.29	2.16	2.06	2.00	1.94	1.90	1.87	1.84	1.79	1.74	1.69	1.66	1.63	1.59	1.56	1.52	1.48
29	2.89	2.50	2.28	2.15	2.06	1.99	1.93	1.89	1.86	1.83	1.78	1.73	1.68	1.65	1.62	1.58	1.55	1.51	1.47
30	2.88	2.49	2.28	2.14	2.05	1.98	1.93	1.88	1.85	1.82	1.77	1.72	1.67	1.64	1.61	1.57	1.54	1.50	1.46
40	2.84	2.44	2.23	2.09	2.00	1.93	1.87	1.83	1.79	1.76	1.71	1.66	1.61	1.57	1.54	1.51	1.47	1.42	1.38
60	2.79	2.39	2.18	2.04	1.95	1.87	1.82	1.77	1.74	1.71	1.66	1.60	1.54	1.51	1.48	1.44	1.40	1.35	1.29
120	2.75	2.35	2.13	1.99	1.90	1.82	1.77	1.72	1.68	1.65	1.60	1.55	1.48	1.45	1.41	1.37	1.32	1.26	1.19
∞	2.71	2.30	2.08	1.94	1.85	1.77	1.72	1.67	1.63	1.60	1.55	1.49	1.42	1.38	1.34	1.30	1.24	1.17	1.00

$\alpha=0.05$

续表

n_2 \ n_1	1	2	3	4	5	6	7	8	9	10	12	15	20	24	30	40	60	120	∞
1	161.4	199.5	215.7	224.6	230.2	234.0	236.8	238.9	240.5	241.9	243.9	245.9	248.0	249.1	250.1	251.1	252.2	253.3	254.3
2	18.51	19.00	19.16	19.25	19.30	19.33	19.35	19.37	19.38	19.40	19.41	19.43	19.45	19.45	19.46	19.47	19.48	19.49	19.50
3	10.13	9.55	9.28	9.12	9.01	8.94	8.89	8.85	8.81	8.79	8.74	8.70	8.66	8.64	8.62	8.59	8.57	8.55	8.53
4	7.71	6.94	6.59	6.39	6.26	6.16	6.09	6.04	6.00	5.96	5.91	5.86	5.80	5.77	5.75	5.72	5.69	5.66	5.63
5	6.61	5.79	5.41	5.19	5.05	4.95	4.88	4.82	4.77	4.74	4.68	4.62	4.56	4.53	4.50	4.46	4.43	4.40	4.36
6	5.99	5.14	4.76	4.53	4.39	4.28	4.21	4.15	4.10	4.06	4.00	3.94	3.87	3.84	3.81	3.77	3.74	3.70	3.67
7	5.59	4.74	4.35	4.12	3.97	3.87	3.79	3.73	3.68	3.64	3.57	3.51	3.44	3.41	3.38	3.34	3.30	3.27	3.23
8	5.32	4.46	4.07	3.84	3.69	3.58	3.50	3.44	3.39	3.35	3.28	3.22	3.15	3.12	3.08	3.04	3.01	2.97	2.93
9	5.12	4.26	3.86	3.63	3.48	3.37	3.29	3.23	3.18	3.14	3.07	3.01	2.94	2.90	2.86	2.83	2.79	2.75	2.71
10	4.96	4.10	3.71	3.48	3.33	3.22	3.14	3.07	3.02	2.98	2.91	2.85	2.77	2.74	2.70	2.66	2.62	2.58	2.54
11	4.84	3.98	3.59	3.36	3.20	3.09	3.01	2.95	2.90	2.85	2.79	2.72	2.65	2.61	2.57	2.53	2.49	2.45	2.40
12	4.75	3.89	3.49	3.26	3.11	3.00	2.91	2.85	2.80	2.75	2.69	2.62	2.54	2.51	2.47	2.43	2.38	2.34	2.30
13	4.67	3.81	3.41	3.18	3.03	2.92	2.83	2.77	2.71	2.67	2.60	2.53	2.46	2.42	2.38	2.34	2.30	2.25	2.21
14	4.60	3.74	3.34	3.11	2.96	2.85	2.76	2.70	2.65	2.60	2.53	2.46	2.39	2.35	2.31	2.27	2.22	2.18	2.13
15	4.54	3.68	3.29	3.06	2.90	2.79	2.71	2.64	2.59	2.54	2.48	2.40	2.33	2.29	2.25	2.20	2.16	2.11	2.07
16	4.49	3.63	3.24	3.01	2.85	2.74	2.66	2.59	2.54	2.49	2.42	2.35	2.28	2.24	2.19	2.15	2.11	2.06	2.01
17	4.45	3.59	3.20	2.96	2.81	2.70	2.61	2.55	2.49	2.45	2.38	2.31	2.23	2.19	2.15	2.10	2.06	2.01	1.96
18	4.41	3.55	3.16	2.93	2.77	2.66	2.58	2.51	2.46	2.41	2.34	2.27	2.19	2.15	2.11	2.06	2.02	1.97	1.92
19	4.38	3.52	3.13	2.90	2.74	2.63	2.54	2.48	2.42	2.38	2.31	2.23	2.16	2.11	2.07	2.03	1.98	1.93	1.88
20	4.35	3.49	3.10	2.87	2.71	2.60	2.51	2.45	2.39	2.35	2.28	2.20	2.12	2.08	2.04	1.99	1.95	1.90	1.84
21	4.32	3.47	3.07	2.84	2.68	2.57	2.49	2.42	2.37	2.32	2.25	2.18	2.10	2.05	2.01	1.96	1.92	1.87	1.81
22	4.30	3.44	3.05	2.82	2.66	2.55	2.46	2.40	2.34	2.30	2.23	2.15	2.07	2.03	1.98	1.94	1.89	1.84	1.78
23	4.28	3.42	3.03	2.80	2.64	2.53	2.44	2.37	2.32	2.27	2.20	2.13	2.05	2.01	1.96	1.91	1.86	1.81	1.76
24	4.26	3.40	3.01	2.78	2.62	2.51	2.42	2.36	2.30	2.25	2.18	2.11	2.03	1.98	1.94	1.89	1.84	1.79	1.73
25	4.24	3.39	2.99	2.76	2.60	2.49	2.40	2.34	2.28	2.24	2.16	2.09	2.01	1.96	1.92	1.87	1.82	1.77	1.71
26	4.23	3.37	2.98	2.74	2.59	2.47	2.39	2.32	2.27	2.22	2.15	2.07	1.99	1.95	1.90	1.85	1.80	1.75	1.69
27	4.21	3.35	2.96	2.73	2.57	2.46	2.37	2.31	2.25	2.20	2.13	2.06	1.97	1.93	1.88	1.84	1.79	1.73	1.67
28	4.20	3.34	2.95	2.71	2.56	2.45	2.36	2.29	2.24	2.19	2.12	2.04	1.96	1.91	1.87	1.82	1.77	1.71	1.65
29	4.18	3.33	2.93	2.70	2.55	2.43	2.35	2.28	2.22	2.18	2.10	2.03	1.94	1.90	1.85	1.81	1.75	1.70	1.64
30	4.17	3.32	2.92	2.69	2.53	2.42	2.33	2.27	2.21	2.16	2.09	2.01	1.93	1.89	1.84	1.79	1.74	1.68	1.62
40	4.08	3.23	2.84	2.61	2.45	2.34	2.25	2.18	2.12	2.08	2.00	1.92	1.84	1.79	1.74	1.69	1.64	1.58	1.51
60	4.00	3.15	2.76	2.53	2.37	2.25	2.17	2.10	2.04	1.99	1.92	1.84	1.75	1.70	1.65	1.59	1.53	1.47	1.39
120	3.92	3.07	2.68	2.45	2.29	2.17	2.09	2.02	1.96	1.91	1.83	1.75	1.66	1.61	1.55	1.50	1.43	1.35	1.25
∞	3.84	3.00	2.60	2.37	2.21	2.10	2.01	1.94	1.88	1.83	1.75	1.67	1.57	1.52	1.46	1.39	1.32	1.22	1.00

续表

$\alpha = 0.025$

n_2 \ n_1	1	2	3	4	5	6	7	8	9	10	12	15	20	24	30	40	60	120	∞
1	647.8	799.5	864.2	899.6	921.8	937.1	948.2	956.7	963.3	968.6	976.7	984.9	993.1	997.2	1001	1006	1010	1014	1018
2	38.51	39.00	39.17	39.25	39.30	39.33	39.36	39.37	39.39	39.40	39.41	39.43	39.45	39.46	39.46	39.47	39.48	39.40	39.50
3	17.44	16.04	15.44	15.10	14.88	14.73	14.62	14.54	14.47	14.42	14.34	14.25	14.17	14.12	14.08	14.04	13.99	13.95	13.90
4	12.22	10.65	9.98	9.60	9.36	9.20	9.07	8.98	8.90	8.84	8.75	8.66	8.56	8.51	8.46	8.41	8.36	8.31	8.26
5	10.01	8.43	7.76	7.39	7.15	6.98	6.85	6.76	6.68	6.62	6.52	6.43	6.33	6.28	6.23	6.18	6.12	6.07	6.02
6	8.81	7.26	6.60	6.23	5.99	5.82	5.70	5.60	5.52	5.46	5.37	5.27	5.17	5.12	5.07	5.01	4.96	4.90	4.85
7	8.07	6.54	5.89	5.52	5.29	5.12	4.99	4.90	4.82	4.76	4.67	4.57	4.47	4.42	4.36	4.31	4.25	4.20	4.14
8	7.57	6.06	5.42	5.05	4.82	4.65	4.53	4.43	4.36	4.30	4.20	4.10	4.00	3.95	3.89	3.84	3.78	3.73	3.67
9	7.21	5.71	5.08	4.72	4.48	4.23	4.20	4.10	4.03	3.96	3.87	3.77	3.67	3.61	3.56	3.51	3.45	3.39	3.33
10	6.94	5.46	4.83	4.47	4.24	4.07	3.95	3.85	3.78	3.72	3.62	3.52	3.42	3.37	3.31	3.26	3.20	3.14	3.08
11	6.72	5.26	4.63	4.28	4.04	3.88	3.76	3.66	3.59	3.53	3.43	3.33	3.23	3.17	3.12	3.06	3.00	2.94	2.88
12	6.55	5.10	4.47	4.12	3.89	3.73	3.61	3.51	3.44	3.37	3.28	3.18	3.07	3.02	2.96	2.91	2.85	2.79	2.72
13	6.41	4.97	4.35	4.00	3.77	3.60	3.48	3.39	3.31	3.25	3.15	3.05	2.95	2.89	2.84	2.78	2.72	2.66	2.60
14	6.30	4.86	4.24	3.89	3.66	3.50	3.38	3.29	3.21	3.15	3.05	2.95	2.84	2.79	2.73	2.67	2.61	2.55	2.49
15	6.20	4.77	4.15	3.80	3.58	3.41	3.29	3.20	3.12	3.06	2.96	2.86	2.76	2.70	2.64	2.59	2.52	2.46	2.40
16	6.12	4.69	4.08	3.73	3.50	3.34	3.22	3.12	3.05	2.99	2.89	2.79	2.68	2.63	2.57	2.51	2.45	2.38	2.32
17	6.04	4.62	4.01	3.66	3.44	3.28	3.26	3.06	2.98	2.92	2.82	2.72	2.62	2.56	2.50	2.44	2.38	2.32	2.25
18	5.98	4.56	3.95	3.61	3.38	3.22	3.10	3.01	2.93	2.87	2.77	2.67	2.56	2.50	2.44	2.38	2.32	2.26	2.19
19	5.92	4.51	3.90	3.56	3.33	3.17	3.05	2.96	2.88	2.82	2.72	2.62	2.51	2.45	2.39	2.33	2.27	2.20	2.13
20	5.87	4.46	3.86	3.51	3.29	3.13	3.01	2.91	2.84	2.77	2.68	2.57	2.46	2.41	2.35	2.29	2.22	2.16	2.09
21	5.83	4.42	3.82	3.48	3.25	3.09	2.97	2.87	2.80	2.73	2.64	2.53	2.42	2.37	2.31	2.25	2.18	2.11	2.04
22	5.79	4.38	3.78	3.44	3.22	3.05	2.73	2.84	2.76	2.70	2.60	2.50	2.39	2.33	2.27	2.21	2.14	2.08	2.00
23	5.75	4.35	3.75	3.41	3.18	3.02	2.90	2.81	2.73	2.67	2.57	2.47	2.36	2.30	2.24	2.18	2.11	2.04	1.97
24	5.72	4.32	3.72	3.38	3.15	2.99	2.87	2.78	2.70	2.64	2.54	2.44	2.33	2.27	2.21	2.15	2.08	2.01	1.94
25	5.69	4.29	3.69	3.35	3.13	2.97	2.85	2.75	2.68	2.61	2.51	2.41	2.30	2.24	2.18	2.12	2.05	1.98	1.91
26	5.66	4.27	3.67	3.33	3.10	2.94	2.82	2.73	2.65	2.59	2.49	2.39	2.28	2.22	2.16	2.09	2.03	1.95	1.88
27	5.63	2.24	3.65	3.31	3.08	2.92	2.80	2.71	2.63	2.57	2.47	2.36	2.25	2.19	2.13	2.07	2.00	1.93	1.85
28	5.61	4.22	3.63	3.29	3.06	2.90	2.78	2.69	2.61	2.55	2.45	2.34	2.23	2.17	2.11	2.05	1.98	1.91	1.83
29	5.59	4.20	3.61	3.27	3.04	2.88	2.76	2.67	2.59	2.53	2.43	2.32	2.21	2.15	2.09	2.03	1.96	1.89	1.81
30	5.57	4.18	3.59	3.25	3.03	2.87	2.75	2.65	2.57	2.51	2.41	2.31	2.20	2.14	2.07	2.01	1.94	1.87	1.79
40	5.42	4.05	3.46	3.13	3.90	2.74	2.62	2.53	2.45	2.39	2.29	2.18	2.07	2.01	1.94	1.88	1.80	1.72	1.64
60	5.29	3.93	3.34	3.01	2.79	2.63	2.51	2.41	2.33	2.27	3.17	2.06	1.94	1.88	1.82	1.74	1.67	1.58	1.48
120	5.15	3.80	3.23	2.89	2.67	2.52	2.39	2.30	2.22	2.16	2.05	1.94	1.82	1.76	1.69	1.61	1.53	1.43	1.31
∞	5.02	3.69	3.12	2.79	2.57	2.41	2.29	2.19	2.11	2.05	1.94	1.83	1.71	1.64	1.57	1.48	1.39	1.27	1.00

$\alpha = 0.01$

续表

n_2 \ n_1	1	2	3	4	5	6	7	8	9	10	12	15	20	24	30	40	60	120	∞
1	4052	4999.5	5403	5625	5764	5859	5928	5982	6022	6056	6106	6157	6209	6235	6261	6287	6313	6339	6366
2	98.50	99.00	99.17	99.25	99.30	99.33	99.36	99.37	99.39	99.40	99.42	99.43	99.45	99.46	99.47	99.47	99.48	99.49	99.50
3	34.12	30.82	29.46	28.71	28.24	27.91	27.67	27.49	27.35	27.23	27.05	26.87	26.69	26.60	26.50	26.41	26.32	26.22	26.13
4	21.20	18.00	16.69	15.98	15.52	15.21	14.98	14.80	14.66	14.55	14.37	24.20	14.02	13.93	13.84	13.75	13.65	13.56	13.46
5	16.26	13.27	12.06	11.39	10.97	10.67	10.46	10.29	10.16	10.05	9.89	9.72	9.55	9.47	9.38	9.29	9.20	9.11	9.02
6	13.75	10.92	9.78	9.15	8.75	8.47	8.26	8.10	7.98	7.87	7.72	7.56	7.40	7.31	7.23	7.14	7.06	6.97	6.88
7	12.25	9.55	8.45	7.85	7.46	7.19	6.99	6.84	6.72	6.62	6.47	6.31	6.16	6.07	5.99	5.91	5.82	5.74	5.65
8	11.26	8.65	7.59	7.01	6.63	6.37	6.18	6.03	5.91	5.81	5.67	5.52	5.36	5.28	5.20	5.12	5.03	4.95	4.86
9	10.56	8.02	6.99	6.42	6.06	5.80	5.61	5.47	5.35	5.26	5.11	4.96	4.81	4.73	4.65	4.57	4.48	4.40	4.31
10	10.04	7.56	6.55	5.99	5.64	5.39	5.20	5.06	4.94	4.85	4.71	4.56	4.41	4.33	4.25	4.17	4.08	4.00	3.91
11	9.65	7.21	6.22	5.67	5.32	5.07	4.89	4.74	4.63	4.54	4.40	4.25	4.10	4.02	3.94	3.86	3.78	3.69	3.60
12	9.33	6.93	5.95	5.41	5.06	4.82	4.64	4.50	4.39	4.30	4.16	4.01	3.86	3.78	3.70	3.62	3.54	3.45	3.36
13	9.07	6.70	5.74	5.21	4.86	4.62	4.44	4.30	4.19	4.10	3.96	3.82	3.66	3.59	3.51	3.43	3.34	3.25	3.17
14	8.86	6.51	5.56	5.04	4.69	4.46	4.28	4.14	4.03	3.94	3.80	3.66	3.51	3.43	3.35	3.27	3.18	3.09	3.00
15	8.68	6.36	5.42	4.89	4.56	4.32	4.14	4.00	3.89	3.80	3.67	3.52	3.37	3.29	3.21	3.13	3.05	2.96	2.87
16	8.53	6.23	5.29	4.77	4.44	4.20	4.03	3.89	3.78	3.69	3.55	3.41	3.26	3.18	3.10	3.02	2.93	2.84	2.75
17	8.40	6.11	5.18	4.67	4.34	4.10	3.93	3.79	3.68	3.59	3.46	3.31	3.16	3.08	3.00	2.92	2.83	2.75	2.65
18	8.29	6.01	5.09	4.58	4.25	4.01	3.94	3.71	3.60	3.51	3.37	3.23	3.08	3.00	2.92	2.84	2.75	2.66	2.57
19	8.18	5.93	5.01	4.50	4.17	3.94	3.77	3.63	3.52	3.43	3.30	3.15	3.00	2.92	2.84	2.76	2.67	2.58	2.49
20	8.10	5.85	4.94	4.43	4.10	3.87	3.70	3.56	3.46	3.37	3.23	3.09	2.94	2.86	2.78	2.69	2.61	2.52	2.42
21	8.02	5.78	4.87	4.37	4.04	3.81	3.64	3.51	3.40	3.31	3.17	3.03	2.88	2.80	2.72	2.64	2.55	2.46	2.36
22	7.95	5.72	4.82	4.31	3.99	3.76	3.59	3.45	3.35	3.26	3.12	2.98	2.83	2.75	2.67	2.58	2.50	2.40	2.31
23	7.88	5.66	4.76	4.26	3.94	3.71	3.54	3.41	3.30	3.21	3.07	2.93	2.78	2.70	2.62	2.54	2.45	2.35	2.26
24	7.82	5.61	4.72	4.22	3.90	3.67	3.50	3.36	3.26	3.17	3.03	2.89	2.74	2.66	2.58	2.49	2.40	2.31	2.21
25	7.77	5.57	4.68	4.18	3.85	3.63	3.46	3.32	3.22	3.13	2.99	2.85	2.70	2.62	2.54	2.45	2.36	2.27	2.17
26	7.72	5.53	4.64	4.14	3.82	3.59	3.42	3.29	3.18	3.09	2.96	2.81	2.66	2.58	2.50	2.42	2.33	2.23	2.13
27	7.68	5.49	4.60	4.11	3.78	3.56	3.39	3.26	3.15	3.06	2.93	2.78	2.63	2.55	2.47	2.38	2.29	2.20	2.10
28	7.64	5.45	4.57	4.07	3.75	3.53	3.36	3.23	3.12	3.03	2.90	2.75	2.60	2.52	2.44	2.35	2.26	2.17	2.06
29	7.60	5.42	4.54	4.04	3.73	3.50	3.33	3.20	3.09	3.00	2.87	2.73	2.57	2.49	2.41	2.33	2.23	2.14	2.03
30	7.56	5.39	4.51	4.02	3.70	3.47	3.30	3.17	3.07	2.98	2.84	2.70	2.55	2.47	2.39	2.30	2.21	2.11	2.01
40	7.31	5.18	4.31	3.83	3.51	3.29	3.12	2.99	2.89	2.80	2.66	2.52	2.37	2.29	2.20	2.11	2.02	1.92	1.80
60	7.08	4.98	4.13	3.65	3.34	3.12	2.95	2.82	2.72	2.63	2.50	2.35	2.20	2.12	2.03	1.94	1.84	1.73	1.60
120	6.85	4.79	3.95	3.48	3.17	2.96	2.79	2.66	2.56	2.47	2.34	2.19	2.03	1.95	1.86	1.76	1.66	1.53	1.38
∞	6.63	4.61	3.78	3.32	3.02	2.80	2.64	2.51	2.41	2.32	2.18	2.04	1.88	1.79	1.70	1.59	1.47	1.32	1.00

续表

$\alpha=0.005$

n_2 \ n_1	1	2	3	4	5	6	7	8	9	10	12	15	20	24	30	40	60	120	∞
1	16211	20000	21615	22500	23056	23437	23715	23925	24091	24224	24426	24630	24836	24940	25044	25148	35253	25359	25465
2	198.5	199.0	199.2	199.2	199.3	199.3	199.4	199.4	199.4	199.4	199.4	199.4	199.4	199.5	199.5	199.5	199.5	199.5	199.5
3	55.55	49.80	47.47	46.19	45.39	44.84	44.43	44.13	43.88	43.69	43.39	43.08	42.78	42.62	42.47	42.31	42.15	41.99	41.83
4	31.33	26.28	24.26	23.15	22.46	21.97	21.62	21.35	21.14	20.97	20.70	20.44	20.17	20.03	19.89	19.75	19.61	19.47	19.32
5	22.78	18.31	16.53	15.56	14.94	14.51	14.20	13.96	13.77	13.62	13.38	13.15	12.90	12.78	12.66	12.53	12.40	12.27	12.14
6	18.63	14.54	12.92	12.03	11.46	11.07	10.79	10.57	10.39	10.25	10.03	9.81	9.59	9.47	9.36	9.24	9.12	9.00	8.88
7	16.24	12.40	10.88	10.05	9.52	9.16	8.89	8.68	8.51	8.38	8.18	7.97	7.75	7.65	7.53	7.42	7.31	7.19	7.08
8	14.69	11.04	9.60	8.81	8.30	7.95	7.69	7.50	7.34	7.21	7.01	6.81	6.61	6.50	6.40	6.29	6.18	6.06	5.95
9	13.61	10.11	8.72	7.96	7.47	7.13	6.88	6.69	6.54	6.42	6.23	6.03	5.83	5.73	5.62	5.52	5.41	5.30	5.19
10	12.83	9.43	8.08	7.34	6.87	6.54	6.30	6.12	5.97	5.85	5.66	5.47	5.27	5.17	5.07	4.97	4.86	4.75	4.64
11	12.23	8.91	7.60	6.88	6.42	6.10	5.86	5.68	5.54	5.42	5.24	5.05	4.86	4.76	4.65	4.55	4.44	4.34	4.23
12	11.75	8.51	7.23	6.52	6.07	5.76	5.52	5.35	5.20	5.09	4.91	4.72	4.53	4.43	4.33	4.23	4.12	4.01	3.90
13	11.37	8.19	6.93	6.23	5.79	5.48	5.25	5.08	4.94	4.82	4.64	4.46	4.27	4.17	4.07	3.97	3.87	3.76	3.65
14	11.06	7.92	6.68	6.00	5.56	5.26	5.03	4.86	4.72	4.60	4.43	4.25	4.06	3.96	3.86	3.76	3.66	3.55	3.44
15	10.80	7.70	6.48	5.80	5.37	5.07	4.85	4.67	4.54	4.42	4.25	4.07	3.88	3.79	3.69	3.58	3.48	3.37	3.26
16	10.58	7.51	6.30	5.64	5.21	4.91	4.69	4.52	4.38	4.27	4.10	3.92	3.73	3.64	3.54	3.44	3.33	3.22	3.11
17	10.38	7.35	6.16	5.50	5.07	4.78	4.56	4.39	4.25	4.14	3.97	3.79	3.61	3.51	3.41	3.31	3.21	3.10	2.98
18	10.22	7.21	6.03	5.37	4.96	4.66	4.44	4.28	4.14	4.03	3.86	3.68	3.50	3.40	3.30	3.20	3.10	2.99	2.87
19	10.07	7.09	5.92	5.27	7.85	4.56	4.34	4.18	4.04	3.93	3.76	3.59	3.40	3.31	3.21	3.11	3.00	2.89	2.78
20	9.94	6.99	5.82	5.17	4.76	4.47	4.26	4.09	3.96	3.85	3.68	3.50	3.32	3.22	3.12	3.02	2.92	2.81	2.69
21	9.83	6.89	5.73	5.09	4.68	4.39	4.18	4.01	3.88	3.77	3.60	3.43	3.24	3.15	3.05	2.95	2.84	2.73	2.61
22	9.73	6.81	5.65	5.02	4.61	4.32	4.11	3.94	3.81	3.70	3.54	3.36	3.18	3.08	2.98	2.88	2.77	2.66	2.55
23	9.63	6.73	5.58	4.95	4.54	4.26	4.05	3.88	3.75	3.64	3.47	3.30	3.12	3.02	2.92	2.82	2.71	2.60	2.48
24	9.55	6.66	5.52	4.89	4.49	4.20	3.99	3.83	3.69	3.59	3.42	3.25	3.06	2.97	2.87	2.77	2.66	2.55	2.43
25	9.48	6.60	5.46	4.84	4.43	4.15	3.94	3.78	3.64	3.54	3.37	3.20	3.01	2.92	2.82	2.72	2.61	2.50	2.38
26	9.41	6.54	5.41	4.79	4.38	4.10	3.89	3.73	3.60	3.49	3.33	3.15	2.97	2.87	2.77	2.67	2.56	2.45	2.33
27	9.34	6.49	5.36	4.74	4.34	4.06	3.85	3.69	3.56	3.45	3.28	3.11	2.93	2.83	2.73	2.63	2.52	2.41	2.29
28	9.28	6.44	5.32	4.70	4.30	4.02	3.81	3.65	3.52	3.41	3.25	3.07	2.89	2.79	2.69	2.59	2.48	2.37	2.25
29	9.23	6.40	5.28	4.66	4.26	3.98	3.77	3.61	3.48	3.38	3.21	3.04	2.86	2.76	2.66	2.56	2.45	2.33	2.21
30	9.18	6.35	5.24	4.62	4.23	3.95	3.74	3.58	3.45	3.34	3.18	3.01	2.82	2.73	2.63	2.52	2.42	2.30	2.18
40	8.83	6.07	4.98	4.37	3.99	3.71	3.51	3.35	3.22	3.12	2.95	2.78	2.60	2.50	2.40	2.30	2.18	2.06	1.93
60	8.49	5.79	4.73	4.14	3.76	3.49	3.29	3.13	3.01	2.90	2.74	2.57	2.39	2.29	2.19	2.08	1.96	1.83	1.69
120	8.18	5.54	4.50	3.92	3.55	3.28	3.09	2.93	2.81	2.71	2.54	2.37	2.19	2.09	1.98	1.87	1.75	1.61	1.43
∞	7.88	5.30	4.28	3.72	3.35	3.09	2.90	2.74	2.62	2.52	2.36	2.19	2.00	1.90	1.79	1.67	1.53	1.36	1.00

续表

$\alpha = 0.001$

n_2 \ n_1	1	2	3	4	5	6	7	8	9	10	12	15	20	24	30	40	60	120	∞
1	4053+	5000+	5404+	5625+	5764+	5859+	5929+	5981+	6023+	6056+	6107+	6158+	6209+	6235+	6261+	6287+	6313+	6340+	6366+
2	998.5	999.0	999.2	999.2	999.3	999.3	999.4	999.4	999.4	999.4	999.4	999.4	999.4	999.5	999.5	999.5	999.5	999.5	999.5
3	167.0	148.5	141.1	137.1	134.6	132.8	131.6	130.6	129.9	129.2	128.3	127.4	126.4	125.9	125.4	125.0	124.5	124.0	123.5
4	74.14	61.25	56.18	53.44	51.71	50.53	49.66	49.00	48.47	48.05	47.41	46.76	46.10	45.77	45.43	45.09	44.75	44.40	44.05
5	47.18	37.12	33.20	31.09	27.75	28.84	28.16	27.64	27.24	26.92	26.42	25.91	25.39	25.14	24.87	24.60	24.33	24.06	23.79
6	35.51	27.00	23.70	21.92	20.81	20.03	19.46	19.03	18.69	18.41	17.99	17.56	17.12	16.89	16.67	16.44	16.21	15.99	15.75
7	29.25	21.69	18.77	17.19	16.21	15.52	15.02	14.63	14.33	14.08	13.71	13.32	12.93	12.73	12.53	12.33	12.12	11.91	11.70
8	25.42	18.49	15.83	14.39	13.49	12.86	12.40	12.04	11.77	11.54	11.19	10.84	10.48	10.30	10.11	9.92	9.73	9.53	9.33
9	22.86	16.39	13.90	12.56	11.71	11.13	10.70	10.37	10.11	9.89	9.57	9.24	8.90	8.72	8.55	8.37	8.19	8.00	7.80
10	21.04	14.91	12.55	11.28	10.48	9.92	9.52	9.20	8.96	8.75	8.45	8.13	7.80	7.64	7.47	7.30	7.12	6.94	6.76
11	19.69	13.81	11.56	10.35	9.58	9.05	8.66	8.35	8.12	7.92	7.63	7.32	7.01	6.85	6.68	6.52	6.35	6.17	6.00
12	18.64	12.97	10.80	9.63	8.89	8.38	8.00	7.71	7.48	7.29	7.00	6.71	6.40	6.25	6.09	5.93	5.76	5.59	5.42
13	17.81	12.31	10.21	9.07	8.35	7.86	7.49	7.21	6.98	6.80	6.52	6.23	5.93	6.78	5.63	5.47	5.30	5.14	4.97
14	17.14	11.78	9.73	8.62	7.92	7.43	7.08	6.80	6.58	6.40	6.13	5.85	5.56	5.41	5.25	5.10	4.94	4.77	4.60
15	16.59	11.34	9.34	8.25	7.57	7.09	6.74	6.47	6.26	6.08	5.81	5.54	5.25	5.10	4.95	4.80	4.64	4.47	4.31
16	16.12	10.97	9.00	7.94	7.27	6.81	6.46	6.19	5.98	5.81	5.55	5.27	4.99	4.85	4.70	4.54	4.39	4.23	4.06
17	15.72	10.36	8.73	7.68	7.02	6.56	6.22	5.96	5.75	5.58	5.32	5.05	4.78	4.63	4.48	4.33	4.18	4.02	3.85
18	15.38	10.39	8.49	7.46	6.81	6.35	6.02	5.76	5.56	5.39	5.13	4.87	4.59	4.45	4.30	4.15	4.00	3.84	3.67
19	15.08	10.16	8.28	7.26	6.62	6.18	5.85	5.59	5.39	5.22	4.97	4.70	4.43	4.29	4.14	3.99	3.84	3.68	3.51
20	14.82	9.95	8.10	7.10	6.46	6.02	5.69	5.44	5.24	5.08	4.82	4.56	4.29	4.15	4.00	3.86	3.70	3.54	3.38
21	14.59	9.77	7.94	6.95	6.32	5.88	5.56	5.31	5.11	4.95	4.70	4.44	4.17	4.03	3.88	3.74	3.58	3.42	3.26
22	14.38	9.61	7.80	6.81	6.19	5.76	5.44	5.19	4.98	4.83	4.58	4.33	4.06	3.92	3.78	3.63	3.48	3.32	3.15
23	14.19	9.47	7.67	6.69	6.08	5.65	5.33	5.09	4.89	4.73	4.48	4.23	3.96	3.82	3.68	3.53	3.38	3.22	3.05
24	14.03	9.34	7.55	6.59	5.98	5.55	5.23	4.99	4.80	4.64	4.39	4.14	3.87	3.74	3.59	3.45	3.29	3.14	2.97
25	13.88	9.22	7.45	6.49	5.88	5.46	5.15	4.91	4.71	4.56	4.31	4.06	3.79	3.66	3.52	3.37	3.22	3.06	2.89
26	13.74	9.12	7.36	6.41	5.80	5.38	5.07	4.83	4.64	4.48	4.24	3.99	3.72	3.59	3.44	3.30	3.15	2.99	2.82
27	13.61	9.02	7.27	6.33	5.73	5.31	5.00	4.76	4.57	4.41	4.17	3.92	3.66	3.52	3.38	3.23	3.08	2.92	2.75
28	13.50	8.93	7.19	6.25	5.66	5.24	4.93	4.69	4.50	4.35	4.11	3.86	3.60	3.46	3.32	3.18	3.02	2.86	2.69
29	13.39	8.85	7.12	6.19	5.59	5.18	4.87	4.64	4.45	4.29	4.05	3.80	3.54	3.41	3.27	3.12	2.97	2.81	2.64
30	13.29	8.77	7.05	6.12	5.53	5.12	4.82	4.58	4.39	14.24	4.00	3.75	3.49	3.36	3.22	3.07	2.92	2.76	2.59
40	12.61	8.25	6.60	5.70	5.13	4.73	4.44	4.21	4.02	3.87	3.64	3.40	3.15	3.01	2.87	2.73	2.57	2.41	2.23
60	11.97	7.76	6.17	5.31	4.76	4.37	4.09	3.87	3.69	3.54	3.31	3.08	2.83	2.69	2.55	2.41	2.25	2.08	1.89
120	11.38	7.32	5.79	4.95	4.42	4.04	3.77	3.55	3.38	3.24	3.02	2.78	2.53	2.40	2.26	2.11	1.95	1.76	1.54
∞	10.83	6.91	5.42	4.62	4.10	3.74	3.47	3.27	3.10	2.96	2.74	2.51	2.27	2.13	1.99	1.84	1.66	1.45	1.00

注：+表示要将所列数乘以100.

附表 7　秩和临界值表

括号内数字表示样本容量 (n_1, n_2)

T_1	T_2	α	T_1	T_2	α	T_1	T_2	α
	(2,4)			(4,4)			(6,7)	
3	11	0.067	11	25	0.029	28	56	0.026
	(2,5)		12	24	0.057	30	54	0.051
3	13	0.047		(4,5)			(6,8)	
	(2,6)		12	28	0.032	29	61	0.021
3	15	0.036	13	27	0.056	32	58	0.054
4	14	0.071		(4,6)			(6,9)	
	(2,7)		12	32	0.019	31	65	0.025
3	17	0.028	14	30	0.057	33	63	0.044
4	16	0.056		(4,7)			(6,10)	
	(2,8)		13	35	0.021	33	69	0.028
3	19	0.022	15	33	0.055	35	67	0.047
4	18	0.044		(4,8)			(7,7)	
	(2,9)		14	38	0.024	37	68	0.027
3	21	0.018	16	36	0.055	39	66	0.049
4	20	0.036		(4,9)			(7,8)	
	(2,10)		15	41	0.025	39	73	0.027
4	22	0.030	17	39	0.053	41	71	0.047
5	21	0.061		(4,10)			(7,9)	
	(3,3)		16	44	0.026	41	78	0.027
6	15	0.050	18	42	0.053	43	76	0.045
	(3,4)			(5,5)			(7,10)	
6	18	0.028	18	37	0.028	43	83	0.028
7	17	0.057	19	36	0.048	46	80	0.054
	(3,5)			(5,6)			(8,8)	
6	21	0.018	19	41	0.026	49	87	0.025
7	20	0.036	20	40	0.041	52	84	0.052
	(3,6)			(5,7)			(8,9)	
7	23	0.024	20	45	0.024	51	93	0.023
8	22	0.048	22	43	0.053	54	90	0.046
	(3,7)			(5,8)			(8,10)	
8	25	0.033	21	49	0.023	54	98	0.027
9	24	0.058	23	47	0.047	57	95	0.051
	(3,8)			(5,9)			(9,9)	
8	28	0.024	22	53	0.021	63	108	0.025
9	27	0.042	25	50	0.056	66	105	0.047
	(3,9)			(5,10)			(9,10)	
9	30	0.032	24	56	0.028	66	114	0.027
10	29	0.050	26	54	0.050	69	111	0.047
	(3,10)			(6,6)			(10,10)	
9	33	0.024	26	52	0.021	79	131	0.026
11	31	0.056	28	50	0.047	83	127	0.053

附表 8　简单相关系数的临界值表

$n-2$	5%	1%	$n-2$	5%	1%	$n-2$	5%	1%
1	0.997	1.000	16	0.468	0.590	35	0.325	0.418
2	0.950	0.990	17	0.456	0.575	40	0.304	0.393
3	0.878	0.959	18	0.444	0.561	45	0.288	0.372
4	0.811	0.947	19	0.433	0.549	50	0.273	0.354
5	0.754	0.874	20	0.423	0.537	60	0.250	0.325
6	0.707	0.834	21	0.413	0.526	70	0.232	0.302
7	0.666	0.798	22	0.404	0.515	80	0.217	0.283
8	0.632	0.765	23	0.396	0.505	90	0.205	0.267
9	0.602	0.735	24	0.388	0.496	100	0.195	0.254
10	0.576	0.708	25	0.381	0.487	125	0.174	0.228
11	0.553	0.684	26	0.374	0.478	150	0.159	0.208
12	0.532	0.661	27	0.367	0.470	200	0.138	0.181
13	0.514	0.641	28	0.361	0.463	300	0.113	0.148
14	0.497	0.623	29	0.355	0.456	400	0.098	0.128
15	0.482	0.606	30	0.349	0.449	1000	0.062	0.081